Autor: Franz Soucek
Aus der Handschrift übertragen von Helene Steurer Umschlaggestaltung:
Buchschmiede mit einer eigenen Zeichung des Autors
Druck und Vertrieb im Auftrag der Autorin/des Autors: Buchschmiede von
Dataform Media GmbH, Wien
www.buchschmiede.com

ISBN Paperback:978-3-99070-94 7 -4
ISBN Hardcover: 978-3-99070-948-1
ISBN e-book: 978-3-99070-949-8

Printed in Austria

Franz Souček

Blumen und Krieg
Lebenserinnerungen eines Gärtners
1887-1918
Kindheit und Jugend in Wien
Berufsleben eines Gärtners
Der Krieg

Franz Souček, „Blumen und Krieg, Lebenserinnerungen eines Gärtners“

Ein paar Worte voraus, Februar 2013, korrigiert Jänner 2018.
Vorwort für den ersten und den zweiten Teil.

Dies ist die Übertragung der Niederschrift meines Großvaters Franz Souček, geb.1887. Ich bin 1946 geboren und habe die sogenannten „Memoiren“ in den Computer geschrieben, wobei ich nach meinen Möglichkeiten nur die mir am notwendigsten erscheinenden Korrekturen vorgenommen habe, so wie ich glaube, dass es auch meinem Großvater recht wäre. Das ist kein literarisches Werk, dazu waren weder ich noch der Verfasser berufen, es sind Lebenserinnerungen, die, wie ich glaube, auch einen Wert als Zeitdokument haben. Ganz sicher bin ich aber nicht, ob der Verfasser nicht auch ein spannendes Buch schreiben wollte, das ist ihm nämlich gelungen, wie mir die erzählten, die es gelesen haben. Franz Souček hat in Voitsberg eine Gärtnerei betrieben. In seiner Freizeit malte und zeichnete er sehr gerne. Das machte er dann auch in der Pension, und jetzt konnte er auch seine Lebenserinnerungen aufschreiben. Er erzählt von seiner Kindheit in Wien und schildert auch die damaligen Lebensumstände. Er schreibt von seiner Lehre,der kurzen Episode in Böhmen und dem größeren Teil der Lehrzeit in Preussisch -Schlesien. Die Gesellenzeit begann er mit einer Anstellung im Schloss Drassburg, damals Ungarn, im heutigen Burgenland Dort lernte er auch seine Frau kennen, Juliane, genannt Lanka. Die Erzählungen über die Lebensabschnitte werden durch harmlose Anekdoten mit einem etwas derben, naiven Humor geschmückt, sie beleuchten aber auch die Denkweise und die Lebensart dieser vergangenen Zeit. Nach verschiedenen Arbeiten in Wien konnte der junge Franz Souček auf einen sehr interessanten und anspruchsvollen Arbeitsplatz als Obergärtner in einem botanischen Garten in Budapest wechseln. Zu seinem Bedauern musste er diese Stelle wegen des Ausbruchs des Ersten Weltkrieges verlassen. Ich erinnere mich, dass Opa sehr oft von den Kriegsjahren sprach. Die Kriegserinnerungen waren für die Zuhörer nicht sehr attraktiv, galt ja der Großvater schon als alter Mann, der sich öfters wiederholte, und immer und immer wieder von diesen Ereignissen sprach. Ich glaube, er erzählte so viel davon, weil er in diesen Jahren als Mensch herausgefordert war, bis an seine Grenzen zu gehen. Die Prüfungen, die ihm das Leben gestellt hatte, hat er bestanden.Und wie ich in diesen Aufzeichnungen gelesen habe, forderte der Krieg auch von ihm, wie von tausenden anderen, mehr als bis zu seinen Grenzen zu gehen. Was auf den Einzelnen zugekommen war, war mehr und mit noch so vielen Erzählungen nicht abzuschließen. Opa wuchs sehr einfach auf, mit dem Wissen, dass es auch einem Teil seiner Familie besser ging, wie zum Beispiel Verwandten seiner Mutter, die als junge Witwe mit einer Tochter nach Wien gekommen war und dort mit dem zweiten Mann und jetzt sechs Kindern in bescheidenen Verhältnissen lebte. Franz Souček war ältester Sohn, dem viele Aufgaben übertragen wurden, er wollte es immer ein bisschen besser machen. Als Gehilfe sah er, für mich ausnahmsweise recht unsympathisch, auf einen abergläubischen Lehrling herab und jagte ihm Furcht ein. Franz Souček war kein Heiliger, er fand auch Gefallen daran, Macht auszuüben. Er äußerte in seinen Aufzeichnungen auch seine Wut auf den Feind in den Kriegsgeschehnissen, er hatte nicht immer Verständnis für die Ablehnung der Aggressoren durch die Zivilbevölkerung, zum Beispiel etwa durch einen Priester, der nichts zu essen herausgeben wollte. Der Erzähler konnte in der geschilderten Zeit nicht immer über den Dingen stehen, was vielleicht sein Wunsch gewesen wäre. Trotz allem versuchte er meistens, nach seinen Idealen zu leben und zu handeln. Als Arbeiter im Bautrupp, in der Militär-Arbeiter-Abteilung, als Ordonnanz, versuchte er immer, all seine Wendigkeit, Schlauheit, sein Mitgefühl mit anderen Menschen, zu seinem und dem Wohl der anderen einzusetzen. Er fühlte den Auftrag, Sprachen zu lernen, was ihm sehr leicht fiel. So konnte er die Kenntnis mehrerer Sprachen als Dolmetsch im Krieg gut nützen. Vielleicht wollte Franz Souček ein Held sein, aber einer mit Schlauheit und Geistesgegenwart, einer, dem es gelang, sein Leben zu bewahren und nicht zu töten. Er bekam mehrere Medaillen für seine Tapferkeit im Kriege in Silber und in Bronze; einmal auch dafür, dass er sich kurz Befehlsgewalt angemasst und seine Kameraden und auch Vorgesetzte ganz schnell aus der Gefahr geholt hat. Sein innerer Auftrag zu helfen, Unglück zu verhindern, überstieg auch manchmal, aber nicht immer, die realen Möglichkeiten. Wenn er einmal berichtet, Kameraden hätten gerettet werden können, wenn sie ihm gefolgt hätten, wird er das auch mit gutem Recht behauptet haben. Nach dem Krieg erzählte er- und ich glaube ihm-, dass es ihm gelungen war, in der ganzen Zeit des Krieges keinen einzigen Menschen zu töten. Dies war bei der Art seiner Verwendungen im Kriege auch legal und möglich. Wer an einen Sinn des Krieges glaubt, wird diese Einstellung nicht sinnvoll finden. Eingefügt wurden von mir Bilder aus dem Nachlass, Bilder, die Franz Souček in seine Schrift geklebt hatte, und ein Bild aus einem Medaillon. Viele Pflanzen wurden aufgezählt und mit dem botanischen Namen bezeichnet, was für jemanden, der damit nichts zu tun hat, langweilig werden könnte. Deshalb wollte ich zuerst viele Bilder dieser Blumen und Bäume aus Wikipedia einfügen. Da aber die Fertigstellung der Abschrift schon einige Zeit her ist und auch Wikipedia seinen Bestand an Bildern inzwischen geändert hat, war es jetzt, da ich diese Schrift veröffentlichen möchte, oft nicht mehr möglich, den Ursprung der Bilder und damit die Lizenzrechte nach zu verfolgen. Ich muss leider auf eine Bebilderung aus Wikipedia verzichten. Eingefügt habe ich aber eine kurze Lebensgeschichte des Betreibers des botanischen Gartens in Budapest, des Herrn Professor Zipernowsky, welche ich in Wikipedia fand und von mir dieser Text aus dem Internet wortwörtlich wiedergegeben wird Unter den jetzt etwa 100 Jahre alten Fotos, die Franz Souček zu seinen Erinnerungen geklebt hat, waren einige von so schlechter Qualität, dass ich sie nicht mehr verwenden konnte.

Beim Abschreiben der Erlebnisse in den slawischen Ländern gingen die slawischen Akzente meistens verloren, weil es mir technisch nicht gelungen ist, sie richtig abzuschreiben.

Zum Inhalt der Schrift:

Herr Franz Souček konnte teilweise auf Aufzeichnungen zurückgreifen, und in der Zeit des 1.Weltkrieges hat er regelmäßig Tagebuch geführt und es in dieser Niederschrift über weite Strecken wörtlich übertragen, auch schrieb er anscheinend Auszüge daraus als Erzählung nieder. Die Schrift endet als „Ende des ersten Teils". Es gibt auch noch weitere Aufzeichnungen, die ich noch abschreiben möchte.

Helene Steurer

Anmerkung: Auf dem Buchrücken wurde in einem kleinen Bildchen eine eigene Zeichnung des Autors hinzugefügt. In den Text wurden drei kleine Blumenbilder des Autors eingefügt, das Bild einer Orchidee aus der freien Datenbank Pixabay und das Bild eines welken Blattes im Herbst, ebenfalls aus dieser Datenbank..

Die Lebenserinnerungen des Gärtners Franz Souček, die Kindheit, die Jugend, die Lehrjahre und die ersten Anstellungen bis zum Ausbruch des 1.Weltkrieges

Wir schreiben heute das Jahr 1956. Lange ist es her, dass ich ein Kind war, gehe ich doch heuer in das siebzigste Jahr und muss gut nachdenken, um mich an alle Einzelheiten zu erinnern. Soweit ich mit meiner Niederschrift kommen kann, will ich versuchen, alles wahrheitsgemäß darzustellen, mit teilweise falschen Namen der Personen, um nicht vielleicht einmal vor Gericht zitiert zu werden.

Bis zu meinem sechsten Jahr verlief meine Kindheit so wie es allen Kindern geht, mit Kinderkrankheiten, Zahn-und Ohrenschmerzen und hellen und sonnigen Kindertagen, wo mich die Mutter oft aus Liebe ans Herz drückte, dem Spiel mit meinen Geschwistern und mit Spaziergängen mit meiner Schwester Berta und mit Vater. Mit sechs Jahren ging ich in die Erdbergschule im dritten Bezirk und hatte jetzt in der ersten Klasse lange blonde Pagenhaare, trug kurze Hosen, ein blau-weiß oder rot-weiß gestreiftes Ruderleiberl und auch genauso gestreifte Strümpfe. Nun, da ich Schüler war, passte ich auf meine Sachen gut auf. Ich bekam viel Lob in der Schule und ich glaube, dass meine Eltern auf mich stolz waren. Vorher war ich wirklich ein kleiner Rotzbub, der mit glänzenden Rockärmeln herum lief, verlor ich doch ständig das Taschentuch.

Von meinen Spielkameraden Franzl und Gustl Roisl und den beiden Knaben vom Anstreichermeister Weckerle aus dem Neunzehnerhaus lernte ich vieles, das mir gefiel. Wohnten wir doch alle im Neunzehnerhaus in der Dietrichgasse, und die schönsten Stunden verbrachten wir auf den zwei Stufen der Frau Marton, wo wir der Frau Roisl zuhörten, die uns Märchen erzählte und auch erzieherisch auf uns Buben einwirkte. Wollten wir herumtollen, na, da stand uns gegenüber das „Ringerl“ mit den weit verbreiteten Gemüsegärten, die sich von der Haidingergasse bis weit über Simmering erstreckten, dann die Ufer des Donaukanals an der Erdbergerlände, von der Schlachthausbrücke bis zur Seifenbrücke. Von der Brücke bis zur Haidingergasse waren große Stöße mit Brettern aufgeschlichtet, die mit Flößen und Schleppschiffen vom Donaustrom mit zwei starken Pferden an der linken Seite des Donaukanals flussaufwärts gezogen wurden. Von der Dietrichgasse zur Erdbergerlände stand links von der Haidingergasse die Metallfabrik Georg Roth, in der mein Vater als Maschinist beschäftigt war. Rechts war die Fabrik Dengg, eine Eisengießerei und gegen die Schlachthausbrücke zu die alte Drorz- Gasfabrik.

Da waren noch einige Häuser wie Bösenkopf, eine Seilerei, die Drogenfabrik “Zum schwarzen Hund”, das Haus der drei Schwestern, die wir „die drei Schlangen” nannten, das Haus unseres Hausherrn Hefetter und dann noch einige kleine Häuser, wo Einspänner und Fiaker zu Hause waren. Vom Neunzehnerhaus übersah man das Gelände bis zur Erdbergstraße, Rüdengasse, Hainburgerstraße etc. und vis á vis das Haus des Fleischers und Selchers Lutschandl, der wöchentlich einige zwanzig bis dreißig ungarische Fettschweine bekam. Lutschandl war auch unser Grammelonkel, denn heute denke ich noch an die guten heißen Grammeln, um die uns unsere Mutter für 30 Kreuzer schickte. Obwohl wir später fünf Kinder waren, reichten sie für uns alle aus einschließlich unserer Mutter.

Damit ich aber richtig beginne:

Ich wurde am 10. Mai 1887 in der Dietrichgasse Nr. 6 geboren. Ein kleines, niederes, lang gestrecktes Haus, das, wie ich glaube, dem Fiaker Sandner gehörte, war die Geburtsstätte meiner Wenigkeit. Feuchte Mauern, ein Hund und Hühner, der feine Geruch von Stallmist, waren das ländliche Idyll, in dem meine Eltern glücklich schienen. Das ging, bis ich in der feuchten Wohnung

(„Franzl" oben in der Mitte, Bruder Max war gerade von einem Pferdehuf ins Gesicht getroffen, die kleine Schwester Mitzi nach einer schweren Masernerkrankung; neben dem Vater Schwester Anna, Pepi, der Zweitjüngste, fehlt, er ist ja im Alter von 9 Jahren im Donaukanal ertrunken.Anmerkung H.St.)

Vater Josef Souček

Mitzi und Bruder später

lebensgefährlich erkrankte und meine Eltern deshalb gezwungen waren, die Wohnung zu wechseln. Nicht zuletzt wegen des energischen Auftretens unseres späteren Hausarztes Herrn Dr. Bohr zogen sie in eine sonnige und helle Wohnung im Haus Dietrichgasse Nr. 19. Und in der neuen Wohnung hatte mein Vater Josef Souček auch nur einige Minuten zu Fuß in die Fabrik zu gehen, wo er im Wochenlohn stand.

Meine Mutter Anna Souček oder auch ich brachten ihm täglich das Mittagessen zum Portier Fabian, einem freundlichen Herrn, der das Essen dann meinem Vater übergab. Ich durfte in der Portierloge auf das leere Geschirr warten. Fünf Jahre lang besuchte ich die Erdberger Volksschule, und mein liebster Lehrer War Herr Stummvoll, dem ich von seiner Mutter, die in der Haidingergasse ein Milchgeschäft hatte, die Zehnuhrjause holen durfte. In der zweiten Klasse hatte ich Herrn Sponner als Lehrer. Neben mir saß ein Schüler, der an der „Hinfallenden Krankheit" litt, so sagte man zur Epilepsie, und ich hatte von dieser Krankheit freilich keine Ahnung. In einem Anfall stieß er mich unabsichtlich einmal so, dass ich mit der Feder über das ganze Blatt fuhr. Ich gab ihm einen Stoß und er fiel aus der Bank. Lehrer Sponner sprang hinzu, hob den Buben auf und sah erst jetzt, dass 8 er ohnmächtig war. Ratlos legte er ihn wieder hin, holte mich aus der Bank und fragte mich, ob ich meinen Mitschüler „absichtlich" aus der Bank stieß. Ich verstand das Wort nicht und sagte: „Ja, Herr Lehrer, er hat mich so gestoßen, dass meine Aufgabe dadurch zerrissen wurde." Da gab mir der Lehrer einige saftige Hiebe mit dem Rohrstock, und ich musste mich vorne bei der ersten Schulbank auf den Bauch legen. Ich war doch bis jetzt ein ruhiger, stiller Bub, der fast nie schwätzte oder Dummheiten machte. Es war meine erste Strafe. Ich lag nicht lange, und mein Freund Fuhrmann stieß mit der Fußspitze nach mir.

Im selben Augenblick sah ich vor mir eine Stecknadel und stach ihm damit in den Fuß. Da Fuhrmann laut aufschrie, setzte es das zweite Mal was ab. Ich musste hinauf auf den Katheder und mit dem Gesicht zur Wand stehen. Der Epileptiker kam nach etwa zehn Minuten zu sich. Er sagte dem Lehrer, dass er oft hinfalle. Ich hatte immer halbwegs gute Schulzeugnisse, und das war das erste und letzte Mal, dass ich während der Volksschuljahre von einem Lehrer geschlagen wurde, abgesehen von den zwei Ohrfeigen, die ich in der vierten Klasse vom Katecheten Porstner bekam, einem großen und starken Mann, und zwar mit ziemlicher Kraft, so dass meine Wange stark anschwoll und die Finger des christlichen Katecheten lange danach noch sichtbar waren. In der Zehnuhrpause rannte ich nach Hause und klagte mein Leid der Mutter, die sich sofort aufmachte und zum Oberlehrer Anton Dasch ging. Er war ein weißhaariger alter Mann, der meine Mutter und mich ruhig anhörte und mit uns in die fünfte Klasse ging, wo der Herr Katechet unterrichten sollte. Als wir zur Tür kamen, hörten wir einen Knaben jämmerlich weinen. Beim Öffnen der Tür sahen wir, wie der liebe Herr Katechet einem Buben das Blut von der Wange wischte. Der gute Priester und Erzieher hatte einem Schüler das Ohr stark aufgerissen, sodass der Knabe sofort vom Oberlehrer mit dem Schuldiener ins Rudolfspital geschickt wurde. Die Ohrfeigen hatte ich bekommen, weil mir das Federpenal heruntergefallen war. Herr Dasch und meine Mutter sagten dem hochwürdigen Herrn so ziemlich alles, nur nichts Gutes, und der gütige Herr war dann bei uns nicht mehr zu sehen. Meine Kindheit bis zum zehnten Jahr verbrachte ich mit fleißigem Lernen für die Schule und mit verschiedenen Spielen mit meinen gleichaltrigen Freunden wie: Wolferln treiben, Kugerlscheiben, Titschkerln, Palestern, Wettrennen und mit einem selbstgemachten Gig. Das bestand aus zwei großen Kinderwagenrädern mit Achse, darauf einem Sitz aus Brettern, zwei langen Deichseln zum Einspannen, einem Leitseil aus Spagat und einer Peitsche, und schon konnte das Wettfahren los gehen. Wir spielten Hufstollen schupfen, und auch wurde hie und da einmal mit einem Ball ein Fenster kaputt geschlagen. Waren uns Buben die Straßen und Gassen zu eng, dann ging es in den Prater zur Wasserwiese, wo wir dem Militär zusahen. Da wurden Rekruten ausgebildet, ganze Bataillone exerzierten, auch die Kavallerie war vertreten, sowie Hornister, die hier übten, so dass es immer lustig zuging und viel zu sehen war. Stellenweise wurde auch Fußball gespielt und eine Art Tennis bei den Italienern. Dass auch wir mit unserem „Fetzenlaberl" neben den Engländern unser Fußballmatch austrugen, ist selbstverständlich. Und erst im Herbst, war das eine Freude, wenn unser Drachen am höchsten stieg! Die Drachen bastelten wir uns selbst zusammen, groß, schön, bunt, mit langem Papierschwanz. Oft mussten zwei Buben die lange Schnur halten, so zog der Drachen. Im Prater war uns immer der Tag zu kurz. Gab es doch noch 9 den Wurstelprater, die schöne, schnurgerade Hauptallee vom Praterstern bis zum Lusthaus, die Freudenau, die Kriau, das Heustadelwasser, die Fasanerie. Die schönen Wiesen, Bäume zum Klettern, die große Donau, die Schiffsmühlen und alles was ein Kinderherz begehrte, hatten wir. Wo konnte man schöner „Indianer und Trapper" spielen, „Räuber und Gendarmen"? Viele Familien erholten sich hier nach getaner Arbeit, und am Sonntag war der Prater voll von Menschen, viele Liebespaare waren hier, Militär aller Truppengattungen und aus allen Ländern der Monarchie, und man hörte sie in allen Sprachen des In-und Auslandes reden. Dass auch viele Strizzi und Pülcher, Plattenbrüder darunter waren, sah man an den vielen Raufereien, und oft musste die Rettung Verwundete nach Hieben oder Messerstichen holen. Eines Tages sahen wir Kinder sogar bei der Heidingergasse-Überfuhr einen Toten am Ufer liegen, erstochen von einem Pülcher im Streit. Der Mörder wurde von einigen Zivilisten umringt und festgehalten, bis die Polizei kam. Endlich sah man den Wachmann, auf dem Kopf die Pickelhaube, auf der Brust den Halbmond mit der Nummer und mit einem langen Säbel daherkommen. Es war auch die höchste Zeit, denn bald hätte es einen zweiten Toten gegeben, so sehr wurde der Mörder von der immer größer werdenden Menge verprügelt, dass ihm das Blut nur so aus Mund und Nase rann. Auch während der Arretierung wollten sie ihn lynchen.

Damals gab es in Erdberg und auch in anderen Bezirken viele „Platten", Kanaltrotter, die in den Kanälen alles Mögliche suchten und auch fanden, durch Kanäle Einbrüche in Geschäfte verübten oder sich tagsüber vor der Polizei versteckten. Jede Nacht gab es Lärm und Schlägereien, besonders in der Dietrichgasse-Ecke Haidingergasse beim Gasthof Juran, wo die Plattenbrüder und saubere Damen ihre Zusammenkünfte hielten. Da wurden bei Hilferufen die Fenster überall aufgerissen, war doch jeder darauf neugierig, was geschah, und die meisten schimpften laut über die Ruhestörung, so dass der „ Pahöl" noch größer wurde und die, die noch schliefen, geweckt wurden. Oft sah ich bei Tag Raufereien,

Verfolgungen über Gartenzäune, hörte Geschrei und Geschimpfe, ja sogar Revolverschüsse. Dass sich so mancher dickbeleibter Polizist sein Leben dadurch wahrte, dass er ganz einfach weder etwas sah noch hörte und die entgegengesetzte Richtung einschlug, darf nicht verwundern. Ich selbst sah einmal, wie die Brüder einen Polizisten verdroschen und seinen Säbel zerbrachen. Dass auch die Schuljugend vieles abguckte und auch schon „Platten" bildete, den Großen alles nachmachte und sich alles Schlechte aneignete, war wie selbstverständlich, zeigte sich besonders krass bei den Kindern, die kein richtiges Zuhause hatten oder die Eltern asozial waren, die Kinder ohne Erziehung heranwachsen ließen oder gar stehlen schickten.

In den Neunzigerjahren wurde vis à vis vom Neunzehnerhaus zu bauen begonnen, und als die Keller der Häuser 14 a und 14 b und des Eckhauses Dietrichgasse- Haidingergasse schon standen, wurden alle Bauvorhaben über den Winter eingestellt. Diese Kellerräume waren viele Monate der Tummelplatz der Jugend, bei Tage der Kinder, bei Nacht der Erwachsenen, der Liebespärchen, und so mancher Verbrecher hatte sein Nachtlager darin. Eines Tages sah ich, wie ein Bub allerlei Essbares in den Keller trug; ich sprang ebenfalls hinunter um zu sehen, was da los ist und wurde schon von einigen älteren 10 Schuljungen eingeladen näher zu kommen und mitzutun, damit auch ich etwas zu essen bekomme und auch rauchen kann. Es war schon gegen Abend, als einer mir einen versilberten Kreuzer gab und sagte: „So, da hast du fünf Kreuzer und holst beim Pichlergreissler dafür Speck, legst das Geld mit dem Adler auf die Pudel, und wenn du den Speck bekommen hast, kommst gleich, du kriegst dafür eine Zigarette". Ich kletterte nach oben und rannte zu Frau Pichler, die im 19er Haus, wo ich wohnte, ein Gemüsegeschäft hatte, gab Frau Pichler das Geld und sagte ihr, von wem ich es bekommen hatte. Ich erzählte ihr von dem Schwindel, und beim Nachsehen in der Kasse hatte sie schon acht falsche Kreuzer darin. Als ich zu den Jungen zurückkam und nichts brachte und log, ich hätte eine Ohrfeige von der Frau Pichler bekommen und sie zeigt alles bei der Polizei und in der Schule an, bekam ich eine Tracht Prügel und musste schleunigst den Keller verlassen.

Frau Pichler erstattete wirklich in der Schule die Anzeige, leider nannte sie auch meinen Namen, ich musste alle Namen der beteiligten Buben dem Schuldirektor Dasch bekannt geben und den Vorgang mit dem versilberten Kreuzer schildern. Am selben Tag hatte ich um 11 h Schulschluss und rannte nach Hause. Ich bekam von Mutter ein Butterbrot und ging wie alltäglich auf die Gasse. Da sehe ich die fünf Falschmünzer auf mich zukommen, die mir den Weg zur Mutter absperrten. Was ist zu tun? Nach Hause kann ich nicht, auch die Mutter kann ich nicht zum Fenster rufen, weil ich zu weit weg bin. Aber einen Weg sah ich noch offen: den

zur Erdbergstraße über die jetzige Schwalbengasse. Ich rannte so schnell ich konnte und die fünf mir nach. Jedoch ließ ich sie so weit zurück, dass sie nicht sehen konnten, wie ich in der Schwalbengasse in einem Hausflur verschwand und mich hinter dem Tor versteckte. Da, Gott sei Dank, sie laufen vorbei ohne mich zu bemerken. Erleichtert lief ich zurück und nach Hause. Ich wartete beim Fenster um zu sehen, wann die Fünf zum Vorschein kommen nach dem schönen Rundlauf Dietrichgasse, Schwalbengasse, Erdbergstraße, Haidingergasse. Ah, da sind sie ja schon. Machen die aber ungläubige Gesichter, als sie mich lachend am Fenster sehen! Was, der schon zu Hause, wie ist das möglich, wir jagten ihn doch eben. Allerdings verschwand er uns aber wohin und wieso? Trotzdem gab es manchmal ohne dass ich es wollte, eine kleine Keilerei, wo ich öfters den Kürzeren zog. Gab es keine Rauferei, dann waren, da ich so bald wie möglich barfuß ging, meine Zehen wund, oder meine Knie waren nach einem Sturz aufgeschlagen und bluteten, denn die Gassen waren grob geschottert und nicht gewalzt. Da wir die freien Stunden in den Gassen verbrachten, gab es beim Laufen oft Stürze. Oft schlug die Mutter die Hände über dem Kopf zusammen, wenn die Hose zerrissen war oder die nackten Ellbogen aus dem Rockärmel schaute, und ich musste so manches Schimpfwort und Puffe einstecken. Auch die Schuhdoppler hielten nicht lange, und die Mutter wusste oft nicht, wo sie das Geld hernehmen soll, um uns mit Wäsche, Kleidern, Schuhen, Hüten und Schulsachen zu versorgen. Der Verdienst des Vaters war wöchentlich bis zum Jahr 1900 18 Gulden, dann 21 Gulden. Die Wohnung kostete monatlich 18 Gulden, also ein Viertel des Monatslohnes. In die Zeit bis zu meinem 10. Lebensjahr kamen noch zwei große Reisen nach Böhmen. Mit der Mutter fuhr ich, als ich 6 Jahre alt war und mein Bruder Max 4 Jahre, in Vaters Heimat Audraz bei Pisek. Ich kann mich nur dunkel an diese Zeit erinnern. Ich weiß nur noch, dass es dort ausgedehnte, hohe Wälder mit viel Schwarzbeeren gibt und massenhaft Pilze. Die Tante und auch die Cousine nahmen uns oft mit und halfen Beeren für unseren Mund zu sammeln. Auch gab es vor dem Ort einen großen Teich, einen großen Anger und Äcker, Wiesen und einen Jungwald. Jeder Bauer und Keuschler hatte Enten und Gänse, die auf die Weide getrieben wurden. Einmal trieb ich auch die Gänse der Tante auf die Weide, es waren 16 Stück. Ich spielte mit den anderen Kindern, die Gänse hüteten, immer darauf bedacht, dass meine Gänse von den anderen vielen Gänsen abgesondert blieben. Da, Oh Schreck, erhoben sich meine Gänse wie auf ein Kommando und flogen zu den anderen Gänsen in den Teich. Ich weinte fürchterlich, da ich unter den vielen Gänsen meine trotz Rufen und Schreien nicht herausfand. Heulend lief ich schuldbewusst zur Tante, denn ich sollte doch die Gänse hüten, und klagte ihr mein Leid. Die gute liebe Tante lachte mich dafür gehörig aus. Abends kamen die Gänse allein vollzählig zurück. Als ich den Gänserich dafür streicheln wollte, biss er mich.

Das zweite Mal verbrachte ich meine Ferien in Mutters Heimatort Roth Petschkau bei Kolin bei Mutters Schwester, zusammen mit meinem Bruder Max. Ich war 8 Jahre und Max 6 Jahre alt. Der Vater brachte uns zum Nordwestbahnhof mit einem kleinen Koffer, worin sich unsere Wäsche, etwas Kleidung und Essbares für die Reise befand. Der Conducteur bekam einen Gulden mit der Bitte, er möge während der Fahrt auf uns schauen und uns in Kolin aussteigen lassen. Dort würde der Onkel Uher mit einem Wagen auf uns warten.

Roth-Petschkau (Cervené Pecky) b.Kolin

Ich hatte mir sämtliche Bahnstationen auf einem Blatt Papier aufgeschrieben, und als die Station Guttenberg (Kutna Hora) kam, wussten wir schon, dass wir die nächste Station aussteigen mussten. Dort gingen wir auf den Onkel zu. Ein magerer, großer, knochiger Mann mit einem Spitzbart, wie er uns von der Mutter beschrieben wurde, stand beim Wagen. Nachdem wir uns zu erkennen gegeben und Mutters Brief übergeben hatten, lud er uns mit dem Köfferchen in den Wagen. Wir wollten gerade losfahren, als wir den Conducteur sahen und hörten, wir er verzweifelt zwei Buben suchte. Wir riefen ihn an. Na Gott sei Dank, da seid ihr, ihr Lausbuben, klettern ohne zu fragen aus dem Waggon! Na, wenn ihr nur da seid, ihr habt mir genug Angst eingejagt! Die Bahnfahrt war schön, und noch schöner war die Wagenfahrt zur Tante, eine Stunde lang.

Die Tante Barbara, eine mittelgroße, etwas rundliche Person, empfing uns mit Freudentränen. Dass sie bald wirkliche Tränen weinen musste, konnte sie noch nicht wissen. Es gab nämlich im ganzen Ort keine schlechteren Knaben als uns zwei, in Gesellschaft eines zwölfjährigen Waisen aus Prag, der bei unseren Nachbarn wohnte und ebenfalls die Ferien da verbringen wollte. Er war ein durch und durch verdorbener Junge, der uns zu allem Bösen anstiftete und uns eines Tages nach Kolin mitnahm ohne die Tante oder auch seine Großmutter zu verständigen.

So wie wir waren, barfuß, ohne einen Kreuzer Geld, blieben wir den ganzen Tag aus, um den Jahrmarkt zu sehen, und spät abends kamen wir nach Hause. Der Jahrmarktrummel fesselte uns so, dass wir vor lauter Schauen, dem Anhören der Moritaten, bei den verschiedenen Belustigungen und der Musik nicht hungrig wurden. Dann kam die Angst um den Wenzel oder Vaclav, wie wir ihn nannten. Wir hatten ihn verloren. Der Kerl verschwand, damit er uns von der von einem Händler gestohlenen Wurst nichts geben musste. Das Stehlen schien er gelernt zu haben, denn auch Spielsachen tauchten zu Hause auf, die er natürlich nicht bezahlt hatte. Inzwischen hatten sich der arme Onkel und auch die Tante große Sorgen gemacht. Die Tante hatte uns überall gesucht und weinte, als wir im Finstern hungrig, müde und mit blutenden Zehen ankamen.

Trotz des Versprechens, mit Vaclav nicht mehr zu verkehren, waren wir am nächsten Tag beim Obstdiebstahl beisammen. Wir bekamen vom Besitzer Schelte, da wir unreife Äpfel abrissen. Die Tante hatte genug reifes Obst, auch Stachelbeeren und Ribisel, aber gestohlenes, unreifes schmeckte uns besser. Ja, lieber Onkel Uher, wir waren kleine Nichtsnutze. Deinen Strohschober hinter dem Garten hatten wir ausgehöhlt, um in der Höhlung schön liegen zu können. Vor dem Schober machten wir ein Feuer, um unsere auf fremden Grund geernteten Kartoffeln braten zu lassen. Bald wäre der große Strohschober in Flammen aufgegangen, da eine Kuh, die Vaclav aus dem Kleeacker gejagt hatte, beim Laufen einige brennende Holzstücke gegen das Stroh stieß. Wir drei Buben hatten zu tun, mit bloßen Füssen die Flämmchen nieder zu treten, um ein größeres Feuer zu verhüten. Dass wir uns dabei auch die Füße tüchtig verbrannten, hätten wir noch hingenommen, aber auf einmal stand unser Onkel vor uns, den Leibriehmen in der Hand, und schon gab es Hiebe, hageldicht auf Rücken und Hintern. Vaclav bekam nur wenig ab, da er rasch davon rannte. Der Onkel schalt uns gehörig aus, da wir, statt Kühe zu hüten, nur Dummheiten machten.

Anfang September wird in Roth Petschkau für die Brauerei aus der großen Hopfenanlage Hopfen geerntet. Die Brauerei, der Gutsbesitz und die Hopfenäcker gehören dem Baron Hruby von Jeleny, ebenso das Schloss mit der berühmten Orchideenzucht und dem großen alten Park. Onkels Sohn, der zu dieser Zeit studierte und den Abschluss in Chemie machte, hatte das Glück, auf Baron Hruby´s Besitz Kaolin zu entdecken. Heute noch wird dort Porzellan in reicher Auswahl erzeugt. Später war Professor Franz Uher Direktor des Gymnasiums in Pisek. Der Hopfen wird in großen Körben gesammelt und nach Korb bezahlt. Da ist es doch klar, dass auch wir Buben, wie so viele vom Ort zur Hopfenernte zogen, ohne der Tante etwas davon mitzuteilen, um auch einige Kreuzer zu verdienen. Wir bekamen auch tatsächlich unsere wohlverdienten Kreuzer, die wir der Tante geben wollten. Sie nahm unser Geld nicht an und verbot uns ein für alle Male, dort hin zu gehen. Auch mit Vaclav durften wir nicht mehr sprechen und spielen, besonders nachdem ihn Onkel dabei erwischte, wie er zwei Schwalbennester mit einem Stecken zerstörte. Auch den Kirtag zu Anna machten wir mit, und ich erinnere mich gerne an diesen Tag. Da gab es Golatschen, verschiedenes Backwerk mit Nüssen, Powidl und Topfen und den Bratenduft roch man von weitem. Als der liebe Onkel mit der guten Tante in die Kirche zum Hochamt ging- sie hatten nur einige Schritte zur Kirche, da das Anwesen des Onkels sich am Hauptplatz gegenüber der Kirche befand-, bekam ich den Auftrag auf zwei Bleche voll Backwerk acht zu geben, damit es nicht verbrennt. Vor dem Kirchgang wurde noch schnell ein Hahn geschlachtet. Der Hahn lag auf der Küchenbank noch mit vollem Federnschmuck und unweit davon lag auch unser großer Hund, der Tyras. Auf einmal ist der Hahn verschwunden, die Küchentür war ins Freie offen. Wir suchten alles ab, konnten ihn aber nirgends sehen, nur eine Schar Hühner und zwei Hähne im Hof und auf dem Misthaufen. Sollte ihn der Hund gefressen haben oder hat am Ende jemand den Hahn gestohlen? Vor lauter Suchen vergaßen wir auf die zwei Bleche, die natürlich ziemlich angebrannt waren. Mehr brauchst nimmer, der Hahn fort, das Backwerk verbrannt. Als wir die Tante von der Kirche kommen sahen, heulten wir darauf los und erzählten was geschah. Das angebrannte Backwerk bekamen wir zur Strafe zu essen. Und der Hahn? Den entdeckte die liebe Tante nach einer halben Stunde, in der sie uns alles Schöne genannt hatte, stolz im Hof spazieren. Nun bekam es einmal auch unser lieber Onkel Josef zu spüren. Und doch, es war eine schöne Zeit, die wir bei Onkel und Tante verbrachten. Jeden Morgen fuhren wir hinaus ins Feld um Viehfutter, schnitten die Mohnkapseln ab, ernteten Linsen und Bohnen und durften oft auf dem Pferde heim reiten oder wir lagen am Heu,dem Grünfutter, das wir aufladen halfen. Als dann unsere liebste Mutter brieflich ankündige, sie komme uns abholen, weil die Ferienzeit zu Ende ging, waren auch wir froh, nach Hause zu kommen, und ich ging gerne wieder zur Schule.

Als die Mutter ankam, da wurden unsere Sünden preisgegeben, und doch sah ich beim Abschied nehmen Tränen in den Augen der Onkels und der guten lieben Tante. Ob aus Freude, dass sie diese kleinen Tunichtgute loswurden, oder hatten sie uns doch etwas lieb gewonnen? Jedenfalls bekamen wir viele gute Sachen mit, und das Abküssen und Händeschütteln auf der Bahnstation in Kolin war herzlich, und ich hoffe heute noch, dass sie unsere Untaten verziehen hatten. Die Fahrt bei sonnigem Wetter war sehr schön, und Vater holte uns abends in Wien ab. War das ein freudiges Wiedersehen! Na, Wien bleibt Wien für uns. Wo hat man so schöne Fronleichnamsprozessionen wie hier für uns Kinder und Erwachsene? Auf dem Prozessionsweg war Gras gestreut, Birkenstämmchen waren entlang der Häuserwände platziert, es gab vier schön geschmückte Altäre und eine Abordnung der Infanterie, die bei jedem Altar während der Messe eine Salve abschoss. Die Invaliden marschierten mit und erst recht wir Kinder aus sämtlichen Klassen der Volksschule. Die Mädchen waren weiß gekleidet und streuten aus Körbchen Blumen auf dem Weg, und wir Buben mussten ja geschlossen je nach Klasse mit marschieren. Dann kamen die Jungfrauen der Kongregation, der Junggesellenbund und nicht zuletzt die Knabenhortmusik. Die vielen Fahnen und Kreuzträger und erst der Himmel mit den vielen Priestern! Da war auch der alte, beleibte Herr Dechant, über den viele lachten, wenn er mit seinem Mopshund spazieren ging; beide sahen sich ähnlich.

Auch in Erdberg war damals alle Jahre Kirtag. Da gab es so viele Standerln und so viele schöne Sachen! Das war ein Gepfeife und Getute, und es gab auch viele Tränen der Kinder, wenn die arme Mutter für ihren Fratzen nichts kaufen wollte. Da gab es Marzipan in Hülle und Fülle, Zuckerln und Näschereien, Spielsachen aller Art, Rosenkränze, Heiligenbilder und Gebetbücher. Viel Freude bereitete uns der Märchenerzähler, der ein bis zweimal im Jahr in die Schule kam. Wenn wir uns für zwei Kreuzer im Turnsaal die Märchen anhörten, da war es mäuschenstill. Auch kam hie und da eine Tierschau mit einem Stachelschwein, mit Affen, Papageien, Schlangen und Schildkröten und noch manchem Kleintier. Da zahlte jedes Kind drei bis fünf Kreuzer, es war ja verständlich, dass die Tiere auch Futter wollten. Endlich wurden die Häuser uns gegenüber, nämlich Haus Nr. 14a und 14b fertig gebaut, bis auf die Fassade, an der gerade gearbeitet wurde. Den Paternoster hörten wir wochenlang Ziegeln, Dachziegeln, Trame, Mörtel und alles was zum Bau nötig war, transportieren. Es war einmal Samstagnachmittag, ich stand gerade beim Fenster und sah den Maurern zu, wie sie ihr Werkzeug versorgten, da ja Feierabend gemacht wurde. Mittags erhielt schon jeder Maurer seinen Lohn, und einige Stunden darauf sah man schon ein paar betrunken. Da sah ich, wie sich seitlich im dritten Stock das Sicherungsbrett loslöst, und da saust auch schon ein betrunkener Maurer - zur

Erde? Nein auf einen Sandhaufen. Den Werkzeugsack hat er während des Falles losgelassen, und „Gut is gangen, nix is gschehn". Er stand auf und sah verwundert zum dritten Stock hinauf, wie er wohl so schnell herunter gekommen sein mag.

Endlich waren beide Häuser ganz fertig, und da übersiedelten meine Eltern mit uns in das Haus Nr 14 a in den ersten Stock über dem Haustor, mit dem Ausblick in die Denggfabrik und zum Donaukanal. Die Wohnung bestand aus einem großen Zimmer, einer schönen Küche und einem Kabinett. Die Familie Josef Souček, das waren meine Eltern und ich, das heißt Franz, dann Max, Anna, Peperl und Mitzi und auch meine ältere Schwester Berta, die noch bei uns war und Schneiderei lernte. Sie war die Tochter meiner Mutter aus erster Ehe mit Herrn Rechka, Gasthaus-und Fleischereibesitzer in Roth Petschkau, mit dem sie zwei Jahre verheiratet war und dann schon Witwe, da Herr Rechka beim Schlachten eines Stieres an die Schlachtbank gedrückt, an den inneren Verletzungen verstarb. So waren wir zusammen acht Personen und brauchten schon eine große Wohnung. Da kam das Jahr 1898, es war das fünfzigjährige Regierungsjubiläum von Kaiser Franz Josef. Ich war damals in der fünften Volksschulklasse, wir lernten fleißig exerzieren, hauptsächlich Schritt halten, denn auch wir, ja sämtliche Klassen in Wien von der vierten aufwärts mussten vor dem Monarchen, vielen hohen Offizieren, unserem Bürgermeister Dr. Lueger und anderen hohen Herren vorbei defilieren. Wir waren stundenlang unterwegs, als wir endlich unseren vielgeliebten Kaiser auf einer Tribüne der Ringstraße zu Gesicht bekamen. Die Sonne schien unbarmherzig auf uns, und so manchen Knaben oder so manches Mädchen, die ohnmächtig wurden, mussten sie forttragen. Zu diesem Jubiläum wurden alle Häuser, die Fahnen hatten, beflaggt und auch illuminiert. In den Fenstern der Wohnungen wurden Kaiserbilder und Büsten aufgestellt, geschmückt mit Blumen und abends Kerzen in den Fenstern entzündet. Aber nicht nur das, die ganze Stadtbevölkerung war auf den Straßen, bei Siemens und Halske in der Hainburgerstraße hatten sie aus lauter Glühbirnen einen leuchtenden Riesenadler mit der Kaiserkrone gemacht mit den Zahlen 1848 und 1898. Es war eine Sensation, wie es die Wiener noch nie sahen, und viele schüttelten darüber die Köpfe, wieso das Birnenglas leuchten kann und in so vielen Farben! Hatten wir doch noch immer die Pferdetramway und die Pferdeomnisbusse, Gaslaternen auf der Strasse und im Stiegenhaus und zu Hause Petroleum.

Auch Stuwer bei der Rotunde ließ seine Raketen steigen, und tausende Menschen sahen bis in die späte Nacht zu und staunten über dieses großartige Feuerwerk. Erst unter Luegers Initiative riss man die Drorysche Gasfabrik ab, neue Gasrohre wurden verlegt mit neuen Gaslaternen. Die primitiven, die wie Stalllaternen aussahen, wurden entfernt und schöne, runde Laternen aufgestellt. Da waren noch die Laternenanzünder, und in mancher Gegend brannte noch das Petroleumlämpchen auf der Gasse. Der gute Mann hatte genug zu tun, alle Zylinder und die viereckigen Laternen zu putzen. Die alten ausgegrabenen Gasrohre enthielten viel Naphthalin, das wir Buben sammelten, weil es hieß, dass man damit Küchenschaben, Russen und Motten vertilgen oder vertreiben kann. Unter dem Bürgermeister Dr. Lueger wurde viel gebaut, Elektro-und Gaswerke und sehr viele schöne Häuser und auch Parkanlagen. Ich komme noch darauf zurück. Sehr lebhaft erinnere ich mich an den siebenten Juni 1894. Es war sieben Uhr früh, ich zog mich gerade an und Mutter gab mir das Frühstück, denn ich ging schon in die erste Klasse. Da wurde es so finster wie in der Nacht, schwarze Wolken zogen tief, Blitz um Blitz zuckte am Himmel und der Donner rollte ununterbrochen, so dass ich sagen hörte, dies sei der Untergang der Welt. Da, auf einmal war es, als wenn mehrere Personen unser Fenster mit Steinen bombardierten. Es war Hagel, eigroß und noch größer. Es hagelte zwanzig Minuten, darauf folgte ein Wolkenbruch. Die Kanalgitter waren mit Eis verlegt, Eis und Wasser standen stellenweise den Menschen bis zu den Hüften und fast alle Kellerwohnungen standen unter Wasser, die Gärten waren verwüstet, die Bäume ohne Blätter. Angeblich waren über eine Million Fensterscheiben und abertausende Dachziegeln vernichtet. Es hieß, dass ein Zentner Eis auf einem Quadratmeter Boden lag. Das Militär, nämlich Artillerie, hatte sich schon zu Übungen auf der Simmeringer 16 Haide versammelt, als alle das Unwetter überraschte. Die Pferde scheuten, und es gab viele verwundete Soldaten und Pferde, ja sogar einige Tote. Viele Verwundete gab es auch in der Stadt, und der ganze Verkehr war einige Stunden lahm gelegt.

Ich glaube, in diesem Jahr- oder später?- ich weiß es nicht mehr genau, erkämpften sich die Arbeiter den 1. Mai. Ich weiß nur, dass mein Vater einen oder zwei Tage vor dem ersten Mai vormittags nach Hause kam und zu meiner Mutter sagte: „Denke dir, Anna, der Direktor Mariani hat mich sofort entlassen, weil ich und noch zwei Arbeiter bei ihm vorsprachen und baten, uns den 1. Mai frei zu geben. Wir waren als Sprecher sämtlicher Arbeiter der Fabrik zum Direktor gekommen. Er brauste gleich auf und bewilligte uns den Feiertag nicht sondern entließ uns drei sofort mit dem Bemerken, dass jeder, der sich den Tag frei nimmt, entlassen ist.“ Der Vater tröstete die Mutter, zog sich sonntäglich an und ging in die Reisnerstraße-Strohgasse zum Besitzer der Fabrik Georg Roth. Der war gerade im Palais, das heißt zu Hause, er hörte sich den Vater an und ließ sofort seine Equipage einspannen und vorfahren. Beide fuhren in die Fabrik, und das erste war, als sie Direktor Mariani gegenüber standen: „Herr Direktor, in meiner Fabrik haben alle Arbeiter und Beamten am 1. Mai frei, und alle Entlassenen sind sofort wieder einzustellen. Was ich sage, gilt auch für die Zukunft.“ Das war ein

Sieg der Arbeiter, und der 1. Mai wurde von tausenden Arbeitern in Aufmärschen in die Ringstraße über den Prater gefeiert. Ich sehe noch die Arbeiter der Gasfabrik Drory bei unserem Fenster vorbeimarschieren, mit breiten Samthüten und samtenen Röcken mit einer roten Schleife darüber, voran der Herold in Stiefeln, der eine rote Fahne trug. Auch das Bild von Lasalle trugen die Arbeiter mit, neben den Bildern von Marx und Engels. Bei dieser Massenversammlung sprach unter anderen auch Viktor Adler. Die Versammlung war bisher ruhig verlaufen, doch schon schritt die Polizei ein, und die Massen wurden durch Säbelhiebe der Berittenen auseinander getrieben, viele wurden verwundet oder verhaftet.

Aber auch der Maicorso war sehenswert. Tausende Menschen umsäumten die Hauptallee, um die prachtvoll dekorierten Blumenwagen, die Equipagen des Hofes und der Aristokratie, der Finanz, des Militärs, der Schauspieler und sonst noch reicher Menschen zu sehen. Ein Wagen war schöner als der andere mit den vielen edlen Pferden, den berittenen Zivilisten und Offizieren; es wogte vom Tegetthofplatz bis zum Lusthaus und wieder zurück, und wir konnten uns an dieser Pracht der Wagen und auch der schönen Damen nicht satt sehen. Und wieder war es den Pyrotechnikern vorbehalten, den 1. Mai mit einem grandiosen Feuerwerk bei der Rotunde abzuschließen. Da gab es viele „Aaa“ und „Jö, is das schön!“, wenn die Raketen platzten und unzählige Sterne hernieder rieselten, wenn nach einem Knall der Rakete eine Menge kleinerer Teile wieder mit einem Knall neue Formen zeigte, da standen der „Voda“ und auch die „Muatta“ bewundernd da, und sie vergaßen für einige Zeit allen Kummer und alle Sorgen. Ja, die Sorgen waren zu dieser Zeit groß. Stagnationen in der Wirtschaft, Entlassungen, Aussperrungen oder sonst Kurzarbeit waren an der Tagesordnung. Das Geld war rar, und Hofsänger, Bettler und Musikanten gab es mehr als genug. Zigeuner gingen von Haus zu Haus, die Frauen wahrsagten und die Männer stahlen was sie konnten; Rastlbinder, meist Slowaken, die auch mit Kochlöffeln, Holzpuppen und „Spilerei“ hausierten; der Essigmann, die Schnaps-Slowakin, der Roman-Agent, der Stoff- und Kleiderjud, alles auf Raten, der Handlejud, der alles kaufte, was sich verwerten ließ, natürlich billig; der Strohbauer mit Schabstroh zum Neufüllen der Strohsäcke, alles wurde auf der Strasse ausgerufen. Heute noch höre ich, wie eine schöne Maid sang und oft auch zwei im schönen Zweiklang sangen: „Kaufts ma an Lavendl o, a Bischerl um zwa Kraizer, kaufts an Lavendl, an Lavendl hob i do, Lavendl, Lavendl!“ Es gab immer Abwechslung. Da spielte im Hof der Werkelmann, und kaum war der fort, hörte ich rufen: „Herr Franzl, kumm oba, gschwind, da firt ana an Bärn!“ Ein in Opanken und einem komischen Kleid steckender Mann mit dunklem Teint führt einen großen Bären mit Maulkorb und läßt den Bären nach seinem Dudelsackspiel ein wenig tanzen. Dann bat er die Leute, die aus dem Fenster schauten, sie mögen ihm für den Bären etwas Brot geben. Dass auch im Papierl eingewickelt ein paar Kreuzer abfielen, ist gewiss. Ja, den Bosniaken darf man da auch nicht vergessen, der mit seinem umgehängten Laden alle Toiletteartikeln bei sich trug, Rasiermesser, Taschenfeiteln, Kampeln (Kämme), Haarnadeln, ja sogar billigen Schmuck. Na und wer wäre der „Drei fünf sieben" der fast jeden etwas gewinnen ließ, wenn er drei Nummern aus einem Beutel zog, meist ein Rundschachterl, das mit einem kleinen Spruch versehene Zuckerln enthielt. Dass bei St. Marx auch noch die Maut eingehoben wurde, erlebte ich, wenn ich mit der Mutter ins Brauhaus ging, um Kornbranntwein zu holen, mit dem sie Heidelbeeren, grüne Nüsse und Zwetschken ansetzte. Auch Kalmus und einige anderen Kräuter wurden im Schnaps eingelegt und dann als Arzneimittel verwendet.

Auch hier war alles noch ländlich, und nur das Schlachthaus und dann das Kinderspital in der Schlachthausgasse stachen von den kleinen Häusern ab. Vor der Schlachthausbrücke war ein Gasthaus mit einem schönen Sitzgarten, wo viele einkehrten, um eine Stelze, auch „a guats Gselchts", „Blunzen" und Gulasch und eventuell ein Backhendl zu verspeisen. Vater brachte samstags meist „a bratene Stelzen" heim, dann holte ich vom Juran Bier, den Liter um 12 Kreuzer,- später kostete es dann 14 Kreuzer-, und alle saßen vergnügt um den Tisch, und für jeden von uns fiel etwas ab.

Bald hätte ich „das Ringerl" vergessen, ein unbenütztes Stückchen Grund, das bis zur Rüdengasse reichte. (Die Rüdengasse ist bekannt durch Richard Löwenherz, der hier in einem Schlösschen gefangen gehalten wurde.) Spielten doch hier die Künstler im Sommer jeden Nachmittag und Abend. Da waren die Jongleure, die Trapezkünstler, der „dumme August", der Riesenluftsprung beim Spiel des Radetzkymarsches und dann die stillen Pantomimen. Viele sahen zu und freuten sich über das Dargebotene, leider gaben nicht alle ihren Kreuzer. Aber nicht nur Künstler sah man im „Ringerl", sondern hie und da einmal einen Zirkus, und für uns Kinder wieder etwas Neues. Obwohl ich dem Aufmarsch der vielen Tiere und Wagen des Zirkus Barnum und Baley zugesehen hatte, der in der Rotunde etabliert war, war ich doch auch darauf neugierig, was der kleine Zirkus spielte. Eintrittsgeld bekam ich keines, aber wir Buben wussten uns zu helfen. Wenn uns niemand sah, krochen wir unters Zelt. Wurden wir erwischt, mussten wir schleunigst das Zelt verlassen, sonst gab es Hiebe. Einmal kroch ich während der Vorstellung unter das Zelt aber schnell wieder zurück, weil an einem Holzpflock ein brauner Bär angekettet war und sich mir näherte. Doch zweimal durfte ich mit noch einigen Buben in der schulfreien Zeit den Nachmittagsproben zusehen. Wir sahen einige wenige Elefanten, Löwen, Tiger, einen Bären und schöne Pferdedressuren, auch viele Künstler an Seil und Trapez und noch so manches mehr.

Selbstverständlich waren wir Buben auch oft im Wurstelprater, wir hatten es doch nicht weit dorthin. Auch hier sahen wir als Zaungäste den Künstlern zu, so beim alten Moni und noch einem Künstler, die ihre Bühne in einem Gasthausgarten hatten. Wenn wir Geld hatten, fuhren wir mit einer der Grottenbahnen, von denen es zwei oder drei gab. Wir sahen uns die vielen Ringelspiele an, den großen „Calafatti-Chinesen", sahen das Ringelspiel mit den lebenden Pferden, die Topfkarussele, die fliegenden Schiffe, die „Hutschen" ,die Berg- und Talbahn, das Kaperltheater, den Flohzirkus, das Mädchen ohne Unterleib; das Toboggan, die Rutschbahn, das Zauberschloss und das Geisterschloss, Preuscher´s Museum und Panoptikum, das Vivarium, viele Schießstände, den „stärksten Mann der Welt", der mit den Zähnen ein volles Fass Bier aufhob, und die „dickste Frau der Welt", deren Hosen und Hemd man beim Ausrufer bewundern konnte. Es gab einen ohrenbetäubenden Lärm, denn jedes Objekt hatte einen eigenen „Werkel" der mit der Musik seinen Nachbarn an Lautstärke überbot. Bei der Walfischgrottenbahn stand sogar ein Orchestrion, dessen Musik mir ausnahmsweise wirklich gut gefiel. Da waren die vielen Gast- und Kaffehäuser mit ihren schattigen Sitzgärten: der „Walfisch", der „Eisvogel", die „Csarda", die „Gulaschhütte" der „Phönixpalast", der „Prohaska", der „Einsiedler", der „weiße Ochs", das „erste", „zweite" und „dritte Kaffehaus", der „Constantinhügel" und viele andere, wo man das beste Essen und Trinken bekam. Wenn es nicht regnete, lief da frisch vom Fass das Bier ununterbrochen. War doch der Wurstelprater bei schönem und warmem Wetter voll von Menschen: Soldaten aller Waffengattungen, die ihn Wien stationiert waren, Kindermädchen mit den Kindern; und man hörte Sprachen aller Herren Länder. Wir sahen dort den Mann, der ohne Beine herum hopste. Man sagte, dass er ein Russe sei. Wie oft waren wir Buben hier, „blossfüassi", ohne einen „Tupf Geld", hungrig und durstig; aber vor lauter Schauen und wieder Schauen verging die Zeit so rasch, so dass es bald finster wurde, und wir schnell über die Sophienbrücke heim zu gingen, und nachts träumte uns vom Hippodrom, vom Riesenrad und vielem anderen. Wir gingen auch zum Trabrennplatz bei der Rotunde, um „Eintrittsplaketten", die wir sammelten, zu erbitten, oder auch durch Einschleichen dem Rennen zuzusehen. Dasselbe machten wir auch beim Wettrennen in der Freudenau. Ich glaube, das brachten nur „wir Erdberger" zusammen. Gerne erinnere ich mich an den schönen Zoo, in dem es fast alle Tiergattungen gab. Ich erinnere mich auch daran, dass sich im Prater jeden Sommer Familien aus fremden Ländern gegen geringes Eintrittsgeld zur Schau stellten: Araber, afrikanische Stämme wie „Aschanti", Senegalesen, Zulu, Kaffern; auch Inder, Malaien, Indianer und Trapper „mit dem berühmten Präriereiter Buffalo Bill". Auch spielte eine Indianerkapelle im „dritten Kaffeehaus".

Meine Kinderjahre bis zur ersten Bürgerschulklasse und auch nachher waren für mich schön, und die schönsten Tage und Stunden waren die, als Vater mit uns am Sonntagvormittag ins naturhistorische Museum ging und den nächsten Sonntag ins kunsthistorische. Es war immer die Zeit zu kurz, um all das Sehenswerte zu betrachten. Am liebsten wäre ich dort geblieben. War doch das naturhistorische Museum der Anlass und Ansporn, auch zu sammeln, was ohne viel

Geld zu sammeln war. Ich denke heute noch an meine Jugendkameraden, den Zapomel, an Weckerle Franz und Pius, an Roisl Franz und Gustl. Einer oder der andere war immer bereit, schon zeitig in der Früh mit mir auf Schmetterlingsjagd zu gehen. Ich hatte eine sehr schöne Sammlung fast aller hier vorkommender Tag-und Nachtfalter. reinlich aufgespannt und unter Glas. Auch viele Käfer und Fliegen hatte ich sortiert, eine Menge Meeresmuscheln aber auch Mineralien sammelte ich, und so manchen Kreuzer, den ich ersparte, trug ich in die Ungargasse zum Tierpräparator, der im Geschäft ein kleines Museum an allen möglichen ausgestopften Tieren, Vögeln und Schmetterlingen hatte. Der Beruf eines Tierpräparators hätte auch mir gefallen. Zu Hause hatte ich immer etwas Lebendes: bald einen Raben, der jung aus dem Nest in der Kriau gefallen war und den ich aufzog, Turteltauben, einmal ein Eichhörnchen aus dem Prater, das nicht laufen konnte, „Kiniglhasen" (Kaninchen), einen Stieglitz und zwei Kanarienvögel, zur Freude auch meiner Eltern. Die kleinen Tiere waren so zutraulich, dass sie, auch schon nachdem sie freigelassen waren, immer wieder zurückkehrten, und die Vögel, auch wenn sie aus dem Fenster flogen, wieder zurückkamen. Besonders der Rabe war immer lustig und zu Dummheiten aufgelegt und von allen Parteien des Hauses gerne gesehen. Um Schmetterlinge und andere Insekten zu fangen, gingen wir in den Prater, den wir kreuz und quer durchwanderten, ja sogar bis zum Praterspitz mit einem Stück Brot in der Tasche. Oder wir gingen über Simmering bis zum Zentralfriedhof und schauten unterwegs den Gemüsegärtnern bei der Arbeit zu. Jeder Gärtner hatte in einem Göpelbrunnen sein Pferd eingespannt, das immer im Kreis um den Brunnen ging und dadurch das Wasser herauf pumpte. Es hatte aber auch jeder Gärtner einen Komposthaufen, auf dem man Radieschen, Kohlrabi oder auch Möhren fand. Ein gefundenes Essen für uns hungrige Wanderer! Wenn wir dann abends nach Hause kamen und wenn auch die Eltern auf uns böse waren, das Essen das wir trotzdem bekamen, schmeckte erst recht gut, und müde gingen wir zu Bett.

Waren wir Knirpse nicht im Prater oder Ringerl, so saßen wir am Ufer des Donaukanals und sahen zu, wie die Schiffe „Hebe", „Freudenau", „Greifenstein I", „Greifenstein II" und „Greifenstein III" mit Passagieren donauab-oder aufwärts fuhren, oder zwei starke Pferde einen Schlepper voll Getreide oder Kukuruz zur Schöllermühle stromaufwärts zogen und wir Kinder so laut wir konnten „Gurgelabschneider" riefen. Es ist mir heute noch nicht klar, warum alle Kinder, dasselbe riefen und das auch vor den Weißgerbern. Auch die gut an das Ufer befestigte Rettungszille war unser Spielzeug, und beim Schaukeln der Zille fiel unser „feuerroter Gingingin", der Maier Ferdl, ins Wasser, und wir hatten alle Mühe, ihn aus dem Wasser zu ziehen. Am Abend war das Donauufer von vielen Menschen belagert, und auch unser Vater und unsere Mutter saßen gerne am

Ufer, um mit den Bekannten über Krieg, Politik und tägliche Ereignisse zu plaudern. Man rauchte Pfeife oder „Wetschina"(Virginia), auch Kubazigarren waren begehrt, „Trabneos", „Regalia media", „Kurze Habana", „Portorikerln" und noch andere Zigarren hatten die Tabaktrafiken lagernd. Die jungen Leute rauchten schon lieber Zigaretten: Drama, Sport, Sultan, Memphis, Dames, Ägyptische und wie sie alle heißen, und auch Tabak für Zigaretten und Pfeifen war in reicher Auswahl zu haben. Viele, die abends im Sommer am Donauufer saßen, hielten es wegen der vielen Gelsen ohne zu rauchen nicht aus, und doch blieben viele bis zur Sperrstunde um zehn Uhr. Kam man später, musste man dem Hausmeister ein Sperrsechserl geben, das waren 10 Kreuzer. Es gab damals noch die Vierkreuzer Patzen, große kupferne Münzen und auch noch den silbernen Viertelgulden, das waren 25 Kreuzer, erst nachher gab es Kronen und Heller. Man sah viele Wäscherinnen, die in Erdberg zu Hause waren, am Ufer Wäsche waschen. Da war das Wasser noch so halbwegs rein. Später wuschen sie die Wäsche zu Hause, besonders nach der Errichtung des Sammelkanals, der von Italienern gebaut wurde. Da waren bei der Dengg-Fabrik sechs bis acht große Kesseln aufgestellt. Wir Buben belagerten die improvisierten Küchen, und wenn wir etwas Pasta asciuta bekamen oder Reisfleisch, Risotto, das schmeckte uns besser als Mutters bester Braten.

Ich befreundete mich mit den zwei Buben einer italienischen Köchin an und lernte etwas Italienisch, dafür die Buben von mir etwas Deutsch. Das waren der Bepo und der Dino Passuti aus St. Daniele, 10 und 12 Jahre alt. Es gab in Wien sehr viele Italiener mit „Kapswagen", das waren zweirädrige Karren mit einem Pferd, mit dem der Kelleraushub für neu zu bauende Häuser besorgt und die Erde fortgeführt wurde. Bei einem Neubau waren meistens mehrere Kaps in Verwendung. Auch Slowaken wurden zu Erdarbeiten sehr oft verwendet, die Menschen waren sehr genügsam, sie lebten mehr von Brot und Speck als von anderem. Wie liebten wir Kinder die Sonntage, war doch der Vater zu Hause! Er hatte einen dichten Schnauzbart und einen in zwei Teile geteilten Vollbart, worauf er stolz war. Wenn wir Kinder, oft alle fünf, mit dem Vater ausgingen und in einem Gasthaus einkehrten, bekam jedes von uns ein paar heiße Wienerwürstel und eine Semmel dazu. Heute heißen sie „Frankfurter", nur in Frankfurt sagt man noch „Wienerwürstchen". Wir größeren bekamen einen kleinen Schluck „Abzug" oder auch Lagerbier, die Kleinen Soda mit Himbeer. Ob wir in der Stadt, im Prater, am Kahlenberg oder sonst wo waren, für uns war das ein Festtag. Am Heimweg, wenn von allen Kirchen die Glocken läuteten und uns aus allen Fenstern die verschiedenen kulinarischen Gerüche in die Nase stiegen, da waren auch wir voll Neugier darauf, was die liebe Mutter heute für uns Gutes gekocht haben mag. Einen Schweinsbraten mit resch gebratener goldbrauner Kruste mit Salat und Kartoffeln? Ein Schnitzerl mit Salat, „echtem“ oder Gurken, vorher natürlich eine feine Suppe mit Nudeln, Nockerln oder Leberknödeln? Ein „Gselchts“ mit Kraut und Knödeln dazu? Auch das schmeckte fein. Auch Mehlspeisen wie Buchteln, Golatschen, Potitzen und Gugelhupf, gefüllt mit Mohn oder Nüssen und Rosinen aßen wir gerne.

Nachmittags legte sich der Vater auf den Diwan, las die Zeitung oder machte ein kleines Nickerchen. Wenn er ausgeschlafen war und die Mutter mit dem Geschirrabwaschen fertig, dann saßen sie beim Tisch und spielten Karten: Schnapsen oder Sechsundsechzig. Kamen noch Gäste, dann wurde noch tarockiert oder preveranzt. Da hören wir auf einmal den uns bekannten Ruf „Gefrorenes!“ und schon bestürmten wir die Mutter um einige Kreuzer für das Eis und gleich rannte ich oder Maxl mit einem Heferl runter ums „Gefrorene“. Den ganzen Sonntag waren überall die Gasthäuser voll, aber auch wie von dichtem Nebel voll von Tabakrauch, „den man schneiden konnte“, und samstag und sonntag sah man sehr viele Betrunkene und Raufereien. Ebenso voll waren die Kaffeehäuser.

Auch ohne Geld konnte man bei den Gasthäusern auf seine Rechnung kommen. Das bewiesen die „Fassltippler“, die, ein Reindl unterm Arm oder am Hosenriemen angeschnallt, von Gasthaus zu Gasthaus gingen und den Rest der Bierfässer austranken, die, ausgeleert, vom Wirt am Trottoir abgestellt waren. Aus einigen Fässern brachten sie fast 1 Liter Bier zusammen, oft auch mehr. Dass mitunter boshafte Buben ins Fass „wischerlten“, machte nichts aus, es schmeckte trotzdem. Ums Essen war den Tipplern nicht bange. Sie gingen etwas betteln, oder sonst, besonders im Winter, bekamen alle Armen vom Armenrat des Bezirkes Karten für die Ausspeisung, wo sie eine Erbsen-, Linsen-, oder Bohnenspeise und einen Kümmelwecken bekamen. In unserem Viertel hielten sie sich tagsüber in der Wärmestube in der Erdbergstraße auf, einer Stiftung des Freiherrn Moritz von Köningswarter, wo sie ein Stück Brot bekamen. Auch das Kloster unweit gab Mittagssuppe aus. Schlafen konnten die Obdachlosen im Asyl. Einige Sensationen gab es in Wien: Die elektrische Tramway wurde eingeführt und die Straßenbeleuchtung mit dem Gasglühstrumpf, dem „Auerbrenner“. Es war für viele unfassbar, dass die Tramway so ganz von allein, ohne Pferde, fährt. Und erst das schöne Licht! Oft hörte man das Lied vom Werkelmann spielen und die Leute singen: Hoch Lueger, lasst uns singen, ehret diesen braven Mann! 1898: Im September fing für mich ein neuer Abschnitt an. Ich kam in die 1. Klasse der Bürgerschule in der Hörnesgasse. Meinen Eltern erwuchsen daraus größere Sorgen, denn ich musste schon besser gekleidet sein, und auch die Schulbücher und Hefte kosteten viel Geld. Ganz Unbemittelte bekamen alle Schulrequisiten vom Klassenvorstand gratis. Die drei Jahre in der 1., 2., und 3. Klasse bleiben mir unvergesslich. Ich denke heute noch, nach Jahrzehnten, an alle Lehrkräfte und unseren guten, lieben Direktor Wollensack. Lehrer Vranic´, ein älterer Herr mit einem kleinen Vollbart, gab mir im Schreiben immer einen Dreier, bis ich einmal aufbegehrte. Ich hatte im Vergleich zu anderen eine schöne Handschrift und wieso der Dreier? „Ja, mein lieber Souček, sie verdienen keine bessere Note, denn sie können noch viel schöner schreiben, wenn sie nur wollen! Zweitens sollen Sie so schreiben, wie ich es verlange und nicht kalligraphieren. Ihre Buchstaben werde ich nie anerkennen!“ Obwohl Vranic´ ein guter Lehrer war, war er ein noch besserer Erzähler, und andächtig hörten wir Schüler ihm zu, wenn er uns über die Ilias und die Odyssee vorlas. Nicht nur über die Griechen und Römer und auch das Mittelalter lehrte er uns auf seine eigenartige Weise sondern auch über Geographie. Den Herrn Lehrer Sokol hatten wir in Gesang und Zeichnen. Er war ein großer, starker Herr von etwa vierzig Jahren mit einem Schnurr- und Knebelbart, bei dem es im Zeichensaal immer lustig zuging.

Wenn er in Gedanken versunken bei seinem Tisch saß, flog mitunter eine nasse Papierkugel, ein Tschik oder eine Brotkugel zu ihm hin. Einmal, in der dritten Klasse, hatte ich meine Zeichnung nach Vorlage fertig und zeichnete aus Langweile eine Karikatur von ihm. Als ich fast fertig war und noch einige Schattenstriche anbrachte, übersah ich, dass sich der Herr Lehrer an meinen Zeichentisch heranschlich. Er sah die Zeichnung, hob die Hand mit dem Lineal zum Schlage aus und wollte mich auf die Hand schlagen. Ich sah den Schatten und zog schnell die Hand zurück. Das Lineal zerbrach bei dem wuchtigen Hieb ohne mich zu treffen. Direktor Wollensack stand gerade in der offenen Tür, als das geschah. Er trat vollends ein. Als er auf seine an den Zeichenlehrer und mich gerichteten Fragen vom Lehrer keine Antwort erhielt, zeigte ich ihm die Zeichnung, die ganz gut gelungen war. Der Direktor besah sich die Zeichnung und fing zu lachen an. „Herr Kollege, warum wollen Sie den Souček bestrafen? Das Bild sieht Ihnen sehr ähnlich. Man erkennt Sie sofort, und es freut mich, dass die Schüler auch etwas anderes zeichnen. Ich wünsche mir von nun an, dass die Schüler je nach Begabung verschiedene Motive zeichnen, Landschaften, Portraits, Szenen aus dem Alltag, auch aus verschiedenen Epochen, zum Beispiel Turniere im Mittelalter. In der nächsten Zeichenstunde ist es jedem freigestellt, was er zeichnen will, ich werde mir dann die Zeichnungen ansehen. „ Ich malte eine Landschaft als Aquarell und bekam eine Belobigung und eine Eins in Zeichnen.

In Rechnen und Chemie hatten wir den Lehrer Ramisch: einen sehr nervösen, älteren Herrn, genannt der „Bummerlvota“, weil er bei der geringsten Ursache sein Notizbuch zog und schrie: „Sie unverschämter Kerl, ich werde Ihnen schon geben „ und bei dem betreffenden Namen einen Punkt oder „Bummerl“ machte. Hatte mancher sehr viele Bummerln, so konnte er trotzdem mit einem guten Zeugnis rechnen. Der Bummerlvota war die Güte selbst. Den Direktor Wollensack hatten wir auch in Naturlehre und Naturgeschichte, ein Jahr auch in Geografie und Geschichte, und wir waren die aufmerksamsten Schüler. Unser Religionslehrer war der Coadjutor Monsignore Jung, ein sehr netter, junger Priester, der immer mit einem Zylinderhut ankam und wirklich ein feiner und lieber Religionslehrer war. Bei dem blieben sogar die Juden und Evangelischen in der Stunde und lernten mit. Wir waren in der Klasse meistens 13 bis 15 Römisch-Katholische, 10 bis 12 Juden und 2 bis 4 Evangelische. Seit ich die Bürgerschule besuchte, war ich viel gesetzter, und das Spielen auf der Straße lag mir nicht mehr. Ich las lieber, wenn es die Zeit erlaubte, denn es gab viel zu lernen, und ich musste auch meinen Geschwistern helfen und manchmal auch meiner lieben Schwester Berta bis in die Nacht hinein bei ihrer Schneiderei. Ich half zum Beispiel Heftwolle auszuziehen, mitunter auch beim Nähen und nähte etwa Knöpfe an. Dafür gab es hie und da eine Krone für mich, obwohl ich alles gerne gratis tat. Sorgte doch meine liebe Schwester für meine Kleidung, die sie zu meiner Zufriedenheit schneiderte; die Pumphose, die lange Hose, die Röcke passten herrlich. Für mich als Ältesten im Hause gab es immer zu tun, besonders wenn unsere gute Mutter bettlägerig war und an den Gallensteinen litt. Ich musste morgens auf, einkaufen gehen, die kleinen Geschwister waschen und anziehen, Kaffee geben, und um halb acht zur Schule. Nach der Schule noch schnell essen, Essen dem Vater hinbringen, die Kleinen, den Peperl und die Mitzerl „abfüttern" ; Max und Annerl konnten sich schon selbst helfen- die Aufgaben machen nach dem Geschirrabwaschen, aufräumen, und wenn mir Zeit blieb konnte ich lesen und musste dabei auf die Kleinen achtgeben, damit ihnen nichts geschieht oder mit den Kleinen spazieren gehen. Ich las alles was ich bekommen konnte und was gut und schlecht war: Karl Mays Bücher, Jules Verne und vieles andere, auch Detektivromane und zum Beispiel „Lord Lister, der Meisterdieb". Hauffs und Andersens Märchen hatte ich schon gelesen, als ich noch in die Volksschule ging. Jetzt fand ich auch schöne Werke über Kunst und Wissenschaft und die russische Bibliothek wie Tolstoi, Arzibatschoff, Gogol, Dostojewsky, Turgenjew, Tschechow im Bücherschatz meines lieben Schwagers Hans Vaculik, der meine Schwester Berta zum Traualtar führte. Hans stammte aus einem angesehenen, großen Bauernhaus der Hanakei in Mähren, absolvierte das Gymnasium in Olmütz und trat zuerst auf Wunsch seiner Mutter in ein Priesterseminar ein. Er wollte dann doch nicht Priester werden und war in der Leopoldstadt, im 2.Bezirk, als Postbeamter angestellt.

Dass ich auch viele tschechische Bücher las, will ich nicht verschweigen: so unter anderem die gesammelten Werke von Jiraskov, Svatopluk Cech, Vrehlicky, Neruda und viele andere. Meine Eltern sprachen mit uns Kindern sehr viel tschechisch. Die Mutter sprach auch ein reines Pragerdeutsch. Um die tschechische

Sprache in Wort und Schrift zu lernen, besuchte ich in der Messerhauergasse-Ecke Hainburgerstraße die „Komenskyschule", Mittwoch und Samstag nachmittags von zwei bis fünf Uhr. Als Lehrer hatten wir Herrn und Frau Ludvicek von der tschechischen Schule im zehnten Bezirk. Es waren meistens 20 bis 30 Schüler und Schülerinnen aus tschechischen Familien. Außer den obligaten Gegenständen wurde auch Musik unterrichtet, und da denke ich oft an die zwei Dostals, den Franz und den Nikolaus, die schon als kleine Kinder mehrere Instrumente spielten und später Musikgenies wurden. Der Vater dieser beiden war Schuhmachermeister und wohnte in der Erdbergerstraße, wo er auch die Werkstatt und den Geschäftsraum hatte. Die tschechische Sprache half mit im Leben sehr oft weiter. Das konnte ich erst dann richtig feststellen, als ich in späteren Jahren in Polen, in Wolhynien, in Kroatien, Slawonien, Serbien und Istrien war. Um 1900 gab es in Wien sehr viele Tschechen, überhaupt Slawen, besonders Maurer und Zimmerleute, Fabrikarbeiter, Köchinnen, Hausgehilfinnen, Ammen und andere, auch Militär. Es gab aber auch sehr viele Slawen-, ja Tschechenhasser, und am besten spürte man es beim Heurigen oder sonst wo, wo man Spottlieder über Tschechen sang. Auch im Abgeordnetenhaus gab es unter den Vertretern der slawischen und deutschen Länder Krawalle, Raufereien, Pultdeckelkonzerte am laufenden Band. Wohin dies alles führte, ersahen wir bald.

1901 beendete ich mit einem guten Abschlusszeugnis die Bürgerschule, und da es hieß, ich hätte eine schöne Handschrift, wollte ich als Kanzleipraktikant unterkommen. Ich schrieb auch meine Gesuche an einige Firmen, doch immer hieß es, ich käme zu spät. Eine Firma, oder besser gesagt der Chef, dem ich gefiel, wollte mich aufnehmen. Drei Jahre ohne Entgelt praktizieren! Vier ältere Männer saßen ganz „bucklert" beim Tisch, schrieben und rechneten ohne aufzublicken bei einem scheußlichen Lampenlicht. Draussen schien hell und warm die Sonne, und hier im zweiten Stock, lichthofseitig war es fast finster. Als ich alles den Eltern zu Hause schilderte, musste ich am nächsten Tag absagen. Eines Tages las meine Mutter in einer tschechischen Zeitung, der „Narodny Politika" eine Annonce, dass ein Gärtnerlehrling in Tauschin an der Elbe aufgenommen wird. Wie kamen meine Eltern auf die absurde Idee, mich, der ich schwächlich war, Gärtner werden zu lassen? Ein Bruder des Josef Uher in Roth Petschkau, Franz Uher, war Hofgärtner im Belvedere. Wir waren in steter Verbindung mit Tante und Onkel Uher, waren doch beide zu uns Kindern Taufpaten und für meine Eltern Trauzeugen. Sie hatten vier Kinder, einen Jungen und drei Mädchen und bewohnten im Beamtenhaus eine Flucht von Zimmern und hatten eine eigene Köchin. Onkel Uher ging immer mit Handschuhen und Zylinder, er arbeitete überhaupt nicht und ging nur immer spazieren. Da sagten sich unsere lieben guten Eltern, das was Onkel Uher heute ist, kann ja auch einmal unser Franzl werden. -Wenn, ja wenn! Belvedere war in meiner Jugend bis 1914 der Sitz des Erzherzogs Franz Ferdinand und seiner Gemahlin Sophie, Herzogin von Hohenburg. Ich kam oft allein oder mit meinem Bruder Max zur Tante Uher, und einmal, als die liebe Tante vom Schloßhauptmann hörte, dass die Luft rein sei, das heißt die Hoheiten waren ausgefahren, durften wir in den Teil der Schlossanlage gehen, der sonst für Fremde versperrt war. Ein herrliches Stückchen Erde, ein sehr schöner Park, der mit dem für das Publikum geöffneten Teil nichts zu tun hatte. Ich und Max gingen, angetan mit unserem Sonntagsgewand im Park genüsslich spazieren, setzten uns auch auf eine Bank unter einen uralten schattenspendenden Baum, hörten den Singvögeln zu und freuten uns des Lebens.

Da kam ein ein älterer, glattrasierter Herr des Weges, der wie ein Pfarrer aussah. Wir sprangen zu ihm, zogen den Hut und sagten „Gelobt sei Jesus Christus", auch küssten wir als brave Christenmenschen dem Herrn die Hand. Mit einem „In Ewigkeit Amen" sagte er noch, wir wären artige, brave Kinder und fragte uns, ob wir hier allen vorübergehenden glattrasierten Herren die Hand küssten? Da habt ihr hier viel zu tun, denn davon gibt es hier viele. Übrigens lasst euch hier nicht mehr oft blicken sondern geht schön brav fort, raus aus dem Garten! Kaum war der alte Herr gegangen, erhoben auch wir uns, um den Park zu verlassen. Wir suchten den Ausgang, aber im Herumwandern verirrten wir uns. Da sahen wir wieder einen Glattrasierten, der rief: „Jezis Maria was macht ihr do, wenn de aich sieht ise gfehlt!" „Gemma, Maxl, des san kane Geistlichen, des san Lakaien" und ich dachte mir, hier droht uns Gefahr, nur schnell heraus! Wir konnten den Ausgang nicht gleich finden, und auf einmal standen zwei Damen vor uns. Die eine fing sofort zu schimpfen an. Ich antwortete ganz verdattert: „Bittschön, wo ist der Ausgang?" „Dort! „ wies sie mit dem Schirm die Richtung, da rannten wir so schnell wir konnten aus dem Bereich der Herzogin Sophie, ehemaliger Gräfin Kotek, die uns mit dem weißen Spitzenschirm drohte. Sie trug wie alle Damen einen langen Rock mit Schleppe und einen weißen breitrandigen Spitzenhut mit Kunstblumen und Federn und eine weiße Bluse mit Schinkenärmeln. So sehe ich sie heute noch vor mir. Ich sah die Hoheiten noch mehrere Male, darauf komme ich später noch. Onkel Uher hatte, wie ich schon erwähnte, drei Töchter und einen Sohn, Franz, der das „Joaneum" in der Erdbergerstraße vis a vis der Kirche besuchte, dort intern untergebracht war und seine Schuljahre verbrachte. Die Erdberger Kirche ist sehr alt. Sie steht auf einem Hügel. Ihre Priester trauten unsere Eltern und spendeten uns das Sakrament der Taufe. Wir alle besuchten dort die Messen und beichteten unsere Kindersünden, wussten oft nicht richtig, was zur Sünde gehörte. Diese Kirche bedeutete für mich fast Tradition, denn auch meine liebe kleine Tochter Maria wurde in ihr getauft.

Vieles wäre über Erdberg zu sagen, über das Dorf und seine Gassen, Häuser und Plätze. Ja, das Dorf Erdberg, angefangen am Platzl gegenüber der Rochuskirche, der Landstraße, wo die Erdbergerstraße mit den kleinen Häusern beginnt, beim Pfarrhaus und der Kirche vorbei zum jetzigen Kardinal- Nagl-Platz und weiter hinunter zur Erdberger Mais standen viele Patrizier-oder Bürgerhäuser, sogar ein uraltes Schlösschen bei der Wassergasse (Kundmanngasse) und das Maria- Theresia-Schlössl, ein kleines, ehemaliges Jagdschlössl. Das älteste Haus in der Erdbergstraße war das Pfarrhaus. Alle niederen einstöckigen oder höchstens zwei Stock hohen Häuser hatten Balustraden und schöne Höfe. Vom Kardinal-Nagl-Platz kommt man in das richtige ländliche Dorf Erdberg mit der Leonhardgasse, der Keinergasse, Gstettengasse, Hardigasse, Hainburgerstraße, Baumgasse, Kugelgasse, in das Gassl, wo die Muttergottes steht, die nach dem Türkenkrieg errichtet wurde. Wer heute die „Wällischgasse „ sucht, findet diesen Gassennamen nicht mehr, sie heißt heute „Hainburgerstraße". Geht man durch das Dörfl, da riecht wirklich alles noch nach Mist, denn fast jedes Häuserl mit dem langgestreckten. schmalen Innenhof beherbergt einen Fiaker oder Einspänner, und man sieht besonders im Frühjahr, oft schon ab Jänner Gärtner der Umgebung, die Dünger aufladen und abführen, den besten, Wärme spendenden Mist für die Mistbeete mit Frühgemüse und für verschiedene Sämereien, die Wärme zum Keimen brauchen. Auch viele saubere Wäschermädel gab es da, und die wirklichen Wiener Mädel waren zu bestaunen, wie sie in ihrer Kleidertracht zum eigenen Ball in den Sophiensälen im Fiaker vorfuhren. Und fast alle anwesenden Fiakerkutscher und Besitzer des „Zeugls" überließen die Pferde dem „Wasserer" und dem „Wagenausrufer" und verschwanden „gschtanzt" mit feschem Gwandl und Zylinder auch im Sophiensaal, denn „heute spielt der Zierer". Das war die Zeit der feschen Zeugler und des Rufs „Fahr ma, Euer Gnaden ? „ , als der „Pepihacker" oder „Gigerer" die besten Rösser schlachtete und ein Fiakerkutscher eine Wette abschloss, dass er mit den Würsteln vom Pferdefleischhauer, die er dann dort kaufte, nach Paris und wieder retour fahren wird, und die Wette gewann.

Wiener Idylle

Da hat einmal einer, der zu Geld gekommen ist, - a Haus g´kauft und im Kölla a Holz-und Kohlengschäft aufgmocht. Er kaft si an Wogen, so an großen, 27 schwaren Kistenwogen, wie s´holt die Wägen zum Kohlenführen haben und vom „Gigerer" ein „gugascheckerts" Roß, einen Fliegenschimmel. A Roßgschirr hat er von einem verstorbenen Einspänner gekriegt, dös haßt, von saner Frau. Der guate Mann spannt ein und fährt um die Kohlen. So ein schwaches Rössl und der Trum Kohlenwagen, in den zwei Pinzgauer eingspannt gherten! Na, als a laarer geht´s no, mit vülem Schimpfen und Fluachen kommt er noch zur Gasfabrik, füllt den Wagen durt urndli an, und hüo, heim geht´s. Die Mirl fährt imma a Stickerl und bleibt dann stehen. Sie derzieht den Wagen nicht! Mit lautn Fluachen und mit der Peitschen drein kommt er do noch anige Stunden bis zur Kreuzung Dietrichgasse- Heidingergasse, do is aber frisch gschottert und s Ross konn und mog nimma weida.

Als ich in der Früh in die Schule gegangen bin, ist er in die Fabrik gefahren, und jetzt um 12 fährt er erst heim zu. Ich bleib stehn und schau, und - auf jo und na is a ganzer Haufen Leut da, die schaun zu, wie der das Ross martert. Schreit in einer Tour: „ Hüo, Hüo, Krampen elendiger, i stich di nieder wannst net gehst" und haut auf das „ Würstl" derart, dass sich einige darüber aufregten. Das Ross schlägt fast nach jedem Schlag aus, und auf einmal ist der Strang kaputt. Jetzt kriegt er erst recht einen Zorn und schlägt das Ross, dass es nur so zittert. „ Wenn der Tepp net a Peitschn hätt, hätt er scho a paar Fotzn kriegt" ist zu hören, „so traut si kana zu erm zuwi". Wie er sich zum zerrissenen Strang bückt, schlägt das Ross aus und ihm ins Gesicht, dass er nur so niedertaumelt. „ Mara´nd Josef, den hots da hergricht!" Er riaht si fast nimma, und das Bluat rinnt eam nur so owi. Das schreien olle um d´ Rettung. Aner rennt telefoniern zum Bösenkopf, und jetzt geht´s los: „ Recht gschiachts eam, warum schlogta des Ross so" und andere wieder: „ Geht's, paults des Würstl aus, mehr g´hert eh net". Es werden immer mehr Leute, und jeder fragt: „ Is wos gschegn?" Hinten hört man schon: „ Herns, wos is denn gschegn?" „ Jo, i was net recht, bei an Streit hot ana den Kutscher derstochn." „Wos sie net sogn. Homs den Mörder dawischt?" „Aber na", sagt der andere, nachdem sich´ s Ross niedergelegt hat, „z´erscht hat der Kutscher dos Ross umbracht und nocha dos Ross in Kutscher." Endlich kommt die Rettung, und der Mann wird weg geführt, und a do schau, da kummt scho der Wachmann. „ Platz da, Platz, was ist da los, geht's auseinander, hams ghört wos i gsogt hab?" „ Wie manens? Na hörns, i kann do stehn wo i wü." „Wannst net glei stad bist, muss i di vahoftn." „A, do schau her, d´Goschn soll ma a no holtn? I tua ja nix." Der Wachmann kommt zum Pferd und sagt: „ Da muss was geschegn. Wo is der Kutscher?“ „Den hobn´s mit der Rettung furt, is holb derschlag´n“ „Wos, derschlog´n hot ihn wer?“ „Aber na“, schreien alle, s´Ross hot erm d Papn zerschlag´n, wäu er´s so g´haut hat.“ Da bleibt auf einmal der Wagen von der Roth-Fabrik hinten stehen, weil er nicht vorbei kann. Der Kutscher kommt zum Schauplatz, geht zum Wagen zurück, holt zwei Decken und breitet beide beim Pferd auf. „Geht's, Leitln, helfts ma, das Pferd auf die Decken drahen“. Horuck und no amol horuck, sechts, jetzt liegt dos orme Ross net mehr auf die Stana. „ Kruzitürken, wie schaust denn du armes Luder aus, voller Striemen und a so a Gschirr und der Trum Wagen! Is der narrisch gwesen?“ Der Kutscher bringt Pferd und Geschirr in Ordnung und der Wachmann schreibt in seinem Büchel.

Der Gaul zieht, aber der Wagen rührt sich nicht vom Fleck. „ Himi kruzifix ascho, 28 wos für a Hund hot die Bremsn zogn?“ Da schreit einer:“ „Der geflickte Poldl!“ „Wer, i? Sogs no amol, dann host a Tetschn, dass d´glaubts du bist da Watschnmann im Prota“. Ein anderer schreit: „Da Hupferl war´s!“, aber der Hupferl hat sich schon „draht“, er geht zu den Kanalräumern, da ist sein Bruder dabei. Ramaturi, ramatama, ramatans. Die Bremsen des Wagen sind offen, das Ross zieht ein bisschen an und bleibt wieder stehen. Da peidelt der Kutscher in Kopf und es geht ihm a Licht auf. Er geht her und spannt s Ross auf d andere Seiten, und auf amo geht´s, s Ross ziacht den Wogen. Es gibt nämlich Pferde, die gewöhnt sind, entweder zur Hand-oder zur Sattelseite zu gehen. Alles ging zufrieden auseinander, und einer von den Zuschauern übernahm das herrenlose Fuhrwerk. Hinten nach fuhr der weise Roth-Kutscher mit seiner scheppernden Messingblechfuhr zum Rennweg, wo in einer eigenen Fabrik oder auch in Hirtenberg Patronenhülsen fürs Militär erzeugt wurden. Auch Hülsenblech für leichte, schwere und schwerste Artilleriegeschosse, auch für Mörser vom Kaliber 30,5 wurde in Erdberg gewalzt.

Also auf zu Herrn Josef Vaua, dem ehemaligen Hofgärtner des Prinzen Croy- Dülmen, der jetzt einen Lehrling für Tauschin sucht. Nach einem Briefwechsel wurde uns kund getan, dass ich mit Mutter als Begleitperson kommen soll. Die Bahnfahrt ging vom Westbahnhof aus, wohin uns Vater begleitete. In Kolin unterbrachen wir die Reise und verbrachten drei schöne Tage bei Onkel und Tante Uher in Roth Petschkau. Dort sah ich auch zum letzten Mal meinen Cousin Franz, der in Prag studierte und gerade seine Freizeit beim Gutsbesitzer und Fabrikanten Mandelik in Nebovidi aufhielt. Er war mit einem lieben Pony zur Tante angeritten gekommen. Er besuchte wohl noch öfters meine Eltern in Wien, aber ich und Franz kamen nie mehr zusammen. Als die drei Tage um waren, ging es mit Onkels Wagen zurück nach Kolin und dann weiter nach Tauschin. Dort befindet sich ein reichhaltiges Salz-und Eisenbad, und viele Prager und auch andere benützen diese Heilquellen. In Tauschin fanden wir bald die „Melichar-Villa“ des Fabrikanten Melichar, dessen Fabrik in Prag landwirtschaftliche Maschinen erzeugte. Ein alter Herr um die siebzig und seine ebenfalls bejahrte Frau erwarteten uns. Wir wurden bewirtet, und dann wurde uns der große Garten mit den vielen Obstbäumen gezeigt und ein kleiner Park, der bis zur Elbe reichte, wo ein Kahn im Wasser schaukelte. Meine liebe gute Mutter fuhr noch am selben Tag nach dem Essen nach Kolin zurück, wo sie noch der Onkel mit dem Wagen erwartete. Sie verbrachte noch einige Tage in Kolin und in Roth Petschkau. Mich ließ sie bei den beiden Alten zurück.

Die beiden betrugen sich wie ein junges Liebespaar. War das ein Lachen, Kichern und gegenseitiges Kitzeln, wenn sie beisammen waren! Ich erfuhr auch die Ursache dieses Schöntuns: die beiden hatten erst vor kurzem geheiratet! Er war Pensionist und erst seit einem Monat in Tauschin. Ich kam mit ihnen sehr gut aus. Das Essen war nicht schlecht, Obst hatte ich mehr als genug. Die Frau hatte einen Stand mit Obst und Gemüse, auch Blumen verkaufte sie am Platz. Die meiste Zeit verbrachte ich mit Obstpflücken und kletterte gerne in den 29 Bäumen herum. Der alte Herr Vaua traute sich auf keine Leiter mehr. Reineclauden, gelbe und grüne , dann Zwetschgen! Eine Unmenge! Eines Tages beluden wir einen landesüblichen Wagen voll mit Zwetschgen und fuhren nach Alt-Bunzlau. Die Händler wollten nur einen Kreuzer je Kilo zahlen. So brachten wir die Zwetschgen nicht an sondern brachten die Fuhr zur Gänze wieder nach Hause. Herr Vaua wusste Rat. Er richtete einen Kessel mit Rühranlage her, und alle Zwetschgen und Reineclauden wurden von einigen Frauen entkernt und Powidl gekocht. Ich musste fleißig rühren, und so bekam Vaua drei große Fässer voll der herrlichsten süßen Marmelade. Selbstverständlich lernte ich bei dem alten Herrn nicht viel. Am meisten gefiel mir der Sonntag. Wenn ich mit Herrn Vaua nach Brandeis oder Alt Bunzlau ging, beide Städte mit erhaltenen historischen Bauten, besuchten wir die Kirchen und nach der Messe ein Gasthaus. Unterwegs plauderten wir über alles Mögliche, und er sprach oft von seiner langjährigen Tätigkeit bei den Herrschaften. Auch nach Celakovic gingen wir öfters, und dort sah ich zum ersten Mal einen Töpfer bei seiner Arbeit. Er erzeugte mit seiner Drehscheibe, die er mit den Füssen drehte und seinen flinken Fingern Blumentöpfe, allerlei Geschirr, Vasen und Krüge, die er dann glasierte und brannte. Die Malerei war einfach: Streifen oder Tupfen in Grün, Gelb, Blau oder Rot, und wirkte schön. Wenn sich am Sonntag nach dem Mittagessen die beiden Alten ein wenig schlafen legten, verschwand ich und war einige Stunden nicht zu sprechen. Mich interessierte der Kahn am Ufer. Ich löste die Kette und ruderte stromaufwärts und stromabwärts auf der Elbe. Gegenüber dem Gasthaus mündete die Isar in die Elbe, und da kam ich öfter in einen Wirbel und hatte mit meinen Kräften zu tun, um wieder herauszukommen. Auch links unten bei der Zuckerfabrik war eine Wehranlage, die mir zu schaffen machte. So oft ich in eine gewisse Entfernung von der Anlage kam, zog mich die Wehr gewaltig an, und einmal wäre ich beinahe darüber gerutscht, konnte aber noch schnell aus dem Kahn springen und ihn zum Ufer ziehen. Zum Glück hatte die Elbe zu dieser Zeit sehr wenig Wasser. Als Herr Vaua erfuhr, dass ich „Schinackel“ fahre, war es aus mit dem Vergnügen. Beide Vauas hatten mich so gerne wie ihr eigenes Kind. Ich konnte mich wirklich nicht beklagen. Das Essen war gut und reichlich, und die beiden liebten sich noch weiter, bis auf einige Streittage, die mich oft zum Lachen brachten. Nach einem Streit verreiste die Frau auf zwei Tage zu Verwandten nach Prag. Der alte Herr schnupfte gerne, und seine Nase und sein Bart waren immer schwarz vom Tabak. Er schickte mich zum Kaufmann um Schnupftabak und gemahlenen Bohnenkaffee; beide in gleichen Stanitzeln, d.h. Papiertüten. Was machte der liebe Herr Vaua? Er kochte den Schnupftabak und schnupfte den Kaffee. Als ich den ersten Schluck aus dem Kaffeehäferl machte, musste ich fast erbrechen. Der gute Alte hatte die Tüten verwechselt. Ohne es zu bemerken, trank er den Tabak, bis ich ihn aufmerksam machte.

Im Spätherbst bekam ich Stiefeln. Die kauften wir von dem Geld, das Mutter sandte, von einem Marktfahrer in Brandeis an der Elbe. Dann rodeten wir die alten Bäume im Park, machten Brennholz und beschnitten auch die Obstbäume, die Sträucher und den Taxus, den wir zu Pyramiden schnitten. Bei schlechtem Wetter saß ich in der Küche, wo auch mein Bett stand, und las in alten Kalendern oder lernte aus einem Gartenbuch. 30 Es nahte das Weihnachtsfest, da kam ein Brief von meiner guten Mutter, die mir schrieb, ich soll auf jeden Fall nach Hause kommen, um im Kreis der Familie das Weihnachtsfest zu feiern. Als auch das Geld ankam, eilte ich zur Bahnstation, um ja rasch nach Hause zu kommen. In Wien bestieg ich die Tramway und bald konnte ich meine liebe Mutter um den Hals nehmen und abküssen. Die Wiedersehensfreude war groß doch nicht lange. Die erste Frage war: „Wie siehst du denn aus? Ja, Bub, ich kenne dich nicht wieder.“ Ungepflegt, die Haare nicht geschnitten, ein dreckiges Hemd, na danke. Auch Vater war sprachlos, als er mich sah. Ich staunte über die entrüsteten Worte meiner Eltern, denn ich hatte immer nur mit Dreck und Erde zu tun,und beide alten Leute nahmen sich keine Zeit, um mich zur Reinlichkeit anzuhalten, und Wäsche und Kleider litten durch die Arbeit. Das nächste war: „Franzi, du gehst nicht mehr zurück. Wir werden Herrn Vaua schreiben, er soll uns das Kofferl mit der Wäsche und dem Arbeitsanzug schicken.“ Der Koffer kam noch vor Neujahr an, und der Inhalt war trostlos: die Kleider so verschmiert und verschmutzt, wie ich sie nach der Arbeit auszog, ebenso die Wäsche verschmutzt, und an den

Stiefeln haftete noch die Gartenerde. Ein Schreiben war beigelegt, dass es den beiden Alten sehr leid ist, dass ich nicht mehr zurück komme. Auch mir taten die beiden leid. Zu Hause waren die für uns die Nikolo-Tage genauso wie die Weihnachtstage willkommene Feste. Am Vorabend des Nikolo, am 5.Dezember, gaben wir Kinder Strümpfe zwischen die Fensterscheiben, und sobald wir am nächsten Morgen erwachten, sahen wir dort einen schönen Nikolaus und einen Krampus und alle - jetzt auf einmal neuen- Strümpfe waren voll mit Bäckereien, Nüssen und Äpfeln. Ja sogar eine Orange hat jeder bekommen. Ein paarmal kam am Abend des fünften auch der lebende Nikolo mit dem Krampus. Wir mussten beten, sonst gab es Schläge vom Krampus, der fürchterlich anzusehen war: zottig, mit Hörnern und langem Schwanz, schwarz, wie ein richtiger Teufel mit einer roten Zunge. Der heilige Nikolaus sah wie ein Bischof aus Er stellte uns verschiedene Fragen, und wenn wir sie gut beantworteten, nahm er dem Teufel die Butte weg und schüttete alle Bäckereien und Früchte vor uns aus. Nun, bei den Kleinen war die Angst groß, aber ich hatte es bald heraus, dass es Bekannte der Eltern waren. Erst die Freude vor Weihnachten! Da ging es festlicher zu. Die Schwester Berta putzte jedesmal ohne uns den Baum auf. Der große Weihnachtsbaum war voll von Süssigkeiten, Schokoladetieren, goldenen und silbernen Nüssen, Äpfeln, Orangen, in Papier gewickelten Zuckerln, mit reichlich Engelhaar, bunten Papierketten, Kerzen und Raketen, die viele kleine Sterne verspritzen, wenn man sie anzündete. Die vielen schönen Geschenke lagen unter dem Baum.

Der 24.Dezember war immer ein Fasttag. Dafür gab es abends Karpfen, eine gute Suppe, auch Braten und Mehlspeisen für einige Tage. Manchmal holte die Mutter vom Karmeliterplatz eine geschoppte, fette Gans, na, dann schmeckte der Gansbraten mit verschiedenen Beilagen erst recht. Auch die Gänseleber und das Gänsefett waren für uns Kinder eine köstliche Speise und ein feiner Brotaufstrich. Dass es in Wien auch Familien gab, die zu Weihnachten den Kindern nichts bieten und schenken konnten, sahen wir am besten in der Schule. Damit auch der ärmste unserer Mitschüler Weihnachten feiern konnte, wurde in der Klasse alles gesammelt, was zu Hause an Kleidern, Büchern und auch Lebensmitteln 31 entbehrlich war. Ja sogar ein Christbaum mit den dazu gehörenden Bäckereien und dem Schmuck stand am Abend vor diesen Kindern. Ich war selbst einmal Zeuge bei der Übergabe der Geschenke. Acht Kinder, der Mitschüler und seine Geschwister wurden beteilt. Die überraschten Eltern weinten vor Freude. Der Vater des Hansl hatte sich bei einem Unfall schwer verletzt und lag schon Monate im Bett. Die Frau ging außer Haus und verdiente mit Waschen und Bügeln einige Kronen. Wehe einer Familie, wenn beide Teile arbeitslos und krank waren. Wenn der Hausherr sah, dass der Zins auf Monate hinaus uneinbringlich sein würde, war er unerbittlich und warf, wie man so sagt, die Familie auf die

Straße. Die einzige Rettung war dann noch das „Erbsenhaus", eine Wanzenburg, wo man zu jeder Zeit einen Raum bekam, und der Zins wöchentlich kassiert wurde. Der Zins war niedrig, und täglich sah man im Erdberger Dörfl unweit der Leonhard-Irrenanstalt Übersiedlungen mit Handkarren oder Wagen. In der guten alten Zeit gab es viele Aussperrungen in allen Branchen, wenn die Magazine voll waren und es keinen Absatz gab; Kurzarbeit in der Roth-Fabrik in Zeiten ohne Krieg. Im russisch-japanischen Krieg, im serbisch-türkischen, im russisch-bulgarischen Krieg, im Burenkrieg mit den Engländern und vielen anderen Kriegsgeschehen liefen die Maschinen auf vollen Touren, denn es wurden Waffen und Geschoße zum Morden gebraucht. Der Tod wurde überall hin geliefert. Wir Schüler der Bürgerschule und schon in der Volksschule beobachteten mit Spannung jeden Krieg und waren immer für den schwächeren Teil. Bei den Buren bewunderten wir General Botha, Deweth und Ohm Krüger, bei den Japanern den Sieg über General Stoessel bei Port Arthur. In der Roth-Fabrik gab es schon seit einigen Jahren japanische Ingenieure, die sich abwechselten, um die dortige Technik zu studieren.

Wollte das Schicksal wirklich, dass ich noch Gärtnerlehrling werde? Tante Uher gab meinen Eltern die Adresse von ihrer Schwester und dem Schwager Herrn Adolf Marek, Schlossgärtner in Prauss, Kreis Nimptsch, Preussich Schlesien. Die Mutter schrieb sofort Herrn Marek, und eine Woche darauf kam die Anwort, dass ich am 1. März 1902 meine Lehrstelle antreten kann, in der „ Gräflich von Zierstinschen Schlossgärtnerei". Wie nobel das klingt! Na, wir werden ja sehen. Die paar Wochen, die ich noch in Wien war, vergingen schnell, allzu schnell. Abermals wurde mein Kofferl gepackt, Vater und Mutter begleiteten mich zur Nordbahn und wünschten mir mit dem elterlichen Segen eine gute Fahrt. Ich fuhr diesmal eine weite Strecke, nachts über Troppau und Jägerndorf hinaus in ein anderes Reich, eine neue Welt. Die Fahrt machte ich ohne zu schlafen. Bei jeder Station, die ich durch Mähren und Schlesien fuhr, stiegen Menschen aus und zu, und in Schlesien war die deutsche Sprache schon anders. Während der Fahrt plauderten die Reisenden mit mir, und viele wunderten sich, wieso so ein Junge mit 15 Jahren schon so weit von der Heimat in die ferne Welt geschickt wurde. Ach noe, ach noe, sie boten mir sogar zu essen an, einen Schluck Schnaps, ich soll nur trinken, es schadet nicht. Ach noe, ach noe, so ein Junge, will nit Schnaps. Ich hätte schon gewollt, aber was ist, wenn ich betrunken werde oder schläfrig? Dann stiehlt mir sicher wer den Koffer.

Als ich in Strehlen bei sonnigem Morgen den Zug nach Kurtwitz wechselte, wurde 32 mir schwer ums Herz, und als ich in der Endstation Kurtwitz ausstieg, hätte ich fast geheult. Schon das Deutsch hier! Und doch habe ich mir während dieser drei

Jahre den schlesischen Dialekt, vermengt mit preußischer Schärfe, angeeignet. In Kurlwitz erwartete mich ein Wagen mit dem Herrn „Onkel". So sagte ich nämlich gleich zu ihm und „Tante" zu seiner Frau. Er fuhr von der Zuckerfabrik nach Prauss in die Gutsverwaltung und vor dem Wohnhaus empfing mich die liebe schöne Tante. Na, Junge, willkommen im neuen Heim, hoffentlich wird es dir bei uns gefallen. Auch die Kinder umringten mich, der Fritz, die Gretl, der Hansl, und noch einer kam: der kleine Heinrich; die Magd Martha, der Lehrling Fritz Ermler aus Klein Johnsdorf. Auch der alte Gartenarbeiter Bittner Karl mit seinem „Kaiserbart", einem Backenbart bei ausrasiertem Kinn, kam und schüttelte mir die Hand. Als ich so alle um mich stehen sah und in ihren Augen sah und las, dass sie mir wohl wollten, war mir leichter, obwohl ich nicht jedes Wort sofort verstand. Die Tante Betti, ja die Tante, das war eine Tante, wie es deren wenige gibt! Eine herrliche Gestalt, eine saubere, schöne Frau, eine Schönheit, und ich konnte mich nicht beklagen, für sie hätte ich alles getan, denn ich liebte sie heimlich. Der Onkel war ein magerer, 40 Jahre alter Mann mit Knebelbart, ein ehemaliger k.und k. Obergärtner vom Augarten in Wien, wo auch früher Onkel Uher war und beide die Schwestern kennenlernten und auch heirateten. Mareks Vater und später auch sein Bruder waren als Schlossgärtner beim Grafen Zierstin, Freiherrn von Lilgenau und Blanda, in Österreichisch Schlesien angestellt. So kam auch Adolf Marek zur Schlossgärtnerstelle in Prauss, wo er schalten und walten konnte, da das ganze Jahr keine Herrschaft anwesend war. In diesen in Prauss verbrachten Jahren ging es mir sehr gut, ich bin ziemlich gewachsen und auch stark geworden. Kein Wunder, arbeiten musste ich viel, und der Appetit war einmalig. Zu essen gab es genug, aber die Einteilung war nicht gut. Im Sommer mussten wir von fünf Uhr früh an in der Baumschule arbeiten, und das Frühstück bekamen wir um halb acht Uhr, und oft wurde es später. Zuerst kam ein Häfen mit gekochten Kartoffeln samt der Schale auf den Tisch, dazu fassten wir pro Woche und Person ein Napla Butter. (Das war etwa ein Achtel Kilo, oder war es mehr?) Das Quantum musste auch als Brotaufstrich reichen. Ich aß die Butter jedenfalls früher auf. Mir war es gleich, mir schmeckte trockenes Brot zum Blümchenkaffee ebenso gut. War keine Butter da, gab es Griffenfett (Grammelschmalz), auch Sirup als Brotaufstrich. Mittwochs und freitags gab es zu Mittag Kabeljau oder sonst eine Fastenspeise, abends Salzheringe. Im Winter bekamen wir manchmal das „Schlesische Himmelreich": Räucherfleisch und Klöße, das heißt Geselchtes und Knödeln mit gekochtem Dörrobst, Kirschen, Zwetschken, Birn- und Apfelspalten. Es gab Gewiegtes (Gehacktes), das ist rohes Fleisch mit Zwiebel und Gewürzen, viele österreichische und tschechische Speisen, Zwetschkenknödel, Skubanki mit Mohn, Buchteln, Golatschen, Krapfen, Strudeln und Gugelhupf aber auch den guten Streuselkuchen, eine schlesische Spezialität. Viele Frauen kamen um Rezepte für Speisen und Bäckereien. Das

Brot, das im Haus gebacken wurde, schmeckte vorzüglich, und der Herr Pfarrer und der Kantor, der auch der Lehrer war, kauften das Brot bei der Tante. Erst das Schweineschlachten, das war immer ein kleiner Festtag, einige Kollegen des Onkels wurden zum Sautanz eingeladen, das beruhte auf Gegenseitigkeit. Die Erzählung von den kulinarischen Genüssen schließe ich mit der Schale Kaffee mit Stullen am Nachmittag und dem Nachtmahl um halb acht 33 Uhr, wo serviert wurde, was von Mittag übrig blieb. Dann kam das Schuheputzen für die ganze Familie, weil wir zu zweit putzten, ging es rasch von statten, und bis neun Uhr abends wurde geschrieben oder gearbeitet: Capblumen und Statice tartarica „aufdrahteln", Drahttöpfe für das Einballieren der Rosenwildlinge machen, davon einige hundert Stück, sonst Aufgaben machen, Pläne zeichnen, mit einem Wort : lernen. Ich und Fritz Ermler wurden sehr streng gehalten. Die oben beschriebenen Arbeiten waren Winterarbeiten. Dazu gehörte auch das Tagebuchschreiben das ganze Jahr hindurch mit den Temperatur-und Wetterangaben, im Sommer um 6h, 12h und 6 h abends abgelesen und ab Oktober um 7h, 12h und 5 h abends. Der Barometerstand, die Luftfeuchtigkeit, die gefallene Regen-oder Schneemenge und die Windrichtung wurden eingetragen. In den Glashäusern: Kalthaus, Warmhaus, Temperierhaus, Obsttreiberei, dem Wein-und dem Pfirsichhaus wurden dreimal täglich die Wärmegrade vermerkt. Nun zur Gärtnerei: das Wohnhaus im Villenstil war geräumig. Marek bewohnte im Parterre ein schönes Vorhaus mit Stiegenaufgang ins Stockwerk und Stiegenabgang in den Keller, der sich unter dem ganzen Gebäude befand; eine Küche, ein Schlafzimmer und eine „gute Stube", im ersten Stock Kinderzimmer und Lehrlingszimmer, die Kammer für die Magd und die Böden. Im selben Haus mit separiertem Eingang hatte Karl Bittner mit seiner Frau: ein Vorhaus, ein Zimmer mit Küche und ein Abort außer Haus. Es gab einen Kuhstall für vier Rinder, einen Schweinestall, ober dem Stall einen Raum für Hühner, eine große Scheune, in der auch das Brennholz aufbewahrt wurde, und einen Bienenstand für zwanzig Völker. Hinter dem Haus entlang der Mauer neben der großen Lohe, die dort vorbeifließt, standen die Spaliere der Pfirsich- und Aprikosenbäume, ein Glashaus für Rosen-und Buschobsttreiberei, circa dreihundert bis vierhundert Mistbeetfenster für Gemüse, hauptsächlich Frühgemüse, für Blumenpflanzen und für die Teppichbepflanzungen im Park. Der große Garten war in 16 große Quartiere eingeteilt, für Gemüse und die Obstbaumschule. Dann kam eine zwei Joch große Wiesenfläche mit hunderten Obstbäumen jeder Art und Sorte, die als Mutterbäume dienten. Die Gärtnerei verkaufte nicht nur Obstbäume sondern auch Obst an Händler gleich vom Baum weg. Viele Birnen-, Äpfel-, Kirschen- und Zwetschkenbäume wurden jährlich anstatt der alten Alleebäume nachgesetzt. Die Allee von Prauß nach Silbitz zum Beispiel bestand nur aus Kirschen und war fast zwei Gehstunden lang, von Prauß nach Groß Kniegeritz war die Birnen-

und Apfelallee etwa eine Dreiviertelstunde Fußweg lang, nach Nimptsch zwei Stunden, nach Kustowitz eine halbe Stunde Pflaumen und Zwetschken, nach Klein Johnsdorf führte eine gemischte Obstallee. Alle gehörten zur Herrschaft. Viele Kirschen gingen nach England und das übrige Obst brachten Händler waggonweise nach Berlin. Im Ganzen besaß die Herrschaft 24 Maierhöfe mit dem dazu gehörenden Grund und Herrenhäuser, die sämtlich verpachtet waren, ein kleines Königreich in riesiger Ausdehnung. Hauptpächter war damals Rittmeister Wittwer in Prauß, dem der große Meierhof mit 200 Rindern, der Jungviehstall, die Käserei, die Spiritusfabrik, die Brauerei, dazu noch einige tausend Morgen Grund zur Verfügung standen. Rittmeister Wittwer besaß in Prauß eine herrliche Villa mit schönem Park und einer Gärtnerei. Verwaltet wurde das Gut durch den Verwalter Wolf, die Assistenten Mikula und Herzog und noch den eigenen Verwalter für den 34 Getreideschüttboden namens Janikula.

In unserem Garten befand sich noch ein großes, dreigeteiltes Kalthaus mit Palmen, „Neuholländern", Orangenbäumen und anderen, mit drei Kanalheizungen; ein großes Glashaus mit drei Abteilungen für das Warmhaus, das Temperierhaus, das Haus zur Pflanzenvermehrung, alle mit Zentralheizung und einem reichhaltigen Bestand an Orchideen, Kakteen und exotischen Warmhauspflanzen, eine sehenswerte botanische Sammlung. Von der Gärtnerei ging man über den großen, breiten Schlossplatz zum Schloss, das ringsherum durch einen tiefen Wassergraben umsäumt war und auch zum Park mit vielen uralten Bäumen, unter ihnen besondere und seltene Koniferen, sogar eine Zeder und eine Himalaya-Fichte. Im Park selbst befand sich ein Badehaus, ein Gebäude aus dem 17. Jahrhundert mit Säulen und schöner Architektur, Franzensbad genannt. Der Vorplatz war kunstvoll gärtnerisch gestaltet. Im Park waren eine alte Burgruine und das Pferdedenkmal für „Douglas" zu sehen. Das Pferd soll in einer Schlacht durch einen kühnen, fast unglaublichen Weitsprung über einen tiefen Graben dem Reiter das Leben gerettet haben. Durch den Park und den Schlossgraben floss die Große Lohe.Der Graben war sehr fischreich aber auch sehr reich an Wasserratten. Vom Schloss, das aus dem 14.Jahrhundert stammte, führte jeweils eine Brücke zum Vorplatz und in den Park, noch mit den alten Ketten der Zugbrücken. Ein großer, viereckiger Arkadenhof befand sich im Inneren des Schlosses. Dieses war zweistöckig und enthielt eine Kirche, einen großen Rittersaal, einen Jagdsaal mit Tischen, Sesseln und Lustern, die aus vielen Geweihen angefertigt waren; ein Archiv, Schlafsäle mit Himmelbetten, Räume mit herrlichen Stukkaturarbeiten und Gemälden, Ahnenbildern, alten Möbeln mit Holzeinlegearbeiten; Ritterrüstungen, viele Schilder, Speere und Lanzen, alte Gewehre, Pistolen, Säbeln ja sogar einige kleine Geschütze mit den dazu gehörigen Eisenkugeln. Die Fenster des Schlosses hatten noch Bleistreifen. Im ersten

Stock waren mehrere Fensterrahmen mit Unterschriften versehen: von Napoleon, von verschiedenen Generälen und Aristokraten. Das Archiv enthielt viele in Schweinsleder gebundene Bücher und Schriften, darunter wertvolle und seltene Exemplare. Es war nur schade, dass das Schloss das ganze Jahr unbewohnt war. Nach dem Tod des letzten Kastellans bewohnte ich fast zwei Jahre lang im Schloss das erste Zimmer rechts vom Eingang. In den Sturmnächten war für mich das Wohnen im Schloss furchtbar. Die Fensterscheiben schepperten bei jedem

Schloss des Grafen Zirotin in Prauss, Preussisch-Schlesien, rückwärtiger Teil mit der Sicht zum wunderschönen Park mit einem alten Baumbestand, reich an Sorten und Arten; sehenswert und sehr häufig von Botanikern und Reisenden besucht.

Windstoß, die Dachfahnen knarrten, und die eisernen Balken der Dachluken kreischten in allen Tonarten. Im Schlosshof heulte der Wind um die Säulen der Arkaden, und das „Kiwit" der Käuze ließ mich nicht schlafen. Ich konnte die Stube nicht heizen, und wenn es im Winter noch so kalt war, schlief ich kalt. Ich hätte, um heizen zu können, erst in den Keller gehen müssen um von dort den Ofen zu bedienen. Ein einziges Mal versuchte ich, den alten Kachelofen zu heizen, verbrannte eine Menge Holz, und der Ofen blieb kalt. Dann musste ich zwei Stunden das Fenster offen halten, um den angesammelten Rauch abziehen zu lassen. Auch hatte ich Angst vor den vielen Ratten im Keller. Ließ ich, wenn es im Sommer sehr warm war, das Fenster offen, krochen die Ratten am Rebenspalier entlang hinauf in mein Zimmer, und oft schlug ich in der Nacht eine von meinem Bett hinunter, wenn ich die Berührung im Gesicht oder an den Händen gespürt hatte. Dann ließ ich auch im Sommer nachts das Fenster zu. Neben dem

Schloss war noch eine Insel, auf der stand das Gebäude der Forstverwaltung, ebenfalls mit einer Brücke, die zur Straße führte. Das Gebäude wurde vom Oberförster Rittersporn bewohnt, der ein Jahr nach meiner Ankunft pensioniert wurde, und als dessen Nachfolger der Forstverwalter Wilhelm von Golitschek, Edler von Elberwart, kam. Er war ein großer stattlicher Herr mit dunklem Teint und leidenschaftlicher Zigarettenraucher. Der Oberförster übersiedelte in das niedere, langgestreckte Haus am Schlossplatz, das bis auf ein Verbindungstor an die Kalthäuser angebaut war, deren Fenster in den Garten sahen.Ich erwähne das alles deshalb, weil ich bei den beiden Herren in Ungnade fiel. Junge Burschen sind voller Dummheiten und das waren leider auch wir.

Der Oberförster war ein Liebhaber von Kanarienvögeln, und oft lauschte ich dem Trillern der Vögel. Er ging fleißig in den Garten und pflückte die „Vogelwürsteln", Breitwegerich- und Spitzwegerichsamen, die am besten bei den Komposthaufen wuchsen. Wir brachten gerade Abortjauche, die wir in ein großes Loch des Komposthaufens schütteten, deckten das Loch wieder zu und pflanzten die schönsten und fettesten Vogelwürstel darauf. Nicht lange darauf kam der Herr Oberförster, sah die schönen Samenträger, stieg auf den Komposthaufen und versank-o Schreck! – bis über die Knie in der Jauche. Wir sahen vom Glashaus aus zu und wollten gerne zu ihm eilen um ihn zu befreien, als er schon laut mit voller Lunge, und die war gut bei ihm, nach der Wirtschafterin schrie: „Karolin, Karolin!" „Ja, was ist, warum schrein Sie so?" „Bringen Sie mir mein Gewehr mit Patronen, ich schieße die zwei Aase wie Hunde nieder." Donnerwetter, Teufel noch mal, die Karolin rennt, so gewichtig sie ist, mit einem Gewehr zu ihm. Was tun? Wir konnten leider nicht zu ihm laufen, um ihn aus der peinlichen Lage zu befreien, denn in seiner Wut hätte er am Ende auf uns geschossen. Na, hoffentlich hilft die Karolin! Heiliger Gott, ja, die Karolin hilft und.... fällt fein auch in die Jauche, immer tiefer. Jetzt schreien alle beide. Dann sehen wir, wie auf das Schreien um Hilfe ein Knecht vom angrenzenden Maierhof über die Mauer springt und beide aus der unerquicklichen Lage befreit. Warum musste er um das Gewehr rufen? Wir hätten ihn ebenso gut befreit, und die gute Frau Karolin mit ihren 100 Kilo hätte sich das doppelte Reinigen erspart. Dass wir den beiden lange Zeit auswichen, ist verständlich. Obwohl ich mich bei Frau Karolin entschuldigte und sie bat, nicht auf uns böse zu sein, gab sie uns den guten Rat, uns ja nicht beim Oberförster blicken zu lassen, da er bei einem Herrenabend wegen des Jauchefalles, den Herr Marek zum besten gab, ausgelacht wurde. Wir erzählten alles wahrheitsgetreu Herrn Marek. Da er uns dafür nicht lobte, ist begreiflich, hat uns doch der Oberförster als die größten „Räudels" anschwärzte, die er je gesehen hat. Nicht genug damit, mussten wir doch wieder einmal Jauche tragen, noch dazu bei seinem offenen Fenster vorbei, als er gerade davor saß und Zeitung las.

Um ja rasch vorbeizukommen, sah ich zum Oberförster hin, stolperte über einen Katzenkopfstein, und unabsichtlich entleerten wir vor seinem Fenster den Kübel, den wir mit zwei Stangen trugen. Wir warteten nicht erst ab, was geschehen würde, sondern rannten ohne Kübel davon. Schon krachte eine Schrottladung hinter uns, Gott sei Dank ohne uns zu treffen. Wir hatten mit dem Kübel vorbeischleichen wollen, damit er uns nicht sieht, und das Gegenteil war durch das Stolpern eingetreten. Als wir das unserem Lehrherrn mitteilten, wusste er nicht, ob er lachen oder schimpfen sollte, und gab uns den Rat: Geht hin und entschuldigt Euch. Schöner Rat aber unmöglich durchzuführen. Da ging Onkel selbst zum Oberförster, der, auch weil es ihm vor dem Fenster zu viel stank, den Ärger über uns im Gasthaus Hanke mit einigen Glas Bier hinunter spülte. Wir räumten schnell auf, auch einige Gießkannen Wasser halfen, den Unrat zu beseitigen.

Wir sagten Frau Karolin, wie alles geschehen war. Später wurde der Friede auch mit dem Herrn Oberförster hergestellt, da ich mich bei ihm entschuldigte und alles auf Fritz Ermler schob, der -schon ausgelernt- die Gärtnerei als Gehilfe verlassen hatte. Ermler war ein Jahr lang mit mir beisammen. Sein Vater war als Pflasterer und Straßenarbeiter Sozialdemokrat. Die Leute hier auf dem Lande wichen ihm aus als wäre er der Teufel selbst, „ein Roter"! „ Habt mal schon so was gehört? Da bleibt einem die Spucke weg. Was will der Anarchist, der Gottlose? Er verdient genug, er soll seine Fresse halten und nich so´n Unsinn zusammenquatschen", war zu hören, wenn er einmal im Gasthaus diskutierte. In den Dörfern gab es zu dieser Zeit keine Sozialisten, keine Antimilitaristen, sondern nur stramme, kaisertreue Draufgänger. Ein Knecht verdiente bei freier Wohnung und etwas an Deputaten, d.h. Lohn in Lebensmitteln, bei zehn-bis vierzehn-, ja oft sechzehn Stunden Arbeit eine Reichsmark täglich, die Gartenarbeiterinnen 50 Pfennig für 10 Stunden Tagesarbeit, ebenso landwirtschaftliche Hilfskräfte. Nur in der Kartoffelernte wurden die Leute für jeden abgelieferten Viertelkorb bezahlt, bei der Rübenernte, gleich ob Zucker-oder Futterrüben nach Kubikmeter gekoppter Rüben. Das Herausnehmen der Rüben war anstrengend und machte bis abends müde, und erst das Koppen wenn die Blätter stark vom Reif befallen waren, war kein Vergnügen, da fror es einen jämmerlich in den Fingern. Ich machte das bei drei Rübenernten mit, die Tante erntete auf ihrem Deputat-Acker Rüben und auch 15 bis 20 lange Reihen Kartoffeln.

Statt des Ermler kam aus Breslau ein neuer Lehrling, der Julius Friedrich, Sohn eines „Rentier"; einem, der von einer Rente lebte. Ich und Julius, auch unser Krieger von 1870-71 wechselten uns beim Glashausheizen ab. Bei Tage, wenn wir uns wegen zu großer Kälte oder Schlechtwetter im Arbeitsraum neben dem Kalthaus aufhielten, flochten wir Strohmatten, schnitzten Etiketten oder Staberln oder reparierten Mistbeetfenster. Da erzählte uns Bittner seine Kriegserlebnisse von Mars la Tour, Leonville und bis vor Paris kam er, und das erste Mal hat er „schwarze Neger“ gesehen und geglaubt es seien Teufel, aber ich glaubte immer, der alte Haudegen hat manchmal geflunkert, das verstand er gut. Da verging der Tag viel zu schnell, und um halb vier war es im Winter schon oft finster. Da hieß es, schnell noch alles zum Heizen vorbereiten, das Reisigbündel, das Holz, nachsehen ob genug Wasser im Kessel ist, wie viele Grade es im Glashaus hat, und bei strenger Kälte, oft bis Minus 30° die ganze Nacht hindurch heizen. Es war nach Neujahr 1904. Eine strenge Kälte herrschte damals, und das Thermometer sank auf Minus 32°. Mich fror erbärmlich in meinem Schlosszimmer. Ich ging hinüber zum Kutscher des Forstverwalters, um mich in den Stallungen zu wärmen. Aber auch da war es kalt, und so meinte der siebzehnjährige Kutscher, der sonst im Stall schlief: „ Komm mit zur Hedwig, bekommst einen guten Tee, und ich werde Nachtmahl essen“. Die Hedwig war das Mädchen vom Forstverwalter, der gerade im Gasthof Hanke war und vor ein oder zwei Uhr nachts nicht erwartet wurde. Seine Frau war verreist. Ach, war es in der Küche schön warm, und erst der Tee mit Rum, ich taute ordentlich auf, und weil ich wegen der Kälte schon einige Nächte schlecht geschlafen hatte, schlief ich ein. Die Hedwig ließ mich schlafen, sitzend bei Tisch. Erst um zwei Uhr nachts wurde ich durch das Knarren und Knirschen der Holzbrücke wach. Bei klirrendem Frost klingt jeder Schritt weithörend laut. Da kam mir zu Bewusstsein, wo ich mich befand und anstatt ruhig sitzen zu bleiben, rannte ich zum Fenster und schwang mich hinaus, um beim Weinspalier hinunter zu klettern. Ich kam aber schneller hinunter als ich wollte, denn das Holzspalier brach unter der Last, und ich schlug unten auf. Ich rappelte mich in die Höhe und bewegte mich so schnell wie möglich über das Eis meiner Behausung zu. Auf halbem Weg sausten Schrottkugeln über das Eis. Kaum lag ich, hörte ich schon den schweren Schritt des Edlen von Elbwart, und dann das Trommeln mit der Faust an das Tor und die Rufe „Aufmachen!“ . Ich machte das Fenster auf und fragte nur, was der Herr wolle und stellte mich schlaftrunken. Er gab keine Antwort sondern fluchte und ging. Dummerweise oder vielmehr richtiger Weise sagte ihm die Hedwig die Wahrheit, und am nächsten Tag gab es beim Onkel einen Mordskrach. Wie erging es mir mit dem hochwürdigen Herrn Pfarrer? Er wohnte mit seiner Schwester und dem Dienstmädchen Martha im Beamtenhaus am Schlossplatz. Sein Gartenanteil schloss an die Landwirtschaft an. Im Garten war ein besonderer Apfelbaum: der Himbeerapfel von Holovous, der rote Apfel mit rotem Fleisch, der einen ungewöhnlich guten Geschmack hatte. Der Baum war groß und voll mit überreifen Früchten. Der Herr Pfarrer war ja bei Onkel täglicher Gast, und wir hörten den Onkel, wie er dem Pfarrer sagte, er möge morgen die Äpfel pflücken lassen, weil sonst alle herunterfallen. Ich gestehe: Ich und Friedrich wollten uns einige Kilo von dieser köstlichen Frucht aneignen, ohne jedoch dem Herrn Pfarrer größeren Schaden zuzufügen; hatten wir doch in unseren Garten Tausende Kilo Äpfel aber keine Himbeerapfel mehr, da der Obstpächter die schon längst gepflückt und versandt hatte. Wir stiegen spät abends über den Zaun und schüttelten den Baum, herrje, da purzelten sie nur so herunter. Wir nahmen uns circa 10 -12 kg und trugen die Äpfel zu einem bekannten Bauernsohn, wo wir sie im Heu versteckten. Wir wussten, dass uns der Bruno nicht verrät. Wir sahen aber in der Dunkelheit nicht und achteten auch nicht darauf, dass ein abgeerntetes Beet frisch umgegraben war, und dann darauf die vielen frischen Fußstapfen zu sehen waren, als wir die Äpfel sammelten. Am nächsten Tag rückten der Herr Pfarrer mit der Leiter und die beiden Frauen mit dem Wäschekorb an, um die Himbeeräpfel zu ernten. Aha, Julius, siehst du was? Und ob! Wir sahen, wie der Herr rannte, dass die Schösseln des Gehrockes nur so flogen, und schnurstracks zum Chef Marek. „Ihr habt dem Herrn Pfarrer Äpfel gestohlen, sagt die Wahrheit“, donnerte er uns an. Wir leugneten, wir waren es nicht. Wir merkten, dass Onkel und Tante alle Winkel, auch die Betten durchsucht hatten, gesprochen wurde darüber nicht mehr. War es die Ruhe vor dem Sturm? Es nahten die Osterfeiertage und wir mussten beichten gehen. Vorher verriet uns die Magd Anna ein Gespräch zwischen dem Herrn Onkel und Seiner Hochwürden bezüglich der Beichte. Deixl no mal, was tun? Wir beratschlagten: Sollen wir die Wahrheit sagen? Nein! Wegen der paar Äpfel!

Wir gingen zum Kirchendiener und baten ihn, er möge jedem von uns einen Beichtzettel geben, er bekommt eine Mark dafür. Nun, der guter Herr Bruno Wildner schimpfte uns wegen des Apfeldiebstahls gehörig zusammen, erbarmte sich dann und holte uns aus der Sakristei zwei Beichtzetteln. So bekam der Herr Küster und Schneidermeister, der gerne trank, seine Mark. Ostersonntag: Familie Marek ging geschlossen in die Kirche, auch meine Wenigkeit mit Julius. Die letzten Leute kamen von der Beichte, die schon seit einigen Tagen abgehört wurde, da stieg der Herr Pfarrer auf die Kanzel und hielt eine zu Herzen gehende Predigt. Alle lauschten andächtig. Nach der Predigt begann das Hochamt, und als viele zur Heiligen Kommunion gingen, mischten auch wir uns darunter. Ich kniete beim Hochaltar und sah zu, wie einer nach dem anderen die heilige Hostie bekam, und kam auch an die Reihe. Als sich unser hochwürdiger Herr Pfarrer mir näherte, um mir die Hostie zu reichen, zögerte er lange, sah mich an und führte die Hostie ein paar mal zu meinem Mund und wieder zurück. Ich griff in die Tasche und zeigte den Beichtzettel. Mir war nicht wohl zumute und mir rann der Schweiß nur so runter. Ich schämte mich fürchterlich. Endlich bekam ich die Hostie, als ich schon dem Weinen nahe war. Ebenso erging es Julius. Als ich vom Hochaltar wieder auf meinen Platz ging, sah ich meinen Onkel vom Chor auf mich blicken, und auch die liebe Tante warf mir Blicke zu, die nichts Gutes verhießen. Kaum war die Messe aus, als auch schon der Herr Pfarrer beim Onkel war und über uns sprach. Heiliger Barnabas, steh uns bei! Schon erklang Onkels Schlachtruf: „ Franz, Julius, kommt mal rein in die gute Stube. Sagt, ihr gottverlassenen Äser, ihr Räudels, wart ihr bei der Beichte?“ „ Ja, ja“, erklang es wie aus einem Mund, „ beim polnischen Priester“, der jährlich zweimal nach Prauss kam, um die Beichte der polnischen Landarbeiter abzuhören, und zeigten unsere Beichtzettel. Nun gaben sich beide geschlagen, und fast wäre es noch schief gegangen, als er uns fragte, wann wir beichten waren. Ich wusste, dass der polnische Priester am Karfreitag gekommen war, dem größten Feiertag der Evangelischen Kirchengemeinde, und leider stimmte das mit dem Beichtzettel noch immer nicht, denn der Priester gab –polnisch!- geschriebene Zettel aus. Die Augen des Herrn Pfarrer wurden immer größer, und seine Hand zuckte ein paarmal, er hielt sich aber zurück und holte nicht aus. Was konnte uns der liebe Herr tun? Gewöhnlich waren die Beichtzettel in einem Schrank der Sakristei versperrt. Der Herr Onkel sah auch verdutzt drein, entließ uns dann aber gnädig. Später kam ich mit dem Herrn Pfarrer sehr gut aus, da ich ihm keinen Anlass mehr zu einer Klage gab. Im Gegenteil, ich machte mein Verbrechen des Diebstahls damit gut, dass ich so manche Stunde trotz Müdigkeit gratis arbeitete, und er hat mir schon längst alles verziehen. Im Beamtenhaus wohnte auch der Arzt Dr. Töpfer, der seltene Blumen malte, die bei uns blühten. Im Winter blühte im Warmhaus ein „ Aronstab“, der wohlriechend und stark duftend aufblüht, im Verblühen aber furchtbar stinkt wie ein Aas. Eines Morgens kam ich ins Glashaus und suchte alles ab, da es penetrant nach einer toten Katze oder sonst einem Aas stank. Ich suchte und fand nichts, ebenso erging es dem Onkel, als er ins Warmhaus kam. Ich wollte die Blume abschneiden und fortwerfen. Da fiel mir ein: „Wie wäre es, Onkel, wenn wir den Aronstab zum Dr. Töpfer geben, er malt ja gerne.“ „Junge, das ist eine gute Idee, mach den Topf gut ein und trag ihn hinüber“, und schon war ich fort. Im Wartezimmer saßen schon sechs Weiblein und vier Männer. Ich stellte mich zur Tür, und bald konnte ich die Gesichter studieren. Der Raum war klein, und schon roch es, als ob alle die Hosen voll hätten. War das ein herrlicher Gestank! Einer sah den anderen an, und einer rückte vom andren ab, und gegenseitig hatten sie sich einer Ungehörigkeit verdächtigt. Ich musste mich zusammennehmen, um nicht laut zu lachen. Endlich erschien der Doktor. Hm , wie sich seine Stirn runzelt, wie er auf einmal böse schaut, ja Himmel Donnerwetter, wer stinkt denn da so fürchterlich, reißt doch Fenster und Türen auf, so eine Schweinerei! Da erblickt er mich: „ Was bringen Sie uns Schönes?“ „Einen schönen Gruß vom Herrn Marek, und Sie sollen die Blume malen.“ „Na schön, geben Sie es ins Schlafzimmer, schönen Gruß und Dank dafür.“ Dass die Familie Töpfer die Nacht vor lauter Gestank nicht schlafen konnte, war seine Schuld, weil er die in Papier verhüllte Blume ganz vergaß und erst vor dem Schlafengehen darauf kam. Der Topf flog samt der Pflanze auf den Schlossplatz, wo ich sie am nächsten Tag fand. Beim Herrenabend am Donnerstag erzählte er allen, wie die Wohnung derart stank, dass alles in den Räumen und sogar die Tuchenden nachher noch tagelang verpestet waren. Deswegen war er dem Onkel noch lange böse.

Ich wurde im Allgemeinen sehr streng gehalten. Immer, wenn ich ins Dorf gehen wollte, musste ich um Erlaubnis ansuchen. Jeden zweiten Sonntag hatte ich Dienst, und erst im Herbst, wenn die großen Treibjagden begannen, kam ich in die weitere Umgebung, es sei denn, wir gingen Unterlagen für die Rosen suchen oder fuhren nach Roth Neudorf um Moos zum Einballieren der Rosen. Roth Neudorf, das sind einige Häuser in Höhenlage, und sonst lauter Wald. Als ich an einem Gasthaus vorbeiging, stand der Wirt in der Tür, und ich armer Tropf grüßte ihn nicht. Na, der schimpfte nicht wenig. „Die heutige verdorbene Jugend! Warum grüßt du nicht?“ Da zog ich den Hut und entschuldigte mich: „Verzeihen Sie, ich wusste nicht, dass ich alle Menschen grüßen soll“. „Sollst du auch nicht, nur Bekannte und alte Greise, und so einer bin ich“. Als wir mit der vollen Fuhr zurückkamen, kehrte ich beim Wirt ein, und als er erfuhr, dass ich ein Wiener bin, da bekam ich sogar „Kaffe un ne Butterstulle“ gratis. Eines gefiel mir aber nicht: Er hatte von Geografie keine Ahnung, und als er sagte, ja, da sind ja lauter Zigeuner zu Hause, tat mir das weh. In Deutschland wurde nur über Deutschland und die Kolonien gelehrt. Was andere Länder hatten und taten, war uninteressant. Nur Deutschland über alles, über alles in der Welt. Dass in Österreich nur dumme und ungebildete Leute sind und Zigeuner, hörte ich öfters. Wir hatten ja außer Franz Josef Land in der Eiszone keine Kolonie, auch dieses Land gehörte nicht uns. Endlich kam im Spätherbst, gewöhnlich 14 Tage vor Weihnachten, der Tag zur Treibjagd. Zu diesen Kreisjagden wurden bis zu 150 Treiber aufgenommen, und circa 130 Jagdherren hatten sich an der Jagd beteiligt. Treiber, junge Burschen und Männer mit Stecken, die Herren lauter ehemalige Offiziere, und wenn ein Jagdherr vor 50 Jahren Leutnant war, behielt er den Titel. Man hörte nur: Herr Rittmeister, Major, Herr Graf, Herr Baron und so weiter. Wer kein Offizier war, der galt nichts, und mit dem sprach kein Offizier noch Junker, nur von „von“ aufwärts bedeutete etwas. Es wurden vom Forstverwalter und seinen vier Jägern die Kreise eingeteilt und wenn ein Kreis geschlossen war, durch Trompetensignal der Anstoß zur Einengung des Kreises gegeben. Die Jagd in einem großen Kreis dauerte ungefähr zwei Stunden und mehr bis zum Erreichen des Sammelpunktes. Die Jause begann mit Butterbrot und Wurst und einem Gläschen Schnaps. Da lag nun die erst Jagdbeute, welche mit den Leiterwagen verladen wurde. Nach dem zweiten „Kreis“ gab es dann ein gut schmeckendes Schafgulasch, das Frau Karolin in großen Kesseln am offenen Feuer kochte und allen Treibern und Jagdherren sehr gut schmeckte. So mancher

Herr ließ sich noch einmal den Teller auffüllen. Auch ich war bei solchen Treibjagden dabei. Nach dem zweiten „Kreis“ blieb ich bei den Leiterwagen, wo wir das Verladen des Wildes beaufsichtigten. Die Hasen wurden immer zu je 10 Stück auf Stangen gefädelt, das übrige Wild in die Leiterwagen gelegt. Nach Beendigung des dritten „Kreises“ zählten wir im ersten Jahr meiner Lehrzeit: 2845 Hasen, 892 Kaninchen, 625 Fasanen und ca 1000 Rebhühner, 45 Rehe, 16 Füchse, 2 Marder, eine Wildkatze und einige Raben. Von den Fasanen durften nur die Hähne geschossen werden. Schoss ein Schütze eine Henne, dann musste er eine Mark Strafe zahlen, für eine Rehgeiß 10 Mark. Jeder Treiber, so auch ich, bekam zum Abschluss eine Mark Treiberlohn und ein Stamperl Bierschnaps.

Als ich im letzten Lehrjahr war und wieder bei der Treibjagd dabei, schossen die Herrn nach dem dritten „Kreis“ auf die leere Schnapsflasche, die bauchig und mit einem Henkel versehen, zehn Liter fasste. Bei einer Distanz von ungefähr 40 bis 50 Metern trafen sie nicht. Da lachte ich beim Zuschaun sehr laut über diese Stümper. Der Rittmeister Wittwer dreht sich um, gibt mir den Kugelstutzen und sagt: „ Na Junge, jetzt darfst auch du schießen. Triffst du die Flasche, dann bekommst du 10 Mark, triffst du sie nicht, dann bekommst du zwei Backpfeifen, damit dir das Lachen vergeht.“ Ich schoss, traf die Flasche und bekam 10 Mark. Leicht fiel es mir nicht, denn es dämmerte schon, aber zum Glück ich hatte gute Augen. Alle Herren, die daneben schossen, zahlten 10 Mark für die Armenkasse. Ich schaffte mir für die 10 Mark neue Wäsche an. Und doch bekam ich im dritten Lehrjahr für einen gut gelungenen Schuss eine saftige Watschen. Es war im Sommer, als die Nachricht kam, dass seine gräflichen Gnaden, der Graf Zierotin, Statthalter von Mähren mit dem Sitz in Brünn und seine durchlauchtigste Gemahlin und deren beider Dienerschaft uns die hohe Ehre geben, einmal für einige Wochen in Prauss zu erscheinen. Das war wie ein Stich ins Wespennest, so viel war auf einmal zu tun. Der Park musste sauber gemacht werden, das heißt alle Wege gereinigt und die vielen Grasflächen mussten gemäht werden. Ich musste schleunigst nach Klein Johnsdorf, die Pächter der Parkwiesen zu verständigen, die fluchten, als ich sagte, dass das Gras in 6 Tagen geschnitten und abgeräumt sein muss. Im Garten war auch vieles zu jäten. In der Orangerie am rückwärtigen Teil des Schlosses musste umgruppiert werden, die Gruppen-und Teppichbeete teilweise erneuert, die großen Vasen am Schlossplatz bepflanzt. Schon kamen zwei Tage vor der erwarteten Herrschaft zwei Fiaker mit englischen Halbblutpferden an. Die Herren gräflichen Kutscher fuhren samt Gepäck mit den Wagen von Brünn nach Prauss. Der gräfliche Herr Küchenchef, der Kammerdiener, zwei weitere Diener, eine Zofe und noch zwei Mädchen kamen mit der Bahn an. Alle waren Tschechen. Da ich mit den lieben Leuten reden konnte, galt ich sehr viel. Ich ging mit dem Küchenchef einkaufen, und oft rief er mich in die Küche und steckte mir etwas zu. Einmal bekam ich sogar eine gute, fette, mit Rahm gekochte Dillsauce mit Rindfleisch. Ich aß das sonst gerne, denn wir hatten ja bei Frau Marek tagtäglich Tunken: mit Kapern, mit Dille, Mehltunke, Tunke mit Knoblauch, mit Zwiebeln, Tomatentunke und was sonst noch, doch niemals so eine fette, gallige Sauce, und da war es kein Wunder, dass ich alles erbrach. Ich hatte auch zu viel davon gegessen, ohne hungrig zu sein wie auch manchmal in dieser Zeit von den feinen Mehlspeisen, die mir am besten schmeckten.

Als die gräfliche Herrschaft mit ihrem Gast, dem Schwiegervater des Grafen, Herrn Baron Podstacky, schon einige Tage im Schlosse hausten, musste ich täglich die vielen Pflanzen im Schloss und parkseitig in der Orangerie gießen. Da fragte mich der Herr Baron, ein alter gemütlicher Herr, ob ich abends mit ihm auf den Anstand gehen will. Er weiß einen schönen Rehbock, war schon viermal an der Waldlisere, hatte dort den Bock gesehen, ohne zum Schuss zu kommen. Sehr gerne gehe ich mit, antwortete ich auf Tschechisch. Am Abend waren wir zur Stelle: ein schöner Wald auf einer Anhöhe und vor dem Wald eine saftige Wiese. Der Wagen entfernte sich, wegen der vielen Bremsen waren die Pferde unruhig. Wir setzten uns nebeneinander auf Baumstümpfe, es war ein schöner, warmer Abend. Es war so still um uns, auch wir sprachen kein Wort, ein kleines Mäuschen rannte über meine Schuhe, und die Bremsen waren lästig. Der Herr Baron schlief ein. Da kamen der Rehbock und noch zwei Rehe. Ich stieß den Baron ein paarmal, er wird nicht wach, und sein geladenes Gewehr hatte er über sich liegen. Ganz sachte nahm ich es ihm fort. Ich sah schon, wie sich die Rehe oft nach uns umblickten und sich entfernten. Hatten sie uns gewittert? Ach was, er soll weiterschlafen, den Bock bekommt er trotzdem noch, und schoss. Der Bock machte einen Sprung und brach zusammen, und die beiden Rehe flohen in den Wald. Mit dem Knall des Schusses knallte es in meinem Gesicht, denn die Ohrfeige saß, und ich hätte noch etliche davon bekommen, wäre ich nicht ausgewichen. Er hieß mich alles nur keinen braven Jungen und ging mit dem Gewehrkolben auf mich los. „Aber Herr Baron, was wollen Sie, den Bock haben ja Sie geschossen“, sagte ich ihm. „Das traust du dich mir zu sagen? Elender, ich schieße dich nieder, du hast mir die ganze Freude verdorben. Ich wurde so alt, aber so etwas ist mir noch nie passiert!“ „Aber Herr Baron, warum schimpfen Sie, es hat doch niemand gesehen. Sie schossen den Bock, dort liegt er.“ Er sah mich lange an, und zum Schluss fing er an zu lachen. „Meinst du? Kannst du auch das Maul halten?“ „ Und ob, ich habe mit der einen Watschen genug!“ Er griff in die Tasche: „ Da hast du 20 Mark Schmerzensgeld, aber jetzt Maul halten! Komm, sehen wir uns den Bock an. Verdammter Kerl, den hast du schön getroffen, ein schöner Blattschuss“. Er brach einige Tannenzweiglein ab, ein Tannenreis gab er auf den Hut und die anderen dem Bock ins Maul. Ich nahm den Bock über die

Schulter und wir gingen zum nächsten Bauern, wo uns der Kutscher mit dem Wagen erwartete. Als wir im Schlosshof waren, wurde der alte Baron stürmisch begrüßt und zu diesem schönen Bock beglückwünscht. Er sah mich an, und ich nickte, ja, ja, ich schwieg, ja so. Dass wir einmal dazu kamen, einem Bauern aus der Umgebung das Leben zu retten, muss ich auch erzählen. Der Bauer war gegen die siebzig Jahre, und seine Frau vierzig Jahre alt. Er hatte einen großen Bauernhof, einen Großknecht, der mit der Bauersfrau hielt, und noch anderes Dienstpersonal. Er stand sich sehr gut, und eines Tages stirbt er. Wir in der Gärtnerei bekamen den Auftrag, beim Sarg eine Dekoration aus Kirschlorbeer, japanischer Goldorange und zwei Lorbeerbäumchen aufzustellen. Dann brachte ich mit Julius noch auf einer Stange die Kränze und die Girlande für den Sarg. Als wir dort ankamen, war gerade der Leichenschmaus im vollen Gange. Dort ist es Sitte, vor dem Begräbnis und nicht nachher eine Festtafel für Verwandte und Bekannte zu geben. Auch wir bekamen etwas zu essen und dann den Auftrag, den Sarg zu schließen. Wir hoben den Sargdeckel auf den Sarg und nagelten die Girlande an. Da, horch! Rührt sich nicht was im Sarg? Ah, eine Täuschung, wir klopfen weiter. Da hörten wir wieder ein Geräusch aus dem Sarg, wie wenn sich der Tote rührte. Julius wollte schon auf und davon laufen. Doch dann hoben wir mit vereinten Kräften den Sargdeckel. Tatsächlich: der Mann bewegte sich im Sarg. Schnellstens hoben wir ihn heraus und betteten ihn auf ein Kanapee. Genauso schnell warfen wir die Kerzen samt den Leuchtern und den Sarg beim Fenster hinaus. Der Bauer war ja scheintot und durch das Hämmern wieder erwacht!

Als einige Gäste sahen, was wir machten, glaubten sie, wir wären verrückt, doch dann rannten sie und riefen „Guckt mal in die Stube, der Bauer lebt!“ Da heulte die Bäuerin los anstatt sich zu freuen, und manchem ist jetzt der Appetit vergangen. Die Abschiedsworte der Bäuerin waren, als sich die Gäste vorzeitig erhoben: „Hört, ich werde euch schon verständigen, sollte er doch noch sterben“. Nur einige lobten uns für unser schnelles Handeln, und wir mussten uns zur Tafel setzen und essen und trinken. Weil wir auch einige Gläschen Schnaps tranken, waren wir fast betrunken. Außerdem bekamen wir jeder 10 Mark, die uns der Bauer geben ließ. Auch die Kränze und Dekorationen wurden bezahlt. Im Garten gedieh auf dem gut gedüngten Boden alles kräftig, besonders das Gemüse. Je vier „Quartiere“ hatten eine Zisterne, und wir mussten bei großer Trockenheit und auch schon beim Anpflanzen alles mit den Kannen gießen. Eine Wasserpumpe mit Beregner hätte uns viel Arbeit erspart. Ein Knecht der Domäne fuhr täglich nach Strehlen und zur Bahn nach Kurtwitz mit Milch, Butter, Käse und anderem und nahm aus unserem Garten nachts schon vierzehn Tage lang Gurken, Salat und Obst für einen billigen Nebenverdienst. Einige Mark schauten dabei schon heraus. Als wir die Diebstähle entdeckten, lauerten wir nachts abwechselnd auf den Dieb. Und einmal, gegen vier Uhr früh, knapp nach dem Tagesgrauen, sahen wir, wie er die zwei Meter hohe Steinmauer überkletterte und einen Sack mit Gurken füllte und wieder zur Mauer zurück ging. Noch einmal kam er zurück und füllte den zweiten Sack mit Obst von den Buschbäumen an. Ich ließ ihn gewähren und sah ihm hinter Johannisbeersträuchern zu, ohne mein Lefauché oder Zündnadelgewehr abzufeuern, das mit einer mit Viehsalz gefüllten Patrone geladen war. Erst, als er beide Säcke über die Mauer warf, und er, von weitem schön sichtbar im weißen Hemd, die Mauer erklettern wollte, drückte ich los. Ich wollte ihn nicht schwer verwunden oder gar töten, das wären die Gurken nicht wert. Nur einige grobe Salzkörner, die durch Hemd und Hose in die Haut drangen, trafen den Hosenboden und den Rücken. Am nächsten Tag kam der Knecht zum Arzt, der sich die Bescherung am Körper besah und mit den kleinen nässenden Wunden nichts anzufangen wusste. Erst am Donnerstag beim Herrenabend erfuhr Dr. Töpfer vom Onkel des Rätsels Lösung. „Komm nur noch einmal, lieber Freund, dann reibe ich dir den Rücken mit Essig ab“. Der Arzt machte die Drohung wahr und dem Burschen verging das Stehlen im Garten aber nicht das Kälbererwürgen im Gutshof. Von Zeit zu Zeit lag morgens ein totes Kalb im Stall. Der Tod war rätselhaft, bis eine geheime Stallwache aufgestellt und der Kälbertod bei frischer Tat ertappt wurde. So oft ein Kalb aus unbekannter Ursache starb, wurde es vergraben, der gute Mann grub dann das Kalb wieder aus und verkaufte das Fleisch. Als der Gendarmerie-Wachtmeister ihn verhaftete und ihm mit sanften Schlägen ins Gewissen redete, gestand er noch so manche Verbrechen, die er begangen hatte. Ja, der Herr Wachtmeister war eine imposante Figur, hoch zu Ross, mit einer schönen Uniform, mit Pickelhaube, Radmantel oder Pelerine, hohen Stiefeln mit Sporen. So begegnete ich ihm eines Tages am Schlossplatz. Er rief mich zu sich, und ich dachte, er wäre ein preußischer Offizier. Er verlangte Feuer für seine Zigarre. Ich griff in die Westentasche nach einem Schwefelholz, das ich an der Hose entzündete, und gab ihm Feuer. Herjemine, war das en Donnerwetter, das über mich los ging: „Junge, wo bist du her, wie heißt du?“ und so weiter, und als er hörte, ich sei aus Wien und hier um beim Herrn Marek die Gärtnerei zu erlernen, gab er mir den guten Rat, ja keine Schwefelhölzer offen in der Tasche zu tragen, da es verboten sei. Gelegentlich rauchte ich eine billige Zigarette, daher die Phosphorzünder in meiner Tasche.

Bei dem Wort „preußischer Offizier“ denke ich an den 27.Jänner, Kaiser Wilhelms Geburtstag, denn da ging es hoch her: am Vorabend ein Fackelzug der Kriegervereine, am frühen Morgen Tagwache, „Tagreveille“. Vormittags marschierten alle alten Krieger von 1870-1871 und den Kolonien in Uniform und Viererreihen, voran die Offiziere und Fahnenjunker unter Trommelwirbel und Trompetenklang zur evangelischen Kirche, um dem Gottesdienst beizuwohnen.

Danach hielt Rittmeister Wittwer eine Ansprache, während die alten Knochen, die sich nochmals jung fühlten, bei Musik vorbei defilierten. Anschließend gab es Freibier und Schnaps. Abends wurde im Theatersaal der Brauhausrestauration en Theaterstück aufgeführt, und da war mein Onkel Regisseur und auch der beste Schauspieler, der jede Rolle so lebensecht wiedergab, einmal spielte er einen Juden, das machte er echt und natürlich, auch in der jiddischen Sprache. In einem Stück spielte ich ebenfalls mit und gab einen schwarzen Hererojungen ab, der sich in eine deutsche Farmerstube schleicht, das kleine Kind des Farmers stiehlt und durchs offene Fenster flüchtet. Die Handlung: Kämpfe der Kolonialtruppen in Ost-und Westafrika, die Aufstände der Herero. Es gab auch jährlich ein Sedan-Fest zur Erinnerung an die Schlacht bei Sedan, die Kapitulation der französischen Armee und Gefangennahme des Generals Max Kahoon, über den Spottlieder gesungen wurden wie: „Max Kahoon, Max Kahoon, Fritze kam und hat ihn schon", ebenfalls über Kaiser Napoleon den Dritten. Dieser Tag begann auch mit dem Signal zur Tagwache und dem Gottesdienst. Nach dem Defilieren wurden einige patriotische Lieder gesungen wie „Deutschland über alles", „Heil dir im Siegerkranz", „Ich bin ein Preuße, kennt ihr meine Farben, die Fahne wohl schwarz, rot, Gold voran". Zum Abschluss: „Hurra, hurra, hurra". Nachmittags gab es ein großes Volksfest im Freien mit Preisschießen und verschiedenen Spielen, mit dem Singen von Kriegsliedern und Marschmusik, abends im Braussaal eine Tanzunterhaltung. Das Deutschlandlied wurde Dutzende Male gesungen. Alle waren in kampflustiger Stimmung .Getrunken wurde meistens das Spiritus- und Einfachbier, und viele waren vom Fusel und Bier so angestochen, dass es nur eines geringen Anstoßes bedurfte, und sie hätten es als tapfere Krieger mit der ganzen Welt aufgenommen; denn „Wir fürchten nur Gott und sonst niemanden auf der Welt" war der ständige Spruch.

War das Frühjahr ausgefüllt mit dem Packen der Mistbeete und dem Anbau, so gab es im Freien noch ebenso viel zu tun mit dem Ausgraben der verkauften Obstbäume, dem Veredeln von Kirsch-, Birnen-, Apfel- und Pflaumenbäumchen, der Hochwachsenden und der Halbstamm-und Buschsorten in der Baumschule, dem Vermehren verschiedener Pflanzen. Wir hatten nur acht Sorten von Dahlien, (einige Namen davon: „ Matchles dunkelsamt"," Kriemhild rosa", „Viktoria weiß", „Kaiser Wilhelm bläulich –rot"," „ Erfurt rot") und einige Sorten von Begonien wie „Zulukönig", „Vernon", „Dresdener Kind" und" Karmin"; an Pelargonien „Meteor", „ General Jaques Minot" und einige nichtssagende Sorten von Pelargonium gonale und peltatum. Wir konnten uns jede neue Sorte beschaffen und gaben sie dann an benachbarte Gärtner ab, trotzdem waren dieser Sortenreichtum und diese Auswahl, die wir heute kennen, damals nicht vorhanden. Allerdings hatten wir ein reichhaltiges Sortiment an Rosen, die wir im Glashaus auf den Untergrund der Hundsrose veredelten, und wir veredelten noch einige tausend Buschrosen im Freiland. Viele Koniferen und andere Gehölze wurden vermehrt, besonders Flieder, Trauerrosen, Trauerweiden, Robinien, Buchen, Efeu und Buxbaum, auch Eiben wurden als gute Handelsware bevorzugt. Das Roden in der Baumschule bei jedem Wetter machte uns kein Vergnügen, ebenso wenig das Rigolen (tiefe Lockerung des Bodens). Heute wird das alles maschinell besorgt, mit Fräsen oder Einrad-Hacken. Früher kostete es viel Arbeit, Schweiß und Geld. Am liebsten arbeitete ich im Park und lernte die verschiedenen Bäume und Sträucher, alle Nadelbäume kennen und mir deren Namen zu merken, da jedes Gehölz eine Tafel mit dem deutschen und dem lateinischen Namen, der Herkunft und dem Namen des botanischen Entdeckers hatte. Auch in den Glashäusern hatten wir alles etikettiert, und so merkte man sich die Namen leichter, trotz des reichhaltigen Bestandes. Im Park hatten wir sehr, sehr alte, besonders sehenswerte Bäume, und viele kamen von auswärts, um sie zu sehen: eine Himalayafichte, uralte Platanen, Eiben; einen großen Kastanienbaum, der seine unteren Äste in der Erde versenkt hatte, aus denen sprossen noch fünf Bäume rund um den Mutterstamm, und so ergab sich ein unterhalb ein sehr schattiger Platz. Da waren noch Abies concolor (Coloradotanne), Rotbuchen, Liriodendron (Tulpenbaum), Catalpa (Trompetenbaum).Riesige Eichen und Fichten als Solitärbäume und wunderbare Koniferen und Baumgruppen wechselten in der Szenerie, die rein gehaltenen Wege gaben dem englischen Stil erst das rechte Gepräge. An den schönen Rabatten mit Sommerblumen erfreute sich das Auge, und Blumen hatten wir das ganze Jahr hindurch. Im Winter blühten in den Glashäusern Hyazinthen, Tulpen, Maiglöckchen, Flieder, Cyclamen, Primeln, Azaleen, einige Orchideen wie Cimbidium, Coelogine und andere, im Kalthaus blühten Mimosen, einige „Neuholdänder“, Orangen, Myrten, auch Calla, Cypripedium und einige Cattleya- Sorten , die letzten beiden sind Orchideen. Im Herbst begannen die Arbeiten mit dem Einräumen der heiklen Pflanzen der Orangerie, der Gemüse, der Wurzeln und Knollen. Das Zudecken der Rosen und der Weinspaliere mit Tannen-und Fichtenreisig, das Pflücken des Obstes, alles nahm viel Zeit in Anspruch. Der Herr Chef, mein lieber Onkel, machte das ganze Jahr ausser beim Kranzbinden keinen Handgriff in der Gärtnerei, er schimpfte aber oft mit uns, wenn etwas nicht nach seinem Willen geschah. Schneite es, mussten wir die Hauptwege vom Schnee säubern, und war der Wallgraben fest zugefroren, dann schaufelten wir auch dort den Schnee fort, um den Praußer Einwohnern das Eis zum Schlittschuhfahren und Schlittenfahren freizugeben, obwohl es noch den Teich der Brauerei gab. Wir mussten auch morsche Bäume fällen, einmal auch eine riesige, starke Rüster, die auf das Eis gefallen war; all das war Winterarbeit.

Es war in meinem zweiten Lehrjahr, im Hochsommer, da standen wir, die zwei

Lehrlinge bei heftigem Gewitter und Wolkenbruch unter dieser alten Rüster. Da die Blitze immer häufiger und stärker wurden, rannten wir trotz strömendem Regen zum Badehaus. Kaum waren wir circa dreißig Schritte vom Baum entfernt, als es einschlug, und der Blitz einen mannsstarken Ast abtrennte, so dass uns noch Zweige des Astes an Kopf und Rücken streiften. Wären wir unter dem Baum geblieben, hätten uns der Blitz und der Ast erschlagen. Vom Eichberg, wo tausende Kaninchen hausten und mit Frettchen gejagt wurden, bekam Onkel jedes Jahr im Winter zwei große Leiterwagen voll Prügelholz samt den kleinen Ästen und Zweigen, und da gab es ein tagelanges Holzhacken und Spalten der starken Äste. Da ich das Holzhacken am Anfang noch nicht so heraus hatte, und alles, auch das Holzspalten gelernt sein will, zeigte mir der Onkel, wie man es macht. Er legte das runde Holz auf den Hackstock und hieb mit der Axt darauf los. Das Holzstück traf er so, dass es in die Höhe sprang und beim Herabfallen seinen Kopf traf. Als wir drei zu lachen anfingen, ließ er die Hacke fallen und ging seinen Weg. Wir hatten auch einen stichelhaarigen Rattler namens Bello. Er war unser bester Spielkamerad und für uns der Avisoposten, denn wenn er auftauchte, dann war auch der Onkel nicht weit. Eines Morgens gab es eine furchtbare Aufregung: Der Hund ist toll! Er hat die Tollwut, er frisst ja schon zwei Tage nicht, krümmt sich und heult und winselt gotterbärmlich. Alle halten sich Bello vom Leib, und ins Haus darf er auch nicht mehr. Der Onkel war nach Liegnitz zu einer Gärtnerversammlung gefahren und wird jetzt schon sehnsüchtig erwartet. Endlich kommt er nach Hause. Der Hund liegt in der Kegelbahn und winselt, der Onkel steht mit dem Gewehr in der Hand und will den armen Bello erschießen. Bello sieht mich, da ich ihn suchte, steht auf und läuft heulend zu mir. Ich fange darauf sofort zu laufen an und hätte sicher einen Preis wie Nurmi oder Zapotek gewonnen. Während des Laufens reiße ich einen Rosenpflock aus der Erde, denn Bello ist schon ganz nahe bei mir, und sicher will er mich beißen. Ich laufe dem schützenden Glashaus zu, kann es aber nicht erreichen, denn Bello ist schneller als ich, ich spüre ihn schon und höre sein Keuchen. Ich drehe mich um und haue ihm mit dem Pflock in die Hintergegend und traue meinen Augen nicht: Nach dem Schlag heult er auf, und ein trockener Kotstein fliegt aus seinem Hintern. Darum hast du dich, du armer Bello, so furchtbar benommen, und bald hätte dich Onkel erschossen. Dem Hund und mir war es jetzt leichter, als ich ihn in meine Arme schloss. Er freute sich so, umtanzte mich und sprang immer wieder zu mir hinauf. Abends bekam er noch Abführtee, und Bello war weiter unser Liebling. Bald wäre ich im letzten Lehrjahr ein Berliner geworden. Als die Schlosskirche durch einen Berliner Kirchenmaler restauriert wurde, sah ich in meinen freien Sonntags-und Abendstunden zu, wie dieser Künstler die teilweise noch gut erhaltenen Wandgemälde mit Brot abrieb, die wieder wie neu gemalt ganz frisch zum Vorschein kamen. Auch sah ich, wie er von Gemälden auf durchsichtiges Papier Kopien zeichnete. Die kopierten Bilder wurden dann neu gemalt. Aus einem alten Kalender zeichnete auch ich abends einige Heiligenbilder und zeigte sie dem Maler. Er betrachtete die Bilder und auch mich eine Weile und fragte mich dann, ob ich nicht zu ihm in die Lehre gehen möchte. Er habe keine Kinder und würde mich adoptieren. Er und seine Frau bewohnten eine schöne Villa mit Garten und ich hätte es gut bei ihnen. Er sprach auch mit Onkel darüber und schrieb meinen Eltern, die mir jedoch abrieten.

Am Neujahrstag 1905 ging ich nach Silbitz, um den Schlossgärtner Franz Bechinsky aufzusuchen. Er stammte aus Böhmen und seine Frau aus Ödenburg in Westungarn. Schloss und Gut gehörten dem Grafen von Meran, der in Österreich ebenfalls Besitzungen hatte. Als ich von Prauß fortging, zeigte das Thermometer um 13 h 1Grad minus, als ich nach ein einhalb Stunden in Silbitz ankam, hatte es schon 15 Grad minus. Ich hatte Glück, die Familie Bechinsky war zu Hause, und eine kurze Aussprache genügte um mir zu sagen, dass er am ersten Februar die hiesige Stelle verlässt und nach Dárufalva bei Ödenburg übersiedelt, und ich am ersten oder fünfzehnten März bei ihm als Gehilfe eintreten kann. Am 1.März 1905 war meine Lehrzeit beendet. Die Zeit verging rasch, und Ende Jänner hatte ich noch das Glück, einen Hühnerhabicht mit einem Rechen zu erlegen, als er sich mit der Henne, die er bis in die Streukammer verfolgt hatte, zur Flucht erhob. Er wurde von einem Präparator ausgestopft und als Erinnerung an meine Person in der Guten Stube angebracht. Ob sich wohl Onkel und Tantchen beim Anblick des „Geiers" öfters an meine Streiche erinnerten? Ja, so lange man jung und gesund ist, ist man übermütig und zu Dummheiten aufgelegt. Die Mädchen des Herrn Pfarrer, des Kantors und Lehrers und des Pastors, die jeden Abend bei Tante Milch holten, wurden oft von uns erschreckt, z. B. mit einem Kürbisgespenst mit rot mit Papier überklebtem leuchtendem Gesicht und Leintuch, da rannten sie und kreischten. Mitunter steckte ich mir lebende Ringelnattern unters Hemd, und beim Arbeiten schrien die Frauen daneben auf, wenn die Schlangen hervorkrochen. Oder ich hatte einen Grasfrosch in der Hand und übergab ihn geheimnisvoll einem Mädchen, und so geschah es auch mit jungen Mäusen, Fledermäusen im Couvert. Das ergab dann ein Schimpfen! Der „Zirkus", den wir beim Hüten der Kühe aufführten, war auch „ nicht ohne". Ich und die Söhne Fritz, Hansl und Heinerl ritten auf den Kühen und Kälbern, auch Onkels Tochter Gretl durfte mitspielen. Die Kühe verstanden keinen Spaß und warfen uns immer wieder hinunter. Da gab es beim Herabfallen schmerzende Stellen, ja sogar Beulen am Körper, und Onkel und Tante paukten uns gehörig aus. Einige Tage vor meiner Abreise sagte Onkel zu mir, sein Bruder aus Blauda habe ihm geschrieben, dass ich ab 1.März als Gartengehilfe eintreten kann. Er sagte mir, dass er sich für mich verwendet habe, obwohl er bei den vielen Jungen, die bei ihm ausgelernt haben, keinen hatte, der so voller Dummheiten war wie ich. Er und Tante wüssten mich aber gerne in der Familie, und ich könnte die Gretl später heiraten. Mit meinen gärtnerischen Leistungen war Onkel ja sonst zufrieden. „Wir wissen, dass auch die Gretl dich gerne sieht, du warst während der drei Jahre sehr anständig, und, ehrlich gesagt, lassen wir dich ungern fort." Ich dankte tränenden Auges für die Liebe und das Vertrauen, musste aber leider sagen, dass ich schon eine Stelle bei Herrn Bechinsky in Dárufalva hatte. Das war wie ein Blitz aus heiterem Himmel, und die Tante machte dem Onkel Vorwürfe, warum er nicht früher nach Blauda geschrieben hatte. Ja, hätte ich früher von Blauda gewusst, wäre ich in der Verwandtschaft geblieben. Während meiner Lehrzeit war mein Onkel,der andere Herr Uher,der zuletzt Hofgärtner auf dem Hradschin in Prag war, verstorben, vor allem aus Kränkung, da ihn die von niemandem geliebte und von allen gefürchtete Hoheit, die Gemahlin des Erzherzog Franz Ferdinand versetzen 48 ließ. An seine Stelle in Wien kam Hofgärtner Bartosch. Dieser Tod war für mich von großer Bedeutung.

Meine Gärtnerprüfung legte ich vor einer Prüfungskommission in Strehlen mit gutem Erfolg ab. Es kam der Tag des Abschiednehmens, und für mich war es nicht leicht, ich hatte ja so manche lieb gewonnen, trotz Schelte und harter Worte; Abschied vom alten Oberförster und Frau Karolin, vom Forstverwalter und seiner Frau, von den vier Jägern Bentsch, Gelrich, Nentwich und Schulze, die ich so gut kannte, und die gerade beim Rapport waren. Da die Jäger weit entfernt vom Gut wohnten, hatte ich sie bei vielem Schnee öfters im Winter vertreten und die vielen Fasane gefüttert wie: Mongolen-, Ringel- und Silberfasan, und wenn ich mit meinem Pfeiferl die Fasane herbeilockte, kamen sie ohne Scheu zum Futterplatz. Auch die Rehe betreute ich, sie bekamen von mir Heu und Kastanien. Als ich mich auch vom Herrn Pfarrer, dem Kantor Vogt, dem Pastor, von Inspektor Wolf und seinen Gutsassistenten, den Mädchen und allen Bekannten verabschiedete, waren sie alle recht lieb zu mir und hatten mir verziehen. Beim Herrn Pfarrer gab ich die Apfelgeschichte zu, und er ermahnte mich, mich zu bessern. Er hatte von Anfang an gewusst, dass wir beide es waren, nur die Kommunion ärgerte ihn sehr, obwohl er auch das verstehen wollte. Am 1.März 1905 wurde ich nach Kurtwitz zur Bahn gebracht. Als ich vorher noch Abschied nahm von meiner lieben Tante, von der ganzen Familie, von Bittner Karl, dem alten Haudegen und seiner Frau, wurde ich von allen abgeküsst; beim Abschied auch vom Kollegen Julius Friedrich, mit dem ich zwei Jahre lang Freud und Leid geteilt hatte, rannen mir die Tränen nur so herunter, und auch Bello sprang wie wild auf mich, als ob er wüsste, dass wir uns nie mehr wieder sehen . Die vier Kinder und auch Bello hatten mich zur Bahn begleitet, lange winkte ich mit dem Taschentuch, als die Fahrt begann. Ja, meine lieben Fritz, Hansl, Gretl und Heinrich, was steht uns noch bevor? Wie viel Leid müsst ihr, liebe Tante und Onkel in Zukunft ertragen? Ich fuhr von Strehlen über Neiße, Kamens, Glatz nach Österreich, nach Wien zu meinen lieben guten Eltern, und damit ging ein Abschnitt meines Lebens zu Ende und zwar der meiner Jugend. Die Fahrt machte ich nun das zweite Mal. Vor Weihnachten 1902 hatte ich ein paar Tage Urlaub bekommen, damit ich mir eine Tuchend holen konnte, sonst wäre ich, bei der strengen Kälte im Bett nur mit Decken zugedeckt, erfroren. Als ich damals um 6 Uhr abends in Freiwaldau ankam, musste ich umsteigen und bestieg den falschen Zug. Der Kondukteur machte mich sofort darauf aufmerksam und sagte, dass der nächste Zug nach Wildenschwert sofort abfährt, und ich soll mich beeilen. Ich stieg aus, warf mein Kofferl in den richtigen Waggon und war schon auf dem Trittbett, als jemand die Waggontür zuwarf und absperrte. Der Zug fuhr an und ich stand draußen auf dem Trittbrett, trotz Rufen und Klopfen machte mir niemand auf. Mit klammen Fingern hielt ich mich bei 15 Grad Kälte an und fuhr im Finstern bis Wildenschwert mit. Als wir dort ankamen, fiel ich vor lauter Starre fast um. In Wildenschwert stieg ich in den Wiener Zug, und ein Herr gab mir einige Schluck Branntwein. Bei einem längeren Aufenthalt konnte ich einige Mark in Kronen umwechseln. Eine Reichsmark waren eine Krone und 20 Heller oder 60 Kreuzer. Ich kaufte mir heißen Tee mit Rum, die Waggons waren gut geheizt, da wurde mir im Körper warm, und ich schlief bis Brünn. Am frühen Morgen kam ich in Wien an, und es gab ein freudiges Wiedersehn und frohe Weihnacht. Die Freude meiner Eltern und Geschwister war groß und herzlich. Aus dem kleinen schwachen Buben war ich immerhin zu einem 168 cm großen und starken jungen Mann mit einem schwarzen Bartanflug herangewachsen. Auch ersparten meine Eltern von nun an die jährlichen 120 Kronen Lehrgeld und auch sonstige Auslagen für Wäsche und Kleider.

Ich blieb bis zum 15.März bei den Eltern, und die paar Tage verflogen im Nu. Am Morgen des 15. März fuhr ich vom Aspang-Bahnhof im dritten Bezirk circa eineinhalb Stunden über Sollenau, Ebenfurt, nach Drassburg oder Dárufalva, das heute im österreichischen Burgenland liegt. Schon während der Fahrt ab Ebenfurt fiel mir auf, dass viele Zusteigende eine andere Sprache sprachen, von der ich nur einige Wörter verstand. Es war kroatisch, auch ungarisch hörte ich reden, und die kroatisch Sprechenden hatten ein überaus lautes, ja schreiendes Organ bei ihren Gesprächen. Die Männer trugen Stiefeln und Firta (Fürtuch oder Schürze), die Frauen trugen die Kleider unterhalb der Brust eng gezogen und ein Kopftuch. Mehrere hatten einen Buckel-oder Tragkorb, der aus breiten Lindenholzstreifen geflochten war. Als ich in Drassburg ausstieg, war gerade Tauwetter, und überall rann das Wasser in kleinen Bächlein auf der Straße, und meine schön geputzten Schuhe versanken bis über die Knöchel in einem Meer aus Kot.

Der Hausdiener vom Schloss fragte mich, ob ich der neue Gärtnergehilfe sei und nahm mir mein Kofferl ab. In etwa acht Minuten waren wir beim Gärtnerhaus, wo es ein freudiges Wiedersehn mit der Familie Bechinsky gab. Herr Bechinsky lag mit einer Lungenentzündung im Bett, die er sich in der großen Kälte bei der Übersiedlung zugezogen hatte. Mit einem Gartenarbeiter namens Johann Pinter aus Schattendorf bei Ödenburg, der einen starken Schnauzbart trug und wie ein „echter Zigeuner" aussah, besichtigte ich erst einmal die Glashäuser, den riesigen, im französischen Stil gehaltenen Park, den Gemüsegarten, den Fischteich mit den Badekabinen und das Schloss, und staunte über alles. Der Park war terrassenförmig angelegt, mit vielen Spalieralleen, die kantig geschnitten waren wie in Wien-Schönbrunn, dazu kamen ein wie aus Spalieren geschnittener Irrgarten und ein Lindensaal, vor dem Schloss eine herrliche Gruppenanlage mit vielen Statuen griechischer und römischer Göttinnen. Ein großer Tennisplatz mit einem schönen Pavillon befand sich ebenfalls im Park. Unten beim Schlossteich erstreckte sich langhin ein Gemüsegarten mit vielen Pfirsich-und Aprikosenbäumen, auf der obersten Terrasse ein großer Edelobstgarten mit einer langen Weinlaube. Vor den Glashäusern standen, auch auf der obersten Terrasse, die vielen Mistbeete. Das ganze gehörte dem reichen Zuckerfabrikanten Konrad Ritter von Patzenhofer, dessen Fabriken sich in Siegendorf, Bük, Ács und Nagy Szenk befanden, Einst gehörte das Schloss dem berühmen Grafen Nadasdy, Ich sah sofort, dass es hier ein überreiches Arbeitsfeld gab. Meine erste Arbeit war das Anlegen und Packen der Mistbeete, das Säen von Gemüse-und Blumensamen, Einsetzen der Stecklinge von Irisinen, Achyrantes und Pelargonium gonale und peltatum, der verschiedenen Sorten von Alternantera, von Collins Verschaffeltii, Agoratum, der gefüllten Petunien, der weißen Margeriten und vieler anderer.

Letzte Seite und hier (Schloss Drassburg)

Schloss Drassburg in Westungarn

Diese Aufnahme vom Schloss stammt aus dem Jahr 1906, da wurde die schöne Veranda geschaffen und das elektrische Licht eingeleitet. Die lichte Verzierung um die Pflanzengruppen besteht aus Santolina, die dunkle aus Buxbaum, beides wurde durch Schnitt in Form gehalten.

Ansicht vom Schlosspark Drassburg, oben ein Teil des Parkes

Schloss Drassburg, Park, „Lindensaal"

Das war ich im Jahr 1906 als Gehilfe in der Schlossgärtnerei Drassburg, Darufalva, Ungarn, heute Burgenland.

Schloss Drassburg, Fotografie aus 1958

Drassburg, Gasthaus Wanke

Dazu wurden noch viele immerblühende Begonien ins Mistbeet pikiert, um dann später in die zwölf großen Blumengruppen des Schlossplatzes gepflanzt zu werden. Außerdem gab es noch vier große Gruppen mit Buschbaum und Santolina- Girlanden im Rasen, die mit Perlargonien ausgesetzt wurden. Von allen diesen Pflanzen benötigten wir Tausende.

Das Klima war hier bedeutend besser als in Deutschland, und ab März hatten wir keine Nachtfröste mehr, die Sonne hatte mehr Kraft, und so staunte ich, wie rasch alles wuchs und gedieh. Die Pflege der Alleen war durch die Wasserleitung erleichtert. In Glashäusern, im Garten und im Park fanden sich Hydranten, ja sogar die Mistbeete wurden mit dem Schlauch gegossen. In der Gärtnerei waren beschäftigt: Herr Bechinsky, ich und die zwei Brüder Pinter, Johann und Matthias oder Mozl und Johanns Frau, alle drei aus Schattendorf, eine Gehstunde von Drassburg entfernt. Alle drei trugen täglich einen Buckelkorb zur Arbeit und von der Arbeit, darin hatte jeder etwas zu essen und ein Taschentuch. Auf dem Heimweg füllten sie unterwegs den leeren Korb mit dem an, was sie gratis bekommen konnten, und oft schon vom Verlassen des Gartens an war der Korb mit Holz oder Gemüse voll.

Schattendorf ist eine deutsche Insel vor Ödenburg. Die Leute dort wurden „Gukafanga“, Kuckuckfänger genannt, nur sagen durfte ihnen das Wort niemand, sonst war es eine arge Beleidigung, und die Rauferei ging los. „Soll i da d´Darm ins Firta eini rinna lou?“ Oder: „Geh weida, sonst schau i ma dei Leba an“. Auch geht die Sage um, dass sie die Kirche, die am äußersten Dorfrand steht, in die Mitte des Dorfes rücken wollten. Um zu sehen, wie weit zu rücken war, schlug einer einen Pflock ein und hängte seinen Rock darauf. Da kam ein Zigeuner daher und stahl den Rock, als sie alle an der Kirche rückten. Als einer Nachschau hielt und den Rock nicht mehr sah, stellten sie das Kirchenrücken ein und gingen befriedigt nach Hause. Die Kirche steht heute noch auf dem alten Platz.

Auch sagt man ihnen nach, dass sie das Wasser durch ein Sieb reitern. Außer den drei „Schondorfern“ waren noch zwei Jungen im Garten. Einer war hier Gärtnerlehrling, der Gustl Grahleder, der andere war Vitus Domanovic, der die Betreuung der Esel über hatte und im Garten mit dem Eselkarren fuhrwerkte; die alte Joglmoam, die Frau des Katzenjogl, die junge Bankler Mitzi, die Anna Sajkovic, Lenka Balilic, Maria Pichl und andere, im Ganzen fünfzehn, manchmal sogar achtzehn Mädchen und Frauen waren im Garten beschäftigt. Täglich wurden alle Wege im Park gerecht, das heißt, es durfte kein Blatt auf den Wegen liegen, und alles musste sauber sein, sonst arbeiteten sie im Gemüsegarten oder etwa bei den Mistbeeten . Dreimal wöchentlich wurden die Blumen der Vasen im Schloss erneuert und zweimal jährlich sämtliche Spaliere aus Laubgehölzen und Eiben mit den breiten Säbelmessern geschnitten, wozu wir eine rollende Stiege benützten. Das Schneiden ging rasch voran, aber zu schneiden gab es sehr viel. Wer einmal Schönbrunn in Wien besucht hat, kann sich davon ein Bild machen. Waren die großen Spaliere fertig, kamen erst die vielen Eibenpyramiden dran, die Kugeln, Kegeln und Spaliere, auch aus Buxbaum, Die Gewächse in Gruppen machten auch viel Arbeit, weil man sie immer durch den Schnitt der Figuren in Form halten musste. Das Gras der großen Rasenflächen wurde mit Grasmähern, das heißt maschinell geschnitten und kurz gehalten. Außer dem Rasen gab es sonst noch viel zu begießen, die Orangerie, den Gemüsegarten, die Mistbeete und die Glashäuser, und man musste sich schon rechtzeitig die Einteilung sämtlicher Arbeiten und die Anordnungen an die Arbeiter überlegen, damit alles in ordnungsgemäß lief. Jetzt wollen wir einen Blick ins Schloss machen und sehen, wer da alles lebt: Nummer eins, die alte Frau Mathilde von Patzenhofer, die jährlich 200000 Gulden für ihren Haushalt verwenden kann, ihre Gesellschaftsdame Miss Fanny Lederer, ein Diener, der Franz Posleiner, der zu Wucherzinsen Geld an Viehhändler borgt, die Wirtschafterin : eine Münchnerin namens Agnes, vierzig Jahre alt, mollig gut aussehend und lustig, zwei Stubenmädchen, die oft wechseln, da jede binnen kurzer Zeit mit einer schönen Aussteuer unter die

Haube kommt; eine Kammerzofe, damals die Pammer Kathl, ein lustiges Wesen aus Ödenburg, eine Herrschaftsköchin, eine Gesindeköchin, ein Abwaschmädel aus Siegendorf, genannt „ der Küchendragoner", 19 Jahre alt und groß und stark; der Hausdiener Steffl und drei Wäscherinnen, drei Büglerinnen, eine Schneiderin, der Herrschaftskutscher Franz Pichl, der Reitknecht János und ein Stallbursche. Während der ersten drei Wochen wurde ich im Gasthaus Karl Wanke in Drassburg verpflegt und bekam auf unerklärliche Weise Typhus. Einige Wochen musste ich das Bett hüten, konnte nichts essen und hatte ständig hohes Fieber. Mir ging es nicht gut. Nach meiner Krankheit bekam ich das Essen im Schloss, wo auch alle vorher genannten Personen die Kost hatten. Das Essen war sehr reichlich und gut. Leider konnte ich nicht alles aufessen, was ich bekam: das Frühstück, um 10 h Jause, das Mittagessen und das Nachtmahl. Wir hatte unter der Woche oft Schnitzel und auch Braten mit Beilagen, ja sogar hie und da zu gewissen Festtagen ein Huhn. Täglich bekam ich eine Flasche zu 7 Zehntel Liter Wein, doch trank ich selten eine Flasche aus, oft gab ich János Horvath aus Baumgarten (Kestész Sopron) davon, einem Zigeuner, der mit zwei jungen, feschen Frauen lebte und auch schöne aber verwahrloste Kinder hatte. Er kam gerne zu mir und bat um Wein. Um nicht vorzugreifen, fange ich von vorne an. Wie schon gesagt, spreche ich tschechisch und verstand sehr viele kroatische Wörter, wenn sich die Arbeiterinnen neben mir in ihrer Sprache unterhielten. Aus Preußen kommend sprach ich den preußisch-schlesischen Dialekt und war bei allen der „deutsche Hund", „nimski kucak", auch das „deutsche Schwein", „nimska svinja!" und mit noch mehreren hässlichen Schimpfnamen belegt, und ich hörte mir alles vierzehn Tage lang an. „Vrak" hin und „vrak" her, vrak heißt auf Deutsch Teufel, so hörte ich ununterbrochen, bis mir die Geduld riss und ich mich derselben Schimpfnamen gegen die holde Weiblichkeit bediente wie „vrazi mreina", „Teufelsaas", „tele toikavo", „dummes Kalb" , „kucki nizvoridi", „nichtswürdige Hunde", "svinje prokleti", "verfluchte Schweine", zurück schimpfte. Es schlug wie eine Bombe ein, und „ I Jezus, i on zna hrvatski", „auch er versteht Kroatisch", waren alle darüber aufgebracht. (Anmerkung: keine Gewähr für die burgendland-kroatische Orthographie)

Was ich an den Kraftwörtern nicht verstand, das ließ ich mir vom Franz-Kutscher ins Deutsche übersetzen, und dabei lernte ich noch manches Schimpfwort dazu. Von da an hatte ich Ruhe. Vom Reitknecht János lernte ich viele ungarische Worte, da er mit mir ungarisch sprach, dafür lernte er von mir Deutsch. Mein Zimmerl lag ebenerdig neben der Wohnung des Herrn Bechinsky. Es war nett und rein. Anfang Dezember bekam ich in mein Zimmer ein zweites Bett und den Lehrling Gustav Grahleder, dessen Eltern nach Ebenfurth übersiedelt waren; ein ungebildeter Lümmel, der sich in diesem Alter schon oft betrank und riesig abergläubisch und furchtsam war, wie ich es nicht für möglich hielt. Als starke Fröste kamen und auch mein Zimmerfenster eisig gefroren war, steckte ich eine Nadel mit ungebleichtem Zwirn zwischen Fenster und Fensterrahmen in der Nähe meines Bettes. Als Gustav in der Dunkelheit im Bett lag, zog ich an dem Zwirn und die Nadel machte furchtbaren Lärm, so dass er nicht einschlafen konnte. Er begann zu beten und rief mich, ob ich was hörte? Es seien Geister im Zimmer. Ich verneinte, und er soll mich nicht im Schlaf stören, sonst erlebt er was. An seiner Decke hatte auch ich gezogen, und er konnte sich nicht erklären, wieso sie ihm immer runter rutschte. Auf den Kasten stellte ich ein Glas mit Wasser und Erbsen, und als nachts die Erbsen anschwollen, kam eine Erbse nach der anderen über das Glas und fiel zwischen Kasten und Mauer auf den Fussboden. Es hörte sich an, als ob Mäuse im Zimmer herumliefen. Er wurde wach, machte Licht und sah mich schlafend liegen. „Herr Franz, hörens die Geister?“, mit diesen Worten rüttelte er mich wach. Ich hörte wohl die Erbsen fallen, aber ich verneinte. „Dummer Kerl, hör doch auf mit deinen Geistern, ich höre nichts.“ „Komisch, grad auf mi habens die Geister abgsehn“ „Schon möglich, aber du warst oder bist noch betrunken, wer hat dir so viel Wein gegeben?“ „ Herr Franz, sans net bös, i hab den Wein ausgsoffen, dens für´n Zigeuner aufghoben haben im Glashaus.“ Obwohl ich den Spruch kannte „ Ein bisschen Güte von Mensch zu Mensch ist besser als alle Liebe zur Menschheit“ konnte ich diesen Menschen „Gustl“ wegen der groben, ungehobelten Art seines Benehmens nicht gut leiden. Nur durch die Güte des Herrn Bechinsky bekam ich vom 24. Dezember bis zum 1.Jänner Weihnachtsurlaub, denn zu dieser Zeit gab es noch kein Recht auf Urlaub. Tags zuvor hatte ich in der Küche ein großes Schinkenbein mit viel Fleisch daran bekommen. Als ich nur mehr den Knochen allein hatte und der liebe Gustl schon schlief, hängte ich den Knochen an die äußere Türschnalle, damit auch der Wachhund Barri etwas haben sollte und ging auf den Bahnhof um mit dem letzten Zug nach Wien zu meinen Eltern zu fahren. Die sechs Tage Urlaub waren im Nu verflogen, und reich mit Liebe und Güte von meinen Eltern beschenkt, kam ich wieder nach Draßburg. Am Neujahrstag erzählten mir der Gustl und auch Herr Bechinsky, wie es Gustl am Heiligen Abend ergangen war. Durch ein furchtbares Getöse wach geworden, verbarrikadierte er die Tür, und als dann später Ruhe von den Geistern eingekehrt war, da offensichtlich der Hund den Knochen verschleppt hatte, rannte Gustl ins Schloss zur Christbaumfeier, wo er reichlich beschenkt wurde. (Ich hatte meine Geschenke schon früher bekommen: Stoff für einen Anzug, 50 Kronen und Bäckereien.) Nach der Bescherung traute sich der liebe Gustl nicht mehr in sein Zimmer. Er legte sich in eine leere Box des Kuhstalles der Landwirtschaft, der sich im hinteren Teil des herrschaftlichen Pferdestalles befand, und schlief ein. Die Kühe bewegen sich auch nachts und rasseln mit den Ketten. Durch den Lärm wach geworden, greift er um sich und - das Herz bleibt ihm vor Schreck stehen. Neben ihm liegt etwas Schwarzes, er greift hin und- Herr Gott im Himmel steh mir bei- das was da lag, war rauh und bewegte sich, und auch die Kuh nebenan leckte nach ihm. Was kann hier schon anderes liegen als der Teufel selbst, ja der Satan selbst.

Die Haare stiegen ihm zu Berge und die Knie zitterten, als er fluchtartig den Stall verließ. Draußen war es saukalt. Eine glänzende Idee: Da raucht ja der Misthaufen und wo es raucht, ist es sicher auch warm. Gustl grub sich schnell bis zum Kopf im Stallmisthaufen ein und über den Kopf stülpte er einen alten Buckelkorb mit dem Gedanken, dass ihn da doch Geister und Teufel in Ruhe lassen würden. Er schlief auch ohne Schaden zu nehmen bis in die frühen Morgenstunden, roch nur etwas nach Ammoniak. Am nächsten Tag, den Christtag, wollte die Meierin mit der Scheibtruhe Stallmist zur Düngerstätte bringen und fand dort Gustl, als sie den Buckelkorb emporhob. Sie erschrak sehr und rief nach ihrem Mann, denn sie glaubte, dass nur der Kopf des Gustl dort lag und er umgebracht wurde. „Komm schnell her, da liegt der abgeschnittene Kopf vom Gustl!“ Vom Schreien der Frau erwachte auch Gustl und kroch aus dem Misthaufen, worüber die zwei Leute sehr staunten. Als ihnen Gustl seine furchtbare Lage im Kuhstall erzählte, da lachten ihn die Meiersleute aus, denn der Rauchfangkehrer war es, der sich im Gasthaus beim Richter Illedic verspätet und sich in den leeren Stand neben Gustl gelegt hatte. Bis zu meiner Rückkehr aus Wien schlief Gustl imWirtschaftsgebäude. Wir lachten sehr über ihn, und als wir im Warmhaus Rosen veredelten, ließ ich wieder die Geister gegen ihn los. Das Glashaus hatte eine Kanalheizung, die aus Ziegeln und Tonrohren mit 20 cm Durchmesser mit den dazugehörigen Putzlöchern in jedem fünften Rohr, die zur Reinigung von Flugasche und Ruß dienten. Die Heizung wurde vom Heizraum aus bedient. Ich sagte Gustl, er soll nachlegen, damit das Feuer nicht ausgeht. Durch ein Putzloch rief ich: „Gustl, Gustl, jetzt hob i di!“ Ich hörte ihn das Ofentürl zuschlagen, und kreidebleich und mit schlotternden Knien kam er zu uns ins Glashaus gelaufen. „Mi verfolgen überall die Geister, Se lochn und i tat am liabsten rearn.“ Der Obergärtner hielt sich den Bauch vor Lachen. „Tepp, bleda, es gibt jo kane Geister, des büldst da nur ei!“ Ich schimpfte Gustl gehörig aus, und doch musste ich ihm schön zureden, damit er weiter nachlegt und das Feuer nicht ausgehen lässt. Sonst hätte ich die Arbeit machen müssen.

Ich ließ ihn auch eine Zeitlang in Ruhe, bis eines Tages im Frühjahr Gustl Gemüse ins Schloss trage sollte. Das Gemüse und die Kartoffeln waren in einem Keller des Getreidespeichers, des „Grenariums“ gelagert, eines großen viereckigen, massiven Gebäudes, dessen Hof an eine Seite des Gartens grenzte und das mit einer hohen Mauer eine Terrasse bildete. Im Parterre des Grenariums befanden sich Wohnungen der Familien Pichl, Posteiner und des Hausmaurers Sosetic. Im ersten Stock war der Schüttboden für Getreide, Mais und dergleichen. Ich hörte, dass Gustl Gemüse holen soll und bat die Joglmoam, dass sie mich vorher im Keller einsperren soll, sie und Herr und Frau Bechinsky mögen mich nicht verraten. Im Keller kroch ich in eine große leere Tonne, und schon hörte ich, wie der Gustl, der ein Lied pfiff, in den Kellerraum treten. Er fasste nichts ahnend einige Kilo Kartoffeln in den Korb, und da geschah das Fürchterliche, der Geist meldete sich aus dem großen Krautfass:"Gustl, Gustl, jetzt hob i di!" Der Gustl ließ alles liegen und rannte raus aus dem Keller, und sperrte aber die Kellertür ab. So ein Aas, jetzt lieg ich in der Falle! Mir schwante nichts Gutes. Die Kellerfenster waren vergittert. Und doch sollt ihr mich nicht kriegen, wenn ich noch einmal entkommen kann. Von außen gab es einen Zugang zum Keller durch eine Falltür, deren eine Seite offen stand. Ich kroch gerade noch rechtzeitig darunter, und hörte schon, dass sich mehrere Leute dem Keller näherten. Die Kellertür wurde aufgesperrt, und ich sehe, wie die zwei Pinter, der Eselsbub Vitus und Gustl mit Prügeln bewaffnet in den Keller stürmen und höre den Johann Pinter sagen, dass sie dem Geist die Knochen klein schlagen werden, diesmal kommt er ihnen nicht aus. Haha, da war ich schon draußen im Hof. Ich sprang auf den großen Holzstoß an der gartenseitigen Mauer und in den Garten zu den Mistbeeten. Da sah mich Herr Bechinsky, er war platt. Er sagte, er wollte gerade nachschaun, wie sie mich verprügeln. Ja, er hätte es mir sogar gegönnt, wenn ich etwas abbekommen und mich selbst in der Falle gefangen hätte, die ich anderen stellte. „ Ja, wie sind Sie denn hinaus gekommen?" „ Wie alle Geister, durchs Schlüsselloch!" Da sehe ich die vier ganz kleinlaut aus dem Keller kommen und schreie in den Hof hinunter: „Verdammte Bande, was treibt ihr da unten, werds schaun, dass ihr zur Arbeit kommts!" Wie kommt er da hinauf, die Joglmoam sagte doch, sie hat ihn eingesperrt! Durchs Schlüsselloch ! Wisst ihr das nicht? Und wer den Geist schlägt, der muss sterben. Den „Pinter-Voda", der früher einmal Gendarm in Bosnien war, lachte ich gehörig aus und sagte ihm dass er besser Kuckucke fangen kann als Geister. Da wollte er mir vor lauter Wut an die Gurgl fahren, und ich hielt mich den Rest des Tages bei der Arbeit von ihm fern, sonst wären wir wirklich noch zusammen gestoßen. Er schwor mir, dass er wenn er mich noch einmal bei einer Geistergeschichte erwischt, mir alle Knochen im Leib brechen und mich derart hauen wird, dass alle Geister meinen Körper verlassen und „net amol a Sau wird Ihna fressen wolln". Das war wieder ein Bissen für den Wackelbauch des Herrn Bechinsky, der sehr lachen musste. Noch einmal spielte ich den Geist, als der Eselbub krank war, und Gustl die beiden Esel füttern musste. Das Heu holte er vom Heuboden oberhalb der Remise und dem Pferdestall. Ich wusste, dass Gustl um 12 h füttern geht und versteckte mich im Heu. Als er sich bückte, um Heu über die Rutsche in den Stall zu werfen, da hebt sich der Heuhaufen, senkt sich, hebt sich wieder. Da war auch der Gustl in großer Angst vom Heuboden ins Freie gesprungen. Jetzt nur rasch bei der Heurutsche hinunter und beim hinteren Türl hinaus! Gott sei Dank hat mich niemand gesehen, und ich ging mit einem schlechten Gewissen dem Schlosse zu. Da steht der Gustl und schaut zum Heuhaufen hinauf. Auf meine Frage, was er hat: „Herr Franz, i geh da nimma aufi, do obn san a d´Geister! Das „Hei hot sie bewegt, da bin i beim Türl obi gsprunga vor lauta Angst“ „ Ja so a moi, host da net weh tan, beim Obispringa?“ Er schaut mich ganz blöd an und sagt „ na weh tan net, aber…“Ja siegst, Gustl, warst wieda bsoffen, host gestern an Rausch ghabt ?“ „ Ja woi, i hob von da Gnädign in der Frua fürs Handkissn an Gulden kriagt.“ Die Frau Mathilde von Patzenhofer gab dem ersten, der ihr morgens beim Spaziergang die Hand küsste, einen Gulden, der zweite und dritte bekam eine Krone. So schlau war der Gustl, dass er immer als erster den Gulden einsteckte und dann versoff. Ich wich der gnädigen Frau aus, denn nichts war für mich erniedrigender als der untertänige Handkuss und nur wenn ich nicht aus konnte, küsste ich die Hand, und da gab es keinen Gulden und auch keine Krone, da schon einige vor mir waren. Den Gustl ließ ich von da an in Ruhe. 1919 erfuhr ich, dass Gustl Grahleder und Vitus Domanovic die goldene Tapferkeitsmedaille besitzen. Unglaublich aber wahr. Nun, vorläufig genug vom Gustl, und ich wende mich meinem Freund Janos Horwath zu: ein Zigeuner, wie man sich nur einen vorstellen kann, schmächtig,dunkle Haut, schwarze Haare und Augen wie Kohlen und so auch seine zwei jungen Frauen: halbnackt, eine verschlissene Schoß, ohne Hemd, mit einem Männerrock bekleidet, die Brüste fast sichtbar, so gingen sie betteln, und wenn es leicht ging, auch stehlen. In Ödenburg kaufte ich mir Wäsche und ließ sie von der Joglmoam waschen und hängte sie dann auf die Leine vor meiner Zimmertür. Abends hielt ich mich wie meistens länger beim Nachtmahl im Schloss auf, oder ich spielte mit dem Franz- Kutscher zum Zeitvertreib Karten und lernte dabei auch Ungarisch. Dann legte ich mich schlafen, und am nächsten Tag fragte ich die Frau Bechinsky, ob sie die Wäsche von der Leine nahm? Die Wäsche? Nein, war die Antwort, ich dachte, das besorgen Sie! Da auch die Joglmoam die Wäsche nicht abgenommen hatte, konnte es nur der Janos mit seiner Sippe sein. Na, wart, du Gauner!

Pünktlich zu Mittag war Janos da um „abzustauben“, aber diesmal blieb für ihn nichts, er kam mir gerade recht, und als ich ihm sagte: „Janos, du Lump du, das tät dir passen, sich bei mir anfressen und Wein saufen und zum Schluss mir die Wäsche stehlen! Sofort bring mir die Wäsche, die du gestern Abend gestohlen hast!“ „Bitt schön, gnä Herr, hab net gwusst, dass Wäsche gehört Ihna: I geh scho. Joi Istenem.“ Er drehte sich um, und da haute ihm seine Frau, die hinter uns gestanden war und von uns vorher nicht gesehen wurde, eine saftige Ohrfeige herunter. „Janos, verfluchte, warum du stehlen, wo kriegst Fressen, du verfluchte?“

Janos verschwand, und nach einer Stunde brachte er die unversehrte Wäsche. Im Sommer 1907 wurde eine lebende Sau mit ca 300 kg bei großer Hitze in einem Wagen von Ödenburg geholt. Leider erstickte die Sau wegen Überhitzung.Sie wurde zum Genuss ungeeignet erklärt, obwohl das Fleisch und das Fett deshalb nicht schlecht waren. Der Hausdiener Steffl und Gustl mussten ein Loch graben und die Sau beerdigen. Drei Tage darauf kam der Zigan Janos, und ich machte ihn auf die schwere Sau aufmerksam. Ich sagte ihm, er soll abends mit seinen beiden Frauen und einem Wagen und mit Schaufeln zum rückwärtigen Mühlgangtürl kommen, ich würde nach 10 Uhr auf ihn dort warten und ihm die Stelle zeigen, wo die Sau begraben ist. Er kann die Sau dort ausgraben, zerstückeln und heim führen. Um 10 Uhr waren alle drei zur Stelle und zwar mit einem alten Kinderwagen. Die ganze Nacht führten sie das Fleisch nach Baumgarten. Mit einem anderen Wagen trauten sie sich nicht kommen, denn sie wären beanstandet worden, wenn sie ein Gendarm gesehen hätte, und so brachten sie ihre Beute auf Schleichwegen heim. Und doch kam der Gendarm mit seinem Federbusch aus Hahnenfedern am Hut. Janos und seine Familie lebten wie der liebe Gott in Frankreich. Da gab es Fett, dass sie nicht wussten, wohin damit und das viele Fleisch! Ein Teil wurde eingepökelt. Und erst die vielen guten Würste! So gut ist es der Familie noch nie gegangen. Im Ort wurde es ruchbar: der Horwath Janos hat irgendwo ein Schwein gestohlen, denn seine Behausung riecht täglich schon von weitem nach Schweinsbraten. Das bekam auch die Obrigkeit zu Ohren, und eines Tages, als er gerade Fleisch selchte, kam ein ungarischer Gendarm zum Janos und verhörte ihn. Auf die Frage, wo er die Sau gestohlen habe, sagte er wahrheitsgemäß, dass er sie vom Drassburger jungen Gärtner bekommen hat. Leider glaubte ihm der Gendarm nicht und verprügelte alle drei derart, dass sie voll Striemen und blutunterlaufener Stellen waren. Er hatte mit dem verkehrten Ochsenzähmer auf alle drei hingedroschen, den er eigens zu diesem Zweck mitgenommen hatte. Zum Schluss kam er doch zu mir, und als er mich fragte, ob es wahr ist, dass ich dem Horwath eine Sau geschenkt habe, konnte ich nicht anders als „ Ja" sagen und ihm den ganzen Sachverhalt erklären." Az istenem terem tisit, Jezus Maria, hob i jetzt Janos und zwei Frauen gehaut umsonst. Mit csinalunk, na mocht nix, wird i das nächste Mol wenn Janos wos mocht und nimmt, nix schlogn, hot er Vorschuss jetzt. Hobn Sie, kerem szepen, dos nächste Mol ain Schwain, donn kerem geben sie mir den Schwain. No hat Istenem, wer hot gedocht, dass Janos Wohrhait sogt." Ich fragte ihn zum Abschied, bevor er ging, warum er nicht früher bei mir anfragte, bevor er ihn und die zwei Frauen schlug. „ Oh, mocht nix, I scho Zigainer Janos öfter schlogn, wird nix hin, is nur Zigainer !" Mir brachte Janos einen Häfen voll Grammelfett, das ich gerne annahm. Ich aß gerne Fettbrot, obwohl ich lange Zeit nach der Krankheit keine fetten Speisen essen dufte. Nun schauen wir uns den Hausknecht Steffl an: etwas über fünfzig, mittelgroß, einen Schnauzbart und stuppiges Haar, das nie eine richtige Frisur kannte; ein echter „Krowot", abergläubisch wie alle Bewohner von Westungarn, ob Deutsche, Kroaten oder Ungarn. Einmal gehe ich mit ihm vom Bahnhof durch das Dorf und beim Haus der Tuterka, einer alten, armen Frau vorbei, und da sagt der Steffl zu mir: „Hurchens, dort drin wohn a Hex." „ Wieso, es gibt doch keine." „No, hom Sie a Ahnung, i selba hobs gsehn, wie s´ um Mitternacht beim Rauchfang rausfliagt, auch heart ma s´alle Tag um Mitternacht daham Stroh dresch´n, wissen S´, des is woahr. Und die Küah tuats a verhex´n, dass ka Müli mehr geb´n." Die arme alte Frau, die ihr kümmerliches Leben durchbrachte, war eine Vischka, eine Hexe. Von einer reichen Haus-oder Gutsbesitzerin hörte man noch nie, dass sie eine Hexe wäre, obwohl viele Fabriks-und Gutsbesitzer den Land-und Forstarbeitern die miserabelsten Löhne zahlen, den Bauern beim Wiegen der Rüben betrügen und jeden ums Ohr hauen, wo sie nur können; ebenso leisten sich Fabriksbesitzer jeden nur erdenklichen Luxus, sind auf Reisen und lungern in den teuersten Hotels herum und leben von dem Geld, das ihnen der Fabriksarbeiter bei kargem Lohn verdient.

1906 wurde im Schloss durch Obermonteur Huber, einem Baiern und Monteur Lacidelli, einem Italiener, beide von einer Wiener Firma entsandt, das elektrische Licht eingeleitet. Um die Leitung unter Verputz zu legen, mussten sie viel in den Steinmauern stemmen. Das Arbeiten mit noch einigen Maurern verursachte im Schloss viel Lärm und entwickelte viel Staub. Auch um ein ungestörtes Arbeiten zu ermöglichen, schickte der Sohn Konrad von Patzenhofer seine Mama auf so lange Zeit nach Bad Gastein, bis die Installation des elektrischen Lichtes bewerkstelligt war und die ganzen Räume zur Überraschung der Mama im Lichterglanz erstrahlten. Ein Lokomobil diente zur Stromerzeugung und Herr Wagner, der Maschinist aus Wien, bediente die Maschine. Na, und wenn die Katze aus dem Haus ist, dann haben die Mäuse Kirtag. So war es auch hier. Wir saßen gemütlich beim Abendessen, als vom Franz-Kutscher, der in Ödenburg mit dem Gespann einkaufen war, die Nachricht kam, dass sich bei der Vorischa (Vorisa) Zigeuner mit sechs Wagen niedergelassen hätten. Die Vorisa war eine hinter dem Park gelegene Obst-und Weingartenanlage, und beim Nachhausefahren sah er sie beim Lagerfeuer. Oje, do hast´s aufpass´n, die stehl´n wia die Rob´n. Lange nach dem Abendessen saßen wir noch beim Wein und plauderten und beratschlagten, was zu tun wäre. Jedenfalls sollten einige wachen, und als erster gab Steffl seine Gedanken preis. Er nimmt sich den Strohsack und legt sich auf dem Speisetisch der Veranda mit einem geladenen Schrottgewehr nieder, und sollte sich was rühren, na dann Gnade Gott, da ist er noch da. Der Steffl hat ziemlich „aufgehabt", da er fleißig ins Glas geschaut hatte. Er richtet sich tatsächlich den Strohsack auf der Veranda und schläft mit dem Gewehr in der Hand ein. Da Steffl das große Wort geführt hatte, wollten wir ihm eins auswischen, und nach längerer Beratung kamen wir überein, den Steffl samt dem Strohsack auf den Misthaufen der nahen Ökonomie zu legen. Wer holt aber das Gewehr? Dem Kerl ist ja nicht zu trauen, in seinem Rappel schießt er noch jemanden über den Haufen. Ich meldete mich und ging über einige Stufen zur Verandatür. Die Tür ist unversperrt, leise schleiche ich mich zu ihm hin, er sägt gerade an einem dicken Baumstamm, so schnarcht er. Ganz sachte nehme ich ihm das Gewehr weg und lege ihm einen alten Besen mit dem Stiel in die Hand. Na, also das Gewehr hätten wir und damit jedes Unheil von vonherein verhütet. Jetzt kann es losgehen. Ich, der Franz-Kutscher, der Diener Posteiner und der Reitbursche Janos trugen den fest schlafenden Steffl, der wie in Agonie auf dem Strohsack lag, auf den Misthaufen. Dort konnte er seinen Rausch weiter ausschlafen und wurde erst um halb vier Uhr wach, als es zu regnen anfing. Am nächsten Tag beim Mittagessen lachten wir den Steffl aus, und als ich ihm sagte, die Tuterka hätte ihn auf den Misthaufen verhext, da waren meine Worte das Signal zum Start von unheimlichen Geistergeschichten, wobei sich das ganze Schlosspersonal beteiligte. So wurde es auch an diesem Abend spät, bis wir uns trennten. Das Thema wurde auch am nächsten Abend fortgesetzt, und es hieß unter anderem, dass sich niemand von den Anwesenden um Mitternacht auf den Drassburger Friedhof getraut, der am Rande des Dorfes auf einer Anhöhe lag. Am nächsten Tag meldete ich mich zum mitternächtlichen Friedhofgang, Vorsichtshalber ging ich in der Mittagsstunde schnell zum Friedhof und traf dort den alten Totengräber, der schon zum Essen hinab gehen wollte. Ich sagte ihm: „Is des a schena Friedhof, do hams woi vü Arbeit?“ „ A, na, nur wonn wer stirbt, wia jetzt“ „ Jo, sogns a moi, warum fürchten si die Lait vurm Friedhof, besunders in da Nocht?“ Ich erzählte ihm die abendlichen Gespräche. Der alte Mann lachte herzlich und meinte, vor den Toten braucht sich wohl niemand zu fürchten, „de san froh, dass do a Ruah ham, aber von de lebendigen Teifi muss ma si in Ocht nehma. I tua in da Nocht arbat´n, wäu i ba tags ka Zeit hab, i hob ja am Ocka a ztan, so wia heint Nocht mit mein Suhn.“ „ Horchens, Veda, i kum hait Mitternacht zu Ihna aufi, wann i derf.“ „ Freili wuhl derfns, aber tans vorher a mit anige wettn um an Wie, a paar Liter tat net schodn, de trink ma nocha mitanand beim Wanke Korl, und die Lait, die am End zan Friedhof komman, wern ma scho mit an potzn Lärm empfong´n. Also tans nur wettn und kummans, aber tans nocha net sölba daschreckn, wenn ma an Pahöi mochn, i und mei Suhn da Josi. Wir wern eana scha Fiaß mochn!“ Abends schloss ich tatsächlich noch einige Wetten ab, und nachmittags auch im Garten um insgesamt 10 l Wein, dass ich um punkt Mitternacht auf dem Friedhof sein werde, und wer will, kann mich begleiten. Die Stunde rückte näher und alle Domestiken bis auf die alte Köchin vom Schloss begleiteten mich, und als ich in die Nähe des Friedhofs kam, warteten eine Menge Menschen auf mich. Einige Gartenarbeiterinnen rieten mir davon ab, hinauf zu gehen. Da witterte ich etwas anderes, es wäre ja möglich, dass mich einige Burschen verbläuen wollten. Um Mitternacht auf dem Friedhof sah ich meine zwei Männer, mit weißen Leintuchumhängen in der Grube. Ich hörte, wie die zwei aus dem Grab stiegen und furchtbar heulten. Sie machten mit dem weißen Tuch die Geste, mich von rückwärts zu umarmen. Die Leute rannten alle davon, und auch die zwei verschwanden im frischen Grab. Ich konnte ihnen noch schnell sagen, dass sie zehn Liter Wein beim Wanke auf mein Wohl trinken können. Ich bedankte mich bestens und verschwand ebenfalls. Im Dorf sagte ich, ich hätte weder Geister gesehen noch heulen gehört und ihr alle seid übergeschnappt, da es ja keine Geister gibt. Da sagt auf einmal der Gustl: „Jetzt waß i, wia a Geist ausschaut. I hobs gsehn und bin net bsoffen gwesen. Es san Geista, aber warum s Eana nix tan und grod mir, des geht man et ein“ Man redete noch länger davon, bis auch darüber das Gras wuchs.

Endlich war die Installation der elektrischen Lichtleitungen im Schloss und draußen fertig. Herr Wagner bediente abends das Lokomobil, und bei der Probe erstrahlten überall im Schloss, in den Stallungen, in der Gärtnerei und den Wirtschaftsgebäuden die Glühbirnen, Als auch die Maler und Tapezierer ihr Werk vollendeten, war der Kirtag der Mäuse zu Ende, denn die alte Dame, die wie Maria Theresia aussah, nahte mit dem Schnellzug, und angekommen, erstaunte sie nicht wenig über die Veränderung ihres Heimes. Ja, die Technik schreitet unaufhaltsam weiter, und schon tauchen vereinzelt bewegliche Bilder an der Leinwand auf, die sogenannten Kinematographen. Als ganz kleiner Junge, so mit etwa fünf bis sechs Jahren hatte ich schon in Wien in einem Saal bewegliche Märchenbilder gesehen und als Lehrling Aufnahmen vom russisch-japanischen Krieg. Auf der Leinwand flimmerte es furchtbar und man sah die Kämpfe und Kriegsereignisse.

Ich erwähnte schon öfters die Joglmoam, ein kleines hageres zahnlückiges altes Weiblein. Sie war aber immer noch agil und fleißig und hatte einen Mann, der, wenn er Geld hatte, alles in Alkohol umsetzte und wenn er betrunken war, vor sich überall Katzen sah, die ihn überall hin verfolgten, und aus diesem Grund der Katzenjogl genannt wurde. Ich kam einmal mit dem Franz-Kutscher, der in ungarischer Livree am Kutschbock saß, von Ödenburg, wo ich Sellerie einkaufen musste, weil unser schöner Sellerie nicht genug war, nach Hause. Da sah ich den Katzenjogl wie er betrunken die ganze Straße einnahm, hin und her torkelte und mit den Händen immer etwas verjagte. Er bat uns, die Katzen zu verjagen, die ihn die ganze Zeit begleiten und verfolgen. Lachend schnalzte der Kutscher mit der Peitsche in der Luft und zuletzt ihm eine über den Rücken. Er bedankte sich, da er keine Katzen mehr sah. Was man alles im Delirium sieht und was alles der Schnaps bewirkt, das erlebte täglich in seinem Rausch der Katzenjogl.

Bleiben wir noch etwas beim Sellerie. „Ja, sehn Sie, der Sellerie, den Sie aus Ödenburg brachten, schmeckt ausgezeichnet, und Sie können alle zehn bis vierzehn Tage zehn bis fünfzehn Kilo Sellerie holen", wurde mir von Fräulein Agnes, der Wirtschafterin, mitgeteilt. Na schön, warum nicht, dadurch komme ich öfters gratis nach Ödenburg. Ja, aber wir hatten ja genau so schönen Sellerie im Keller. Das nächste Mal nahm ich unseren Sellerie mit, fuhr bis Baumgarten und nach einigen Stunden zurück, lieferte den Sellerie ab und bekam Bahnfahrt und Sellerie bezahlt. Man soll es nicht glauben: unser Sellerie, den ich spazieren führte und der Geld kostete, schmeckte herrlich. Zum Schluss ließ ich mir ein paarmal die Fahrt und den Sellerie bezahlen ohne fort zu fahren, und der Sellerie wurde von allen wegen seiner Güte gelobt. Mir war es recht und Herrn Bechinsky auch, dem ich alles sagte, nur über meine Frechheit lachte er. Ganz traute ich ihm nicht, weil er in die Wirtschafterin Agnes verliebt war. Seine Frau war bedeutend älter und immer krank, sie sah überhaupt sehr schlecht aus. Die Arme kränkte sich auch sehr über den Verlust ihres jüngsten, fünfjährigen Sohnes, der vor der Rückreise nach Hause in Silbitz bei vollem Bewusstsein an giftigen Beeren gestorben ist.

Es waren noch ein Junge zu Hause, der Franz, und ein Mädchen, die Resl, beide besuchten noch die Schule. Es ergab sich, dass mir die liebe Agnes nicht hold war, und auch ich spielte ihr so manchen Streich. Wie schon erwähnt, hatten wir sehr viel Obst und fast alle Sorten von Birnen, Äpfeln, Pflaumen, Nüssen, ja sogar enorm lange Weinspaliere und eine lange Weinlaube. Oft sah ich unseren Hund, wie er nachts von der Kette losgelassen, die süßen Früchte frass. Ich konnte nur reifes, süßes Obst essen, denn nach meinem Typhus vertrug ich die Säure einiger Apfelsorten nicht. Das schönste Obst wurde im Schlosskeller eingelagert, wo es sich bis in den Sommer, das heißt Juni und Juli, hielt, bis wieder frisches Obst im Garten wuchs. Besonders Maschansker liebte ich, die schmeckten mir am besten. Ich bat Fräulein Agnes um einige Äpfel und sie gab mir zur Antwort, dass es keine mehr gibt. Na schön, jedenfalls wusste ich es besser, es gab noch sehr viele Äpfel, trotz versperrter Türen holen wir uns welche, Fräulein Agnes und zwar durch das offene, vergitterte Kellerfenster mit einer langen Bohnenstange, an deren Ende sich ein großer Nagel zum Aufspießen der Äpfel befand. Vor dem Kellerfenster wuchs eine Taxushecke, die mich davor schützte, gesehen zu werden, und jedes Mal, wenn mein Vorrat zu Ende ging, angelte ich mir wieder ein paar Kilo gut ausgereifter Äpfel nach Hause. Einige Äpfel fielen herunter, und Frl. Agnes konnte nicht enträtseln, wieso sie auf dem Kellerboden liegen und angestochen sind. Jeder heruntergefallene Apfel wies ein Loch auf. Täglich kam sie singend mit „Holladiridio, wenn der Auerhahn balzt" zum Bechinsky, sie besuchte die Frau, um ihr Gesellschaft zu leisten. Die Lenka Balilic räumte mein Zimmer auf, ließ die Tür offen, und beim Vorbeigehe waren Äpfel auf meinem Tisch zu sehen. Na warte, du Gauner, „jetzt hob i di", ein jeder Apfel hat ein Loch. Als ich spät abends nach Hause kam, sah ich die Bescherung. Frl Agnes hatte mir einen sehr stacheligen Kaktus aus dem Glashaus ins Bett gelegt, den frisch geriebenen Fussboden mit Sand bestreut und von meinen Anzügen alle, aber auch wirklich alle Knöpfe abgetrennt, die Ärmeln meiner Hemden und die Unterhosen zugenäht. Frl. Agnes tat mir damit viel an, weil ich mein Zimmerl immer sehr sauber und ordentlich hielt. Mein Holladiridio, das wirst du büßen, das schenke ich dir nicht.

In der Mittagsstunde des nächsten Tages sammelte ich Grasfrösche, Grillen und Heuschrecken, auch einen Igel fand ich. Anderntags nahm ich alle Insekten, die Frösche und den Igel und schmuggelte sie mit den neuen, frischen Blumen für die Vasen und den Tafelschmuck ins Schloss und im Vorbeigehen in das Zimmer von Frl. Agnes. Ich wusste, dass sie spät abends erst in ihr Zimmer kommt, sich ohne Licht zu machen auszieht und ins Bett kriecht. Mit einem entsetzlichen Schrei flog sie förmlich aus dem Bett, denn der Igel lag dort schön zusammengerollt, es behagte ihm vielleicht.Und noch einmal schrie sie auf, als sie den Frosch aus dem ebenerdigen Fenster geben wollte, trat sie mit einem nackten Fuß auf eine Kröte. Nur schnell Licht machen, und als das Licht aufflammte, hei, wie sich alles Lebende bewegte und sich schnell verkroch. Als sie den Igel aus dem Fenster expedierte und sonst Ruhe herrschte, legte sie sich wieder ins Bett und schlief ein. Du lieber Himmel, was war das jetzt? Ein vielstimmiger Chor fing zu quaken und zu zirpen an, und an Schlaf war hier im Zimmer nicht mehr zu denken. Also, erstens raus aus dem Zimmer und sich für einige Tage in einem Fremdenzimmer etablieren! Die zweite Tat: sämtliche Grillen, Heuschrecken und Frösche zu fangen, da die Biester auch schon die Zimmer der anderen Mädchen heimsuchten. Die Frauen und Mädchen des Hauses dürften mir gleich ihre Rache geschworen haben, denn die Rache folgte auf den Fuß. Madame Patzenhofer fuhr zu ihrer Tochter nach Wien, die im Hotel Meisl wohnte. Frau von Jägermeister war erkrankt und starb dann auch einige Zeit später. Es war ein heißer Tag, ein Sonntag, und ich beeilte mich, in den Teich zu kommen. Leider konnte ich nicht schwimmen sondern lag auf einer zwei Meter langen und ein Meter fünfzig breiten Brettertafel. Ich war gerade im tiefen Wasser, als ich die dienenden Geister des Schlosses, neun an der Zahl, Mädchen und Frauen im Badekostüm heranschleichen sah. Ich wollte so rasch als möglich heraus aus dem Wasser, leider gelang es mir nicht, das rettende Ufer zu erreichen aber doch ins seichte Wasser zu kommen, das mir noch über die Knie reichte. Da waren schon alle neun im Wasser und bespritzten mich so, dass ich fast keinen Atem bekam und ließen mich nicht ans trockene Land. Alle umringten mich und wollten mich zu Boden zwingen, trotz heftiger Abwehr rissen sie mir die Badehose vom Leib. Na schön, jetzt brauchte ich schonungslos meine Kräfte, und im Nu standen auch drei Weiblein im Evakostüm. Weiter wollten es die Damen doch nicht treiben und sie gaben mich frei, denn ich hätte unbarmherzig die Kostüme zerrissen. Die Badeanzüge waren bei den Damen vom Hals bis über den Knien geschlossen und mit Rüscherln besetzt. Es gab in der Gärtnerei auch viel Beerenobst; Erdbeeren, Himbeeren mit großen Früchten, Stachelbeeren, Johannisbeeren, eine Menge Sträucher, die in der Reifezeit von unseren Gartendamen abgeerntet wurden. Ich stand mit besagten Arbeiterinnen nicht auf gutem Fuß. Da es immer Neckereien gab und ich keine so richtig beachtete, fehlte jede Harmonie. Einige waren mir übel gesinnt und spielten auch mir so manchen Streich, den ich bei Gelegenheit zurückzahlte. Das Ernten der Johannisbeeren war im schönsten Gange, und alle naschten so viel sie konnten. Da brachte ich vom Schloss einen großen Tonhäfen voll saurer Milch, 10 Häferln und Löffeln im Korb, nachdem ich die gepflückten Beeren ins Schloss getragen hatte. Es war üblich, dass die Gartenarbeiterinnen um 10 Uhr überschüssigen Salat, bevor er Samen ansetzte, als Speisesalat essen konnten, und hie und da gab es dazu auch saure Milch oder Buttermilch. Hungrig wie sie waren, begrüßten sie mich mit der Jause sehr freundlich, aber nach einer Stunde hätten sie mich am liebsten verdroschen, denn da fing es bei jeder im Bauch zu rumoren an. Ein heftiger Durchfall begann und dauerte fast zwei Tage, denn saure Milch und Ribisel vertragen sich absolut nicht.

Ich hatte auch das Pech, dass mich der Hund Barri nicht mochte. Bei Tag ging es noch, aber nachts, da kannte er nichts, er war der strengste Wächter. Um zehn Uhr abends wurde er von der Kette befreit. Im Gemüsegarten hatten wir einen großen Kirschbaum mit schönen schwarzen Knorpelkirschen, die Sorte Hedlfinger Riesen. Nach dem Abendessen lud ich Janos, den Reitburschen, zum Kirschenpflücken ein. Um etwa 10 h abends kletterten wir auf den Baum, der Mond schien sehr hell, und uns schmeckten die Kirschen so gut, dass wir uns noch die Hüte mit Kirschen anfüllten, um sie mit nach Hause zu nehmen. Wir wollten gerade vom Baum herunter, ja wir wollten, aber da stand ja Barri unter dem Baum und biss mich sofort in den Schuh. Ja gut, ich lasse Janos das Vorrecht, weil er kennt Barri besser, er lässt ihn ja alle Abende von der Kette los und kettet ihn morgens wieder an. Barri ließ auch Janos nicht herab, und kein gütliches Zureden half. Wir warfen die Schuhe und unsere Röcke nach ihm, da legte er sich auf meinen Rock und blieb auch dann unter dem Baum, als ich einen Ast abbrach und nach ihm schlug. Barri bewachte den Baum und wich nicht von der Stelle. Als wir meinten, dass er schläft, versuchten wir leise vom Baum zu kommen. Bei der geringsten Bewegung stand er angriffsbereit und schnappte nach den Füssen.

Was blieb uns übrig, als die ganze Nacht auf einem Ast nahe dem Stamm zu sitzen wie die Affen, alles tat uns schon weh, und nach Mitternacht wurde es uns schon richtig kalt. Wir begrüßten freudig die ersten Sonnenstrahlen am frühen Morgen. Als die Arbeiterinnen zum Schloss kamen, suchten sie mich überall, mein Bett war unberührt. Da schickte Herr Bechinsky die Mädchen und Frauen in den Gemüsegarten. Sie kamen rasch zurück und riefen schon von weitem: „Der Barri ist los!"! Da musste der Franz-Kutscher den Barri holen, und als er uns auf dem Baum sitzen sah, ging ihm erst ein Licht auf, warum Janos seine Pferde nicht gefüttert und geputzt hat. Er lachte über unser Missgeschick wie noch nie. Als auch Herr Bechinsky und die Gartenschönen unsere nächtliche Lage und die gute Bewachung sahen, wollte das Lachen über uns kein Ende nehmen, ja alle im Schloss wussten es. Eines Abends saß ich bis in die späte Nacht beim Wanke-Wirt und unterhielt mich mit dem Baumgartner Oberlehrer Martin Borenich, dem Onkel meiner zukünftigen Frau und wartete den strömenden Regen ab. Der Regen hörte nicht auf, so lieh ich mir von Frau Wanke einen Schirm aus und ging nach Hause. Das Tor war abgesperrt und beim Tor stand Barri. Endlich fand ich den Schlüssel, der nicht ganz an der gewohnten Stelle lag und musste rasch die Hand zurückziehen, da Barri nach ihr schnappte. Ich will hinein, da reißt mir das Biest schon ein Stück vom Rock. Der Garten hat ja fünf Eingänge. Ich gehe zum nächsten, außen ich, innen Barri, wir wandern wieder zurück. Was tun? Ich klettere auf das Tor und springe mit dem aufgespannten Schirm herunter, aha, jetzt weicht er aus, jetzt spannte ich abwechselnd auf und wieder zu, er weicht so weit zurück, dass ich mein Zimmer aufsperren kann. Zum Schluss haue ich ihm eine mit dem Schirm herunter. Der Schirm brach und Barri hat sich darin verbissen und lief mit dem kaputten Schirm davon. Am nächsten Tag fand ich den Schirm total zerrissen, sogar der Griff war zerkaut. Ich musste ihn ersetzen.

Fasching und Kirta! Ein besonderes Ereignis bedeuten beide in den kroatischen Dörfern. Dafür sparen die gestiefelten Jünglinge, mit einer Lederhose, am Hosenlatz ein seidenes oder gesticktes Tüchlein durchgezogen, einen kurzen Janker, einen Hut mit Federn, oft vom Adler, geschmückt, die Männer ebenso angezogen doch ohne die Feder am Hut, so sieht man sie am Sonntag zur Kirche oder ins Gasthaus gehen. Die Mädchen und Frauen sind ebenfalls dem Feiertag gemäß gekleidet, im Sommer mit kurzen Ärmeln, mit zwei Spitzenunterröcken und einem Überrock, einem meist dunkel gehaltenen Miederleibchen, mit roten Safianstiefeln oder besseren Frauenhalbschuhen. Ja, die Burschen sparen, denn viel Geld kostet so ein Fasching und auch der Kirta. Da wird dann die ganze Nacht mit der Reza, der Lanka, der Maritza, der Lenka und wie sie alle heißen, getanzt, geschwitzt, gesoffen und und auch geliebt? Tanzen; für mich sah das nicht nach Tanzen aus sondern wie ein rohes, erotisches Hin-und Herwogen verschwitzter, nach Liebe dürstender weiblicher und männlicher Gestalten. Und wehe, wenn ein Fremder, wie ich es war, sich nichtsahnend ein Mädchen zum Tanzen aussucht; die Mädchen stehen im Kreis am Tanzboden und ein Wink oder Ruf „hoi simo Mare, krejemo tancat“ genügt, um das Mädchen in die Arme zu schließen und mit ihm tanzen zu gehen…Tanzen? Nein, lieber Fremder, um Puffe und Fußtritte zu bekommen. Der Wink mit dem Zaunpfahl: Verschwinde bald und tanze mit keiner mehr, sonst bekommst du noch Prügel. Keine Unterhaltung ohne Rauferei, denn da wird es erst lustig und schön. Wenn eine schöne Rauferei im Gange war, und sich die Burschen die Köpfe blutig schlugen, wunderte ich mich oft, dass kein Gendarm zu sehen war und eingriff. Der „Kloarichta“ (Kleinrichter oder Gemeindediener) schlichtete den Streit meist auf seine Art, er trennte die Streitenden mit einem Prügel. Der Richter ist der Bürgermeister des Ortes und der Kleinrichter derjenige, der die Erlässe und Kundmachugen der Regierung Ungarns oder des Bürgermeisters vorliest. Trommelnd geht er durch die Ortschaft, bis sich, durch das Trommeln aufmerksam gemacht, ein Teil der Bewohner aus den Häusern zu ihm begibt, um zu hören, was der Kleinrichter herunter liest oder berichtet. Dann geht er wieder ein Stück weiter und dasselbe Bild wiederholt sich noch öfters. Beim Wanke-Wirt ist schon zwei Tage Faschingsunterhaltung, eine vierköpfige Kapelle spielt auf zum Tanz. Die Räume sind voll von Menschen, der Rauch darin ist zum Schneiden. Auch wir vom Schloss sitzen am Faschingdienstag in einem Raum an den Tischen zusammengepfercht und trinken Wein, einen gute Tropfen noch, denn wir sind noch nicht betrunken, das wissen der schlaue Wirt und auch die Wirtin. Der Betrunkene zahlt mit seinem guten Geld den stark gewässerten Wein. Auch viel Glühwein wird getrunken, da geht der schlechte Wein darunter und erhitzt die Köpfe. Der Verdienst des Wirtes ist kolossal, er schröpft die Dummen wo er kann, und das machen alle Wirte in allen Orten. Herrgott, da wird gefressen und gesoffen, man reibt die schwitzenden Leiber aneinander, und alle fühlen sich sauwohl und glücklich, bis ja….bis jemand zum Raufen Anlass gibt, und schon fliegen die Bier-und Weingläser, die Literflaschen und es wird so mancher Sesselhaxen geschwungen. Die Frauen kreischen und Rufe erschallen wie Josko, Mate, Jive und so weiter, und man drängt ins Freie. Schon haben sich zwei Parteien gebildet, und die Schlacht beginnt mit Schimpfen, Schreien, Rufen, Heulen und Weinen der Frauen und Kinder. Da brechen Zaunlatten und da fliegen sogar schon Steine und treffen so manchen Zuschauer. Erst dann nimmt das Tohuwabohu ein Ende, als man einige Kämpfer blutend vom Schlachtfeld trägt. Der Tanz geht wieder weiter, und die Maritza, Rozica erfreuen sich des Lebens und draußen wird weiter geküsst und geflirtet, weiter gesoffen, bis auch das letzte Geld zu Ende ist und mancher sogar Schulden beim Wirt machte, um ja seine geliebte Agnica bewirten zu können. Die Kapelle spielt falsch aber sie spielt, die Spieler scheinen vor lauter Rausch gegen den Morgen hin schon die

Noten nicht mehr zu erkennen. Auch die Musikanten werden ja frei gehalten, die Burschen zahlen einen Liter um den anderen, wenn sie sich ein Tanzstück wünschen. Nach solchen Festen läuft ihnen der Geier nach, und alle trachten, in Wien oder Niederösterreich als Maurer, Zimmerleute oder Hilfsarbeiter wieder so viel zu verdienen, um beim nächsten Tanz leichtsinnig ausgeben zu können. Der Menschenschlag, von dem es heißt, dass er vom Küstenland und Dalmatien kommt, wirkte auf mich stämmig, urwüchsig, arbeitsam, praktisch und gutmütig. Die Vorfahren dieser Kroaten gerieten während der letzten Türkenkriege bis zur Leitha und darüber hinaus bis nach Wien. Nach dem Rückzug der Türken verblieben die Kroaten von der niederösterreichischen Grenze in Westungarn bis Ödenburg um den Neusiedlersee und südlich und westlich von Ödenburg im jetzigen Burgenland mit vielen Dörfern und Siedlungen als kroatische Sprachinseln.

Die Frauen fand ich durchwegs hübsch, häuslich, arbeitsam und sparsam. Sehr sauber sind auch die Häuser gehalten. Sie haben auch schönes Vieh, das jeden Morgen vom Halter auf die Hald getrieben wird, der mit seinen Trompetentönen meinen Schlaf störte. Auf die Weide wird alles getrieben, sogar die Schafe, die Schweine, die Ziegen, die Gänse und selbstverständlich alle Rinder und die Pferde. Da kommt man sich vor wie auf einer ungarischen Puszta mit den vielen typischen Brunnen. Das Land ist schön und fruchtbar. Außer dem üblichen Getreide werden noch Zuckerrüben für die Siegendorfer und die Hirmer Zuckerfabrik angebaut, die guten Weiß-und Rotweine gezogen und Fische und Geflügel gezüchtet. Die Kroaten sprachen zu meiner Zeit öffentlich deutsch, zu Hause kroatisch und in der Schule lernten sie Ungarisch. Die Sonntage waren für mich sehr langweilig, und oft wusste ich nichts damit anzufangen. Entweder ging ich zur Bahn und sah nach, wer abfährt und wer ankommt oder ich ging spazieren, wenn ich nicht das Gasthaus besuchte. Es war einmal ein schöner warmer Tag, also auf nach Baumgarten (Kertesz Sopron) zum Oberlehrer Borenich, der mich schon öfters eingeladen hatte. Er war ein Herr mit langem Backenbart und großer, schöner Gestalt. Er übersetzte sehr viele deutsche Kirchenlieder und Volkslieder ins Kroatische, schrieb viele Erzählungen und Anekdoten für den kroatischen Kalender und war damals ein beliebter Schriftsteller. Er war Organist und sang mit einer sehr schönen Stimme, und wenn er in der Kirche das Ave Maria von Gounod sang, hörten alle andächtig zu. Er hatte auch eine große Bibliothek, und ich beneidete ihn wegen der vielen Bücher. Martin Borenich war auch viele Jahre Feuerwehrhauptmann und Gemeinderat und als mitfühlender Helfer in der Not von allen Bewohnern der Gemeinde beliebt. Sein Haus hatte gassenseitig keine Fenster, sondern alle Fenster waren südseitig gelegen in seinen schönen Rosen- und Obstgarten, in dem die schönsten Rosen aber auch die besten Pfirsiche, Marillen und Weintrauben wuchsen. Ich borgte mir ein schönes Buch aus und ging nach einer guten Jause heim zu. Er hatte auch eine hübsche Tochter namens Martina, die oft in den Schlossgarten kam, um Gemüsepflanzen oder Gemüse, auch Topfblumen zu kaufen. Martina gefiel mir sehr gut mit ihrer Bildung und Intelligenz. Sie hatte städtisches Benehmen und trug Kleider mit städtischem Schnitt.

Ich machte mir hier nichts aus den Mädchen, war ich doch erst neunzehn Jahre alt und wollte absolut keine von hier zur Frau und somit auch keine Liebschaft anfangen. Ich sprach mit jeder höflich, so auch mit dem Mädchen von Dr. Csatkay, einem Fräulein Agnes, das bei dem Arzt bedienstet war. Besagtes Fräulein Agnes lud mich öfters zu sich ein, ohne dass ich nur ein Mal der Einladung Folge leistete, da Agnes nach meiner Schätzung um zehn Jahre älter war als ich. Ich wich ihr aus, und das wahr wohl falsch, denn als ich am 15. Februar nach dem Beschneiden der Himbeeren noch mit der Schere in der Tuchgamasche in der Abenddämmerung auf ein Glaserl Wein zum Wanke Karl ging, bekam ich überraschend von hinten einen heftigen Schlag auf die linke Wange. Ich bückte mich daraufhin seitwärts und berührte die Schere. Dass ich sie aus der Gamasche riss und ohne zu schauen damit hin schlug, ging so rasch vor sich, dass ich nur noch sehen konnte, wie ein mir unbekannter Mann blutend aus einem Loch in der Schläfe über die Straße torkelte und im Straßengraben vor Dr. Csatkay´s Haus niederfiel. Frl Agnes sah zu, und der Mann schrie, ich hätte ihn niedergeschossen. Kaum kam ich zu mir, umringten mich schon einige Menschen und wollten mich verprügeln und mir den angeblichen Revolver wegnehmen. Da zwackte ich mit der Schere und drohte, jeden niederzuschießen, der mich berührt. Sie gaben mir den Weg frei, und ich lief so schnell ich konnte, denn es flogen schon Steine nach mir. Ich hatte den Kerl in die Schläfe getroffen und hätte ihn töten können. Erst später erfuhr ich, dass ihn die liebe Agnes überredete, mir einige Ohrfeigen zu versetzen. Den ich so schwer

Herr Oberlehrer Martin Borenich

verletzt hatte, war ein kräftiger, untersetzter Mann, der noch zwei Brüder hatte, und alle drei schworen mir Rache. Ich blieb acht Tage zu Hause und blieb während dieser Zeit einen Revolver und die nötigen Patronen und übte mich täglich im Schießen. Jeder Schuss traf und alle Flaschen, die ich bekommen konnte, gingen durch Schüsse kaputt. Die Mädchen im Garten sahen mich beim Schießen, sie sorgten für Weiterverbreitung im Ort, dass ich eine Waffe besitze und jedes Ziel treffe. Am Sonntag ging ich trotz mehrerer Warnungen nachmittags ins Gasthaus zum Wanke. Die Gaststube füllte sich, und zu mir trat ein Stummer, ein Bruder des Verletzten und boxte mich in die Brust. Da zog ich den Revolver, und er wich zurück, schleuderte jedoch einen schweren Stuhl gegen mich, den ich noch abfangen konnte. Ich wählte danach das Venünftigste und ging nach Hause, da ich sah, wie sich im Gasthaus zwei Gruppen bildeten, eine für und eine gegen mich. Den Revolver in der Hand ging ich zur Tür und sagte, dass ich jeden, der mir folgt, niederschießen würde. Es folgte niemand, von weitem sah ich zu, wie sie die drei Brüder ordentlich verdroschen. Von da an hatte ich Ruhe, und doch hätte ich bald den alten Müller Nagelreiter niedergeschossen. Ich sollte eine alte Katze erschießen. Ich zielte und die Waffe versagte. Ich nahm den Lauf herunter um nachzusehen. Der Müller stand vor mir und schaute mir zu, wie ich die Trommel gewaltsam mit den Fingern drehte, und schon krachte es, und der liebe alte Müller lag auf dem Boden. Ich rannte zu Dr. Csatkay, der sofort seine Instrumente in die Tasche packte und mit mir im Laufschritt zum Müller lief. Der Müller lag nicht mehr da, und ich sehe kein Blut. Wir schauten in die Küche, und da saß Herr Nagelreiter beim Tisch und kühlte sich mit einem nassen Tuch den ihm beigebrachten Tippl auf der Brust. Na, hatte ich ein Mordsglück! Ich traf den armen Kerl so glücklich, dass nur der Sackfondknopf auf seiner grünen Weste platt gedrückt war, und das Projektil ihn selbst am Körper gar nicht traf. Die Katze lebte weiter, und mich kostete meine Dummheit einen Gulden für Dr. Csatkay, den ich gerne zahlte, und obendrein zahlte ich dem guten Nagelreiter einige Liter Wein als Schmerzensgeld. Ich hatte bis jetzt mehr Glück als Verstand ohne ein Sonntagskind zu sein und hoffentlich ist mir das Glück im weiteren Leben ebenso hold! Am 26. Juli ist Anna, und am Sonntag wird in Drassburg der Anna-Kirchtag gefeiert. Da geht es nachmittags in den drei Gasthäusern bei Musik und Tanz hoch her. Ich schaute ins Wanke- Gasthaus, dann zum Illetic, ging zur Bahnrestauration und fand nirgends eine passende Gesellschaft. Gerade war ich schon auf dem Heimweg, als ich drei Mädchen begegnete. Die eine kannte ich, es war die Agnes, die ich nicht grüßte. Eine jedoch war dabei, die sah der Martina Borenich ähnlich, auch die andere war hübsch, und beide waren städtisch gekleidet. Ich kehrte um und ging den Mädchen nach, die in die Restauration zum Tanz verschwanden. Ich sah noch, wie die drei bei einem Tisch Platz nahmen, und –da schau her- wie auf Wunsch war noch ein Platz für mich frei, und ich setzte mich neben das hübsche Fräulein Juliana Borenich aus Zagersdorf (Zarany). Die andere Schöne hieß Romana und war aus demselben Ort wie Fräulein Julchen. Ich tanzte, nein ich hopste mit beiden, da ich weder Walzer noch sonst einen Tanz beherrschte. Beide jungen Damen hatten Urlaub und waren sonst in Wien beschäftigt. Bevor sie nach Hause gingen, hatte ich Fräulein Julie für den nächsten Sonntag zum Nachkirtag eingeladen. Ich bat sie, sie möge mir schreiben, ob sie gut zu Hause angekommen ist und ob sie am Sonntag kommen wird. Die Karte kam, und am Sonntag kam auch Frl. Julie mit einer Freundin. Unser Weg führte uns zuerst in den herrlichen Park mit den schönen Gruppen und den Springbrunnen, den vielen Statuen und geschnittenen Spalieren entlang der Wege, nur leider verjagte uns ein heftiges Gewitter, und wir mussten mein Zimmer aufsuchen, bis sich das Wetter verzog und die Sonne wieder herauskam. Wir gingen zur Bahnrestauration, wo wir uns diesmal nicht lange aufhielten, da der Wagen des Herrn Vukovich die Mädchen mitnahm. Ich kaufte noch schnell um eine Krone Bäckereien und reichte ihr das Päckchen auf den Wagen. Als sie sich niederbeugte, raubte ich ihr einen Kuss. Ich bat sie, mir zu schreiben, ob ich sie, das heißt das Julchen, besuchen darf und ob sie zu Hause gut angekommen ist. Tatsächlich kam eine Karte, auf der stand, ich möge Frl. Julie und ihre Eltern besuchen, ich sei für Sonntag eingeladen. Was nun? Soll ich hingehen oder nicht? Sie ist die Cousine der Martina Borenich und sieht ihr stark ähnlich. Martin Borenich und der Vater von Julie, Stefan Borenich, waren Brüder. Na, wenn schon. Ich gehe am Sonntag nach dem Essen nach Zagersdorf oder ungarisch Zárány und schaue mir das Dorf an, und da mich die Neugier plagte, fragte ich einen gestiefelten Vetter oder Tetac nach dem Haus des Herrn Stefan Borenich. Endlich, nach mehrmaligem Fragen, fand ich das Haus und stellte mich den Eltern der Lanka vor, wie sie von ihnen genannt wurde. Die Eltern gingen zum Segen in die Kirche und ließen mich allein mit der Tochter in der Stube, wo wir uns, jeder an einem anderen Platz, gegenseitig betrachteten, ohne ein Wort zu sagen. Mangelte es an Gesprächsstoff? Es sah so aus, denn als die Eltern von Segen kamen, fing ich erst richtig zu plaudern an. Liebe alte Leute, die ich sofort lieb gewonnen habe! Der Vater wirkte auf mich sehr gescheit. Er ist in der österreichischen Monarchie viel gereist, und er konnte sich in jedem Thema unterhalten. Die Mutter war mittelgroß und etwas hager. Sie wirkte herzensgut, und ich hatte den Eindruck, dass sie für ihre Kinder das Letzte geben würde. Gleich darauf kam Lankas Bruder Paulus mit seiner Frau Reza, die sofort Kaffe kochen ging und dann auch Kuchen brachte. Später holte der Vater noch Wein aus seinem Kellerbestand und ich fühlte mich sehr wohl unter diesen rechtschaffenen guten alten Menschen. Die Eltern waren Kleinbauern mit einigen Hektar Acker, einem Obstgarten, einem Weingarten und einem Anteil des Gemeindewaldes. Ich sah, dass mir alle wohl gesinnt waren und mich wie ihr eigenes Kind behandelten, obwohl ich noch jung war und an eine Heirat gar nicht zu denken war, verdiente ich doch noch wenig. Ich kam oft zu ihnen nach Haus, auch dann, als Lanka sich schon lange in Wien aufhielt. Wir schrieben uns sehr oft, und je öfter wir uns dann später sahen, umso lieber hatten wir uns, und mein Vorsatz, keine Kroatin zu heiraten, fiel ins Wasser. Frl. Julie kam noch öfter nach Hause, und ich hatte dann Gelegenheit, nach Zagersdorf zu gehen, wenn sich auch der Weg von Drassburg trostlos, ohne jeden Schatten eine halbe Stunde durch die Äcker dahinzog. Im Kot watend verlor ich meine Gummigaloschen, die drinnen stecken blieben, doch es verdross mich nicht, den Weg zu meiner lieben Julie zu gehen, auch dann nicht, wenn auf mich die Zagersdorfer Burschen lauerten. Der dortigen Sitte gemäß kam ich als Fremder ins Dorf zu einem Mädchen und hätte den Burschen den Einkauf ins Dorf zahlen müssen. So ein Einkauf kostet immerhin sehr viel Geld, da die Burschen den Einkauf im Gasthaus feiern und viel Wein vertragen. Am Samstag trinkt so ein Bursch von zwei oder drei Uhr nachmittags bis elf Uhr nachts beim Kartenspiel zehn bis sechzehn Dreideziliter Wein, ohne betrunken zu sein. Geld hatten sie ja, die meisten verdienten schön in Wien oder in Niederösterreich, und viele lebten vom Handel mit Vieh, Geflügel, Wein oder auch Holz. So oft mich die Burschen ins Dorf kommen sahen, lauerten sie mir abends oder des nachts auf und erwischten mich doch nie. Ich wusste immer, wo sie sich gerade aufhielten, wenn ich heim ging und konnte ihnen ausweichen, oder ich blieb über Nacht bei den Eltern meiner Braut. Die Kirche von Zagersdorf liegt wie fast überall hier in den

Schwiegervater Stefan Borenich

Lanka („Julchen")

Gemeinden abseits des Ortes und so auch hier an der Straße nach Drassburg. Die Kirche selbst liegt im alten Friedhof, der mit einer Mauer umgeben ist. Als ich einmal nachts bei sehr hellem Mondschein beim Friedhof vorbeiging, kamen von der Kirche her einige weiß umhüllte Gestalten und immer näher zu mir. Da schoss ich in die Luft und-hallo, warum rennst denn gar so?- da war der Spuk rasch zu Ende, und wie sie kläglich Fersengeld nahmen! An meinem Hochzeitstag bekamen die Burschen zwei Fass Ottakringer Lagerbier, 50 Liter. Wein tranken die Burschen alle Tage, mir kostete der Wein viel Geld, und so tat es das Bier auch.

Zagersdorf, heute Burgenland

Sopron, Ödenburg, Hauptstadt von Westungarn

Sopron, der große Hauptplatz, der zu den Jahrmärkten von vielen Menschen aus allen Balkanländern beschickt wurde, bot ein interessantes Bild mit den vielen Volkstrachten und Menschen von vielen Nationen: von Zigeunern, Czikos, Rumänen, Juden, Kroaten, Südslawen und Türken.

Hirm

Eisenstadt /Kismarton

Eisenstadt, die jetzige Hauptstadt des Burgenlandes war berühmt durch das Schloss des Fürsten Eszterhazy; ebenso für das große Judenviertel, das Garnisonsgymnasium und für den Weinbau. In der Stadt wurden hauptsächlich drei Sprachen gesprochen: Ungarisch, Kroatisch und Deutsch.

Eisenstadt, Schlosspark

Es kam der 1.März 1907, und ich kündigte meine Stelle in Drassburg. Mir wurde das doppelte Monatsgehalt angeboten, das waren 50 Kronen und noch Wohnung und Verpflegung dazu, wenn ich weiter verbliebe. Die Schlossfrau sah einen Wechsel ungern. Wer einmal bei ihr Arbeit fand oder angestellt wurde, den ließ sie selten fort, und auch die Familie Bechinsky war bestürzt darüber, denn sie behandelten mich wie ihren eigenen Sohn. Ich will ehrlich sein: auch ich verließ die Stelle ungern, ich wollte aber nach Wien oder Niederösterreich, um in der Nähe meines lieben Julchens zu sein. Der Abschied ging allen nahe. Alles wurde verziehen, was ich den Schlossdamen angetan hatte, und bei einer kleinen Abschiedsfeier im Schloss sah ich, dass mich alle recht lieb hatten. Die Ebenfurt-Ödenburger Bahn brachte mich nach Wien zu Muttern. In Wien hielt ich mich nicht lange auf sondern fuhr nach Mödling in die tausendjährige Stadt, die mir sehr gut gefiel, und in Maria Enzersdorf fand ich sofort bei einem Handelsgärtner Arbeit. Wenn ich sage „Arbeit“, so war es wirklich Arbeit, die ich leisten musste. Von sechs Uhr früh bis in die Nacht hinein musste ich schuften, und noch wollte er, dass ich um zwei Uhr oder um halb drei aufstehen soll um Rosen zu schneiden, die für Wien bestimmt waren und mit dem ersten Frühzug von seiner Tochter mitgenommen würden. Das war mir zu viel. Als er mich täglich weckte, blieb ich weiter im Bett, das in einem hölzernen Saletl (Gartenhütte) stand. Ich hatte aber in kurzer Zeit sehr viele Besitzer von Gärten und Villen kennen gelernt und auch viele Gärtner. So blieb ich in der Schinderbude nicht lange, denn am 10. April wurde ich als erster Gehilfe in der Gärtnerei des Barons Zimmer in der Gloriettegasse, beim Obergärtner Hans Mraz angestellt. Herrn Mraz hatte ich als Schuljunge bei Onkel Uher im Belvedere kennen gelernt, und ich hätte damals nie gedacht, dass ich einmal monatelang bei diesem Menschen sein würde. Damals hatte er lustige Weisen auf der Mundharmonika gespielt und war sehr nett zu Tante Anna und ihren Kindern, aber hier lernte ich den Herrn Mraz erst von einer anderen Seite kennen. Als ich die Stelle antrat und meine Behausung sah, das Zimmer, in dem noch Adolf, der Sohn von Mraz und der Gehilfe Ferenc Gal hausten, bat ich Herrn Mraz, mir und den beiden Gehilfen noch zwei Stunden am Tag freizugeben, um das Zimmer in Ordnung zu bringen. Ich begriff nicht, wie man jahrelang so wohnen konnte! Musste ich in Maria Enzersdorf in einem Saletl wohnen, so musste ich hier mit Krampen und Schaufel einige Scheibtruhen voll Erde aus dem Zimmer schaffen, um dann mit mehreren Kübeln voll Wasser den noch gut erhaltenen Bretterboden so lange schrubben, bis er rein war. Ich war so voller Flöhe, dass ich mich im Glashaus ausziehen musste und die Flöhe in ein Bassin schüttelte und ertränkte. Im Strohsack war lauter Strohstaub, aber am nächsten Tag wurden die Strohsäcke militärisch gefüllt, nachdem wir neues Stroh gekauft hatten. Leintuch und Bettzeug waren länger als ein Jahr nicht gewaschen und schwarz vor lauter Schmutz. Auch da machte ich Ordnung, und nun achtete ich darauf, dass Reinheit und Ordnung weiter im Zimmer herrschten.

Der Obergärtner Mraz, ein sehr tüchtiger alter Gärtner, der noch aus einer alten Schule stammte, war ein periodischer Quartalsäufer, der gleich zwei bis drei Tage lang mit mehreren Kollegen von einem Gasthaus oder Kaffeehaus ins andere ging und auch nachts ausblieb und viel Geld verspielte und versoff. Nachher war er schlecht gelaunt, brutal und unausstehlich. Er schimpfte von 6h früh bis spät abends so laut, dass ihn jeder noch weit in der Trautmannsdorfgasse hörte. Links und rechts von uns waren noch zwei Gärtner, Tetsch und Kolloner, die dem alten Mraz im Schimpfen und Schreien sekundierten und ihn oft sogar noch überboten. Wenn zum Beispiel der Bäcker die Semmeln erst um halb sieben statt um sechs Uhr brachte, war schon der Teufel los. In den Glashäusern gab es sehr schöne, gut kultivierte und richtig nach Klimaten geordnete Orchideen in ziemlich vielen Gattungen und Sorten, die fast durchwegs aus Schönbrunn oder den anderen Hofgärten stammten, von dort gekauft oder auch geschenkt. Dass auch die Herren Gärtner, wenn sie Besuche machten, aus den Glashäusern der Kollegen so mancher Pflanze oder Stecklinge mitgehen ließen, war bekannt. Man brauchte nur den Rücken zu zeigen, und bald verschwand etwas in der Rocktasche. Orchideen und Gardenien interessierten mich am meisten, und ich hatte sie in meiner speziellen Betreuung. Außerdem waren sehr viele Tropenpflanzen und „Neuholländer" und schöne Palmen in den Glashäusern, neben den gewöhnlichen Topfblumen wie Primeln, Cyclamen und Gloxinien, alle üblichen Sommerblüher, Knollen- und Zwiebelgewächse. Vor der Villa waren schöne Blumengruppen und Girlanden von Clematis. Das schlossähnliche Gebäude war mit Glyzinien berankt. Der Park war mit schönen Rasenflächen englisch gehalten. Außer den beiden Gehilfen gab es noch einen Arbeiter mit seiner Tochter, die hauptsächlich im Park beschäftigt waren und die vielen Gräber vom nahen Hitzinger Friedhof pflegten, die Herr Mraz zur Pflege übernommen hatte. Herr Mraz verstand es ausgezeichnet, sich zusätzlich zu seinem schönen Gehalt noch Nebeneinnahmen zu beschaffen, und da Material genug vorhanden war, wurden auch Bestellungen für Kränze und Bouquets angenommen. Als ich den ersten von Mraz gebundenen Kranz sah, gefiel er mir gar nicht. Eine altmodische Machart!

Es waren noch Kränze zu binden, und so ging ich diesmal nicht ins Gasthaus zum Mittagessen sondern band ohne Zuseher einen Kranz nach meinem Gusto und ließ ihn auf dem Bindetisch neben dem anderen liegen. Als Herr Mraz um eins wiederkam um weiter zu binden, und wir anderen nur „aufdrahteln" sollten, sah er meinen Kranz. „Ja, Sie, warum lassen Sie mich arbeiten, wenn Sie binden können, dann binden Sie weiter." Er sah mir auf einem Sessel sitzend zu und war hoch befriedigt mit meiner Binderei. Und doch war meine Bindekunst schuld daran, dass ich es mir mit ihm verscherzte, und er mich zu „hunzen“ anfing. Es kam so: Einige Häuser von uns entfernt wohnte in der Gloriettegasse die Hofschauspielerin und Vertraute des Kaisers Frau Katharina Schratt, „die gnädige Frau“ Franz Josefs, den ich einige Male gesehen hatte. Frau Schratt bekam öfters ein Blumenbouquet im Auftrag des Herrn Baron Zimmer, das Mraz nach meinem Geschmack altmodisch band und selbst zur Frau Schratt trug. Als wieder einmal telefonisch der Auftrag kam, ein Bouquet für Frau Schratt zu binden, war Herr Mraz nicht zu Hause sondern auf einer Sauftournee mit seinen Kumpanen. Wir suchten alle Gasthäuser und Kaffeehäuser vergeblich nach ihm ab. Ich fragte seine Frau um Rat: Noch einmal suchen! Endlich fanden ihn die zwei Boten betrunken in der Lainzerstraße, aber zurück kam keiner von den dreien, er behielt alle im Gasthaus, und sie mussten mit ihm weiter saufen. Mir blieb nichts anderes übrig, als das Bouquet selbst zu binden. Ich nahm das Beste und Schönste an Orchideen, band die Blüten mit Federasparagus und Frauenhaarfarn sehr locker und und nicht in einem Knödel wie es Mraz machte, trug den Strauß zu Frau Schratt und übergab ihn einem Mädchen mit den Worten „ Den Strauß sendet Herr Baron Zimmer der gnädigen Frau“ und ging. Kaum machte ich ein paar Schritte, als mich das Mädchen zurück rief und mich zur „Gnädigen Frau“ führte, die soeben eine Tür öffnete. Ich grüßte sehr höftlich „Küsse die Hand, Euer Gnaden“ und wollte ihr die Hand küssen, doch sie winkte ab und fragte mich, wer den Strauß so schön gebunden habe. Sie sei heute ganz überrascht, denn von Mraz hatte sie so etwas noch nie bekommen. Die schönsten Blumen wirkten ja durch sein Binden unschön. „Ich, gnädige Frau habe ausnahmsweise das Bouquet gebunden, Herr Mraz hat sich den Fuß verstaucht und muss im Bett liegen.“ Ich wollte mich mit einem Kratzfuß zurückziehen, da sagte Frau Schratt zu mir: „Warten Sie, junger Mann“ und gab mir zwanzig Kronen. Sie befahl dem Mädchen, mir ein Glas Wein zu geben, und das nächste Bouquet soll ich wieder selbst binden und ihr bringen. Gut, dass ich mein Sonntagsgewand anhatte und zwar meinen neuen Gehrock. Ich trank den Wein aus und verschwand, um in die Gärtnerei zu kommen. Mraz kam mit den drei anderen spät und total betrunken nach Hause. Am nächsten Tag war der Teufel los. Sein erster Weg schon um halb sechs Uhr morgens war ins Glashaus bevor wir noch zum Frühstücken kamen und er hielt Nachschau, welche Orchideen ich abgeschnitten habe. Es war im Jänner, da blühten einige Sorten Coelogynen, Cattleya Laelia.

Die Orchideen waren sein Stolz, und alle Jahre musste Herr Obergärtner Anton Hefka von Schönbrunn, der bester Orchideengärtner Europas, seine Lieblinge teilen und umsetzen, je nach Gattung in Sphagnum (Torfmoos), Polypodium(eine Gattung Tüpfelfarn), Buchenlaub und Rispenfarn, mit Holzkohle vermischt oder Erdorchideen in geeignete Erde verpflanzen. Als Mraz sah, dass ich einige Laelia purpurata, Labiata, autumnalis und Cattleya Mossiae abgeschnitten hatte, kam er zum Frühstück fluchend und schimpfend, er verbiete mir ein für alle Mal, dass ich ohne sein Wissen etwas abschneide, sonst schneidet er mir „die Urwascheln ab wie an Rattler“ und schmeisst mich hinaus. „Und überhaupt lassen Sie sich gsagt sein“, das Bouquet-Binden und zur Schratt tragen ist seine Sache und nicht meine. Ich entschuldigte mich, und Herr Mraz war wieder besänftigt. Die Arbeit im Glashaus, das Packen des langen und tiefen Kastens für Gardenia florida und deren Vermehrung hatte begonnen, und ich weiß, dass es nichts Herrlicheres geben kann als eine Gardenie mit ihrem berauschenden Duft. Die Schönheit der Blüte ist einzigartig und kann sich mit mancher Orchidee messen, obwohl es Wunder an Schönheiten gibt wie Zygopetalum, Masdevallia, Odontoglossum, Oncidium, Cypripedium, Miltonia, Laelien, Barkeria, Cattleya, Phajus, Phalanopsis, Dendrobium, Vanda, Epidendrum, Cimbidium und viele andere Sorten und Gattungen. Die einzelnen Blüten der Gardenia florida var. Fortuneana wurden an den Blumensalon Floh bei der Oper zu 1 Krone das Stück verkauft und dienten als Knopflochblumen der Aristokraten und Reichen. Auf der nächsten Seite das kleine Schlössl des Bankiers Baron Zimmer in Wien, Gloriettegasse, den Park betreute Obergärtner Hans Mraz. Die Glashäuser und die Gärtnerwohnung wurden im Jahr 1944 durch Bomben zerstört.

Orchidee Laelia purpurata; Quelle: Pixabay

Das Schlösschen des Herrn Baron Zimmer

Bei Mraz war ich vom 10.4. 1907 bis 11.8.1908 und ich wäre gerne noch weiter geblieben, wenn ich auch alle vier Wochen nur achtzig Kronen und später neunzig Kronen und das Frühstück bekam. Es kam anders als ich dachte, obwohl er mit mir sehr zufrieden war. Beim nächsten Bouquet, das im Sommer bestellt wurde, gab man Mraz ausdrücklich zu verstehen, dass nicht er sondern ich es binden sollte. Mraz gab mir Rosen und Nelken, obwohl auch zu dieser Jahreszeit Orchideen blühten, etwas Asparagus und Frauenhaarfarn, und ich band ein Bouquet, locker und schön. Ich hatte nur das, was er mir dazu gab, und Mraz nahm den Strauß, ging und kam wütend zurück. Die gnädige Frau hatte nach mir gefragt und ihn zu verstehen gegeben, dass er das nächste Mal mich schicken soll, und sie lobte meine Bindeart. Am nächsten Tag überbrachte mir ein Mädchen von Frau Schratt 20 Kronen und ich hörte, dass Mraz kein Trinkgeld bekommen hatte sondern die lobenden Worte über mich zu hören. Von da an hatte ich nichts zu lachen. Was früher gut war, war jetzt schlecht. Recht konnte ich nichts mehr machen, und täglich wusste er etwas Neues gegen mich. Eines Morgens schnitt ich den wilden Wein, der sich an einem Beleuchtungskandelaber emporrankte. Ich stand auf der Leiter, Mraz ging vorbei und gab der Leiter einen Tritt, dass sie fast von fast drei Meter Höhe zur Erde fiel. Das war mir genug, und ich kündigte. Ich hatte während der Zeit, die ich dann bei Baron Zimmer war, sehr schöne Tage verbracht, vor allem sehr schöne Sonntage. Jeden zweiten Sonntag hatte ich frei, da mussten die anderen Dienst machen: lüften, schattieren, spritzen, gießen und anderes, bei Kälte alles zudecken, im Winter heizen. Wir hatten Zentralheizung, die Glashäuser und die Kessel von Höntsch waren leicht zu bedienen. Was war natürlicher, als dass ich jeden freien Sonntag vergnügt mit meiner Braut verbrachte. Oft fuhren wir nach Mödling, in die Hinterbrühl, nach Gumpoldskirchen, nach Guntramsdorf zu Lankas Schwester Paula, nach Maria Enzersdorf, nach Brunn am Gebirge oder Perchtoldsdorf; an jedem freien Sonntag ein anderes Reiseziel, mit der Dampftramway, mit der Elektrischen oder der Südbahn. Bei Regenwetter blieben wir in Wien und besuchten meine Eltern, die sich jedes Mal freuten. Wie schön waren die gemeinsamen Spaziergänge, bei denen wir die ganze Welt vergaßen und nur für uns zwei lebten, und- wir gaben es nobel- nach gutem Essen und Trank in irgendeiner Restauration den Sonntagabend beschlossen. Wir beide waren ein fesches Paar, ich mit Gehrock, Lackschuhen und Zylinder, einem hohen Stehkragen, „Vatermörder" genannt, Julchen im Sommer weiß gekleidet, mit weißer Spitzenbluse, weißem Faltenrock, durchbrochenen weißen Strümpfen, einem weißen Hut mit Spitzen, und auch der Regenschirm war weiß. Beide jung, Herrgott, was ging uns ab? Sogar dem Kobenzl, dem Kahlenberg und dem Leopoldsberg galt unser Tagesausflug, und ich denke heute noch an eine Szene: Julchen wollte durchaus in der Restauration am Kobenzl das Gabelfrühstück einnehmen. Ich war dagegen und brachte zwei Schinkensemmeln. Ich muss gestehen, die Preise waren mir zu hoch, und ich hatte nicht viel Geld bei mir. Darüber war mein süßes, liebes Julchen erbost, dass sie wie Bettler unter Bäumen jausnen sollte und machte mir Vorwürfe, die zu meinem nicht geringen Schrecken meine Schwester Berta und mein Schwager Vaculik, damals der Herr Postinspektor, mit anhörten. Beide standen auf einmal vor uns und lachten uns aus, nachdem sie uns schon länger beobachtet hatten. Wo sind die Tage, an denen meine Liebste und ich im Laxenburger Schlossteich im Kahn ruderten oder unter den drei Föhren in Perchtoldsdorf saßen oder uns beim Weltnarren in Maria Enzersdorf unterhielten, als wir im Gumpoldskirchner Rathauskeller saßen und guten Wein tranken, zum Husarentempel spazierten, zur Ruine von Mödling, der tausendjährigen Stadt, zur Veste Lichtenstein, die jeden in das Mittelalter versetzt, zum Anninger- all das ruft noch heute Erinnerungen in uns wach.

Bei meinen Ausflügen nach Mödling lernte ich viele Kollegen kennen, so den Obergärtner Noha vom Gut des Baron Weigel in Maria Enzersdorf, Skutil senior und junior aus Hinterbrühl, Schwarzrock, Brezina und viele Privatgärtner, auch anlässlich der Gärtnerversammlungen, die ich einige Male als Gast besuchte. Auch für die Mödlinger Gartenbauschule und die Brauereischule hatte ich mich interessiert und sie ein paarmal besucht. In Hinterbrühl lernte ich einen Gehilfen von Skutil kennen, den Bing Pepi, der zugleich Schauspieler am Mödlinger Sommertheater war. Einmal saßen wir im Gasthaus Zum grünen Baum im Gastgarten. In der Gaststube wimmelte es nämlich von tausenden Fliegen, die sofort dutzendweise in der Suppe oder im Bier oder Wein schwammen. Wir plauderten, als sich ein Herr und eine fesche Dame an unseren Tisch setzten. Der Herr bestellte einen Liter guten Wein, vier Suppen, vier Schweinsbraten mit Beilagen und vier Torten. Da dachten wir: „Servas, was ham de an Apettit, de miass´n an Hunger hab´n, dass glei Doppelportionen bestell´n." Als die Wirtin mit dem Weißwein und den vier Gläsern ankam und dann die Speisen brachte, nötigte uns der Herr, die wir auch je eine Portion bekamen, zum Essen und zum Trinken. Wir ließen es uns nicht zweinal sagen und griffen zu. Als der Liter ausgetrunken war, wurde nochmals ein Liter bestellt. Kaum hatten der noble Herr und die Dame gespeist, verschwand zuerst die Dame, und dann ging der Herr die Dame suchen. Wir warten und warten, und wer nicht kommt, sind die Beiden. Wir schauten uns an und seufzten. Was tun? Natürlich zahlen, was bleibt uns sonst übrig, denn wir konnten nicht ebenfalls verschwinden. Die Wirtin kannte den Pepi, der auch dort war. Na, hol der Teufel, auch wenn es unserer Geldbörse weh tut. Wir und Pepi riefen: „Frau Wirtin, zahlen!" „Aber Herr Pepi, warum wollens denn zahlen, der Herr Ober von der Höldrichsmühle hat ja alles bezahlt!" „Alles?" „Ja, alles, auch die zwanzig Sportzigaretten für euch." Wir sahen uns wieder an und lachten, denn auf ein so glückliches Ende waren wir nicht gefasst, und in Gedanken baten wir den Herrn Ober um Entschuldigung, denn wir hatten ihn vorher schon mit Schimpfwörtern belegt wie: „ A so a Hund a miserabler, a so a Gauner, frisst si der und sei Sali für unsa Geld an, na wart du Hund du ölendiger, vielleicht segn ma di amoi, a so a Gauner!" Das war aber ein feiner Ober!

Anders der Ober, dessen Selbstmord ich vorübergehend verhinderte, als ich einmal sonntags Dienst hatte. Ich wollte einige Rosen schneiden und ging in gegen den Küniglberg ansteigenden Teil des Parkes, als sich hinter dem Bretterzaun ein Ast einer Eiche so bewegte, dass ich aufmerksam wurde und nachsah. Ich entdeckte einen Mann, der sich gerade aufgehängt hatte. Ich sprang sofort über den Zaun und schnitt den Strick mit meiner Hippe durch, so dass der Mann in meiner Arme fiel. Ich löste die Schlinge vom Hals und machte Wiederbelebungsversuche, die mir auch gelangen. Es dauerte nicht lange, und der hagere, schlecht aussehende

Mann so um die fünfzig, kam zu sich und fing zu atmen an. Als er sich so weit erholte, dass er aufstehen konnte, ging dieses zaundürre Mandl, er schien nur aus Haut und Knochen zu bestehen, auf mich los und beschimpfte mich derart, dass ich wieder über den Zaun sprang und mich nicht mehr um ihn kümmerte. Am nächsten Tag las ich in der Kronen-Zeitung, dass ein Kellner wegen eines unheilbaren Leidens vom dritten Stock sprang und im Hof des Hauses tot liegen blieb. Das erste Mal war er von einer Brücke in den Donaukanal gesprungen und wurde gerettet. Der zweite Versuch war das Erhängen, das durch mich vereitelt wurde, aber der dritte Versuch gelang, und er wurde von seinen Leiden erlöst. Als meine Zeit bei Mraz um war, und ich am 11. August meinen Platz verlassen wollte, wollte mich Mraz nicht fort lassen und gab mit kein Zeugnis. Auch gut, ich ging trotzdem, obwohl mich sein Sohn Adolf und auch Gal baten, weiter zu bleiben. Solange ich bei Mraz war, nahm ich seinen Sohn in Schutz, wenn er ihn schlagen wollte. Adolf war etwas geistig zurückgeblieben, und sein idiotisches Gesicht hatte er nur seinem Vater zu verdanken, der den Adolf, als er noch ein Wickelkind war, im Rausch herum schupfte und auch öfters fallen ließ. Für seinen Charakter bezeichnend war, dass er seine erste Frau bis zu ihrem Tod quälte und misshandelte. Die zweite Frau ließ sich nichts gefallen, und da zog er den Kürzeren. Mraz war, wenn er betrunken war, unleidlich und brutal. Trotzdem er und seine ganze Familie, wenn Baron Zimmer anwesend war, und das war von Mai bis September, die ganze Verpflegung aus der Herrschaftsküche gratis hatte und einen schönen Monatslohn und Nebenverdienst, hatte er kein Geld voraus, da er alles verprasste. Nach seinem guten Verdienst hätte er ein vier Stock hohes Haus an der Ringstraße haben müssen. Im Jahr 1908, bevor ich Mraz verließ, sah ich noch ein letztes Mal meine Tante Anna Uher, die aus Prag kam und Mraz besuchte. Bankier Baron Zimmer war ein alter Herr, der jeden Abend Gäste empfing, die meistens nach zehn Uhr abends fortgingen. Einer von uns hatte immer auf den Kammerdiener warten müssen, dann wurde das Tor zugesperrt. Für das Zusperren gab der Baron Zimmer einen Silbergulden. Einmal war ich an der Reihe, begegnete dem Baron, steckte meinen Silbergulden ein und ging zum Tor. Da hörte ich, wie Mraz mit noch anderen drei Kollegen laut redete und wie sich alle betrunken dem Tor näherten. Ich verschwand im Gebüsch um nicht mit ihm zusammen zu kommen. Obwohl das Tor noch offen war, suchte Mraz den Schlüssel, den wir sonst an einem bestimmten Platz hinterlegten, wenn wir wussten, dass er nicht zu Hause war. Da er den Schlüssel nicht fand, kletterte er mit Hilfe der dreien auf das Tor hinauf, und auf der anderen Seite fiel er hinunter und schrie und fluchte laut. Siehe da, das Tor öffnete sich von selbst. Die anderen lachten, ja grölten so laut, dass sich die Nachbarn darüber aufhielten. Es war finster, und ich ging zum Tor. Da lag Mraz und konnte nicht aufstehen, er hatte sich beim Fallen Kopf und Hintern angeschlagen. Ich sperrte das Tor zu, hob den Besoffenen auf, nahm ihn unter den Arm und schleppte ihn nach Hause. Den Wein trank ich selbst. Mraz lag darauf einige Tage im Bett. Er wusste tags darauf nicht, dass er vom Tor heruntergefallen war, sondern beschuldigte mich, ich hätte ihn verprügelt. Ich sah damals leider sehr oft, dass sich die alten Gärtner gerne betranken. Zu Mittag aßen wir Gehilfen und ledige Gärtner beim Sternwirt an der Ecke der Lainzerstraße zur Hitzinger Hauptstrasse, oft bis dreißig Mann im Abonnement. Da ging es oft lustig zu, da jeder etwas zu erzählen hatte. Hatten wir Geld, dann lebten wir wie Gott in Frankreich, doch das geschah nicht oft, man musste sein bisschen Geld gut einteilen, wollte man nicht auf manches verzichten und dann nur von Pferdewurst leben. Es ging jedem gleich, ob er Gehilfe beim Ritter von Taussig am Küniglberg war oder beim Griechen Metaxa. Ich schließe nun das Kapital Mraz endlich ab. Als ich am 11.August von Mraz und meinen Kollegen Abschied genommen hatte, ging ich zum Stadtgartendirektor Hiebler und bat ihn um eine Stelle im städtischen Betrieb, die mir auch sofort zugesagt wurde und zwar in Rannersdorf bei Schwechat in der städtischen Gutsgärtnerei Wallhof. Am 24. August 1908 trat ich bei Herrn Obergärtner Samitz als Gehilfe ein. Samitz und seine Frau waren aus Kärnten, er war in Pritschitz am Wörtersee zu Hause, und ich denke oft noch an die liebe, ehrenwerte Familie. Sie hatten damals zwei Buben, den Peperl mit vier Jahren und den kleinen Hansl mit zwei Jahren, den ich oft herumtrug. Meine Braut Julchen brachte ihnen Spielzeug, wenn sie zu Besuch kam.

Rannersdorf

Kirchturm in Rannersdorf, links mein Zimmer

Ich hatte im Kirchturm ein großes Zimmer als Quartier, ein Bett mit groben Kotzen(Pferdedecken), einen Tisch mit zwei Sesseln und dazu noch einen Kasten. Das Bett musste ich mir erst richtig zusammen nageln, um nicht auf dem Fussboden zu schlafen. Mensch, was brauchst du noch mehr? Halt, ein Sparherd war auch noch da, und das Zimmer hatte drei Fenster mit einer herrlichen Aussicht bis nach Ungarn zum Leithagebirge. Wenn nachts schwere Gewitter mit Blitzen den Himmel erhellten, und oft ein Gehöft durch Blitzschlag in Flammen dastand, und der Brand nicht zu weit entfernt war, da war die Rannersdorfer Feuerwehr rasch zur Stelle, da ich sie eiligst verständigte. So manchen Sturm verschlief ich und sogar das Fünfuhrläuten, nachdem ich es einmal gewöhnt war, obwohl der Glockenstrang an die Bettseite schlug. Nur eines ging mir ab: ein guter Ofen. Im Zimmer war ein gemauerter Sparherd, der leider nicht brennen wollte. Als ich einmal bei großer Kälte vor dem Schlafengehen eingeheizt und Kohlen nachgelegt hatte, da musste mich Frau Samitz um acht Uhr mit Gewalt wecken und das Fenster öffnen, da ich um sieben Uhr nicht zum Frühstück kam. Der Raum war voller Kohlengas. Als ich erwachte, hatte ich fürchterliche Kopfschmerzen und konnte kaum gehen, so übel war mir. Erst nach Stunden hatte ich mich so weit erholt, dass ich wieder in die Gärtnerei gehen konnte. Der Kopf schmerzte noch einige Tage. Die Gärtnerei bestand aus einem Glashaus, Mistbeeten und einer großen Fläche für Gemüseanbau und den Brauhauspark und wurde mit dem warmen Abflusswasser aus der Brauerei berieselt.

Die Fläche war in Quadrate eingeteilt. Durch sie zogen sich seichte Gräben mit Mulden in bestimmten Abständen, durch Staubretter abgeteilt. So konnte man das Wasser überall hin leiten. Reichte das Berieseln nicht, dann half man sich mit einer flachen Blechschaufel, die rund war mit einem langen Stiel. Der Stiel wurde in der linken Achselhöhle gehalten, und barfuß im Wasser ging uns das Gießen rasch und leicht von der Hand. Ich hatte diese Begießungsmethode bei den Simmeringer Gärtnern schon gesehen, und so hatte ich es bald heraus. Als ich am ersten Tag zur Zehnuhr-Pause mit dem Gartenarbeiter Pafka ins Brauhaus Bier holen ging, da sah ich auch zum ersten Mal ein Brauhaus von innen. Ich wurde mit einem Dreiliter Kapskrug, einem Tonkrug, zum Mutterbiervater in den Mutterbierkeller geführt, wo man je nach ausgegebenen Deput Blechmarken Abzugsbier, Wienerbräu, Bürger- und Spezialbräu bekam. Später besah ich die Mälzerei, das Sudhaus, die Binderei, wo Fässer repariert und auch neue erzeugt wurden, so auch die Lagerräume, die Stallungen und was alles zur Brauerei gehört. Das erste Krügerl Lagerbier, das ich um zehn Uhr trank, spürte ich gehörig. Ich hatte jeden Tag Bier, um zehn Uhr, mittags und abends, manchmal, wenn wir bis spät in die Nacht Karten spielten, ich, Herr Samitz und der Kutscher vom Gutsverwalter Kettelgruber, Herr Wolf, tranken wir so manchen Krug leer ohne etwas zu spüren. Dass es für mich gesundheitlich schädlich war, sah ich bald ein, denn ich hatte oft in aller Früh auf den nüchternen Magen schon einen halben bis einen Liter Bier getrunken. Ich war erst dreiundzwanzig Jahre alt und hätte es bald allen saufenden Gärtnern nachgemacht. In der Gärtnerei und der Landwirtschaft des Gutes arbeiteten Saisonarbeiter aus der Slowakei mit ihren Frauen.

(Hier folgt im Original die Episode, dass ein sehr einfältiger und neugieriger Arbeiter eine Packung Abführdragees, die F.S. im Glashaus liegen gelassen hatte, als Bonbons aufgegessen hat. Er war dann kurz und ernsthaft erkrankt. Und F. S. schreibt: „Mir blieben von dem „Spaß“ die Aufregung und die Arztkosten.“)

Die Stelle in Rannersdorf war durch das kollegiale Entgegenkommen des Herrn Samitz ruhig und ausgeglichen, mit zwischendurch auch vielen heitere Stunden. Ich denke gerne zurück an die frohe Zeit, die ich dort verbrachte. Eines Tages wurden der Verwalter Kettelgruber mit seinen Angestellten und der Brauhausdirektor mit den Beamten und Angestellten zur Audienz berufen, und sie mussten sich beim Bürgermeister Dr. Karl Lueger und den Stadträten vorstellen. Dr. Lueger gab jedem die Hand, und jeder musste seinen Namen und seinen Beruf sagen. Dass jeder zweite einen slawischen Namen hatte, kritisierte ein Stadtrat mit den Worten „Eins, zwei, wieder a Böhm“, und als die Herren hörten, dass sämtliche landwirtschaftlichen Arbeiten von Slowaken verrichtet wurden, da fuhr der Herr Stadtrat den Verwalter an: „Jo, sogns amol, san mir in Böhmen? Mir ham do gnua arbeitslose Weana!“ Da fragte auch der Bürgermeister, warum das so sei. Dass man Adjunkten Nenadal, einen Samitz, einen Souček, eine tschechische Milchmanipulantin und so weiter und noch dazu Slowaken beschäftigt, wo es doch in Wien gewiss Menschen gibt, die die Arbeit verrichten könnten. „Exzellenz, Sie haben Recht, und ich bitte Sie, mir die Wiener arbeitslosen Pülcher zu schicken. Wie weit ich jedoch mit diesen Gaunern in der Wirtschaft komme, ist die Frage. Wer anständig ist und arbeiten will, ist beschäftigt, Taugenichtse kann auch ich nicht brauchen, und um den Lohn, den ich den Slowaken zahle, geht mir der Wiener nicht.“

Nach uns kam dann eine Anzahl von Lehrern zur Audienz. Auch in Rannerdorf gibt es mehrere Fabriken: die Lederfabrik Foltin, eine Spodiumfabrik; aus Knochen, die haufenweise im Fabrikshof lagerten und bei fürchterlichem Gestank nach Verwesung tausenden Fliegen Nahrung gaben, wurden Leim und verschiedene Gegenstände wie zum Beistpiel Klaviertasten fabriziert; eine Blaudruckfabrik, deren Erzeugnisse im Kalten Gang gewaschen wurden. Am Kalten Gang selbst war noch eine Darmwäscherei, und wenn sich je nach Windrichtung der Gestank der Darmwäscherei mit dem Gestank der Spodiumfabrik und der Lederfabrik und auch dem des Brauhauses vermengten, gab es eine Symphonie für die Geruchsorgane. Der Liesingbach roch nicht minder.

In Rannersdorf ging es in den Faschingtagen lustig zu. Als Slowakin gekleidet, mit rot glänzenden Stiefeln aus Safianleder, drei Faltenröcken, die mir bis zu den Knien gingen, zwei langen falschen Zöpfen, einem echten slowakischen Kopftuch und Trachtenbluse, ging ich mit einem Mädchen, das als slowakischer Bursch gekleidet war, zum Tanz. Ich tanzte einige Male mit dem verkleideten Slowaken Czardas und ungarische Tänze, und das „Geriss" um mich war groß, so eine junge, vollbusige Slowakin sah man nicht oft. Ich bekam Anträge über Anträge von durchwegs verheirateten Männern, die ich alle kannte. Dass mich das Essen und Trinken keinen Heller kostete, ist selbstverständlich, und so mancher wunderte sich, dass ich noch keinen Rausch hatte und so trinkfest war. Erst gegen fünf Uhr früh riss mich ein zudringlicher Bewerber beim Zopf, der ihm in der Hand verblieb, und ich „schmierte ihm eine". Als ich mich zu erkennen gab, lachten so manche eifersüchtige Frauen, und die Männer, die mich umschwärmt hatten, waren sprachlos. Da ich auf alle Fragen nur „nerozumim" und „nemértem" antwortete, wurde ich auch tschechisch und ungarisch angeredet, gab aber sonst keine Antwort, staunte nur über die Frechheit, die sich manche mir gegenüber erlaubten und dass sie mir auch Geld anboten, wenn ich mich mit ihnen einlasse.

Unweit vom Garten war am Liesingbach unter den Erlen und Sträuchern eine Uhuhütte. Täglich morgens und abends zogen tausende Raben entlang des Baches. Ungefähr dreißig Schritte entfernt von der Laubhütte wurde als Lockvogel ein Uhu an einen Block gekettet. Sobald die Raben den Uhu erblickten, flogen sie tiefer und umkreisten ihn. Wenn viele Raben schon ziemlich nieder flogen, war es für den Jäger ein leichtes, fünf bis zehn oder auch mehr zu treffen. Für den Balg eines Raben bekamen sie zehn bis zwanzig Heller, zehn Heller für das Fleisch, das als Rabengulasch vorzüglich schmeckte und gerne gekauft wurde. An Ausflugszielen gab es hier nur Maria -Lanzendorf, Himberg oder Schwechat. Alle übrigen Orte waren uninteressant, alle lagen in der Ebene. Daher kam nur Wien in Betracht, wenn ich Freizeit hatte. Ging man von Rannersdorf entlang der Liesing nach Schwechat, sah man eine lange Kolonne von Bierwagen, die sich vom Brauhaus nach Wien bewegte. Die Wagen wurden von Pferden gezogen im Unterschied zu Schwechat. Da sah man entlang der Simmeringer Hauptstraße schwer beladene Bierwagen, von Büffeln gezogen in riesig langen Kolonnen ebenfalls in Richtung Stadt fahren. Auch viele, viele Waggons wurden mit dem Schwechater Lagerbier geladen, das ins Ausland und in die Länder der Monarchie verschickt wurde. Auch in Schwechat wurden viele Slowaken beschäftigt, als Büffeltreiber und Arbeiter im Brauhaus und in der Landwirtschaft. Darunter waren Gestalten, die man fürchten musste, und man ging ihnen gerne aus dem Weg. Doch nicht immer war das möglich. Als ich einmal um elf Uhr nachts mit der Tramway in Schwechat ankam und in die nach Rannersdorf führende Straße einbog, musste ich auch beim Schlosspark vorbei. Es war finster und recht einsam, als mich zwei Büffeltreiber anhielten und in gebrochenem Deutsch um die Uhrzeit fragten, obwohl die Kirchturmuhr gerade elf schlug. Ich antwortete „elf Uhr, habt ja soeben die Uhr schlagen gehört", als ich von einem einen Boxhieb bekam. Ich stieß den Angreifer mit der geballten Faust unters Kinn, dass er gegen den anderen fiel, drehte mich um und rannte so schnell ich konnte nach Schwechat zurück und zur Polizei. Kaum läutete ich Sturm, ging das Tor auf, und die Polizisten sahen, wie sich die zwei auf mich stürzten und mir meine Uhr samt „Sportkette" entrissen. Jetzt half ich mit, die beiden unschädlich zu machen. Ich bekam meine Uhr samt der Kette, und die beiden bekamen dann vom Richter je zwei Monate.

Ein andere Ausflug führte über Kaiser-Ebersdorf und Albern zur großen Donau und zum Namenlosen Friedhof, wo mein jüngster Bruder Josef (Peperl) begraben liegt. Er war, als ich noch in die Lehre ging, mit neun Jahren im Donaukanal ertrunken. Damals war er um vier Uhr Nachmittag mit noch einigen Schulkameraden aus der Hörnes- Schule gekommen. Auf dem Weg nach Hause sahen die Kinder einen Ball in der Nähe des Ufers schwimmen. Die Buben wollten den Ball holen, und beim Herausfischen des Balles bekam mein Bruder das Übergewicht und fiel ins Wasser. Leider half ihm niemand heraus, obwohl er circa hundert Meter weit entlang des Ufers geschwommen ist. Zum Unglück schlug ein Donaudampfer gerade Wellen, die ihn vom Ufer abtrieben. Mein Vater kam um einige Minuten zu spät aus der Fabrik, er als guter Schwimmer hätte ihn sicher herausgebracht. Erst nach Tagen fanden Fischer Peperl in einer Au neben dem Donaustrom, als das Hochwasser der Donau gesunken war. Als mein Vater davon erfuhr, war Pepi schon beerdigt.

Viele liegen dort, meist Selbstmörder, die der Donaustrom an das Ufer spülte. Meine Eltern gingen oft um dort Gebete zu verrichten zu seinem Grab, das mit einem schönen Grabkreuz und mit Namentafel versehen ist. Für meine Eltern war es ein harter Schlag, als der Peperl, der Liebling von allen, auf solche Art aus dem Leben gerissen wurde, Jahrzehnte noch trauerten sie um ihn. Eines konnten sie nie begreifen: Wie die Mitschüler schilderten, war, als Peperl nahe dem Ufer schwamm, ein Offizier am Ufer vorbeigegangen, dem es ein leichtes gewesen wäre, ihm den Säbel zu reichen, und er wäre gerettet worden. Alle Jahre finden sich gute Menschen ein, die die Gräber rein halten und mit Blumen schmücken. In Abgeschiedenheit und Entfernung von allem menschlichen Leben fanden die Unglücklichen und Selbstmörder ihre letzte Ruhestätte. „Selbstmörder", wie das klingt! Was für ein hartes Wort! So manchen trieb die Verzweiflung, die Krankheit, die Arbeitslosigkeit, die Folgen eines Unfalles oder anderes Unglück in den Tod, und so mancher Mensch wäre noch am Leben geblieben, hätte man ihm rechtzeitig geholfen, und hätte sich seines Lebens weiter gefreut.

Peperl

Es kam auch für mich die Zeit der Assentierung, und ich wurde am 13.März 1910 als „tauglich ohne Gebrechen" zum zweijährigen Militärdienst befunden. Als mir ein Schulkamerad im Drehersaal, Landstraße Hauptstrße im dritten Bezirk ein Sträußchen für meinen Hut kaufte, da hätte ich am liebsten vor Wut geheult, und das tat ich auch ausgiebig bei der Mutter, als ich mit dem Sträußchen unter dem Hut zu Hause ankam. Ich wollte alles eher sein nur kein Soldat, denn die Zeit beim Militär sah ich als mir gestohlen an und ich fühlte mich der Freiheit beraubt. Disziplin? Auf die pfiff ich, ich war diszipliniert genug und würde auf jede Disziplin verzichten. Als mir ein Bekannter den Rat gab, beim Kriegsministerium um die Herabsetzung der Dienstzeit und die Ehebewilligung einzureichen, wurde mir beides bewilligt. Ich wurde tatsächlich zur Ersatzreserve Landwehr Nr. 1 in Wien eingeteilt und konnte heiraten wann ich wollte, ohne Unterhaltsbeitrag vom Staat. Ich wusste, dass auch Herr Samitz einen Posten als Gärtner und Verwalter in Alt- Aussee angenommen hat, ich glaube bei der Baronin Puttkammer, so verließ ich am 7.Mai meine Stelle in Rannersdorf. In Wien ging ich zu Herrn Gerhold, der mir sofort eine Stelle bei einer älteren Frau, Gattin eines Fabrikanten, verschaffte. Herr Gerhold, ein großer dicker Mann, Gärtner von Beruf, lebte auf seine Weise, von der Stellenvermittlung, vom Kartenspiel und noch von sonst etwas. Die Stelle war in Payerbach. Herr Gerhold ging mit mir zur Fabrikantenfrau auf der Wieden. Ich gefiel ihr und wurde sofort aufgenommen. Die Frau gab Herrn Gerhold vierzig Kronen, und von mir verlangte er zwanzig Kronen für die Vermittlung. Sechzig Kronen waren damals viel Geld. Als dann auch der Gatte der Dame dazukam, wünschte der mir eine gute Reise und gute Unterhaltung, denn arbeiten brauche ich nicht, da es dort keine Arbeit gibt. Ich müsse nur schlafen und spazieren gehen und ihm monatlich 140 Kronen aus der Tasche stehlen. Er war ein alter Mann mit einem Toupé auf dem Kopf und schwer krank, sie, die Dame, war um die fünfzig, klein und korpulent. Na, mir soll es gleich sein. Ich fuhr nach Payerbach, den Schlüssel hatte ich bei mir. Der hagere, kranke Herr hatte Recht. Als ich ankam sah ich sofort, dass es für mich keine Arbeit gibt. Obwohl es schon Mai war, lag alles noch in tiefem Schnee. Meine Wohnung lag hinter der Villa, ein Zimmer neben einem kleinen, leeren Glashaus. Zum Heizen hatte ich genug geschnittenes Holz und den anschließenden Hang hinauf erstreckte sich ein schöner Fichtenwald. Die Hirsche kamen bis zum Haus. Das Frühstück nahm ich zu Hause ein, da mir eine alte Frau täglich einen halben Liter Ziegenmilch brachte. Die Milch war gut, doch die Frau hat wie ein Ziegenbock schon von weitem gestunken. Lange konnte ich die Milch nicht trinken, denn eines Tages bekam ich davon einen sehr argen Durchfall und von da an frühstückte ich nur mehr Tee.

Es wurde warm, und der Schnee wich der Wärme und dem Sonnenschein ohne besonderen Übergang. Im Juni entluden sich über dem Semmering und den anschließenden Bergen heftige Gewitter, die den Payerbach zum reißenden Fluss machten. Einmal wurde ich nachts von einem donnernden Getöse geweckt. Ich zog mich an, und als ich zur Straße ging, bei der der Bach vorbeifloss, sah ich beim Schein eines Blitzes, dass die Strasse vor der Villa halb zerstört war. Riesige Steinblöcke wälzten sich donnernd im Bett des Payerbaches gegen Payerbach zu. Ich rannte so schnell ich konnte in die Ortschaft. Dort angekommen, erstarrte ich fast vor Schreck, denn die Schwarza hatte Hochwasser. Bei der Brücke bemühten sich Männer, die Pfeiler frei zu halten, denn riesige Mengen von Baumstämmen kamen daher geschwommen, und mit Wucht rammten sie alles, was in den Weg kam. Das schaurige Bild bei Fackelschein ist mir unvergesslich, als Mobiliar, Vieh und Holz daherkamen, und alle zur Nothilfe herbei geeilten Männer hatten Arbeit, mit rasch geschlagenen Fichtenbäumen die vielen Lücken in den Dämmen auszufüllen. Auch ich bat den Bürgermeister, mir einige Leute mitzugeben, damit die Straße in den Payerbachgraben nicht vollständig der Zerstörung anheimfällt. So kamen einige Männer mit Axt und Sägen mit mir, um von der Straße das zu retten, was zu retten war. Am nächsten Tag hörten wir erst, welchen Schaden das Hochwasser angerichtet hatte. Es waren viele Brücken, Häuser, Stallungen und Scheunen fortgerissen und abgetrieben worden, und viel Vieh ging dabei zu Grunde. Es kostete Geld und Mühe, die Schäden zu beheben, und viele italienische Betonierer und Steinarbeiter wurden durch Monate beschäftigt. Am meisten litt das Tal am Fuß des Schneeberges, das Höllental, und die Holzsperren wurden zerstört oder arg mitgenommen. Auch Reichenau und die Prein hatten unter dem Wolkenbruch gelitten.

Die Bäche wurden wieder normal, und bald waren die zerstörten Brücken erneuert. Eines Morgens war ich um halb fünf Uhr wach, weil ich mit dem ersten Zug nach Wien fahlen wollte, da sah ich bei der Brücke zwei Männer, Holzknechte, die eine Reuse mit Forellen unter der Brücke hervorzogen und die erbeuteten Forellen in einen Behälter gaben. Abends vor dem Schlafengehen sah ich nach und sah die Reuse noch unter der Brücke. Am nächsten Morgen war ich um eine halbe Stunde früher bei der Brücke, ich zog die Reuse heraus, und siehe da, sie war voller Forellen. Ich nahm sechs schöne, große Forellen und alle anderen ließ ich drinnen. Ich briet mir alle sechs in Butter und hatte den ganzen Tag gutes und billiges Essen. Sonst speiste ich zu Mittag im Gasthaus Mader. Ich nahm täglich die schönsten Forellen an mich, manchmal drei bis vier Kilo, und verkaufte sie den Gastwirten. Wie es oft der Teufel will, erwischten mich die beiden Holzknechte, als ich gerade die Reuse unter der Brücke hervorzog. Sie wollten mit mir Scharfe machen, da sagte ich, soeben sei ein Mann mit Forellen fortgegangen und ich hätte nur nachgesehen, was der Mann unter der Brücke versteckte. Ich log darauf los und beschrieb einen Mann, den ich beim Herannahen von der Brücke verscheuchte. Sie schimpften und wollten von nun an aufpassen, damit sie den Dieb erwischten, dann bliebe ihm die Himmelfahrt oder Höllenfahrt nicht erspart. Lachend fragte ich die beiden, ob sie nicht auch Diebe sind und daher bestraft werden müssten, denn die Forellen gehören ebenfalls nicht ihnen. Eines Tages war die Reuse verschwunden, und wie mir die Milchfrau sagte, wurden ihre beiden Söhne wegen des Forellendiebstahles verhaftet.

Von zu Hause kam ein Brief, in dem mir die Mutter mitteilte, dass mich der Vater am Sonntag, mit dem ersten Zug besuchen kommt aber bis Simmering durchfährt, und ich sollte in Payerbach in den Zug steigen und mit Vater weiterfahren. Ich hatte aber vergessen, dass der erste Zug sonntags ein „Sportzug“ ist, und als ich zur Bahn ging, fuhr der Zug gerade über den Viadukt, und mein Vater winkte mir vom Fenster. Wie waren er und einige Mitreisende überrascht, als sie mich beim Einfahren des Zuges bei der Station Semmering erblickten, und niemand wollte glauben, dass ich um fünf Minuten früher als der Zug oben war. Ich war über den Kreuzberg gegangen und konnte sehr viel vom Weg abschneiden und dadurch Zeit gewinnen. Ich war aber auch so schnell bergauf gegangen, dass ich einige Touristen einholte und weit hinter mir ließ. Freudig verbrachte ich den Tag mit dem Vater, und abends entführte der Zug meinen Vater, den ich bis Payerbach begleitete, wieder nach Wien. Endlich kam die Villenbesitzerin mit Stubenmädchen Pepi und Köchin Anna, damit kam Leben in die Bude. Etwas später kam auch der Herr, der, schwer erkrankt, nach einigen Tagen starb. In derselben Nacht musste ich noch den evangelischen Pfarrer holen, der in der

Gegend um den Schneeberg wohnte. Ich hatte leider den Namen des Pfarrers und die Ortschaft vergessen, was mir gar nicht passte. Ich kannte weder den Weg nach Naßwald, so hieß, glaube ich, der Ort, noch konnte ich nachts jemanden fragen, da ich keine Menschenseele antraf. Ich ließ mir Zeit, und als im Morgengrauen hie und da schon ein Licht in den Keuschen brannte, konnte ich einen Holzknecht nach dem weiteren Weg fragen. Die Gattin des Verstorbenen hätte ihren Herrn Gemahl gerne auf eigenem Grund und Boden oben im Wald begraben lassen, was jedoch die Behörde nicht zuließ. Als schließlich das Begräbnis vorbei war, fuhr die tief trauernde Witwe für vierzehn Tage zu ihrer Tochter, die mit einem hohen Offizier verheiratet war, nach Innsbruck. Diese vierzehn Tage waren für mich sorgenfrei, denn ich blieb in der Villa in der Gesellschaft der Damen und wurde gratis verpflegt und umhegt. Es hat mir gar nicht gefallen, als ein Telegramm die Rückkehr der Frau ankündigte, viel schöner wäre es für mich weiter ohne sie gewesen. Denn ehrlich gesagt, die Frau gefiel mir absolut nicht, obwohl ich ihr sehr gut gefiel, und ich hätte sehr vieles bekommen können, ein sorgenfreies Leben und auch Geld genug, wie mein Vorgänger, so teilten mir die Mädchen mit, wäre ich nicht so dumm gewesen. Warum war ich so dumm? O nein, nicht dumm, nur wollte ich meine Jugend nicht an die Dame verkaufen und auch nicht ihre blöden Launen einstecken. Sie tyrannisierte alle ohne Ausnahme. Kam der Polizist um die Kurtaxe einzuheben, begoss sie ihn vom ersten Stock mit dem Inhalt eines gewissen Topfes. Wie oft musste sie Strafe zahlen! Sie fuhr oft mit dem Fiaker aus, und bei Küb hob sie die Bahnschranken auf und ließ den Kutscher weiter fahren. Kaum hatte er die Geleise überquert, als auch schon der Schnellzug heranbrauste. Kam der Fleischergehilfe mit dem bestellten Fleisch, da jagte sie ihn zurück, er soll ein anderes Fleisch bringen. Er setzte sich unten an der Straße auf eine Bank, wartete eine Weile, dann ging er zurück und sagte: „Aber jetzt, gnä Frau bring i a Fleischerl, piekfein". „Ja, warum bringen Sie jetzt ein schönes? Ja, das passt." „Gnä Frau, aber es kostet um zwanzig Kreuzer mehr." So geschah es auch, wenn eine Bäuerin Hühner brachte. „ Was, diese mageren Vieher soll i Ihna okaufn? Fahrens ab damit und bringans ma andere." Eine halbe Stunde Rast auf der Bank, und die Hühner waren dieselben jedoch schwerer und fetter und kosteten mehr. „Aba a nur fir ihna, gnä Frau, schauns wia fett de Hendln san und jung, na, da werns schaun, wia die guat schmeckn." Sie wollte betrogen werden, und sie hatte Geld genug. Einmal musste ich mein bestes Gewand anziehen und mit ihr in an Fiaker aufn Semmering aufi fahren. Wir kehrten beim „Erzherzog Johann" um dort zu Mittag zu speisen. Es war a hassa Tag, und mir sitzn im Schanigartn draussn vurn Hotel in von Efeuwänden getrennten Abteilungen. Sie bestellte ein gutes Essen und Getränke. Während des Essens stieß mich jemand mit einem Stock in den Rücken. Da sich der Stoß noch einige Male wiederholte, sprang ich wütend auf, um nachzusehen, wer mich da so gemein in den Rücken stößt, und wer beschreibt meine Überraschung, als ich meinen lieben Schwager Hans Vaculik und auch meine Schwester sah, die mir deuteten , nicht zu sprechen. Hans verließ seinen Platz und zog mich ins Hotelvestibül. Seine erste Frage war: „Was machst du hier?", und die zweite: „Wer ist dieses Weib?" Ich gab ihm die richtige Antwort: „ Beruhige dich, ich bleibe bei diesem Weib, das mich als Gärtner anstellte, nicht mehr lange, da ich im August die Julie heirate."

Payerbach

Payerbach mit Südbahnviadukt

Reichenau mit Raxalpe

Nasswald, gegen Rax, 2900m

Als wir wieder in Payerbach angekommen waren, kündigte ich der Frau, musste jedoch noch meine vierzehn Tage verbleiben. Ich verließ die Villa nach Ablauf der vierzehn Tage zum Leid der Köchin Anna und des Stubenmädchens Josefine und fuhr mit meinem Köfferchen Wien zu. Es war die Zeit der Jagdausstellung, und ich fand dann bald Beschäftigung. Vorher fuhr ich aber nach Zárány (heute Zagersdorf, Bgld) zu meiner Braut, die gerade zu Hause war, und wir ersuchten beim Herrn Pfarrer und im Standesamt um das Aufgebot. Ich machte es kurz, fuhr nach Wien zurück und ließ durch den Pfarrer in Erdberg ebenfalls das Aufgebot verkünden, und zwar einmal für dreimal. Am Freitag ging ich in der Erdberger Kirche zur Beichte, als letzter kam ich dran. Vor mir waren eine Menge Frauen gestanden und ich ließ etliche vor. Ich hatte Zeit jedoch der Herr Pfarrer nicht, er sollte schon die Messe lesen. Die Orgel intonierte ein Präludium und als ich an die Reihe kam, sagte ich: „ Herr Pfarrer, ich möchte Sie um einen Beichtzettel bitten, weil ich am Sonntag heiraten möchte". Hochwürden meinte darauf: „ Haben Sie jemandem was gestohlen? Einen Mord begangen oder sonst jemandem etwas Böses zugefügt?" „Nein, Hochwürden", „Dann beten Sie fünf Vaterunser als Buße für leichte Sünden, die jeder begeht und kommen Sie nach der Messer in die Sakristei". Als die Messe zu Ende war, bekam ich vom Herrn Pfarrer den Beichtzettel mit der Ermahnung, meiner Frau ein guter und treuer Gatte zu sein, und sollte sich ein Kindersegen einfinden, die Kinder zu anständigen christlichen Menschen zu erziehen, was ich auch gelobte. Am selben Tag fuhr ich noch mit der Raab-Ebenfurter Bahn zu meiner Braut und am Samstag, den 20. August 1910 gingen wir nach Siegendorf mit zwei Trauzeugen zum Notar Benemáte, und wir wurden zivil getraut. Nach den Bestimmungen der Weckerle-Gesetze in Ungarn durfte die Kirche niemanden trauen, bevor er nicht zivil getraut war, daher nannte man die Zivilehe eine Weckerle-Ehe. Ich bat meine lieben Schwiegereltern, ja keine Geschichten zu machen. Ich hatte zwei Fass Liesinger Lagerbier zu je fünfzig Liter bestellt. Ein Fass mit fünfzig Liter bekamen die Burschen des Dorfes als Ablöse und Einkauf der dortigen damaligen Sitte entsprechend. Am Vormittag, den 21. August 1910 wurde ich in der Zárányer Kirche vom Pfarrer Franz Ballosics getraut unter feierlicher Zeremonie und einem zu Herzen gehenden Gesang von Onkel Martin Borenich, der eine unglaublich weiche Stimme hatte. Das Gotteshaus war bis zum letzten Platz von den Bewohnern besetzt, die zum Teil schon aus Neugierde gekommen waren. Nur die Stimme vom Chor war zu hören, so still und andächtig waren die Leute schon lange nicht. Jeder Fremde, der die Kirchen Westungarns besuchte, wunderte sich über das überlaute Singen von Kirchenliedern, ob Kind oder Erwachsener, jeder sang oder besser gesagt, jeder brüllte so laut er nur konnte. Als wir die Kirche betraten, ich im Gehrock und mein Julchen in einem schönen, erbsengrünen Brautkleid, und zum Altar gingen um die Ringe vom Herrn Pfarrer zu bekommen und uns das Ja-Wort zu geben, wussten wir ehrlich nicht, was uns noch bevor stand. Meine Mutter und meine Schwester Mitzi waren bei der Hochzeit anwesend und der Segen von beiden Müttern und von Vater Stefan Borenich freute uns über alles. Als wir die Kirche verließen, wurden wir von einer Musikkapelle aus vier Mann und vielen Burschen des Dorfes empfangen, die einen Strick über die Straße gespannt hatten. Sie warteten uns Wein und Brot auf, und ich übergab die Bierspende. Der Sonntag war so heiß, dass die Burschen das Bier begrüßten und gerne annahmen. Ich musste mit meiner Frau drei Tänze tanzen und zwar unter der Huta des Gemeindegasthauses, wir schwitzten mordsmäßig, der Schweiß rann uns nur so herunter. Als wir dann das Haus betraten, stand im Hof eine lange Tafel, und wie staunte ich, als ich mich zur Tafel setzen wollte. Außer meiner Mutter und meiner Schwester war auch mein Vater dazu gekommen, dann die Eltern meiner Frau, ihr Bruder Paulus mit seiner Frau Reza, Onkel Borenich, der Lehrer Franz Billisich und viele Verwandte und Bekannte meiner Braut. Es gab da Hühnersuppe, Hühner, Schweinsbraten, Kalbsbraten, Salate und Mehlspeisen mehr als genug und außer den fünfzig Liter Bier noch hundertfünfzig Liter Wein, den mein Schwiegervater aufbrachte, einen Wein, gut und süffig, der jedem schmeckte, und wer da alles mittrank, kann ich heute nicht mehr sagen. Ich weiß nur noch, dass ich und meine Frau vor lauter Servieren bis spät in die Morgenstunden nicht zur Ruhe kamen, und die Tafel unter dem Apfelbaum immer besetzt war. Die Nacht war sternhell und so warm, dass wir sie nur im Hemd, ohne Rock zubrachten. Drei Tage blieb ich noch in Zagersdorf und fuhr dann nach Wien zurück um eine passende Wohnung zu suchen. Ich fand sie bald im dritten Bezirk, in der Hainburgerstrasse: ein Zimmer mit Küche. Meine Frau kam nach zehn Tagen nach, und wir kauften zwei Betten, zwei Kästen, einen Tisch, vier Sesseln, zwei Nachtkästchen, zwei Bilder, einen großen Spiegel für das Zimmer, alles komplett mit Einsätzen und Matratzen; für die Küche eine Kredenz, einen Tisch, zwei Sesseln, eine Kohlenkiste, ein Mistkisterl, einen Besen, eine Kohlenschaufel und alles was man sonst noch für den Haushalt braucht wie Karniesen, Vorhänge, Bettzeug, Geschirr, Bestecke und gaben ungefähr 1800 Kronen aus. Der Zins für ein Zimmer mit Küche hofseitig im ersten Stock kostete monatlich 36 Kronen. Wir richteten uns häuslich ein, und ich ging täglich in die Jagdausstellung und in den Lunapark, wo ich vorübergehend bei guter Bezahlung in den Anlagen arbeitete. Die Jagdausstellung war einmalig und von allen Ländern der Monarchie beschickt mit den schönsten Jagdtrophäen, einer herrlichen Schau mit präparierten Tieren, ein Pavillon war schöner und sehenswerter als der andere. Der Lunapark war ein Vergnügungspark mit einer Raubtierschau und einer Zurschaustellung des Lebens von Stämmen aus Afrika; dort gab es das „Freudenrad", wo alles lacht und sich dreht, die Wasserrutschbahn und vieles andere, am besten besucht waren die Berg-und Talbahn und das Zauberschloss. Auch die Schlacht bei Lissa wurde gut demonstriert, und Bars und Restaurationen, Würstelstände und Konditoreien hatten alle Hände voll zu tun. Erzherzog Franz Ferdinand, ja selbst der greise Monarch besuchten das Ausstellungsgelände. Eine kleine Episode fällt mir da ein: Im Park hatte auch ein gelbhäutiger Asiate einen Stand mit den giftigen Schlangen Indiens und der Inseln, ein Schlangenbeschwörer mit vielen Körben voll Schlangen. Er sprach immer englisch, und ich hörte selbst, wie ein Holländer zu seinem Freunde sagte, der Mann sei aus Sumatra. Ich stand einmal in der Nähe und schaute zu, wie er eine Brillenschlange durch das Pfeifen auf einem Instrument aus dem Korb lockte. Zwei Schlangen lagen hinter seinem Rücken auf der Tafel. Ein Bub von circa dreizehn bis vierzehn Jahren nahm eine Schlange in die Hand, und da drehte sich der gut geschminkte Wiener un und schreit den Buben an: „Lausbua ölendiger, wiast glei de Schlangen aus deiner Pratzen gebn! Lausbua schäbiga, vaschwind, sunst reib i da ane dasd alle Engeln singa herst." Da sagt der Bub: „ Aba gengans, i ken ihna eh, se san von Ottakring, die Schlangen san jo gor net gifti."

Leider war für mich die schöne Zeit des Beisammenseins mit meinem Julchen bald vorüber, denn nicht umsonst musste ich mich bei der Assentierung auf Befehl des Sanitätsfeldwebels nackt ausziehen, unter dem Größenmaß stehen und von einem Arzt, der mich von allen Seiten besah, und vom Feldwebel „ein Meter achtundsechzig" und „ tauglich ohne Gebrechen" hören. Einen Eid musste ich auch leisten. Der Einrückungsbefehl kam, und ich musste mit meinem Kofferl als Rekrut in die Landwehrkaserne nach Bruck an der Leitha einrücken, und das war wieder ein Kapitel für sich.

Bruck an der Leitha 1910, K K Landwehr –Regiment Nr. 1, Wien

Eine Idylle aus dem Brucker Lager

In Bruck angekommen wurde ich zum 1.Bataillon, 2.Kompanie, 3.Zug eingeteilt. Im Ganzen waren es 12 Kompanien oder 3 Bataillone. Ein Zugsführer und ein Korporal unserer Kompanie teilten Monturen, Kappen und Schuhe aus. Fast alle gaben den Chargen ein bis zwei, oft sogar mehrere Kronen Trinkgeld, damit sie ja schöne und passende Monturen bekommen sollten. Ich hatte damals vierzig

Kronen bei mir und kein Kleingeld, und überhaupt dachte ich mir, dass es mir Wurst ist, wie ich aussehe, ich brauche mich dafür nicht zu schämen. So bekam ich eine Hose für einen mit ein Meter fünfzig, die Hose war mir zu eng und zu kurz, und der Rock, oder die Bluse, wie man den Rock hier nannte, war mir zu groß, und ich musste die Ärmel aufstülpen. Und erst die Kappe wollte trotz vieler Papiereinlagen nicht sitzen sondern fiel mir bis zur Nase, so dass ich gar nichts sehen konnte. Ich musste sie ins Genick schieben. Ja, wenn du, lieber Freund kein Geld hergibst oder zu wenig, was willst du? Ich gab nichts und musste trotz meiner Proteste alles was ich bekam behalten. Leider hatte ich die Kopfnummer 51,5 und die Halsweite 38, bekam aber eine Kappe Nr. 58 und Halsstreifen 44. Na, auch recht. Dann mussten wir vor dem Hauptmann Schönovsky von Schönwies antreten. Er ging die Reihen durch, und als er zu mir kam, stutzte er. „Ja Sie Spatzenschrecker, wie sehen Sie aus? Warum haben Sie keine passende Montur bekommen?" „Weil ich keine Krone oder keinen Gulden hergab, Herr Hauptmann", antwortete ich. „Sie, Zugsführer Piller, wenn der Mann nicht sofort eine passende Montur bekommt, setzt´s was ab." Der Zugsführer gab mir eine wirklich passende Montur und die passende Kappe, ja sogar die Schuhe, die mir um zwei Nummern zu groß waren, konnte ich austauschen, und alles passte, auch ohne Geld. Im Schlafsaal waren 24 Eisenbetten und genauso viele „Kopfstellen". Nachdem wir am ersten Tag den uns vorgesprochenen Eid nachgesagt hatten, mussten wir täglich bei schönem Wetter auf die Spitalswiese oder „Schínderwiese", beí schlechtem Wetter in die „Ubikation"(Kaserne), wo wir die Exerzier-und Gewehrgriffsübungen machen mussten. Es machte mir nichts aus, dass wir täglich um Dreiviertel sechs Uhr geweckt wurden, die Bettstelle, das Zimmer und den Gang in Ordnung bringen mussten sowie die „Häusltour" erledigen, wenn man an die Reihe kam. Auch gegen die Kost hatte ich nichts einzuwenden: schwarzer Kaffee und schweres Schwarzbrot, ein Kilogramm für 2 Tage; mittags: Grenadiermarsch und Suppe oder Suppe, Rindfleisch und saure Bohnen oder geselchte Suppe, ein schönes Stückerl Geselchtes mit Sauerkraut und Kartoffeln oder Graupensuppe, Rindfleisch und Linsen und sonntags sogar hie und da ein kleines Schnitzerl oder Schweinsbraten mit Kartoffelsalat nahm ich als Abwechslung ganz gerne hin. Wenn wir aber morgens wach wurden und bei geschlossenem Fenster geschlafen hatten, stank es sehr, da auf diese schwere Kost hin ununterbrochen die Ventile geöffnet waren. Zum Nachtmahl, so um fünf bis sechs Uhr, gab es schwarzen Kaffee, hie und da auch Polentasterz. Dann hieß es Antreten zum Appell, Briefe austeilen und auch Strafe. Nachmittags hielten wir Schule oder wir hatten Geländeübung. Bei der Vergatterung war ich die „Mittelrotte", und alle mussten sich von mir nach links und rechts ausrichten. Ich machte meinen Dienst und alles wie es von mir verlangt wurde, um nicht in Ungnade zu fallen und den freien Sonntag für mich und meine Frau zu haben, ließ mir jedoch nicht jeden Scherz der Chargen gefallen. Als einmal um elf Uhr nachts der Zugsführer betrunken den Schlafsaal betrat und alle Monturen herunter warf, die vorher schön gefaltet und geschlichtet auf dem Kopfbrett gelegen waren, mussten alle aufstehen und die Montur von neuem zusammenlegen und schlichten. Nur ich stand nicht auf. Als der Zugsführer sah, dass ich „auf Opposition machte", befahl er mir, mich sofort feldmarschmäßig anzuziehen, und ich musste auf sein Kommando Gewehrübungen machen. Na schön, ich stand auf, zog mich an, nahm mein Gewehr und es begann mit einigen Gewehrgriffen. Dann fiel ihm ein: Gefechtsübungen! Bajonett auf, Sprung vor, Sprung rückwärts, Sprung seitwärts und einen „Bims", das heißt einen Brotwecken auf das Bajonett und weitermachen! Der Bims flog vom Bajonett, fast hätte ich ihn mit dem Wecken getroffen, er wich geschickt aus. Seine Bettstelle war die erste beim Eingang, dann waren zwei Meter frei und dann kam mein Kawaletz. Auf diesem zwei Meter breiten Platz zwischen beiden Bettsellen machte ich die Übungen bereits eine halbe Stunde, und es wurde mir zu dumm. Als er wieder „Sprung vor" kommandierte, machte ich einen Sprung vor und erwischte mit meiner Bajonettspitze sein Hemd, und bald hätte es schlecht ausfallen können.Das sah auch der Zugsführer ein, die Blässe in seinem Gesicht war im Vollmond, der durch das geöffnete Fenster schien, deutlich zu sehen, und er befahl mit „Abtreten!" , die Übung einzustellen.

Am nächsten Morgen kam die Tagescharge: „Bitten, Beschwerden, wer krank? Auf, auf, Fenster auf, da stinkts ja grauslich herin." Ja, das schwarze Brot und die Fisolen geben kein Eau de Chypre. Ich meldete mich beim Korporal Seidl und bat ihn, Zugsführer P. Zum Rapport aufzuschreiben. Dreiundzwanzig hatten im Bett sitzend zugesehen, wie ich nachts Übungen machen musste, und und rissen sie Maul und Augen auf, als sie meine Bitte an den Korporal vernahmen. „Bist narrisch, du blöder Kerl, ich kann doch den Zugsführer nicht zum Kompanierapport aufschreiben." „ Doch, Herr Korporal, ich bestehe darauf." „Ja, warum? Was gibt's?" „Fragen Sie die anderen. Der Zugsführer kam um elf Uhr nachts besoffen und warf sämtliche Kopfstellen ab, und ich musste eine halbe Stunde Übungen machen." Bis jetzt sagte der Zugsführer nichts, doch als Korporal S. den Zugsführer im Buch eintrug, bekam ich von diesem den Befehl, die Aborte zu reinigen oder wie wir sagten, „die Häusltour zu machen". Ich ging und tat was mir befohlen, als auch schon der Zugsführer hinter mir stand und mich fragte, ob ich darauf bestehe, ihn zum Kompanierapport zu nehmen. „Es kommt darauf an", sagte ich. „Habe ich künftig Ruhe, denn als einziger Verheirateter lasse ich mir solche Späße nicht gefallen, dann ziehe ich die Beschwerde zurück." „Abgemacht, da hast du meine Hand darauf, von mir hast du Ruhe, denn erst vor einigen Minuten hörte ich, dass du wie ich im Zivil ein Gärtner bist." Ich zog die Beschwerde zurück, und tatsächlich hatte ich keinen Grund zu klagen, da alle Chargen zu mir nett waren, und sogar der gefürchtete Feldwebel Muck war mir wohl gesinnt. Vielleicht war gerade meine Opposition für das Wohlwollen maßgebend. Nach dem Essen ging jeder zur Küche, vor der im Freien ein Kessel mit heißem Wasser stand, um seine Menageschale zu waschen. Der Koch gab jedem etwas Wasser in die Schale, wenn er zwei Heller dafür bekam. Es war sicher nicht viel, aber jeder von uns bema nur 12 Heller pro Tag und musste davon Putzzeug etc. kaufen, so sah ich nicht ein, wieso man für das Wasser zahlen sollte. Ich zahlte eines Tages nichts und bekam auch kein Wasser. Da sah ich einen Oberleutnant über den Kasernenhof gehen, und ich begab mich schnurstracks zu ihm. „ Herr Oberleutnant, melde gehorsamst, dass mir der Koch kein Wasser zum Waschen der Menageschale geben will." „Ja warum? Hat er keines?" „Genug, aber er will von jedem zwei Heller dafür. Da ich keine bei mir hatte, bekam ich keines." Der Oberleutnant drohte dem Koch mit dem Einsperren, sollte er nochmals Geld für heißes Wasser verlangen, und abends um sechs Uhr wurde bei allen Appellen verlautbart, dass das Wasser von den Köchen gratis abgegeben werden muss. Trotzdem blieben mir die Chargen gut gesinnt, auch wenn die Saufkreuzer wegfielen. Waren wir auf irgendeinem längeren Marsch, dann kam der von allen gefürchtete und gehasste Feldwebel Muck, ein großer, dicker Mann, „die Mutter der Kompanie" zu mir und befahl mir: „Sie werden als Aufsichtsperson mit den Leichtmaroden die Wege bei der Messe reinigen." Oder: „Sie, Souček, Sie sind doch Schuster?" „Jawohl, Herr Feldwebel." „Also dann in die Schuhwerkstätte, verstanden?" In der Werkstatt unterhielt ich mich mit den zwei Schuhmachern und tat sonst nichts. Oder: „Souček, hör zu, du verschwindest und bringst mir aus dem Wald Eierschwammerln und Herrenpilze, auch Blumen, wenn du welche findest." Ich brachte die schönsten Blumen vom Schloss „Prugg". Und Pilze? Die fand ich nie, außer ich kaufte ein paar davon billig ein.

Ich besuchte auch öfters das Schloss des Grafen Harrach in Prugg bei Bruck an der Leitha und den dortigen Schlossgärtner

Auf dem Schießplatz war ich der beste von allen und hatte die meisten Punkte. Das bewies ich auch, als wir in einer Schwarmlinie aufgelöst auf laufende Figuren schossen. Jeder von uns hatte zwanzig Patronen zu verpuffen, und als ich noch einen scharfen Schuss im Lauf hatte, wurde „Feuer einstellen!" gerufen und geblasen. Von Mann zu Mann gingen die Worte „ Feuer einstellen, Feuer einstellen". Bei unserem Abschnitt war schon Ruhe, und als ich mich umsah, sah ich noch eine Gruppe von Offizieren und Generälen unweit von uns stehen. Ich liege gemütlich und wie ich so vor mich hin döse, sehe ich,- ja ist das bei der Schießerei möglich?- wie ein Hase zwischen mir und den Figuren ein Manderl macht. Als er sich noch einmal aufrichtete, da krachte mein Schuss und der Hase verschwand im Gras. Na mehr brauchte ich nicht. Der Schuss war für mich fast verhängnisvoll, denn von allen Seiten stürmten zu Pferd und zu Fuß Offiziere und Generäle an mich heran, der Oberst, der Brigadier, der Korpskommandant und andere. Als der Feldwebel auf mich wies, schrie mich der Oberst an: „Stehen Sie auf! Warum haben Sie geschossen? Haben Sie nicht gehört, dass „Feuer einstellen" gegeben wurde und Sie Ihr Gewehr absichern müssen? Ich werde Sie einsperren lassen, Sie Idiot! Stehen Sie auf und antworten Sie!" Ehe ich noch antworten konnte, machte schon der Feldwebel, der hinter mir stand, dem General die Meldung: „Exzellenz, melde gehorsamst, der Infanterist Souček hat auf einen Hasen geschossen." „Auf was? Auf einen Hasen? Wenn Sie den Hasen getroffen haben, gehen Sie straffrei aus, wenn nicht, dann sperre ich Sie ein, dass Ihnen das Schießen ohne Befehl vergeht." Ich rannte in die Richtung, von der ich glaubte, dass der Hase dort liegen kann, und hatte nur Angst vor der Schwarmlinie, dass zum Schluss ein durch Zufall losgegangener Schuss mich treffen könnte, denn aller Augen sahen nach mir. Da, da lag ja der Hase, tot, erschossen. Da war es mir auf einmal sehr leicht ums Herz. Ich richtete den Hasen waidgerecht her indem ich in einen Läufer einen Schnitt mit dem Messer machte und den anderen Läufer durchzog und ging als wirklich guter Schütze zu den Offizieren. Wie staunten sie, als sie den Halsdurchschuss sahen. Ich bekam noch einmal fünf Patronen, und zu den Zielern wurde telefoniert, sie sollen noch einmal die Figuren laufen lassen. Die Figuren liefen rasch und kurz, dann fielen sie um, als ich meine fünf Patronen verschoss. Nicht lange darauf hörte ich die telefonische Nachricht, ich hätte bei drei Figuren jeweils die Schüsse 2,2,1, angebracht, alle in Brusthöhe. Seine Exzellenz, der Korpskommandant schenkte mir die Strafe und fragte mich, ob ich im Zivil ein Wilderer sei. „Nein, Exzellenz, Gärtner." „Na, wenn ich lauter solche Schützen hätte, wäre es eine Freude, mit solcher Mannschaft in den Krieg zu ziehen."

(Anmerkung der Abschreiberin H.St.: Die Exzellenz wusste nicht, dass Herr Franz Souček keineswegs die Absicht hatte, seine Schießkunst gegen Menschen zu verwenden und, wie er erzählte, diesen Vorsatz der Verweigerung auch konsequent einhalten konnte.)

Ich wurde gnädig entlassen. Den Hasen nahm ein Offizier mit.

Ich hatte mir die militärische Ausbildung viel ärger vorgestellt. Nur ein Mal hatte ich mit Leutnant Nechwaky, der später nach Galizien versetzt wurde, eine Differenz. Nach einem Gewitterregen mussten wir auf der Spitalswiese „Auf- und Nieder“ üben, und er suchte immer die größten Lachen dazu aus. Ich war „Mittelrotte“, und nach dreißig mal Auf und Nieder legte ich mich nicht in die große Pfütze vor mir hin. Da zog er den Säbel und wollte mir eine herunter hauen. Er schrie mit mir: „Schweinkerl, elender, warum haust dich nicht hin, wenn ich es befehle? Ich werde euch alle so hunzen, und wenn ihr voll Dreck seid, ich werde euch lehren zu folgen!“

Der Hauptmann von Schönovsky, ein alter, ruhiger Herr, hatte von weitem zugesehen, er ritt zu uns heran und fragte, was da los sei. Ich trat vor und meldete, dass der letzte Mann am linken Flügel ein geschwollenes Knie hat und deshalb klappt das Auf und Nieder nicht, weil der Mann nicht nachkommt. Ich bat den Herrn Hauptmann, er möge den Mann aus der Reihe nehmen, damit dann alles auf Kommando klappt. Als der Hauptmann vom Leutnant hörte, dass ich einige Male den Pfützen ausgewichen wäre, fragte er mich, warum ich das getan habe. Ich antwortete, dass ich die Montur des Kaisers nicht beschmutzen wollte. Da lachte er: „Ja, ich weiß, weil Sie sich das Reinigen ersparen wollen“, gab aber trotzdem den Befehl, andere Übungen mit uns zu machen. Es kamen einige Märsche, darunter einer zum Neusiedler See mit einer Ausrüstung, die für einen Marsch im Krieg geeignet war, und mit Patronen zum Scheibenschießen. Das musste ich aber nicht mit machen, weil ich beim Scharfschießen in Bruck einer von den besten Schützen war und nur mehr als Zieler verwendet wurde, mit dem Zielerlöffel hantierte und Löcher verklebte. Als wir schon voll bepackt waren, und der Marsch nach Wien stattfinden sollte, kam der Feldwebel Muck zu mir mit noch drei Mann, die er ausgesucht hatte. „Hör zu, Souček, du als Maurer und Anstreicher, wirst das Kommando über diese drei übernehmen und mit ihnen mit dem Zug nach Wien fahren. In der Kaserne angekommen, fragst du nach Feldwebel Nagy, er soll euch Kübeln, Kalk und Bürsten geben zum Weißen des Ganges im zweiten Stock. Die Bilder nehmt herunter, und wenn alles mit Kalk geweißt ist, hängt sie wieder an den Nagel. Reinigt den Gang gut, ihr habt zwei Tage Zeit, und bis wir von Bruck kommen, muss alles fertig und sauber sein.“

Wir fuhren mit dem ersten Zug nach Wien und in die Kaserne, wo wir mit dem Kalken bis abends fertig waren. Damit alles trocknete, rissen wir Türen und Fenster zum Durchzug auf. Am zweiten Tag reinigten wir den Gang und Fenster und Türen, waren um zwei Uhr nachmittags fertig und gingen nach Hause. Vierzehn Tage übten wir noch in den Wiener Bezirken Baumgarten und Hütteldorf unter dem Leutnant Herrn Litschauer. Als die zweimonatige Abrichtung zu Ende war, begann anschließend die Waffenübung von achtundzwanzig Tagen. Ich wurde zum Reinigen und Schmieren der Gewehre ins Waffenmagazin kommandiert, doch sah ich weder das Waffenmagazin noch sahen mich die dort Beschäftigten. Ich blieb schön zu Hause und suchte mir Arbeit, die ich noch für kurze Zeit im Luna-Park und in der Jagdausstellung fand. Als auch meine Zeit der Waffenübung um war, gab ich die Montur ab und wurde gesund entlassen. Das Leben beim Militär war gar nicht so hart, wenn man sich ohne Resignation darein fand.

Trotzdem war ich froh, im III.Bezirk, Marxergasse, im Sophiensaal eine Stelle als „Dekorationsgehilfe erster Klasse“ zu erhalten. Am 3.Oktober 1010 stellte ich mich bei den Direktoren Täuber und Geiringer jun. der Sophiensäle AG vor und konnte sofort bleiben. Außer mir waren noch beschäftigt: Kollege Blecha, der schon einige Jahre dort war, die Kollegen Mika, Hlasny und Simek, lauter „Urgermanen“, und Obergärtner Röhling, der die Gärtnerei in Kagran führte und und mehrere Gehilfen, so auch den Obergehilfen Opitz beschäftigte.

Gladiolen, Zeichnung F.S., Autor

Zu tun gab es viel, jeder von uns hatte seinen ständigen „Rayon“ und Kunden, die ein bis zweimal wöchentlich mit Dekorationspflanzen und Blumen beliefert wurden, meistens im Austauschweg, und dann das Übliche, Nachsehen und Gießen. Ich betreute die Schauräume der Möbelfirma Portois und Fix in der Ungargasse, Jaray in der Heugasse, Rappaport, Pollak und noch andere in der Reisnerstraße, die Firma Schranz und einige Palais in der Heugasse (Prinz-Eugen-Straße); einige Kaffee-und Gasthäuser auf der Ringstraße und in der Leopoldstadt, dort auch Privathäuser und Hotels wie Hausmann in der Praterstraße, Hotel Continental, Bayrischer Hof und so weiter und in Währing; ebenso Theaterdekorationen im Deutschen Volkstheater, im Bürgertheater, Karlstheater, In „Himmel und Hölle“, im „Moulin rouge“, in der „Kleinen Bühne“ und vielen Vergnügungslokalen. Vom Frühjahr an kamen auch die „Schanigärten“ bei den Restaurants und Kaffeehäusern dazu mit dem Aufstellen der Wände aus Efeu, der Kugeln und Pyramiden aus Lorbeer, auch vor den Hotels, und die Fensterkisterln mit Blumen an vielen Gebäuden.

Ab Herbst kamen dazu die Dekorationen für Bälle im Sophiensaal und in den Hotels, in den Sophiensälen für Konzerte, Versammlungen, Tagungen, Galadinners,Hochzeitstafeln und andere Veranstaltungen. Es gab in Wien kein Hotel, Theater oder Varieté, das ich nicht von meiner Arbeit her kannte wie: das Grandhotel, Bristol, Imperial, Meisl und Schaden, Krantz, Sacher, Metropol, Deutsches Haus, usw.; im Sommer und im Winter gab es Arbeit in den Sälen des Industriepalastes am Schwarzenbergplatz, in der Kammer für Handel und Gewerbe, im Kriegsministerium und anderen Ministerien, in den Museen am Ballhausplatz, den Gemäldegalerien, im Polizeipräsidium und vielen anderen Orten, an denen wir unsere Dekorationen wie Palmen und Kugeln und Pyramiden aus Lorbeer, Aucuba, Euonymus und anderen Pflanzen in goldglänzenden Körben in verschiedener Höhe und Länge aufstellten.

kl.Ölbild, F.S.

Orchidee

Mit einer großen Dekoration im Jokey-Club und im Rollschuhpalast wurden wir beauftragt, als Graf Károly eine amerikanische Dollarmillionärin heiratete. Einmal musste ich im Deutschen Volkstheater im Zwischenakt Efeuwände für das Stück „Das kleine Café“ aufstellen und verbrachte die freie Zeit mit einer Gratiskarte im Zuschauerraum, da sah ich wieder den Erzherzog Thronfolger Franz Ferdinand mit seiner Gemahlin in der Hofloge. In beiden Stücken spielte der spätere Filmschauspieler Hans Moser mit großem Erfolg. Den Erzherzog sah ich noch öfters und alle Hoheiten, viele Fürsten und Grafen und andere. Auch den Kaiser sah ich sehr oft, wenn er in seinem Wagen mit den vergoldeten Rädern auf dem Weg von Schönbrunn oder dorthin durch die Mariahilferstraße fuhr.

Ich war gerade einmal im Sophiensaal anwesend, als der Anruf kam, es sei sofort eine Dekoration in der Urania aufzustellen, da seine Majestät die Urania besuchen wird. Sofort luden wir alles, was wir an Dekorationsmaterial brauchten, auf einen Wagen, und ein Kollege und ich fuhren mit dem Kutscher zur Urania am Franz- Josefs. -Kai, wo wir die große vergoldete Kaiserbüste aus Gips, die auf einem Postament ruhte, mit den mitgebrachten Gewächsen umgaben und zu einer schönen Gruppe formten. Der Wagen mit dem Kollegen war schon fort, und ich hatte kaum die mit Gold verzierte Umrahmung aus Korbgeflecht angebracht, als der Kaiser schon mit einigen Herren die Stufen hinauf ging, so dass ich nur noch Zeit hatte, mich hinter dem Kaiserpostament zu verstecken. Der Kaiser wurde vor der Pflanzengruppe vom Direktor der Urania und einigen Professoren empfangen. Ein Stoß hätte genügt, um das Postament ins Wanken zu bringen, und die große schwere Kaiserbüste wäre dann auf den Kaiser gefallen. Für Anarchisten wie Lucheni wäre das „ein Fressen“ gewesen. Natürlich hätte ich das nie gemacht, denn der Monarch galt alles für uns Österreicher und Wiener. Kannte ihn doch jeder als gütigen, friedliebenden und liebenswürdigen Herrscher, der leidgeprüft sein spartanisches Leben lebte. Von Fanatikern wurde er sogar als Heiliger verehrt, und das „Gott erhalte und beschütze unsern Kaiser, unser Land“ ging allen von Herzen. Als der Kaiser nach der Begrüßung im Saal verschwunden war, kroch ich aus meinem Versteck hervor und wurde sofort von zwei Detektiven festgenommen. Doch meine Lage klärte sich nach einigen Worten auf, und als mich der eine Kiberer vom Sophiensaal her erkannte, gaben sie mich sofort frei. Ja, die Sophiensäle! Ich denke an die herrlichen Dekorationen, die fast für jeden Ball anders gestaltet wurden, an die jährlichen Redouten der Fürstin Paula Metternich, die hier veranstaltet wurden, so zum Beispiel an die „Eva-Redoute“, in der eine „wirkliche“ Eva unter einem Apfelbaum mitwirkte und nackt von als Inder verkleideten Männern auf einer Art Trage durch den Saal getragen wurde; an die „Riviera- Redoute“, wo im Saal nur Palmen und mit Orangen behangene Lorbeerbäume standen, und das Proszenium das Meer und die französische Riviera zeigte; den „Jägerball", wo im Saal hohe Fichten aufgestellt wurden, und der Hintergrund eine von Theatermalern bezaubernd gemalte Waldlandschaft zeigte. Jede Dame bekam als Damenspende einen prachtvollen Hirschen aus Bronze auf einem Steinsockel als Briefbeschwerer. Ich erinnere mich an den Concordia-Ball, den Schriftstellerball, den Ball der „Wiener Schwalben", das heißt der Kellner, den Künstlerball, den Ball der Schauspieler und an viele, viele Bälle, weit über den Fasching hinaus. Bei den Elitebällen war oft der Hof vertreten, und wie oft spielte die Kapelle Walzer der unsterblichen Komponisten Strauß und Lanner und wurde von Dirigenten wie „dem" unvergesslichen Zierer, „dem" Ganglberger und anderen Prominenten dirigiert. War das ein Gewoge, wenn im Takt der Musik hunderte Paare über das spiegelglatte Parkett des großen und des kleinen Saales dahin schwebten! Zweitausend bis dreitausend Personen fanden in allen Räumen Platz, und im „Gemütlichen" sah und hörte man hervorragende Künstler wie Girardi und viele Hofschauspieler bis in die Morgenstunden zum Beispiel den „Schienenritzenkratzer" oder „Schiab i denn net a an" und andere Couplets bei Champagner und gutem Wein vortragen und singen. In der Marxergasse standen unzählige Fiaker und Einspänner, und der Wagenrufer und Türlaufmacher hatte bei gutem Trinkgeld bis in den frühen Morgen zu tun. Wer die Säle, die vom holländischen Baumeister Van der Null erbaut wurden, mit der feenhaften Gipsverzierung der Wände in Gold und Weiß in der vollen Beleuchtung von Tausenden elektrischen Birnen sah und den Saal in seiner Beleuchtung und Dekoration bewunderte, der fühlte sich „wie im Himmel", so wie meine liebe, gute, alte Schwiegermutter sagte. Mit der Aristokratie, der Hochfinanz, den Offizieren, Attachés vieler Länder, Vertreter aller Staaten und Regierungen, schönen, eleganten Damen, war die die gesamte Haute Volée vonWien im Sophiensaal stets vertreten. Die Bälle begannen im Herbst bis lang nach dem Ende des Faschings war Schluss. Dann kamen Konzerte und Vorträge, und viele ausländische Sänger und Sängerinnen wie von der Mailänder Scala und der Metropolitan Opera gaben Solokonzerte. Aus dieser Zeit bleibt mir unvergessen: der für mich beste Jugendschriftsteller „Karl May", der von einigen Autoren als Plagiator angegriffen worden war, hielt im voll besetzten Saal seine Verteidigungsrede, in der er alle Angriffe zurückwies und den Wahrheitsbeweis brachte, dass er tatsächlich die Länder besucht hatte, die er beschrieb; ein alter, ehrwürdiger und weißhaariger Herr, dem es fast zu weinen zumute schien über die ihm angetane Schmähung, dass es in in der Presse so dargestellt wurde, als sei er in seiner Jugend ein Taugenichts gewesen. Seine Rede rührte viele zu Tränen, und mir tat der alte Herr leid, denn er verdiente es wirklich nicht, auch dann nicht, wenn es wahr gewesen wäre, dass man ihn, den Liebling von aber tausenden Kindern in der ganzen Welt, dessen gute, erzieherisch wertvolle Bücher in allen Sprachen gelesen wurden, so verriss. Ich erinnere mich gerne an meine Jugendzeit, als wir Indianer und Trapper spielten und mit den etwa den Namen „Apachen, Comanchen, Irokesen, Schwarzfussindianer, Sioux" nur so herum warfen und uns mit dem Lasso in der Hand zu tüchtigen Lassowerfern heran bildeten. Es gelang mir oft, meine laufenden Spielkameraden mit dem Lasso entweder beim Kopf oder beim Fuß zu fangen, Mutter schimpfte, wenn ich die Wäscheleine dazu verwendete. Die vielen Bücher Karl Mays wie „Winnetou" und „Old Schatterhand", „Im Land der Skipetaren". die vielen Indianergeschichten und Geschichten aus dem Orient erreichten riesige Auflagen und wurden von Alt und Jung gelesen. Ich hörte, dass Karl May ein Jahr nachdem er in Wien war, im Jahr 1912 in Radebeul gestorben ist. Trotz vergangener Jahrzehnte sehe ich wie heute noch einen anderen vor mir: den Hypnotiseur Maximilian Radovány, der vor einen großen Publikum, vor vielen Ärzten Menschen hypnotisierte, die alles taten, was er befahl. Ihn begleitete ein Medium, das anscheinend noch nie gehörte Melodien, auch solche aus fremden Ländern, auf dem Klavier spielen konnte. Radovány experimentierte vor den Augen der Ärzte mit der Aufhebung des Schmerzes in der Hypnose, verblüffte die Ärzte damit, dass er scheinbar Lahme zum Gehen brachte, gelähmte Hände sich bewegen ließ. Er brachte Schmerzen zum Verschwinden indem er die schmerzenden Stellen mit seinen Händen berührte und einige Worte dazu sprach. Menschen, die jahrelang der christlich-sozialen Partei angehörten, waren auf einmal rote Redner im Parlament und umgekehrt. Auch jene, die nie eine Rede gehalten hatten, bekamen ein Redetalent und sprachen über Themen, von denen sie angeblich im Leben nie etwas gehört hatten. Er war damals in den Dreissigern, eine schöne, imposante Gestalt mit schwarzen, stechenden Augen. Von Maximilian Radvány hörte ich nie mehr wieder etwas.

Am 29. August 1911 trat bei mir ein freudiges Ereignis ein, das bald ein trauriges Ende genommen hätte, wenn nicht der Herr Dr. Braun aus dem Rudolfspital, den ich holen musste, der rettende Engel gewesen wäre. Meine Frau hatte nach einer missglückten Betreuung durch eine Hebamme unter wahnsinnigen Schmerzen mit Hilfe der „Zange" ein Mädchen geboren, das schon fast tot war, und nur mit Mühe brachte Dr. Braun meine kleine Tochter zurück zum Leben, ein Jude, der „In Gottes Namen" sagte, „hoffentlich gelingt es mir, beide am Leben zu erhalten", als ich ihm um sieben Uhr abends mit der Petroleumlampe zur Geburtshilfe leuchtete. Wie atmete ich erleichtert auf, als mein viel geliebtes Weibchen und meine kleine Tochter, die sehr schwach war und zu sterben drohte, am Leben blieben. Wir ließen unsere Tochter am nächsten Tag in der Erdberger Kirche Sankt Peter und Paul, wo auch meine Eltern getraut und wir alle getauft wurden, auf den Namen Maria Julia Beatrix taufen. Mit vielen Mühen brachten wir das Kind durch, und Putzi und Putzikam, wie wir sie nannten, war der Liebling der

Wiener und Záranyer Großeltern, und die Omas und Opas verhätschelten das Kind. Ich muss noch einiges über meine Tätigkeit in den Sophiensälen erzählen. Wenn die Ballsaison begann, hatten wir alle Hände voll zu tun, denn außer um die auswärtigen Dekorationen mussten wir uns noch um das Abräumen, Spritzen und Begießen der über Nacht im Saal verbliebenen Gewächse kümmern, die in eigens für diesen Zweck an den Saal anschließenden Glashäusern untergebracht wurden, und um das neuerliche Aufstellen der Dekoration je nach dem Auftrag der Veranstalter. Da ging es flott zu, denn die Elektriker, Tapezierer und Tischler, die Arbeiter im Proszenium und bei den Soffiten wollten ebenfalls bis sechs Uhr fertig werden. Bei der Probe um halb sieben Uhr abends mussten alle Lichter brennen und es musste alles klappen. Wenn ich um halb sieben Uhr nach Hause rannte, was öfters geschah, wenn wir spät fertig wurden und ich Nachtdienst in der Garderobe hatte, dann musste ich mich beeilen; schnell waschen und umziehen, mitunter in den Frack, schnell etwas essen und mich rasieren, damit ich rechtzeitig zur Garderobe kam. Von der Direktion des Sophiensaales bekamen wir je Nacht und Person zwei Kronen und nach Mitternacht ein Essen, Schweinsbraten oder Kalbsbraten mit Beilage und ein Krügel Bier. Dass wir auch je nach Veranstaltung und Publikum Trinkgelder bekamen, die manchmal die Höhe von zwanzig Kronen und mehr erreichten, war selbstverständlich, und jede der sieben bestehenden Garderoben hatte irgendeine Person, die für den Mantel, der ohne Nummer extra gehängt wurde, zwei oder auch mehr Kronen bezahlte, wie der alte Herr Anton Dreher aus Schwechat und noch einige. Nur Konzerte und Vorträge brachten nicht viel ein, da kamen alle auf einmal, und nach Schluss wollten alle wieder als erste drankommen. Oft stürmten tausend Personen die Garderobe, und da hieß es verdammt acht geben, dass nicht Mäntel verwechselt und gestohlen würden. Oft kam einer daher gerannt und wies auf einen Pelzmantel: „Gebens her den Pelz, er gehört mir." „Sehr gerne, bitte um die Nummer." Er greift in alle Taschen, sucht und sucht, vergebens, er findet keinen Zettel oder er will keinen herzeigen. „Bedaure sehr, warten Sie bis zum Schluss, wenn er übrig bleibt, gehört der Pelz Ihnen.", und zum Schluss hatte er einen schäbigen Überzieher, oder er verschwand, bevor ihn der Detektiv schnappte. Wenn wir in der Ballsaison um fünf oder sechs Uhr früh nach Hauser kamen, schliefen wir zwei bis drei Stunden, und dann ging es wieder raus zur Arbeit. Bei großen Bällen kam es vor, dass wir vier bis fünf Nächte in der Woche Garderobedienst machten und uns in den ruhigen Stunden der Nacht abwechselnd für ein bis zwei Stunden aufs Ohr legten. Die Trinkgelder waren eine willkommene Zubuße.

Als Lohn erhielt ich von der Direktion anfangs vierzig Kronen, dann achtundvierzig Kronen wöchentlich außer den Trinkgeldern und Garderobegebühren. Bedingt dadurch, dass ich alle Gemäldegalerien und Museen zu besuchen hatte, sah ich viele Gemälde, solche von alten Meistern und von Neuzeitlichen, von Secessionisten und Futuristen, die ich jedoch nicht so gerne sah wie die Bilder der alten Malkunst wie von Albrecht Dürer, Tizian, Rembrandt, Tintoretto, Goya, Rubens, Michelangelo, Raffael und vielen anderen deutschen, flämischen, holländischen, italienischen und spanischen Malern. Gerne sah ich auch zum Beispiel die Bilder von Rudolf von Alt, Max Klinger, Leibl, Makart. Meine einzige Sehnsucht war, ebenso malen oder vielmehr kopieren zu können wie der unbekannte Maler in der „Modernen Galerie" im unteren Belvedere, der Weintrauben nach einem Bild kopierte, oder die liebe junge Malerin, die im Kunsthistorischen Museum das Gemälde „Die Kreuzigung Christi" so nachahmte, dass man zum Schluss das Original von der Kopie nicht unterscheiden konnte. Hätte ich Zeit gehabt, hätte ich stundenlang zusehen können, und so erging es mir in der Mal-und Bildhauerschule im Haus der bildenden Künste gegenüber der Karlskirche. Sonntags besuchte ich auch hie und da die Gärtnerversammlungen, und dabei lernte ich so manchen Kollegen kennen wie den Obergärtner Kolaus von der „Gartenbau" und Herrn Häusler, die Stellen vermittelten. Hatte ich Zeit, besuchte ich auch den Hofgärtner Bartosch im Belvedere, den Hofgärtner Payer beim Fürsten Schwarzenbberg, den späteren Architekten Esch, Hofgärtner Jironsek in Hatzendorf und viele Schönbrunner, ebenso die botanischen Gärten am Rennweg und in der Jaquingasse, um noch dazu zu lernen, denn gerade im Garten-und Blumenbau lernt man nie aus. Anlässlich eines Besuches beim Obergärtner Kolaus bat ich ihn, mir eine passende Stelle als Obergärtner zu beschaffen. Es dauerte nicht lange, und ich bekam eine Korrespondenzkarte, ich möge zu ihm in die „Gartenbau" kommen, er wisse eine Stelle in Budapest für mich. Schon aus Neugierde ging ich noch am selben Abend zu ihm. Er gab mir die Adresse von einem Herrn Karl Ross, der derzeit im Grandhotel, 2.Stock, wohnte, und ich soll den Herrn am Fronleichnamstag um acht Uhr früh besuchen. Der Donnerstag kam, und ich zog mein bestes Gewand an und fuhr mit der Elektrischen in Richtung Grandhotel. Die Tramway kam wegen der Prozession der Landstraßer Rochuskirche nicht weiter, und ich rannte was ich konnte durch den Stadtpark zur Ringstraße, denn der Zeiger näherte sich rapid gegen acht Uhr, und da erging es mir nicht besser, es kam keine Tram, da hieß es weiter laufen. Endlich kam ich an, und der Zimmerkellner wies mich zur Tür, die sich um punkt acht Uhr öffnete, und ein weißhaariger, rotgesichtiger, eleganter Herr mit goldenen Brillen fragte mich, ob ich der stellensuchende Obergärtner wäre. Ich bejahte. Er sah mich genau an und fragte mich, warum ich so schwitze, da noch Schweißtropfen von der Stirne rannten. Ich erwiderte, das komme vom Laufen, um nur ja rechtzeitig zu kommen, da ich wegen der Fronleichnamsprozession mit der Tram nicht weiterfahren konnte. „ Na, kommen Sie mit hinein, nehmen Sie Platz. Dass Sie so pünktlich waren trotz der Hindernisse freut mich. Aber mein Lieber, Sie sind mir zu jung, ich suche einen älteren, erfahrenen Gärtner für meine botanische Gärtnerei. Auch besitze ich viele Orchideen und botanische Raritäten, und das Wichtigste: ich habe lauter ältere Gehilfen, die viel älter sind als Sie. Da werden Sie sich schwer tun, es sind lauter Ungarn, und Sie verstehen nicht die Sprache. Damit Sie im Bilde sind, ich heiße Karl Zipernowsky, Professor an der Universität in Budapest. Ich bin hier unter einem Pseudonym abgestiegen, um in Wien von Besuchern Ruhe zu haben und ungestört meine Obliegenheiten zu erledigen."

--Also, z´jung war i da, dos haßst unerfahren, vasteht von ana Botanik und Orchideen nix. Na, mei guata Freind, do kummst ma recht.--

„Schön, Herr Professor, fangen wir der Reihe nach von vorne an. Dass ich pünktlich bin, hat Ihnen gefallen. Zweitens, was werden Sie schon Außergewöhnliches an Orchideen haben? Ich kenne viele Sorten und Gattungen wie Coeloginen, Cypripedien, Kattleyen, Laelien, Zygopetalum, Cimbidium, Odontoglossum, Phajus, Sobralia, Stanhopen und viele andere, haben Sie die alle?" „Ja, mein Lieber, und noch viel mehr. Sie schmeißen mit den Namen nur so herum. Kennen Sie auch die Kultur derselben und woher sie stammen, zum Beispiel Lykaste Skimeri?" „Aus Peru" „Ja, das stimmt. Die Odontoglossum? „Aus Mittelamerika und den Tropen von Brasilien." „Stimmt." Die Kultur und die richtige Umgebungstemperatur der meisten mir vorgebrachten Orchideen kannte ich bis auf von einigen wenigen, und dann begann die Prüfung von neuem und zwar über diverse Palmen, Anthurien, Kroton, Strelizien, Justicia, Ficus, Farnen, blühende Pflanzen wie Chrysanthemen, Begonia Gloire de Lorraine und anderen, über Zwiebelgewächse, Alpinpflanzen, Sommerblumen, Poinsetien, Euphorbien, Nelken, über die australische und „Neuholländer" Flora. Die sprunghaft geführte Prüfung konnte mich nicht irreführen und fiel zu meinen Gunsten aus. Bis auf meine Jugend entsprach ich den Anforderungen. Und doch wurden wir uns einig. „Gut, ich nehme Sie auf unter der Bedingung, dass Sie vom Stand des jetzigen reichhaltigen Pflanzenmaterials nichts an andere Gärtner abgeben dürfen, keine Gärtner meine Glashäuser betreten, denn alle stehlen, Sie brauchen sich nur umdrehen und schon fehlt etwas, und wenn es nur ein Steckling ist. Meinen großen Wintergarten müssen Sie persönlich betreuen, so auch das Boudoir meiner Frau und das Speisezimmer, denn ich will keinen Fremden in den Räumen sehen, auch Ihre Gehilfen nicht. Sie können die Stelle sofort antreten oder dann wann Sie können. Die Fahrt und die Transportspesen für Ihre Möbel werden bezahlt, und als Gehalt bekommen Sie bei freier Wohnung mit freier Beheizung und Beleuchtung sowie freiem Obst und Gemüse 160 Kronen monatlich, bei Zufriedenheit mehr. Nur müssen Sie auch Ungarisch lernen.

Budapest

Beitrag aus dem Internet:

Károly Zipernowsky (* 4. April 1853 in Wien; † 29. November 1942 in Budapest) war ein ungarischer Elektrotechniker und wurde bekannt als einer der Entwickler des Transformators. Leben Zipernowsky ist in Wien geboren, aber er hat sein Abitur in Pest gemacht, danach hat er in einer Apotheke in Kecskemét gearbeitet. Im Jahre 1872 immatrikulierte er in Buda an der König József -Technischen Universität. In seinem vierten Studienjahr lehrte er bereits die junge Wissenschaft der Elektrotechnik im Verein der Ingenieure und Baumeister. Während einer seiner Vorlesungen entdeckte ihn András Mechwart, Geschäftsführer der Firma Ganz. Er stellte den 25-Jährigen (1878) als Organisationsleiter der elektrotechnischen Abteilung ein. Da Ganz die erste Firma in Ungarn war, die sich mit Elektrizität befasste, war Zipernowskys Aufgabe die Entwicklung der Energieerzeugung in Ungarn. Innerhalb weniger Monate wurde anhand seiner Pläne ein neuer Dynamo fertiggestellt. Dieser bahnbrechende Gleichstrom wurde für die firmeneigene Gießerei hergestellt. Unter seiner Führung wurde Ganz der

Pionier der ungarischen Wechselstromtechnik. Ab 1882 diente Miksa Déri auch der Firma Ganz, und zusammen mit Zipernowsky hat er einen selbsterregten Wechselstromgenerator als Patent angemeldet. Dieser Generator versorgte 1000 Glühbirnen des Nationaltheaters in Budapest mit Strom. Das Theater wurde als weltweit drittes Theater mit elektrischem Licht ausgerüstet. 1883 wurde ein mit einer 150 PS starken Dampfmaschine getriebener einphasiger Wechselstromgenerator auf der Wiener Internationalen Elektrotechnik Ausstellung präsentiert, dies war ein großer Sprung für die Entwicklung des Wechselstromsystems, was für viel Aufsehen sorgte. Später diente die Maschine zur Beleuchtung des Keleti-Bahnhofs in Budapest. Wesentliche Verdienste erwarb er sich mit der Entwicklung des Transformators zusammen mit Miksa Déri und Ottó Titusz Bláthy 1885. Damit fängt der Triumphzug des Ganz-Systems an, das er bis 1893 persönlich koordiniert hat. Sein größter Erfolg war die Erstellung des Energieversorgungskraftwerks und die dazugehörigen Stromleitungen für die Stadt Rom. 1893 wurde Zipernowsky Professor für Elektrotechnik an der Technischen und Wirtschaftswissenschaftlichen Universität Budapest (TUB) und korrespondierendes Mitglied der Ungarischen Akademie der Wissenschaften. Im Schuljahr 1906/07 hat er im auf dem Campus der TUB eingeweihten „FE“ (Physik-Elektrotechnik) (heute „F“) Gebäude einen eigenen Vorlesungsraum und ein eigenes Laboratorium erhalten, welche er mit modernen Maschinen ausgerüstet hat. Sein Institut hat alle anderen europäischen Universitäten und Prüfhäuser im Bereich Hochspannungstechnik überholt. Man kann die Ausstattung immer noch an ihrem ursprünglichen Platz finden. Ab 1905 war er Präsident der Ungarischen Elektrotechnischen Gesellschaft. 1912 spendete er der Gesellschaft 5000 Korona (ungarische Währung) um ihre Zinsen jährlich als Preis zu vergeben. An der Versammlung nahm er ab 1937 nicht teil, sein Abschiedsbrief wurde vorgelesen.

Am 22. Juni 1912 verließ ich unter lautem Geschrei des Direktors Geiringer, der mir 50 Kronen wöchentlich bot, wenn ich weiter bliebe, meine Stelle der Sophiensäle AG. „Was machen Sie in dieser stinkenden Judenstadt, bleiben Sie hier, Sie werden es noch bereuen.“, und so ging es so lange weiter, bis ich endlich mein Zeugnis bekam. Mein lieber Herr Geiringer, hättest Du mir früher von selbst meinen Lohn erhöht, hätte ich mich um keinen anderen Posten umgesehen, aber jetzt habe ich die Budapester Stelle schon angenommen. Am

1.Juli 1912 bezog ich meine neue Stelle in Budapest, Ofen, Heitai Ferencz utca 4.(Régi Oszlop utca). Ich hatte eine nette Wohnung mit Licht und Beheizung, 180 statt 160 Kronen monatlich und Obst und Gemüse frei. Es war ein schöner jedoch vernachlässigter Park mit schönen, auch einigen seltenen Bäumen und Strauchgruppen, mit Tennisplatz, einer Kegelbahn, einem Alpengarten, Wasserbassins mit Wasserpflanzen, Pergolas, vielen Blumengruppen und Rabatten, schönen Rasenflächen, alles in „deutsch-englischem" Stil. Da waren zwei Kalthäuser, ein langes Gebäude für das Warmhaus und das Temperierhaus und ein Palmenhaus. Alles wurde mit der Kesselheizung von Höntsch geheizt. Die Gewächshäuser waren bei doppelter Verglasung ungedeckt mit Schattendecken darauf, die man auf-und abrollen konnte. Beim Wohnhaus des Professor Zipernowsky, der auch Stadtrat in Budapest war, gab es einen herrlichen Wintergarten mit vielen tropischen Pflanzen. Zwei Gehilfen, ein Arbeiter und noch drei Frauen waren von März bis Ende November beschäftigt. Der erste Tag, den ich in der Gärtnerei verbrachte, diente nur zur Orientierung über meine zukünftigen Arbeiten, die ich zu bewältigen hatte, und das waren viele. Noch dazu erfuhr ich von Professor Zipernowsky, dass er schon am nächsten Tag zu einem Freimaurerkongress nach Amerika fahre. Professor Zipernowsky war Großlogenmeister der ungarischen Freimaurer in Budapest, und ich hatte später Gelegenheit, mich mit den Zeitschriften der Logen im Zeichen des doppelten und des einfachen Dreiecks, die ich ganz gerne las, zu beschäftigen. Einen Monat blieb Professor Zipernowsky aus, und nach seiner Rückkehr waren alle Wege gleichmäßig breit und sauber gehalten, die kahlen Rasenflächen mit Grassamen neu bebaut, und alle Grasflächen waren mit den englischen Mähmaschinen kurz geschnitten und sahen schön dunkelgrün aus. Die Bäume und Sträucher, sogar der Giftsumach, waren beschnitten und die trockenen Äste entfernt. Im Park, in den Glashäusern, auf dem Tennisplatz, überall herrschte Sauberkeit. Mit der Frau Zipernowsky sprach ich nicht viel. Ich wich ihr aus. Am fünften Tag hatte sie mir nämlich Vorwürfe gemacht, dass ich die Rasenflächen nicht mit den Apparaten hatte beregnen lassen , und auch, weil ich im Freien die Mistbeete und Gruppen nicht hatte gießen lassen sondern die Leute aufgefordert, die Arbeit einzustellen. „Das geht doch nicht, es vertrocknet alles." Auch gab sie mir zu verstehen, sie habe den Gehilfen und Arbeitern angeschafft, das Gießen sofort nachzuholen. Zum Teufel, da kam sie mir recht! „So, Sie jagten meine Gehilfen hinaus, obwohl ich beiden und dem Arbeiter Samu aufgetragen hatte, heute Abend nicht zu gießen, da längstens in einer Stunde genügend Regen alles befeuchten wird." Ich machte sie darauf aufmerksam, dass die Leute meine Anordnungen respektieren sollten, und es nicht ginge, dass hier zwei anschaffen „Ich gehe jetzt in den Reservegarten und stelle die Arbeit ein. Bitte, arbeiten Sie mir nicht entgegen. Die vier Tage meines Hierseins hatten alle von sechs Uhr früh bis neun Uhr abends gearbeitet, gönnen Sie Ihnen bitte die Ruhe, und wenn Sie etwas wünschen, dann sagen Sie es bitte mir." Die Dame sah mich groß an und war sprachlos. Mir schien, es hatte bis jetzt noch niemand gewagt, ihr so entgegenzutreten. Am nächsten Tag hielt mich die Hausrepräsentantin Fräulein Gabi oder Gabi Kisoszony auf und bat mich, mit der Dame des Hauses „Miltosaga" recht freundlich zu sein, denn sie sei schwer herzkrank und ich soll es mir mit ihr nicht verscherzen, da der „ Miltosagos úr" seine Gattin liebt und vergöttert. Es tat mir leid, und ich entschuldigte mich, dass ich so barsch zu ihr war, jedoch mit dem Bemerken, dass ich recht hatte, denn es hatte die ganze Nacht sehr ausgiebig geregnet, und ich wollte auch Wasser sparen. Da meinte sie, dass das Sparen mit Wasser hier nicht üblich sei, auch wenn das Wasser Tag und Nacht aus zehn Schläuchen rinnen sollte, der Rasen muss frisch und grün sein, wenn der Professor aus Amerika kommt. Na schön, wer hat und so spricht, der kann es sich leisten. Dass das Geld hier keine Rolle spielte, hatte ich bald heraus, denn ich konnte alles bestellen, was ich für die Gärtnerei benötigte. Mit meinen Leuten, den ungarischen Gehilfen und Arbeitern, sprach ich so gut ich konnte ungarisch. Ich stand mit dieser Sprache anfangs noch auf Kriegsfuß, und ich musste oft die Arbeiterin Anna Schlenker und ihre Tochter Ludmilla als Dolmetscherinnen zu Hilfe nehmen, die aus Tyrnau, dem slowakischen Teil von Ungarn stammten. So konnte ich mit der Zeit meine Sprachkenntnisse erweitern, und was ich in Drassburg gelernt hatte, kam mir jetzt zugute. Es war klar, dass ich auch in dieser Gärtnerei von meinen Gehilfen Gabor F. und Janos H. und dem Arbeiter Samu G. als Deutscher nicht gerne gesehen war. Sie beschimpften mich genauso wie alle anderen Deutschen auf Ungarisch mit „dieser stinkende deutsche Hund" oder auch „der stinkende Schwabe".

Ich sagte einige Tage nichts dazu, als ich diese Beschimpfungen hörte, ich tat so, als verstünde ich die drei nicht und lachte zu ihrem Gaudium dazu, denn noch etliches mehr an weit unflätigeren Worten hörte ich, die ich nicht ins Deutsche übersetzen möchte. Im Schimpfen waren die Ungarn Virtuosen, und fluchen konnten sie eine halbe Stunde ununterbrochen über Gott und alle Heiligen und die ganze Welt. Janos gefiel mir nicht, da ich öfters zwischen den Blumentöpfen Brandyflascherln fand, und Gabor erwischte ich, als er Töpfe mit Hyazinthen und Tulpen in schönster Blüte ins Gasthaus verschleppte. Ich versprach allen den Hinauswurf, sollten sie mich noch einmal beschimpfen, da ich alles verstand. So manches stellte ich ein was mir nicht gefiel, doch schimpften sie hinter meinem Rücken weiter.

Professor Zipernowsky kam aus Amerika zurück, spazierte durch den Park und besah sich dort alles und dann die Glashäuser ohne mich zu sehen. Ich wollte nämlich nicht gesehen werden und trat erst hervor, als ich sah, dass er mich suchte. Wir begegneten uns am Hauptweg vom Herrenhaus zu den Glashäusern beim

Goldfischbassin und bei der Pergola. Ich begrüßte ihn und sah in sein Gesicht um darin zu lesen. Er lachte mich an, drückte mir dankend die Hand und gab dabei seiner Freude Ausdruck, dass alles im Park und in den Glashäusern in Ordnung war bis auf eine Änderung in einem Parabeet. Das war vorher voll mit Wasser und es waren auf Töpfen Orchideen gestanden. Das Parabeet war nun trocken, und alle in Körbe und in mit Löchern versehene Töpfe verpflanzte Orchideen hingen frei im Glashaus, ebenso Platycerium grande, der Geweihfarn , Nepenthes, das sind Kannenpflanzen oder fleischfressende Pflanzen und viele andere. In einem Glashaus hatte ich fünfzig Stück hängen und ein Parabeet, das heißt eine lange Tablette, mit Orchideen gefüllt. Im Temperierhaus hatte ich fast ebenso viele und auch viele im Kalthaus, ja sogar einige Sobralia und Epidendren, einige Sorten von Phajus wie Phajus albus, grandifolius und maculatus waren im Freien. Auch im Wintergarten kamen die Orchideen zur Geltung. Das Raumklima wurde hier immer, auch im Winter tropisch gehalten, manche der tropischen Gewächse , die dort gepflanzt waren, erreichten eine Höhe von bis zu sieben Metern wie Philodendron pertusum (heute Monstera, Fensterblatt) und bipinnatifidum mit sechs bis sieben Meter langen Luftwurzeln und die verschiedenen Arten von Ficus, die Drachenbäume (Dracaena draco) ; dazu kamen Dracaena, rubra, (die Pflanze namens) Wolseley, Lianen, Asplenium, Nidus avis, verschiedene Arten von Zyperngras und Papyrus, Diefenbachien, Maranthen, Anthurien wie Andreanum, (die „ große Flamingoblume") ,glauca, longifolium und Sorten von Scherzerianum, (die „kleine Flamingoblume"); viele Arten von Farnen und ganz besonders ein Nephrolepsis dealbata (ein Schwertfarn) im Kübel, der auf einem Reisstrohdach des japanischen Bambushäuschens versteckt war und mit den langen Fiederblättern fast das ganze Dach verdeckte.

Verblühte Blumen in Töpfen oder Pflanzen, die nicht mehr in eine neu geschaffene Szenerie passten, wurden ausgetauscht, und wenn notwendig auch alle beweglichen Palmen und andere große Gewächse. Der Wintergarten war durch eine riesige Scheibe, die man automatisch versenken konnte, vom Salon getrennt, und von diesem aus sah man ein herrliches tropisches Landschaftsbild. Das galt auch für die Wasserpflanzen im kleinen Teich, der mit Scherben von weißem Porzellan schön ausgelegt war und mit temperiertem, fließendem Wasser versorgt wurde, und worin sich exotische Fische tummelten. Auch die Grünflächen mussten oft erneuert werden, und dazu brauchte ich sehr viel Moosfarn, Bärlapp, Usambaraveilchen, Primula malacoides, Kewensis, sinensis und obconica.

Von letzteren hatte ich immer sehr viel, auch an Cyclamen, Chrysanthemen, Weihnachtssternen, Streptocarpus, Kranzschlingen (Stephanotis floribunda), Hortensien, Gloxinien, Cinerarien, Libonia floribunda, hochstämmige Fuchsien, Gerbera Jamesonii, Gardenia florida, viele Farne , auch Gold-Tüpfelfarn ; Aspidium Rochefordii,(eine Art des Wurmfarnes), Lomaria gibba, Aspidium falcatum ,viele Sorten von Pleris (eine Farnart) –und von Adiantum (Frauenhaarfarn) wie Scutum roseum cuneatum var. fragrantissium, Griessbaueri, elegans, gracilissimum, Farleyense(alle Frauenhaarfarn); sieben Sorten von Nephrolepis, Asparagus plumosus, Sprengerii, davon in Kübeln zwei Stück mit vier Meter langen Ranken, die eine Unmenge von Samen trugen. Davon konnte ich an die Firma Mautner, eine Samenhandlung in Budapest verkaufen. Zu diesen Pflanzen kamen noch Azaleen und Kamelien, äthiopische großblumige Calla, Calceolarien (Pantoffelblumen), Bouvardien, Freesien, Bougainvillea glabra Sanderiana mit vielen zartlila farbenen Brakteen (Hochblättern). Außerdem gab es noch viele Arten und Sorten von Begonien, viele Knollen- und Zwiebelpflanzen wie Amaryllis, Agapanthus(Schmucklilien), Agathea, (Felicia, Kapastern) Hyazinthen, Tulpen, Narzissen, Helleborus (Schneerosen), Rhododendron, Maiblumen (Maiglöckchen), Lilien und Gladiolen.

Das ganze Jahr brauchte ich viel Schnittgrün und viele blühende Topfblumen für das Speisezimmer, den Salon, das Boudoir, die Fremdenzimmer, besonders Pelargonium Meteor und viele Pflanzen für die Gruppen und Rabatten. Es gab überhaupt keine nennenswerte Pflanze, die ich nicht kultivierte. Ich fand hier Palmen vor, die ich nicht kannte und noch nie gesehen hatte, obwohl wir im Sophiensaal sehr große und auch seltene Palmen hatten und zwar auch bis sieben Meter hohe Chamaerops in Kübeln. Wir hatten hier Chamerops humilis(Zwergpalme) und palmetto, Sabal Adansonii, Latania, Cycas revoluta, Phoenix reclinata und spinosa, mehrere Sorten Areca d.h. Betelpalme wie Caryota urens, Mauritia; Pandanus utilis und gestreifte Sanderiana, das ist der weiß-grüne Drachenbaum. Ich erinnere mich noch an Seforcia*, Rhafia*, Carludovica, Ptychosperma Cunninghamianum (australische Königspalme), Corypha australis, Rhafis*, Urania speciosa, Dracaena Godseffiana, eine Ölpalme Elaeis guineensis und Kentien; (*: konnte nicht identifizieren, H.St.)

Iris; Zeichnung F.S.

In den Anlagen waren noch einige Sorten von Bananenpflanzen, vierzehn verschiedene Akazien, Metrosideros spinosa, Melaleuca, Calladien (ein Mangrovengewächs),Phormium, Yucca, einige Baumfarne, Ficus panduraeformis,(letzer nach m.M., H.St., am ehesten Ficus pandurata, d.h. Ficus fiddle leaf, Geigenblatt -Ficus, Wikipedia), Araucaria excelsa und imbricata; Coffea arabica, Piperaceum Zingiber oder Ingwer, echte Vanille, zwei Sorten Datura mit großen, stark duftenden Blüten, (Datura, Stechapfel, auch Engelstrompeten), Myrten, Laurus camphora (Cinnamomum camphora,Kampferbaum), und der Zimtbaum, Cinnamonium zeylanicum. Im botanischen Garten des Herrn Zipernowsky waren noch viele Sorten von Kakteen und Litops, das sind die „lebenden Steine" und noch viele andere, die ich nicht alle einzeln nennen will. Auch im Park gab es sehr schöne als Solitäre und in Gruppen gepflanzte Bäume, herrliche Koniferen, darunter eine Sequoia giganthea, einen Mammutbaum; Platanen, Tulpenbäume und andere Bignonien und noch viele andere ebenso schöne Sträucher. Der Maler Miklosy Marton verbrachte viele Tage mit seinen Malutensilien irgendwo im Park sitzend und malte die Baum-und Strauchgruppen und den schönen Rasen, denn eine Gruppe mit Bäumen oder Sträuchern war schöner als die andere. Einige Statuen dazu noch auf die Leinwand platziert, die nackt oder in Toga auf dem Rasen lagen oder standen, passten immer gut dazu. In einem Glashaus hatte ich außer den vielen Gewächsen auch 28 Aquarien mit schönen Fischen aus den Tropen, der Adria und dem Mittelmeer, auch Raubfischen darunter. Als durch die Unvorsichtigkeit eines Gehilfen ein Aquarium brach, musste ich vier seltene Fische in ein mit sechs Fischen besetztes Glas geben, das heißt, ich wollte es, denn als ich den ersten Fisch hineingab, stürzten sich alle sechs auf den einen kleinen Fisch und einer von den sechs verschlang ihn im Nu. Von da an war ich sehr vorsichtig. Auch sehr schöne Polypen hatte ich im Aquarium. Im Herbst wurden alle Glashäuser innen und außen mit erbsengrüner Ölfarbe gestrichen. Im Jahr 1913 wurden viele ausländische Gäste erwartet, und weil auch sonst immer sehr viele Besuche kamen, hatte die arme Köchin täglich immer sehr viel zu tun. Die Köchin, da sie älter war und nur dienende Person, wurde mit „Oszonyság" tituliert. Die Frauen eines Handwerkers, auch meine Frau, wurden mit „Teisoszóny" angesprochen, im Geschäft aber mit „Nagysága", das heißt „gnädige Frau". Dann gibt es noch „Méltosága", das heißt „Ihre Gnaden" und „Méltoságos úr", „Euer Gnaden". Der Titel „Herr" oder „Frau" befindet sich hinter dem Namen wie „Zipernowsky Károly úr", „Herr Karl Zipernowsky" und „Zipernowsky Károly ne", „Frau Zipernowsky (Karl)", der Name der Frau wird nicht genannt, sondern sie ist die Frau des Herrn Karl Zipernowsky. Professor Zipernowsky war durch seine Stelle als Professor am Polytechnikum, als Stadtrat und als ungarischer Delegierter zum Friedenskongress in Den Haag sehr in Anspruch genommen und auch als vielfacher Hausbesitzer, dem ganze Häuserreihen in der Podmanicky-Gasse gehörten und als Großgrundbesitzer von Svábhegh, (Schwabenberg). Er war Besitzer einiger Patente, vor allem das Patent zu einer Verbesserung der Vakuumbremse trug viel Geld ein. Dazu hat er noch reich geheiratet. Man sieht, dass man, wenn man gescheit ist und auch Glück hat, vom einfachen Schlosser zu Millionen kommen kann; so auch der alte Herr von Patzenhofer, der als Schlosser von Bayern nach Westungarn eingewandert ist und zu enormem Reichtum kam. Ja, wo Tauben sind, fliegen Tauben zu, ein altes Sprichwort. Zipernowsky war noch Mitaktionär einiger Fabriken, so der Transdanubius. Er heiratete eine reiche Frau. War er auch glücklich? Wer weiß? Einmal sagte er gelegentlich zu mir: „Glauben Sie ja nicht, dass ich immer das hatte und das war, was ich heute bin. Auch ich musste viel Holz hacken, bis ich es so weit brachte. Als Schlossergehilfe bastelte ich immer in der Freizeit. Dass ich viele Konstruktionen als Patent anmelden konnte, war Glücksache." Und noch einen kannte ich: Am Küniglberg hatte der Minister a.D. Ritter von Taussig einen herrlichen Besitz, ja den schönsten von Hitzing; ein „armer Judenbub", dessen Vater von Galizien einwanderte und als „Handlejude" sein Leben so recht und schlecht in Wien zubrachte. Damit es sein Sohn besser haben sollte, ließ er ihn studieren, und seine sparsamen Eltern, die sich nichts vergönnten, erzogen den Sohn auch zur Genügsamkeit. Durch Sparsamkeit und auch durch sein gutes Benehmen gelang es ihm, in „bessere Kreise" zu kommen, und schließlich konnte er durch eine reiche Heirat seine finanzielle Lage so verbessern, dass seinem Aufstieg bis zum Minister und Adelstitel nichts im Wege lag.

Budapest ist und bleibt eine herrliche Stadt, die mir sehr gut gefiel. Mit meiner Frau und Putzi unternahm ich ausgedehnte Spaziergänge, denn interessiert hat uns alles. Abends gingen wir dann ins Kino. Doch unser kleines Fräulein schrie aus Leibeskräften, sobald es finster wurde. Damals gab es nur Stummfilme, meistens mit der Henni Porten, dem Komiker Ducibácsi und anderen. Als mich mein Vater in Budapest besuchte, nahm ich ihn mit ins Kino, wo auch die Geschehnisse des Tages oder der Woche gezeigt wurden. Unter anderem sahen wir auch Kämpfe an einem Kriegsschauplatz am Balkan. Es war der blutige Ernst der Zeit. Wir sahen, wie sich Menschen, die einander niemals etwas in den Weg gelegt hatten, durch Waffen umbrachten, die wieder Menschen zum Morden erzeugt hatten. Nur um die Machtgelüste von einigen zu befriedigen und die Taschen der Waffenlieferanten zu füllen und zu ihrer Bereicherung mussten auch im Osten viele Menschen ihr Leben lassen. Mein Vater sagte zu mir, als er diese Filme sah: „Bub, ich sehe für den kommenden Krieg schwarz, und der Krieg ist in Kürze unausbleibllich. Wir müssen schon alle zwölf bis vierzehn Stunden arbeiten, und es werden bei uns Hülsenbleche für 28,5 cm- und 30 cm-Geschoße gewalzt.Was wird da werden, wenn man solche Geschoße verwendet!" Mein Vater hatte wegen der österreichischen Waffenlieferungen an fremde Staaten, die Krieg führten, mehr zu tun, obwohl sein Lohn gleich blieb, so war es auch mit den Heizern und Schmierern. Wenn Konjunktur war, und die war fast immer, verdiente der Fabrikant. Ich kann mich erinnern, dass mein Vater sogar an Sonn- und Feiertagen die Maschinen beaufsichtigen musste. Oft geschah es, dass er sogar in der Nacht geholt wurde, wenn irgendetwas los war, denn er kannte vom Bau an alle Rohrleitungen und Kanalgänge in der Fabrik und im Hof, war er ja einer der Ältesten und am längsten in der Fabrik.

Ich erinnere mich noch an die Invalidenkaserne, die im dritten Bezirk dort oder vielmehr gegenüber von dem Ort war, wo heute die Markthalle steht. Ich war in der Kaserne und sah mir an den Gangwänden die Bilder an, die da hangen. Dieser und jener Infanterist, Kavallerist, Pionier, Sapeur oder Kanonier hatte wegen dieser oder jener Tat die silberne Tapferkeitsmedaille bekommen. Es waren einige Kämpfer von Oeversee, Kolin und der Okkupation, von Bosnien und Herzegowina, alte Herren, Veteranen, meist mit einem Arm und viele mit einem Holzfuß, die in den Museen und anderen Gebäuden Aufsichtsdienst machten. Damit ja viele Helden in den Himmel kommen, wurden nicht nur Kriegslieferanten mit ihren Mordwaffen reich sondern auch andere. Um noch weiter beim Krieg zu bleiben: Wie schon gesagt, brachte ein Kino am Margit Körut, Margarethenring, die neuesten Ereignisse. Ich wollte gerade zur Kettenbrücke (Lanzhid) gehen, da sehe ich eine Menschenmenge, die zusah, wie ein junger Bursche die Brückenbogen bis zu den Turols, den adlerartigen Vögeln aus Stein, die die Brücke verzierten, emporkletterte, verfolgt von der „Rendörség", der Polizei. Als die Polizei schon nahe dem Klettermaxe war, stürzte sich der Bursche von der höchsten Stelle kopfüber in die Donau, versank in den Wellen und ertrank. Alles Geschehen wurde gefilmt, und abends konnte man die ganze Szene schon im Kino sehen. Der Bursche war dafür bezahlt worden; Um seiner Mutter zu helfen, die krank zu Hause lag, gab er sich dazu her und musste es mit dem Leben bezahlen. Das Kino hatte einen billigen Film, der Massenbesuch brachte. Ich dehnte meine Spaziergänge aus. Oft kam ich nach dem Stadtwäldchen in den Tiergarten, der nach modernsten Erkenntnissen errichtet wurde, den Bedürfnissen der Tiere entsprechend und natürlich. Da sah man jedes Tier in freier Wildbahn. Im Stadtwäldchen, Városliget genannt, gab es eine Sehenswürdigkeit: Glashäuser mit vielen gut kultivierten Palmen und anderen Pflanzen. So mancher Steckling und so manche Topfpflanze wurde trotz des Verbotes ausgetauscht und das Inventar anderer Glashäuser um irgendeine Neuheit oder seltene Pflanze bereichert.

Herr Obergärtner Király verstand es, die Glashäuser und das Palmenhaus so zu gestalten, dass jeder trotz des Eintrittsgeldes die Anlagen gerne besuchte. Den Hofgärtner der Burg und den Museengärtner, beide Tschechen, besuchte ich auch öfters, und auf den großen Besitzungen der Fürsten, Grafen und Barone in Ungarn traf ich durchwegs auf tschechische Gärtner und Österreicher, die als Fachleute sehr beliebt waren. Auch bulgarische Gemüsegegärtner gab es schon vor dem ersten Weltkrieg in Budapest, und am Szénatér (Heumarkt) und in der Markthalle hatten sie ihre Verkaufsstände. Besonders am Szénatér ging es sehr lebhaft zu , ein Produzentenmarkt, wo mit lauter Stimme die Ware angepriesen wurde: Turo, Teuföl, Vaj, Tojas, Szép csirke; das heißt Topfen, Obers, Butter, Eier, Milch, Bohnen, alle Arten Gemüse , Kren und vieles mehr wurde von den Bauersleuten (Paraszok) verkauft. Riesige Gänse und Enten, Hasen, Fasane und Rebhühner, junge Hunde (fiatal kutjá), Széna (Heu) und Szalma (Stroh), alles konnte man kaufen. Wir lebten in Budapest bedeutend billiger und besser als in Wien. Oft gingen wir am Sonntag in ein Gasthaus zum Mittagessen, auf ein Pörköld oder ein echtes ungarisches Gulasch oder einen Braten mit Beilagen, und dazu tranken wir einen guten Wein oder Köbanya Bier. Die Margaretheninsel, den Gellertberg und so manche Orte in der Umgebung suchten wir auf.

Blatt auf Asphalt, Bild aus der freien Datenbank Pixabay

Der Krieg

Blumen und Krieg
Lebenserinnerungen eines Gärtners
1887-1918 2.Teil
2. Teil - Der Krieg

DER KRIEG

Am Ufer der Donau, vis á vis vom Parlament, war es abends bei Lampenlicht am schönsten, wenn die großen Donaudampfer flussaufwärts und flussabwärts fuhren und die kleinen Überfuhrpropeller beleuchtet von einem Ufer zum anderen glitten. Die Wolkenstimmung der untergehenden Sonne harmonierte zum Geläute der Abendglocken der Dome, die Menschen plauderten und promenierten friedlich und fühlten sich wohl. Es war Friede, und doch doch war es ein Friede vor dem Sturm. Professor Zipernowsky musste nach Den Haag zur Friedenskonferenz. Am Himmel zogen sich Gewitterwolken zusammen. Über welche Länder wird der Sturm brausen? Menschen und Sachwerte vernichten? Das alles mit „Gott"! Wer ist wem wieder im Wege? Oder werden mit den Wolken auch Länder zerrissen? Die Blitze regierende Häupter treffen?

Ich war sehr gerne in Budapest, und es tat mir immer weh, wenn ich hörte, dass mich jemand einen „deutschen Hund" nannte. Wenn Polizisten ein Bouquet oder einen Kranz brauchten, schenkte ich ihnen das Gewünschte. (Das ist Anpassung! Auch du, lieber Opa! Anmerkung, H.St.) Ich tat bestimmt niemandem etwas zuleide und sprach mit allen ungarisch, konnte schon jede Zeitung lesen, und doch hörte ich Schimpfworte. Was war die Ursache, Verhetzung oder Nationalstolz? Warum beschimpfte der Ungar jeden Deutschen, auch den kroatisch sprechenden Kroaten, den Slowenen, den Slowaken? Menschen aus der Slowakei, Slowenien, Kroatien, Siebenbürgen mit der Bacska, Baranya und dem Banat mit den vielen vor zweihundert Jahren angesiedelten Schwaben, mit den Zipsern und Rumänen? Menschen, die das Land kultivierten und reich machten? Einmal wurde ich mit einer Postkarte ins Rathaus gerufen. Da wurde mir mitgeteilt, dass ich weiter in Budapest verbleiben kann, da ich mich gut und straflos aufgeführt hatte. Dann wurde ich gefragt, ob es mir hier gut gefällt und ob ich Ungarisch sprechen lerne, denn wer ungarisches Brot isst, soll sich auch bemühen, sich dem Lande anzupassen und die Sprache zu erlernen. Ich bejahte und bedankte mich auf Ungarisch, obwohl der Magistratsbeamte mit mir deutsch sprach. Auf das hin entließ mich der Beamte freudestrahlend und drückte mir die Hand, denn ich überzeugte ihn jetzt schon, dass ich schon ein halber Magyar war, der gewiss noch mit der Zeit ein ganzer werde, und, wie er hoffte, die ungarische Staatsbürgerschaft erhalten werde. Leider kam es anders, rascher als ich dachte.

Heute nach Jahrzehnten trauere ich noch um den guten, hleißen, mit Knoblauch eingeriebenen gebratenen Speck, den ich fast täglich frisch und heiß zur Jause bekam, und auch um die schönen großen grünen Wassermelonen, die in der Hitze so gut schmeckten. Wir kauften sie täglich, da sie so billig waren, und fuhrenweise zogen die Bauern damit von Haus zu Haus. Zuckermelonen züchtete ich selbst. Ich zog Riesenerdbeeren im Freien und im Treibhaus, Treibbohnen „Osborn", auch Tomaten und erntete im Februar 1914 die erste rote Frucht; auch Gurken fast das ganze Jahr, und einmal hatte ich mit den echten Ananasfrüchten guten Erfolg. Eines Tages bekam ich von Wien die Einberufung zur Waffenübung. Da ich jedoch über 200 km entfernt war, ersuchte ich um die Erlaubnis, meine Waffenübung in Budapest abhalten zu dürfen, was mir auch bewilligt wurde mit der Bemerkung, ich möge mich bei irgendeiner Deutsch sprechenden Waffenabteilung, das heißt „k.u. k." melden. Ich war zufrieden und wanderte von einer Kaserne zur anderen. Die Bosniaken und Pioniere wollten mich nicht. Also auf zu den Einundzwanzigern in die Falk Miksa utca. Als ich zum Tor kam, stand dort ein Zugsführer als Torposten, den fragte ich, was mit dem Regiment in nächster Zeit los wäre. Da gab er mir zur Antwort, dass es in vierzehn Tagen in die Manöver nach Bekescsaba und Piliscsaba geht. Das genügte mir. Das Infanterieregiment Nr. 21 bestand aus Soldaten der Bácska, Báránya, aus Beli Manastir, Esseg, Szombor und Fünfkirchen, die fast alle Deutsch und Ungarisch sprachen. Ich meldete im Rathaus meine Bereitwilligkeit an, die Waffenübung bei diesen Einundzwanzigern zu absolvieren. Da aber Herr Zipernowsky zuerst in Den Haag war, und ich erst nach seiner Rückkehr erfuhr, dass in zehn Tagen in seinen Räumen ein Feministinnenkongress stattfinden soll und ich in dieser Zeit unabkömmllich wäre, da doch täglich neue Blumen zur Dekoration der Räume benötigt werden, war ich in einer sehr heiklen Situation. Es kam wie vorausgesehen. Gerade diese Zeit sollte ich bei den Manövern zubringen. Der städtische Amtsdiener brachte mir die Einberufung, ich sollte mich binnen 48 Stunden bei Zimmer Nr. soundso melden, wo ich meinen Militärpass bekommen sollte, und mich dann bei den Einundzwanzigern einfinden. Herrgott, was soll ich nur tun? Ach was, ich versuch´s.

„Hören Sie, lieber guter Bacsi, da haben Sie einen Gulden und bringen Sie mir die Einberufung in vierzehn Tagen." „Köszenem szépen Kértés ur, schönen Dank, Herr Gärtner, in vierzehn Tagen komme ich damit wieder." „Jo ván kedves bacsi, Isten vele. Es ist gut, lieber Vetter, Gott befohlen." „Isten ágyomég" und fort war er. Der Feministinnenkongress mit den Damen aus England, Deutschland, Österreich, Frankreich, Italien und anderen Ländern, ja sogar aus Indien und einigen Ländern aus Nord-und Südamerika dauerte drei Tage bei gutem Essen, Trinken und Rauchen und Reden über die Frauenrechte und die Emanzipation der Frauen. Man besichtigte die Stadt und bewunderte die Glashäuser. Da gab es eine Diskussion um die reifen Früchte des Philodendron im Wintergarten und auch um die Früchte eines Kirschlorbeerbaumes, die gepflückt auf die Tafel

kamen. Der Laurus cerasus oder Kirschlorbeerbaum war in einem großen Kübel und stand im Sommer im Freien.
Pünktlich nach vierzehn Tagen kam der städtische Amtsdiener und brachte mir die Einberufung, und ich unterschrieb, nachdem das Datum neu eingesetzt war, den Rückschein, und er bestätigte. Am nächsten Tag um acht Uhr früh überquerte ich auf dem Weg zum Rathaus mit einem Propellerschiff die Donau. Ich meldete mich beim Vorstand, da ging ein Donnerwetter in ungarischer Sprache los, und er kanzelte mich gehörig ab und schrie mit mir,fragte, was mir denn einfiele, was ich mir denke, mich erst nach vierzehn Tagen zu melden. Ich ließ ihn reden, dann sagte ich dem Herrn Vorstand auf Deutsch: „Entschuldigen Sie bitte, mein Herr, ich verstehe nicht Ungarisch und weiß auch nicht, warum Sie mit mir schreien und schimpfen. Da schaute er mich an und sagte auf Deutsch: „ Das sagen Sie mir erst jetzt? Dann muss ich deutsch mit Ihnen schreien." Er war ganz Germane und schimpfte fürchterlich, und er werde mich telefonisch beim Regimentskommando anmelden mit der Bitte, mich sofort einzusperren, denn mit militärischen Dingen sei kein Spaß zu treiben. Ich lachte dazu, und da wurde er wild. „Warum lachen Sie. Ihnen werde ich das Lachen austreiben!" „Herr, verzeihen Sie, wenn ich über Sie lachte, aber das ganze muss auf einem Irrtum beruhen, denn ich bekam gestern um sechs Uhr abends die Einberufung, und jetzt nach acht Uhr morgens bin ich hier." Ich zeigte sie ihm. Das war wie das rote Tuch für einen Stier. Er sah das Datum, und es war aus mit ihm. Er rief alle seine Untertanen zusammen und wollte unbedingt wissen, wer an der Verzögerung die Schuld trug, fluchte in allen Tonarten, rief dabei die Heilige Jungfrau und alle Heiligen herbei. Er fluchte fast eine Stunde lang auf Ungarisch, ohne dass sich der Übeltäter meldete. Endllich bekam ich meinen Militärpass und mit meinem Kofferl in der Hand betrat ich die Kaserne. Ich fragte nach der Regimentskanzlei, und als ich den ersten Stock erreichte, trat aus einer Tür ein Hauptmann, der, nachdem er mich erblickt hatte, genau dasselbe Theater mit mir aufführte. Er hieß mich ungarisch ein Schwein, und warum komme ich erst jetzt, nachdem ich schon vierzehn Tage im Stand gehalten werde. Er werde mich einsperren lassen.

Ich ließ den Herrn Hauptmann namens Pflanzer reden und hörte ruhig zu, wie er ungarisch schimpfte, und als er mich fragte, warum ich nicht antworte und ihn nur blöd anschaue- ich sah wirklich absichtlich blöd drein-, gab ich zur Antwort: „Herr Hauptmann, bitte gehorsamst um Entschuldigung, ich verstehe nicht Ungarisch". Ich zeigte ihm meinen Einberufungsschein mit dem gestrigen Datum. Bitte, gestern erhalten um sechs Uhr abends, und nun bin ich hier zur Stelle." „Warum sagen Sie das nicht gleich? Sie hätten doch in die Manöver mitgehen sollen, was mache ich jetzt mit Ihnen? Übrigens Sie kommen mir bekannt vor. Ich habe Sie schon öfters gesehen." „Jawohl Herr Hauptmann, fast täglich, ich bin der Obergärtner des Professor Zipernowsky, bei dem sie täglich vorbeigehen." „Richtig, was machen wir nun?" „Mich nach Hause lassen!" „Ach das geht nicht, oder doch, wissen Sie was, Sie werden hier nur Nachtdienst machen, und ich bitte Sie nur eines: in der Montur dürfen Sie nicht arbeiten. Kommen Sie mit, ich führe Sie zur 9.Kompanie." Ich ging und wurde dem Zugsführer Lukics zugeteilt. Im Raum selbst war ein Schneider mit dem Anbringen der Stabsfeldwebelporte beschäftigt; ein neuer Chargenrang, den nur länger dienende Feldwebel erhielten. Ich bekam meine Montur: eng anliegende Hosen wie bei den ungarischen Honveds, Bluse, Kappe und Ausrüsung, die ich in der Kaserne ließ. Die Löhnung erhielt der Zugsführer, die Menage derjenige, der mir die Schuhe und die Ausrüstung in Ordnung hielt. In den vierzehn Tagen war ich statt achtundzwanzig mal nur dreimal im Dienst. Einmal hatte ich ab sechs Uhr abends Dienst bei den Vereinigten Kassen der Staatsbahnen. Ich stand um halb acht Uhr abends Wache beim versperrten Gittertor am Ausgang des Korridors, da öffnet sich das Haustor, und ein Oberleutnant der Garnisonsinspektion ruft mir von weitem auf Ungarisch zu: „Nicht läuten!" Ich verstand ihn und läutete trotzdem Sturm als Aviso für die im Wachzimmer verbliebenen Kameraden. Er öffnete rasch die Tür und rannte so schnell er konnte zur Wachstube und überraschte den Aufführer samt den drei Mann in schönster Unordnung und verdonnerte alle zu Kasernenarrest. Als er zu mir zurückkam, nahm ich „Habt acht Stellung" an und salutierte mit dem Gewehr. Er schrie mich an, er wird aus mir ein Gulasch machen, und warum ich seinem Befehl nicht gehorchte und läutete und nannte mich ungarisch ein „Diszus", ein „Schwein". „Antworten Sie, Sie Affe, und schauns nicht so blöd, warum haben Sie geläutet?" „Ich bitte Herrn Oberstleutnant gehorsamst um Entschuldigung, ich verstehe kein Wort Ungarisch." „ Zum Donnerwetter, wie kommen Sie zum Regiment, wieso sind Sie hier?" „Melde gehorsamst, ich musste zum Regiment einrücken, um meine Waffenübung zu leisten." „Woher sind Sie?" „Aus Wien. Ich diente bei der Landwehr Wien 1 und bin derzeit Obergärner bei Herrn Professor Zipernowsky." „ Na, junger Mann, da haben Sie aber heute Glück, denn ich hätte Sie einsperren lassen, dass Ihnen das nicht befolgen eines Befehles vergangen wäre. Jetzt lernen Sie aber Ungarisch, damit Ihnen das künftig nicht passiert!", und draußen war er. Vierundzwanzig Stunden machte ich auch einmal Dienst bei der Burg, wo gerade der Erzherzog Josef anwesend war und das Postenstehen gerade nicht angenehm, da ich einige Male „Gewehr heraus!" rufen musste. Sobald sich ein General mit dem roten Lampas und dem Federbusch am Hut sehen ließ, mussten alle, die Dienst machten, auf meinen Ruf Stellung beziehen. Einmal musste ich in der Kaserne Nachtdienst machen und traute meinen Augen nicht, als ich sah, was da nachts mit dem Lastauto gebracht wurde: neue hechtgraue Uniformen, Sweater, graue Mäntel, graue Rucksäcke, graue Lederriemen und graue Patronentaschen,

eine Unmenge an neuen Menageschalen, Maschinengewehre, alles neu und in so einer Menge, dass mich das alles stutzig machte.
Da meine vierzehn Tage um waren, rüstete ich ab und ging in Zivil zum Tor, als mich ein Leutnant aufhielt und mich fragte, warum ich ihn nicht grüße. „Entschuldigen Sie vielmals, ich wusste nicht, dass ich in Zivil jeden mir unbekannten Offizier zu grüßen habe." „So, Sie sind doch in der Kaserne, und überhaupt, was wollen Sie hier?" „Ich habe soeben meine Waffenübung beendet." „Bei welcher Kompanie?" „Bei der neunten." „Was, Sie waren bei meiner Kompanie, ich habe Sie doch nie gesehen! Da stimmt etwas nicht, kommen Sie zurück zum Hauptmann Pflanzer!" „Herr Leutnant, von dem komme ich gerade, und hier haben Sie die Bestätigung und meinen Militärpass. Ich glaube, was Ihrem Vorgesetzten Recht ist, muss auch Ihnen Recht sein. Adieu Herr Leutnant." Da schrie er mir nach: „Ihnen werde ich es noch zeigen!" „Jawohl Herr Leutnant, vielleicht habe ich die Ehre und das Glück, Sie irgendwo im Kaffeehaus zu treffen.", sagte ich und lachte.

Professor Zipernowsky gefiel mir immer besser und nicht nur deshalb, weil er ein ausnehmend feiner Herr war. Ich sah ihn zur Audienz zum Kaiser fahren. In seiner ungarischen Galauniform, in roten Stiefeln aus Safianleder, in einer ungarischen Galahose mit Verschnürung, einem mit Schnüren verzierten Galarock und der mit Reiherfedern geschmückten Kopfbedeckung und mit dem Galadegen fuhr er in die Burg, als Kaiser Franz Josef I Budapest besuchte. Wahrlich, ein schöner Mann. Und was mir noch mehr imponierte: er war sehr sozial eingestellt. Das Leben verging in der Gärtnerei sehr schnell und in ruhigen Bahnen. Ich sorgte für meine Gehilfen so gut ich konnte. Sie hatten Ordnung im großen Zimmer, in dem sich drei Bettstellen, drei Kästen, ein Tisch, vier Sesseln und eine Waschgelegenheit und Spiegel befanden. Wöchentlich wurde ausgerieben und wurden die Fenster geputzt. Die Bettwäsche wurde alle vier Wochen überzogen. János Hidek Lehocký musste ich wegen Trunkenheit entlassen, machte aber mit Daneter, der an Verfolgungswahn litt, keinen besseren Tausch. Irgendein Graf verfolgte ihn, da er einmal nach dem Tod des alten Grafen Majoratserbe wäre und große Güter in Rumänien übernehmen sollte. Die Beste und Verständigste von allen war die Anna Schlenker, eine sehr brave und anständige Frau, die leider einen Mann hatte, der, Maurer von Beruf, seinen Arbeitslohn regelmäßig versoff. Für „Spassettln" hatten wir nicht viel Zeit. Nur einmal, als der Arbeiter Samuel Gönzi sich nackt auszog und in einem römischen Sarkophag, der als Bassin diente und mit Wasserpflanzen besetzt war, badete, schlich ich mich heran, nahm ihm Wäsche und Hose und versteckte alles. Dann rief ich alle weiblichen Hausleute und sagte ihnen, sie sollten sich die herrliche Blume beim Sarkophag ansehen und führte sie durch Sträucher verdeckt zur Stelle. Als uns Samu erblickte, tat er einen Sprung aus dem Bassin, um rasch zu Wäsche und Hose zu kommen, die er nicht fand. Da gab es Gelächter genug, und der arme Kerl wusste nicht wohin vor lauter Scham, bis ich ihm die Stelle zeigte, wo er seine Sachen fand. Zum Baden gab es auch ein Badezimmer, und jeder konnte es benützen. Der Tennisplatz, der nicht genützt wurde und nur Arbeit machte, wurde durch meine Wenigkeit zum ersten japanischen Garten in Budapest umgestaltet, und kaum hatte ich den Steingarten fertig gestellt, kam aus den Sonderausgaben der Zeitungen die furchtbare Nachricht: Erzherzog Franz Ferdinand und Gemahlin in Sarajewo ermordet! Jetzt ging es Schlag auf Schlag. Mobilisierung der ungarischen Armee!

Die Mächtigen der Welt

Der Tennisplatz, der nicht genützt wurde und nur Arbeit machte, wurde durch meine Wenigkeit zum ersten japanischen Garten in Budapest umgestaltet, und kaum hatte ich den Steingarten fertig gestellt, kam aus den Sonderausgaben der Zeitungen die furchtbare Nachricht: Erzherzog Franz Ferdinand und Gemahlin in Sarajewo ermordet! Jetzt ging es Schlag auf Schlag. Mobilisierung der ungarischen Armee! Ja zum Teufel nein! Hatte Östereich-Ungarn gewusst, dass es noch in diesem Jahr zum Krieg kommen wird, waren die Vorbereitungen mit allen Monturen und Waffen deshalb, um ja gerüstet zu sein um auf alle Fälle den Krieg vom Zaume brechen zu können? Was hatte der Thronfolger in Sarajewo zu suchen, da man ihn vor der Reise warnte? Hatte Kaiser Wilhelm II.seine Hand im Spiel, als der Thronfolger kurz vorher bei ihm war? Fast sah es so aus. Ganz Budapest wirkte aufgeregt und verrückt. Lastautos fuhren durch die Straßen, voll besetzt mit brüllenden Menschen, und das Geschrei „Éljen a háboru!", „Es lebe der Krieg!", und „Der serbische Hund muss krepieren und erschlagen werden!" „ Serbien werden wir in vierzehn Tagen verspeisen, von der Landkarte ausradieren!", und mit diesen Redensarten ging es weiter, das war das Tagesgespräch. Als ich Herrn Zipernowsky traf, war er sehr aufbebracht und sagte zu mir: „Souček, die Menschen sind wahnsinnig geworden. Wenn sie wüssten, daß der Krieg vier bis fünf Jahre daueren wird, da durch den Mord ein Weltbrand entfacht wird! Die ganze Welt wird gegen uns sein, obwohl alles hätte verhütet werden können, denn Serbien wollte absolut keinen Krieg." Die Zeitungen hatten Riesenauflagen, und die Schlagzeilen brachten in großen Lettern immer neue Schandtaten der Serben. „Konsul Prohaska entmannt!" Man las: Die serbische Regierung weist die Forderungen Österreich-Ungarns zurück. Das Schreiben von Pasic ist unannehmbar. Man muss Serbien in die Knie zwingen. Gavrilo Princip, ein österreichischer Serbe zum Morde von Serben gedungen.

Wie war das alles möglich? Welcher böse Geist hat die Brandfackel angezündet? Dass dieser Krieg seit Jahren, ja Jahrzehnten vorbereitet worden war, sah man, als schon in letzter Zeit und zwar 1912 Russland Serbien in den Krieg hetzte, und der Balkankrieg ausbrach. Schon damals wurde bei uns teilmobilisiert, denn schon damals sollte der Einfluß Österreich-Ungarns auf dem Balkan gebrochen werden. Bulgarien und Serbien kämpften wegen Mazedonien. In Albanien waren ständig Unruhen, ebenso zwischen der Türkei und Griechenland. Auch Frankreich, England und Russland hatten sich schon lange zu einem Krieg vorbereitet; Frankreich, um an Deutschland Revanche zu nehmen, England passte Deutschlands Flotte und der zunehmende Handel mit den Kolonien nicht. Russland wollte im Sinne des „Panslavismus" die Vereinigung aller Slawen unter der Herrschaft des Zaren. Der Dreierbund von Österreich –Ungarn, Deutschland und Italien war das Gegengewicht zu den Ententemächten. Dass uns später Italien verließ, dafür sich auch Japan noch dem Dreierverband anschloss, war trotz der viereinhalb Jahre hindurch heldenhaft geführten Kämpfe der beiden Mächte Österreich-Ungarn und Deutschland verhängnisvoll, obwohl wir überall weit in Feindesland standen. Hunger und Materialmangel, Millionen von Toten und Verwundeten, Krankheit und Demoralisierung taten das übrige dazu, dass wir besiegt wurden und die Monarchie zerrissen wurde. Ein Konglomerat von vierzehn Nationen und Sprachen, die „Vereinigten Länder Mitteleuropas", wurde durch unkluge und kurzsichtige Menschen zerstört. Doch davon später. Hören wir weiter, denn eine ganze Welt erhebt sich später gegen uns, um uns zu erdrücken.

Als ich mich in der Falk Miksa utca meldete und mich erkundigte, wo ich einrücken soll, gab man mir Bescheid, dass ich sofort nach Wien zum Kader muss, wenn Österreich mobilisiert. Ich sah im Hof der Kaserne Schleifsteine und Berge teils geschliffener und noch zu schleifender Bajonette. Massen von Menschen in Uniform und in Zivil rannten scheinbar planlos durcheinander, alle waren aufgeregt und die Lage äußerst gespannt, und überall sah man Gruppen von Menschen, die erregt vom Kriege sprachen. Das „Schönste“ war, dass auf einmal jeder Ausländer ein Spion war, und der harmloseste Serbe, der sein Lebtag im Budapest war und Serbien nie sah, der sich hier ehrlich fortbrachte, und dessen Kinder nur ungarisch sprachen, zum Feinde gestempelt, in ein Lager gebracht und interniert wurde, denn auch er, der Ahnungslose, war schuld am Krieg. Meine Frau war in dieser Zeit mit meinem dreijährigen Töchterl bei den Eltern in Zagersdorf auf Besuch. Da ich wusste, dass auch für mich die letzte Stunde in Budapest bald schlagen würde, verpackte ich meine Möbel reisefertig, auch alles andere in Kisten und Koffern. Zwei Tage darauf bekam ich den österreichischen Mobilierungsbefehl, da an Serbien am **28. Juli 1914** der Krieg erklärt wurde. An allen Plakatwänden und in allen Zeitungen affichiert und publiziert wurde es der Bevölkerung in ungarischer und deutscher Sprache kundgemacht. Da rückte die Stunde heran, Abschied zu nehmen von meinen Mitarbeitern, von der Familie Zipernowsky und vom Dienstpersonal. Mit kleinem Handgepäck, Dokumenten und Schmuck ging ich zum Hauptbahnhof, um nach Ödenburg zu fahren und trat die Reise an. Mir gegenüber saß ein Herr aus Losonz, wir sprachen nicht viel, denn jeder hing seinen Gedanken darüber nach, was die Zukunft wohl bringen werde.

Was bezwecken die Maßgebenden, die Herrscher und Beherrscher der Völker mit einem Krieg? Schon 1908 und 1912 war die Situation fast bis zum Losschlagen gespannt, und da muss man sich schon fragen, wer gibt den Diplomaten das Recht, Lagen, die geebnet werden könnten, auf die Spitze zu treiben? Wer gibt dem jeweiligen Potentaten das Recht, über Tod oder Leben von Millionen Menschen zu verfügen? Dass Nichtigkeiten enorm aufgebauscht werden, Zeitungsartikel zur Massenpsychose beitragen, zu Kriegsbegeisterung, zur Rache, zu Hass und Blutdurst von sich wie irrsinnig gebärdenden Massen? Dass friedliebende Menschen zu Bestien werden, morden, rauben, sengen und alles mutwillig vernichteen? Wie viele Tote, Verwundete, Krüppel wird es geben, wieviel Herzleid, Hunger und Elend? Wer wird siegen, und wer wird verlieren, und was wird durch einen Krieg gewonnen? Das waren meine Gedanken auf der Fahrt. Um zehn Uhr abends kam ich in Ödenburg an, und da kein Zug mehr nach Drassburg ging, machte ich mich auf die Socken entlang der Schienen. Ich war noch in Gedanken versunken über das, was ich an allen Stationen gesehen hatte.Da waren Großeltern, die Abschied nahmen, Eltern und Geschwister der Einrückenden, die Rufe „Eljen á háboru!, Es lebe der Krieg“, hie und da spielte eine Musikkapelle Märsche, literweise wurde Wein in den Waggons getrunken, das Geschrei und Gelächter; das Weinen der zurück bleibenden Eltern, Gattinnen und Bräuten, das alles überdachte ich noch einmal am mondbeschienenen

Schienenstrang, als mich bei einem Viadukt ein Zivilist mit einer weiß-grünen Armbinde aufhielt und mich fragte, woher ich komme und wohin ich gehe und mich dann weitergehen ließ. Das geschah auf diesem Weg noch zweimal. Auf dem halben Weg unterhalb Baumgarten stand auf einmal ein mir unbekannter Zigeuner vor mir und fragte mich, wohin ich gehe und wie spät es sei. Ich gab ihm keine Antwort und ging an ihm vorbei. Er folgte mir, ich ging rascher, er auch und als ich lief, begann er zu laufen. Neben den Schienen war nur ein schmaler Weg, und ich befand mich gerade an einer sieben Meter hohen Böschung an der Krümmung gegen Drassburg, und unten sah ich eine große Wasserlache. Im Laufen spürte ich den Zigeuner knapp hinter mir, da drehte ich mich blitzschnell um und versetzte ihm seitlich einen derben Stoß, dass er sich überschlug, über die Böschung kollerte und in dem stehenden Wassertümpel aufklatschte. Obwohl ich einen geladenen Revolver bei mir hatte, wollte ich nicht zur Waffe greifen, ich hatte aber zu meinem Entsetzen, als ich dem Kerl einen Stoß versetzte, gesehen, wie ein Dolch in seiner Hand aufblitzte. Ich rannte so schnell ich konnte und kam erregt und schwitzend um Mitternacht bei meiner Frau an. Der Aufenthalt bei meiner Frau dauerte leider nur einige Stunden, denn schon mit dem ersten Zug fuhr ich von Drassburg nach Wien zu meinen Eltern, um dann in die Baumgartner Landwehrkaserne zu fahren. Dort angekommen ging es ärger zu als in Budapest. Man sah nur Männer von 21 bis 45 Jahren, den ganzen Hof voll. Am 2. Und 3. August stand ich immer noch herum und hatte alte Kleider vom Vater an, um meinen schönen neuen Anzug zu schonen. Endlich hörte ich am 4. August einen Feldwebel, der auf einem Tisch stand, verlautbaren: „Alle diejenigen, die magenkrank sind oder glauben, „die schwere Kriegskost“ nicht vertragen zu können, sollen sich melden.“, und „Da noch einige Kochstellen frei sind, werden auch Köche für Wienerneustadt gesucht.“

Auch ich hatte mich gemeldet, und als wir so circa 150 Mann abgesondert waren, bekamen wir alte Monturen und alte Werndl-Gewehre und alles Dazugehörige alt, und wir freuten uns, im Hinterland bleiben zu können. Am Zehnten nahm ich Abschied von meinen lieben Eltern und Geschwistern, denn wir mussten zur Bahn. Am Perron der Nordbahn gab es noch großen Abschied und Tränen der zurück Gebliebenen. Wir alle wussten schon einige Tage vor der Abreise, wohin es gehen wird. Die Brandfackel leuchtet hellauf und beleuchtet schon ganz Europa und Übersee. Sie wurde vom Typographen Gabrinovic und von Gavrilo Princip entzündet, als der erste die Bombe vor das Auto des Thronfolgers warf, die dann vor dem nachfolgenden Auto expoldierte und dann Gavrilo Princip die tödlichen Schüsse gegen Franz Ferdinand und Sophie Hohenberg abfeuerte. Am **1. August 1914** erklärte Deutschland an Russland den Krieg, am **4. August** Frankreich an Deutschland, am **6. August** Österreich an Russland, und so ging es weiter, bis sich der Hexenkreis schloss. In den Zeitungen liest man von schweren Verfolgungen der Deutschen und Österreicher in allen kriegsbegeisterten Städten und Ländern, von Pöbelexzessen in Paris, London und Brüssel. „Deutsche Zwischendeckpassagiere in Southhampton in Ketten gelegt!" „Am Pariser Bahnhof abfahrende deutsche Männer und Frauen mit Faustschlägen und Fußtritten traktiert! Kein Deutscher darf in Paris ein Fahrzeug benützen!" Deutsche Botschaftsbeamte seien in Petersburg ermordet worden. Überall würden deutsche Geschäfte durch tobende Menschenmassen geplündert und zerstört. Russische Spione seien als Damen verkleidet von österreichischen Grenztruppen abgefangen worden. Bei uns geht die totale Mobilisierung des Heeres, der Kriegsmarine und der Landwehr rasch vorwärts, und die ersten Züge rollen schon überall hin zu den Grenzen. Um halb vier Uhr nachmittags fuhr der Zug mit uns los, und wir fuhren die Nordbahnstrecke über Brünn gegen Krakau. An vielen Stationen auf der Strecke durch Mähren gaben uns Frauen Eier, Wurstbrote, Milch und Butterbrote. So mancher Zivilist zahlte bei längerem Aufenthalt auf einer größeren Station einige Glas Bier. So ging die Reise bei Harmonikaspiel und Gesang weiter, und es schien mir, dass wir die ersten durchreisenden Krieger waren, da wir an mancher Station sogar mit Musik empfangen wurden. Da soll mir noch jemand über die Slowaken und Tschechen schimpfen! Je weiter wir nach Galizien kamen, umso seltener bekamen wir etwas zu essen, und da mussten wir schon unseren Proviant an „Bims" und Kaffe von der mitfahrenden Küche holen und damit vorlieb nehmen, bis wir nach Lezajsk kamen. Am **13.8.** waren wir um halb fünf Uhr früh in Rzeszow, am **14.8.** Um sieben Uhr früh in Lancut. Um halb drei ging es nach Sonina, wo wir am **15.8.**, den Feiertag, und am **16.8.**, Sonntag bis zum **17.** um halb acht blieben, dann marschierten wir wieder zurück nach Lancut. Wir kamen um elf Uhr nachts an, am **18. 8.** fand die Abfahrt nach Przeworsk statt, wo wir um zwei Uhr nachmittags ankamen. In Lezajsk erfuhren wir, was mit uns los war. Hier bekamen wir die Nachricht, dass wir zur „Mililtär-Arbeiterabteilung 4./ L.1" gehörten.

Von Lezajsk marschierten wir nach Nisko nahe der russchisch-polnischen Grenze. Wir kamen nach dem langen Marsch spät abends an, hundsmüde, mussten wir doch die ganze Rüstung tragen, ein Mannlicher-Gewehr,- die Werndl-Gewehre hatten sie uns abgenommen-, hundert Stück Patronen, zwei Konservenbüchsen, Mantel, Decke, ein Paar Schuhe, 1 Kilo Brot für zwei Tage, die Menage-Schale und noch ein paar andere Dinge.

Kaum hatten wir uns bei einem Bauern im Stadel niedergelegt, als alle wieder aufstehen mussten und zum Sicherungsdienst des Ortes eingeteilt wurden. Wir alle bezogen nachts den Posten ohne Mantel, und es fror uns abscheulich, denn die Nacht war kalt mit Minus drei Grad am Morgen. Da man uns gesagt hatte, die Grenze sei hier sehr nahe, verzichteten wir auf das Herumlaufen. Es hieß doch allgemein, die Grenze sei von russischen Truppen besetzt. Obwohl ich alles verstand, was die Bauersleute sprachen, konnte ich nichts erfahren. Am frühen Morgen gingen wir wieder 12 km weiter bis zur Grenze nach Denastawa zum Grenzfluss Janowka. Als Chargen hatten wir den Feldwebel Reichmann, 1m50 hoch, mit einem Spitzbart, er betreute die Kompanie, Zugsführer Meixner und Korporal Kneisl, Tischlermeister im III.Bezirk, Leutnant Ötzelt aus Steinhof-Wien und Hauptmann Straka als technischen Leiter. Während des Marsches zum Grenzfluss rasteten wir einmal an einer Waldlisere, als uns ein General einholte und uns gemein beschimpfte. „ Auf, auf ihr Schweinehunde, ihr seid doch nicht zum Vergnügen hier sondern zum Marschieren, dass euch die Zunge heraushängt und zum Erschießen.Los, vorwärts, in zwei Stunden müsst ihr an der Grenze sein." Ein wahrlich schöner Empfang, mit schönen Worten begrüßt und zum Tod durch Erschießen verurteilt! Wusste ich jetzt, warum Kriege gemacht werden? Um die männliche Bevölkerung zu reduzieren? Damit die überzähligen Männer und Burschen abgeknallt werden? Sind wir wirklich überflüssige Drohnen? Na, wir werden sehen, wie es weitergeht, Herr General, jedenfalls ist bei denen von uns, die bis jetzt noch begeistert waren, die Begeisterung auf den Nullpunkt gesunken. Wir lebten wieder etwas auf, als wir den Grenzfluss Janowka ohne Zwischenfall erreichten und über die Grenze zur Kosakenkaserne schritten. Die Kaserne war geräumt und zwar knapp vor uns, und schon wollte so ein blöder Bamschabel die Kaserne anzünden. Gerade noch konnten wir das brennende Stroh im Stalle löschen. Da sah man wieder, wie wenig die Menschen denken. Denn wäre die Kaserne, die nicht groß war, abgebrannt, hätten wir unseren Übernachtungsraum verloren. Wir, die wir uns zu den Vernünftigen zählten, fanden bald heraus, dass auch wir einige asoziale und aggressive Menschen unter uns hatten und sonderten uns von diesen „Pülchern" ab. Zum Glück befreundete ich mich mit dem Herrn aus Losonz an, der mit mir von Budapest über Ödenburg nach Wien gefahren war. Er hieß Oskar Krumschmied und unsere Freundschaft dauerte viele Monate.Er war ein Mensch, der niemandem etwas zuleide tat. Die Worte „ Edel sei der Mensch, hilfreich und gut" passten zu ihm.

Am 20. August waren wir nach einem kurzen Marsch am Ziel in Louzek ordinacky unweit von Janow. Hier fassten wir unser Werkzeug und machten uns an die Arbeit, Äste und junge Bäume für die Straße nach Janow herzurichten. Da die Straße nur aus Sand bestand, waren auch alle Äcker sandig, und das Wachstum des Getreides und der Kartoffel glichen dem Wachstum der Kukuruz- und Getreidefelder des Wiener Neustädter Steinfeldes. Es war meist Hafer und Gerste, 40 bis 50 cm hoch und noch niedriger. Man versank stellenweise bis zu den Knien im Sand, und die

Straße konnte man nicht so nennen, sondern wir sollten sie erst bauen. Zuerst wurden Äste als Unterlage verwendet, damit Fuhrwerke fahren konnten. Die Äste waren aber zu wenig fest und gingen bald kaputt, und wir mussten schon ganze Bäume, Fichten, Tannen und Föhren nehmen, damit auch die Artillerie darüber fahren konnte. Holz war für die so genannten Prügelwege im Wald genug da, und im Wald gab es schöne, große Heidelbeeren, die köstlich schmeckten. Ich war mit noch vier Mann bei einem Bauern einquartiert, wenn man die armen Kerle so nennen darf, denn die Waldungen und größeren Grundflächen gehörten der Herrschaft, und das überall auch in Galizien. Er schlachtete ein Schwein und verkaufte dann gekochtes Fleisch an uns und auch Eier. Bald hatte ich heraus, dass sie „Jaice" oder „jaika" heißen und ging, als die Vorräte hier zu Ende waren, ins Nachbardorf einkaufen und brachte 200 Stück. Es hatte noch jeder etwas Geld von zu Hause und kaufte sich außer Eiern noch russische Zigaretten, da damals Russisch-Polen dem Zarenreich unterstand. Bald war unsere Einsamkeit vorbei, und am **27.August** kamen die ersten Gefechtstruppen durch unseren Standort, Vierundsiebziger und Sechsundsiebziger aus dem Ödenburger und Preßburger Komitat; Infanterie, Honvéds, Artillerie und Train. Da konnte ich so manchen Bekannten aus Drassburg und aus Zagersdorf begrüßen. Es waren lauter aktive Soldaten, eine Freude, sie anzuschauen. Als Hauptmann Straka wusste, dass ich mit den Bauern reden kann, sandte er mich öfters mit einer dringenden Meldung nach vorne, und ich nahm zu diesem Zweck einen Bauern mit dem Panzerwagen mit. Die kleinen lieben Huzulenpferde musste ich fast selbst kutschieren, denn der Bauer war halb tot vor Angst und jammerte "O boze, o boze", mehr konnte ich von dem alten Gevatter nicht herausbringen, und wenn ich ihn um den Weg fragte, deutete er nur. Eines Nachts weckte man mich und gab mir ein Telegramm, das rasch weiter an die nächste Telefonstation zu befördern wäre. Ich weckte einen Bauern, und wir fuhren los; durch den hohen Wald entlang der Telefondrähte, die ich hier und da, wenn ich gegen das Firmament sah, verfolgen konnte. Auf einmal ertönte ein Ausruf" Megál!", Halt! Und schon fiel ein Schuss. Ich hielt sofort die Pferde an, und wie hergezaubert stand eine Kavallerie oder Honvéd-Patrouille vor uns. Ich schrie so laut ich konnte " nem löni, it banal", nicht schießen, hier Freund. Gut, daß ich reden konnte, denn von mir wurden Feldruf und Losungswort verlangt, und ich wusste beides nicht. Meinen Bauern traf fast der Schlag, er wollte nicht mehr weiter. Ein andermal ging ich zu Fuß und hatte das Pech, dass es rapid stockfinster wurde. Ich verirrte mich im Wald und geriet in einen Sumpf. Ich schrie was ich konnte und war äußerst erschrocken als sich unhörbar ein großer schwarzer Hund an mich heran geschlichen hatte, mich beim Mantel packte und mich aus dem Sumpf herausführte. Am nächsten Tag besah ich mir die Stelle und wunderte mich, dass der Hund mich fand und ich heil das Sumpfloch verlassen konnte. In Galizien und Polen gab es viele

Sümpfe und Inundationsgebiete der Flüsse Ikova, Suer, San, Bug, Weichsel, und noch anderen Flüssen. Sie sind im Sommer heimtückisch, da die obere Schlammschicht trocken wird, und man leicht glaubt, trockenen Fusses über das Sumpfgelände zu kommen und dann bricht man im Sumpfe ein. Am 25.August war die Schlacht bei Janow im vollen Gange, und aus der ganzen Front hörte man Geschützdonner. Ich hatte die Gelegenheit, die Schlacht von weitem zu verfolgen, und wenn ich sage, dass 50% unserer Elite damals fiel oder verwundet wurde, dann habe ich nicht viel daneben geraten. Ich sah, mit welchem Elan unsere Truppen unter den schlechtesten Bedingungen - ich kann nicht sagen in der Sandwüste, sagen wir Sandzone-, vor gingen. Denn wo kein Sand war, gab es Sümpfe, und mit ungeheurer Mühe brachten Kanoniere ihre Geschütze und Trainwagen durch den Sand weiter. Sie zogen mit Vorspann, griffen in die Speichen. Alles versank, auch die Mannschaft stak stellenweise bis zu den Knien im Sand.

Tarnow

Tarnow

Lancut, Stadt in Galizien

Am 14.August 1914 kamen wir um sieben Uhr früh in Lancut an, und um halb drei Uhr ging es am selben Tag nach Sonnina, wo wir bis zum 17.August halb acht Uhr früh blieben. Dann gingen wir wieder nach Lancut zurück.

Ich bekam auch einige Zeitungen von den Ungarn, und so konnte ich erfahren, dass Serbien am **6.8.** den Krieg an Deutschland, am **7.8.** Montenegro an Österreich, am **12.** Montenegro an Deutschland erklärt hatten, am **19.8.** Japan an Deutschland die Forderung gestellt hat, bis **15. 9.** Kiautschau an Japan zu übergeben und alle Kriegsschiffe aus den japanischen und chinesischen Meeren zu entfernen. Am **25.8.** hat Japan an Österreich, am **27.8.** Österreich an Belgien den Krieg erklärt. Am **7.8.** Ist die Festung Lüttich gefallen, wobei von belgischen Soldaten Dumdumgeschosse gefunden wurden. Überall sind Seegefechte im Gange. Am 10. 8.beschießt die österreichische Flotte Antivari, Torpedokämpfe finden im Mittelmeer statt.

Nun lieber Herr Zipernowsky, Sie hatten Recht, einer haut dem anderen in die Fresse ohne zu wissen warum, und es sieht so aus als könnten die Länder nicht leben ohne zu rauben und zu morden. Je mehr du mordest, umso mehr Auszeichnungen und Orden schmücken deine Brust. Du kannst dann als tapferer Held, wenn du mit dem Leben davonkommst, gefeiert werden, oder sonst sang-und klanglos im Strassen-oder Schützengraben oder in einem Massengrab zur ewigen Ruhe geworfen werden. So habe ich es oft genug mit angesehen, wie man Helden bestattet, ob Freund oder Feind. Im Tode sind alle gleich. Der Durchbruch bei Janow war erfolgreich, und in dieser Schlacht sah ich das erste Mal Granaten und Schrapnelle explodieren und auch das verheerende Maschinengewehrfeuer der Russen, die sich in der Erde vergruben, das heißt in Schützengräben und unsere Truppen ganz nahe herabließen um sie dann zu dezimieren. Denn sogar in den Bäumen hatten sie Maschinengewehrnester. Es wurden bei dem Durchbruch bis Modlibozice sehr viele Russen zu Gefangenen gemacht.Wenn diese Rast hielten und sich in den braunen Mänteln reihenweise niederlegten, waren sie sehr gut getarnt. Denn der Mantel sah aus wie die Lehmerde und die grüne Kapuze wie ein Krautkopf, so dass man die Gefangenen für einen Krautacker hielt. Wenn es halbwegs möglich war, sprach ich mit den Russen, und siehe da, es ging ganz gut, viele konnte ich sehr gut verstehen. Als die Verwundeten den von uns gemachten Prügelweg mit Trainwagen benutzen mussten, schrien viele vor Schmerz auf, denn das Holpern der Wagen war für diese armen Kerle furchtbar, und so mancher musste nur deswegen sein junges Leben lassen. Nachdem wir auf meinen aus der Praxis stammenden Ratschlag hin die Rundhölzer abflachten und mit Rasenziegeln bedeckten war es besser. Nicht lange erfreuten wir uns am Vormarsch, und ich wunderte mich, was da alles an Proviant in den Fassungsstellen aufgestapelt wurde. Unzählige Säcke Mehl, Zucker, Konservenkaffee, Fleischkonserven, Speck, Hülsenfrüchte, Gewürze, Wurst, Rum, Reis und vieles andere an Nahrungsmitteln; dann Tabak-und Rauchwaren, Heu, Strohballen, Petroleum, Benzin, Munition für Infanterie, Kavallerie und Artillerie und der Proviantttrain für Tag und Nacht. Und zum Schluss, als wir vor Lublin standen, kam der Rückzug, und alles was nicht fortgeschafft oder vernichtet wurde, fiel den Russen in die Hände.

Österreichische Feldpostkarten, Thema: Die Siegreichen Kämpfer gegen die Russen

österreichische Feldpostkarte

Der Kaiser mit seinen 6 Söhnen

Trotz des großen Sieges unter der Führung des Armeeinspektors Fritz von Auffenberg bei Kamnik und der Armeen Dankl und Brudermann mussten wir der Übermacht der Russen weichen. Auch wir marschierten am 4.September über Opatow, nach Sandomierz an der Weichsel, wo wir übernachteten und am nächsten Tag das Pflaster am Hauptplatz bearbeiteten. Am Hauptplatz war ein jüdisches Geschäft, das gebratene Gänse und Gribelach, das waren Gänsegrammeln, verkaufte. Mein Kamerad Krummschmied war immer sehr gut bei Kasse. Wir hatten nachts Trainwache, waren bei Tag frei, konnten uns deshalb umsehen, und so erfuhren wir von den Gänsen. Krummschmied gab mir also einen Gulden, und ich ging in das Geschäft und mit mir zugleich ein Fähnrich. Die Dame vor dem Verkaufspult fragte: Bester Herr Offizier, was möchten Sie haben, was möchten Sie kaufen, eine schöne Gans? Ja, eine Gans, was kostet eine gebratene Gans? Einen Rubel, das ist gleich ein Gulden. Wenn Sie gleich zahlen, haben Sie sie um 6 h abends .Gut, da haben Sie einen Gulden, ich komme selbst oder lasse sie holen, mein Name ist N.. Kommen Sie nur, Herr Fähnrich N., um 6 h abends haben Sie eine schöne gebratene Gans. Der Fähnrich ging und ich auch ohne Bestellung. Einige Minuten vor 6 h war ich bei Madame und verlangte die Gans für den Herrn Fähnrich. Ja, bester Herr, da haben Sie die Gans. Bitte noch schnell um 50 Kopeken Gribelach. Ich bekam noch die Grammeln und verschwand nach Bezahlung der 50 Kopeken. Kaum ging ich über den Hauptplatz sah ich den Herrn Fähnrich wie er seine Schritte zur Gänsejüdin lenkte. Was geschah und wie die Sache endete, weiß ich nicht, nur das eine hatte ich schon erfahren, nämlich dass der Herr Fähnrich sehr reich war und wahrscheinlich mehr Gänse in seinem Leben gegessen hatte als ich je gesehen. Schon seine gigerlhafte Montur, die besser für die Wiener Ringstrasse passte als fürs Feld war für mich bei diesem billigen Gänsekauf maßgebend. Während es sich der Herr Geschniegelte beim Etappenkommando gut gehen ließ, mussten wir täglich schuften, und unsere Montur war schon ganz defekt, voller Löcher, und diese Herren machten sich hinten breit. Dass für den Rückzug auch viele harmlose Menschen, auch Priester büßen mussten da sie ganz einfach und ohne dass man nach Beweisen fragte, völlig schuldlos als Verräter verhaftet und aufgehängt wurden, das verdankten sie oft gemeinen Menschen, die aus Rache oder Habgier sogar den besten Nachbarn mit einer Anzeige verleumdeten. Diese Anzeigen genügten um deportiert zu werden und viele mussten jahrelang im Kerker schmachten oder ihr Leben in einem Lager verbringen.

Ansichten von Lemberg

„Einfamilienhaus“, Aquarell Emil Weiss 1917

Militär-Arbeiter-Abteilung 4/L.l. Wien

Bauten der Militär-Arbeiter-Abteilung

Als unsere Militärabteilung aus Louzek Ordinacky fortzog, nahmen wir 10 Wagen und 20 Huzulenpferde mitsamt den Besitzern als Kutscher mit, die uns dann bis zum Kriegsende treu in alle Länder begleiteten. Der Rückzug setzte sich in breiter Front fort, und auch Lemberg musste aufgegeben werden. Auf den grundlosen Straßen sah man von einem geordneten Rückzug nichts, denn eine Wagenkolonne trachtete die andere zu überholen. Der Rückzug war manchmal sehr breit und zerfahren, denn es ging auch über Wiesen und Felder, sehr oft in Achter-oder Zehnerreihen. Niemand wollte zurückbleiben, und da wir gewöhnlich als Letzte hintennach marschierten, sahen wir entlang der Rückzugsstrassen und -wege fast nach jedem Kilometer ein Pferd liegen, das nicht mehr weiter konnte. „Herrschaftspferde", mitunter sehr wertvolle Tiere, lagen verendet im Strassengraben; und viele Stuten verwarfen, und die Embryos lagen auf den Nächtigungsplätzen. Tausende Raben hatten fette Mahlzeiten, und es sah so aus, als ob aus allen Ländern die Raben herbeikämen, alle Toten aufzuräumen, denn nicht selten sah man abseits liegende menschliche Skelette liegen. Unterwegs sah ich eine rührende, zu Herzen gehende Szene. Ein Mann unserer Abteilung, in Zivil Kutscher in einer Wiener Fabrik, entdeckte in einem vorbeifahrenden Train seine zwei Pferde. Er rief sie an, Hansl, Gretl! Und als sie seine Stimme hörten, wendeten sie den Kopf und fingen an zu wichern. Auch der ehemalige, langjährige Besitzer dieser Pferde war nicht zu halten und weinte Tränen vor Freude als er seine Pferde umhalste. Er lenkte die Pferde samt Wagen aus der Reihe und bat unseren Hauptmann Straka, er möge ihn zu seinen Pferden lassen, was der Hauptmann mit der Erlaubnis des Trainkommandanten vollzog. Er schwang sich sofort auf den Wagen, reihte sich in die Kolonne ein, und weiter ging es mit den vor Freude wiehernden Pferden.

Der nächste Aufenthalt war am **12.9.1914** in Laszlavice-Jezova, und während des Marsches sahen wir, wie Rudnik brannte, am **13.9.** Gurna. Wir marschierten als letzte Abteilung mit den Linzer Pionieren, die die Brücken zu sprengen hatten. Beim Vormarsch in Russisch-Polen hatte sich das Militär bei den vielen Hühnern, Gänsen und Schweinen derart ausgelassen, dass man beim Rückzug nur mehr vereinzelt und selten ein Schlachtfest zu sehen bekam. Besonders die Ungarn waren wahre Künstler im Schlachten und Zubereiten der Ferkel, die nur ausgeweidet, samt den Borsten in Lehm gewickelt wurden und dann am Spieß gebraten. Größeren Schweinen wurden die Borsten mit Stroh abgebrannt. Ich und Krummschmied kauften uns fürs Geld je ein Hühnchen beim Kaufmann Reis. Wir hatten jedoch das Pech, dass sooft wir glaubten, jetzt können wir unser Huhn in Ruhe sieden, Alarm gegeben wurde. So trugen wir unser Huhn drei Tage im Brotsack mit, bis wir es endlich fertig kochen konnten und es genießbar war. Der Russe ging langsam vorwärts, so dass sich unser Train und die Truppen absetzen konnten. Der russische Einbruch und Vormarsch in Galizien, das zu unserer Monarchie gehörte, wurden mit Angst und Schrecken der Bevölkerung erwartet. Das sah ich in Sokolow, das wir abends erreichten, und wo wir in der Früh die Kirche besuchten. In der Kirche befanden sich einige Soldaten unserer Abteilung, deutsche Offiziere, darunter zwei Generäle, sonst nur Frauen, alte Männer und Kinder. Der Priester hielt eine zu Herzen gehende Ansprache an die Zivilbevölkerung, und alle Frauen weinten und schluchzten vor Ergriffenheit, so dass auch uns Männern das Weinen nahe war, und wir mit den Zivilisten mitfühlten, gingen doch alle einem ungewissen Schicksal entgegen. Obwohl der russische Muschik als gutmütig bekannt ist, wusste man doch nicht, was die Kriegsfurie mit sich bringt. Waren die Landwege und Straßen beim Vormarsch unter jeder Kritik, waren jetzt die Straßen und Wege nach einem Regen unpassierbar, und wo lehmiger Boden war, blieben die Stiefel im Dreck stecken. Wollte man weiter, zog der Lehmboden jedem die Stiefel aus, und da gab es Gelächter genug, als es einer Pioniertruppe, die Stiefeln anhatte, so erging. Auf den grundlosen Straßen bewährten sich die kleinen Huzulenpferde am besten und man musste über ihre Kraft und Ausdauer staunen, die sie bei dem wenigen Futter entwickelten.

Krakau

Krakau

Przemysl

Przemysl

österreichische Feldpostkarten

Unsere Abteilung bekam Zuwachs. Ein kleiner Hund schloss ich uns an und wurde “Nima nie” getauft, das heißt auf Deutsch “Haben nichts”, den Spruch, den jeder Soldat gut kannte; denn wenn man von den Polen etwas zu essen verlangte, gab es nur das besagte “Nima nie pane”, und oft mit Recht, denn es wurde alles, alles aufgefressen, was noch vom Vormarsch übrig blieb. Auch eines frappierte mich von den ungarischen Reitertruppen: Sie gingen ohne Rücksicht und Erbarmen gegen die galizische Bevölkerung vor, aber auch in Polen war es nicht anders. Beim Vormarsch wie auch beim Rückzug sah ich, wie manche berittene Truppe die Pferde in die Scheune brachte und das nicht gedroschene Stroh den Pferden als Streu hinwarf, so dass Pferde bis zum Bauch im Stroh standen. Der arme Kleinhäusler oder auch Bauer sammelte nach Abzug der Truppen das von den Pferden ausgetretene Korn, das mit Urin getränkt war, in der Scheune. Er reinigte und trocknete es und mahlte einen Teil in der Hausmühle, um Brot für sich und die Seinen für das tägliche Leben zu haben und gab den Teil für den Anbau beiseite. Die polnischen Bauern bewohnen durchwegs Holzblockhäuser. In der Mitte des Hauses liegt der Eingang in den Vorraum, rechts und links dient je ein Raum zum Wohnen und Schlafen. Kann der Bauer auch den Dachboden ausbauen, dann hat er oben noch einen Raum zum Aufbewahren von Getreide, Mehl, Hülsenfrüchten und Sämereien.

Aufbewahrt werden im Dachraum auch die Hausmühlen, die wie eine Art Windmühlen mit Windrädern versehen sind. An das Haus angeschlossen ist der Stall für das Vieh, die Scheune abseits und rückwärts stehend bestand aus gezimmerten Stehern, die Wände waren aus geflochtenen Weiden oder auch Haslingern, die Dächer an allen Objekten aus Stroh. In größeren Orten war das Rinek, der Hauptplatz, meist viereckig. Schön gebaute Patrizierhäuser mit Arkaden boten ein gefälliges Bild, doch die Häuser der Juden, die einen eigenen Baustil hatten, waren schmutzig und unverputzt. Die Kirchen der Katholiken und Orthodoxen aber auch die Tempel und Bethäuser der Juden waren sehr ansprechend gebaut und sauber. Solange die Witterung noch halbwegs warm war, machte das Schlafen im Stadl nichts aus. Auch wenn es kalt war, und man konnte sich im Stroh vergraben oder damit zudecken, ging es noch an. Wenn einer aber krank ist und vom Arzt zum Schwitzen ein Aspirin bekommen hat, und der Wind heult und treibt durch das Geflecht die Schneeflocken zwei bis drei Meter hinein und er liegt auf wenig Stroh nur mit einer Decke das heißt einer Kotzen zugedeckt, so wie das mir passierte, der wird entweder bald gesund oder er krepiert. Denn den ganzen Tag kümmert sich kein Mensch um dich, und du kannst auch ruhig verhungern. Es kam auch sehr oft vor, dass manche leichtsinnig im Stroh liegend Zigaretten rauchten, und der Bauer, wenn er so etwas sah, vor lauter Furcht zitterte und die Soldaten beschwörend bat das Rauchen einzustellen. So mancher Brand war durch frevelhafte Unvorsichtigkeit entstanden. So brannte einmal eine große Scheune mit 40 Pferden und 30 Mann ab. Die Flammen griffen derart rasch um sich, dass sich niemand retten konnte und die losgerissenen Pferde in ihrer Angst das Ihre beitrugen. Beide Türen gingen nach innen auf, so sah man nach dem Brand vor den Türen verbrannte Leichen von Menschen und Pferden. Nun will ich noch berichten, wie es uns ging, als wir nach Sokolow kamen, als der ganze Ort voll war von zurückflutendem Militär. Hundsmüde angekommen fanden wir für uns keine Unterkunft, obwohl ich als Quartiermacher, der sich dauernd im Verbessern des Polnisch übte, überall herumrannte und fragte. Noch einmal in das nächste Dorf zu gehen und auch dort dieselbe Antwort zu hören, daß auch dort alles besetzt sei, war mir schließlich zuwider. Halt, da gibt es noch einen großen Raum. Wem gehört es nur, man sagt mir, es sei das jüdische Bethaus. Ich bat den Rabbi, uns das Bethaus für eine Nacht zur Verfügung zu stellen. Er rief noch einige Glaubensgenossen, und er besprach die heikle Lage mit ihnen. Das Lamento hättet ihr hören sollen, bis ich sagte „Mein lieber Rabbi, auch unter uns sind sehr viele Juden, Wiener Juden. Wenn ihr uns das Bethaus verweigert, werden wir trotzdem drinnen schlafen.“ Schließlich meinte er, na gut, ihr könnt drinnen schlafen, aber es darf von den Christen die Gebetsrolle nicht berührt werden. Abgemacht. Wir räumten die Bänke in den Hof und legten uns müde vom Marsch nieder. Da in unserer Abteilung einige Juden waren und einer davon gut hebräisch lesen konnte, ging er hinauf aufs Podium, entnahm dem Kasten die Thorarolle und begann einen Gottesdienst, der von einigen Juden, die schon lagen, mit hebräischem Gesang begleitet wurde. Das große Fenster und die Tür des Bethauses ließen wir offen, und in den Raum drängten sich die Juden und auch auf der Straße standen viele, um den Gottesdienst mit anzuhören und immer wieder hörte man „Gott der Gerechte, es sind unsere Leute, lauter Juden!“. Nicht lange darauf brachten uns die lieben Juden etwas zu essen. Da unsere Küche unterwegs verloren gegangen war, hatten wir einen “Flameau” wie man in Wien sagte, wenn der Magen leer war.

Am **15.September** ging der Marsch weiter nach Rzeszow über Nesz Wadovice. Vom 4.bis 10. September regnete es ununterbrochen. Während des Marsches gab es jetzt weder Fleisch noch Brot und auch keine Zigaretten. Wie ich schon erwähnte, wurden die aufgestapelten Waren der Fassungsstelle mit den vielen aufgestapelten Lebensmittel und Tabakwaren den Flammen übergeben, und wehe, wenn sich ein Soldat im Vorbeigehen von dem, was noch vorhanden war, etwas nehmen wollte, zum Beispiel, Schokolade, Brot oder Wurst, wurde er mit dem Erschießen bedroht. Nach zweitägigem Marsch erreichten wir Desbica, am **18.** Tarnow, am **19.September** 1914 Otfinow am Dunajec. Ich hatte die ganze Nacht bei strömendem Regen Dienst und musste mit einigen Kameraden das Ufer bewachen. Nachts wurde mir kalt, und ich bekam Durchfall. Ich legte mich in eine große Hundehütte, die an das Haus einer sehr schönen, zur Zeit unbewohnten Villa angebaut war und für einen sehr großen Hund bestimmt, da ich gut darinnen schlafen konnte. Der Durchfall wurde immer ärger. Um sechs Uhr früh ging ich zum Truppenarzt, der Ruhr konstatierte und mich in das Spital verwies. Schöne Idee! Ins Spital, um dann als Gefangener nach Russland zu kommen? Lieber nicht, obwohl Blut und Schleim von mir abging. Wenn ich das gewollt hätte, hätte ich als „Plenni“ schon längst bei den Russen sein können. Eines Nachts wäre ich nämlich vor Janow bald in den russischen Schützengraben gefallen, hätte ich nicht durch Getreide verdeckte russische Menageholer gehört, die mit den Kochgeschirren schepperten. Kaum hatte ich den Arzt verlassen, als Alarm gegeben wurde. Ich warf meinen Tornister auf einen Trainwagen und marschierte ohne Gepäck, blieb aber immer mehr zurück und schließlich wegen des ständigen Herunterziehen der Hose so weit, dass mich der Sprengtrupp der Pioniere überholte. Ich ging fast als letzter weiter, und die Russen waren schon unweit hinter mir.

Der Teufel soll schon alles holen, gerade vor einem Haus erging es mir wieder schlecht und ich musste, obwohl ich mich schämte, die Hose herunterlassen. Ein ehemaliger Soldat des 54. Regiments, der in Wien in Garnison gewesen war, und den ich kannte, stand mit seiner Frau vor der Haustür. „Komm schnell her!“, rief er mich an, „Du hast ja die Ruhr!“. „Ja, die habe ich leider, aber was kann ich machen?“ Er ging und brachte mir ein Wasserglas voll Wodka, Kornbrand, „Brenn owi“ bei uns genannt und halbvoll mit Pfeffer. „ Da, trink, es wird dir dann besser.“ Ich trank mit Todesverachtung das Glas leer und würde jedem empfehlen, er soll einmal versuchen, ein Wasserglas voll Schnaps mit Pfeffer auszutrinken. Glühende Kohlen im Bauch, atemlos, schwitzend und die Augen voll Tränen, aber trotz Weigerung musse ich alles hinunter saufen. Halb betrunken machte ich mich wieder auf den Weg, denn hinter mir hörte ich Gewehrschüsse in etwa zwei oder drei Kilometer Entfernung. Nun ging es im Eiltempo, und du, mein lieber guter Vierundfünfziger hattest Recht. Ich hatte keinen Durchfall mehr sondern Hunger und Durst, als ich nach Bochnia kam. Am **23.9.** kam ich dort gesund und munter an und zu allererst feierte ich meine rasche Gesundung in einem Gasthaus bei einem Liter Bier und einem halben Backhendl, das vergönnte ich mir. Vierzehn Tage hatte ich schon keine Post von meiner Frau. Wir hatten die Feldpost Nummer 12. Ich schrieb meiner Frau nach Zagersdorf einige Karten mit dem Aufdruck „Feldpostkorrespondenzkarte“ die ohne Briefmarken befördert wurde wie auch auch die Feldpostbriefe. Auch ich bekam unfrankierte Post. Meine Post wurde unterwegs vom K.u.k. Etappenpostamt 128, 464, 13, und auch mit dem Stempel „K.u.k. I. Armeekommando“ versehen.

In Bochnia blieben wir bis zum **27. September**, und da hatte ich die Gelegenheit zu einer Besichtigung der Salzbergwerke. Mit einigen Kameraden, einigen Offizieren, darunter zwei Generälen, und zwei Führern mit Grubenlampen betraten wir am **25.** um acht Uhr früh das Bergwerk. Ohne Unterbrechung ging es über Leitern und durch Stollen, durch domartige Gewölbe, bei Teichen vorbei. Wir sahen die Stallungen für Pferde und auch Pferde, eine Kapelle und eine Kantine. Bis fünf Uhr Nachmittag dauerte die unterirdische Wanderung, bis es auch draussen bald finster wurde. Der Tag verging uns vor lauter Schauen sehr schnell, an Essen dachte niemand. Die Saline stand derzeit gerade still, wehe dem der zurück geblieben wäre, er hätte so bald nicht heraus gefunden. Viele Kilometer weit, bis nach Wieliczka reichten die Stollen. Am **27. September** um 7 h früh nahm ich im Salinenbadehaus ein Dampfbad, und gerade da hatten wir Alarm. Noch schwitzend musste ich hinaus in die kalte Luft und verkühlte mich sehr. Am selben Morgen marschierten wir nach Dzewien, und ich blieb dort als Dolmetsch und Verbindungsmann einer Landsturmkompanie aus der Bukowina und konnte in den paar Tagen meinen Sprachschatz sehr erweitern, denn es waren Weißrussen und Ruthenen hier. Hier einige Namen der Landstürmler: Jarenko, Birikuwicz Mihal, Charuk Alexander, Denysiuk Fedor, Fesiuk Pjotr, Filkowsky Nikolai, Humcuczuk Iwan, Kaczamiuk, Kowalezuk Iwan, Kuternoga Liw, Kmytiuk, Lukaszuk Dimitr, Machibrodan Iwan, Matrypula Antoni, Mamczur Iwan, Martiniuk Wladimir, Polymbroda Waryl, Pridalok Michal, Lawka Sydor, Szemeniuk Pawel, Sroczko Grzegorz, Stotodiuk, Szak, Szoweczuk, Tkaczuk, Trochimeczuk Tymko, Worniak Hryé etc.

Der Feldwebel war ein ausgedienter Gendarm, der auf Disziplin hielt aber sonst herzensgut und fröhlich war, und seine Leute spielten den ganzen Tag auf selbst gefertigten Pfeifinstrumenten Volkslieder und Tänze. Einmal tanzten sie auf meine Bitte den Kolotanz und einige andere Volkstänze. Das Essen war nicht schlecht, denn sie waren schon seit dem Anfang des Krieges hier und hatten noch genügend Vorräte. Seit dem **27.9.** waren wir auf Vormarsch. Am **4.10.** kam ich nach Kosice an der Weichsel, am **5.10.** nach Novy Miasto Koreczyn an der Nida, am **6.** nach Ralay, am **8.10.** nach Szczucin Vola Otaleska an der Weichsel, am **9.10.** nach Jaszlany, am **12.10.** nach Radow narodowa, wo wir bis zum **22.10. 1914** Brücken und Straßen herrichten mussten.

Am **18.10.** bekamen wir eine Injektion gegen Cholera, obwohl uns ein Lauspulver lieber gewesen wäre. Wo immer wir hin kamen, gab es so viele Läuse, dass wir in den paar freien Stunden vor lauter Jagd auf Läuse zu nichts anderem kamen, und manchmal war es so arg, dass man die Läuse mit dem Besen abkehren konnte. Entweder bekamen die Zivilisten in unseren Unterkünften die Läuse von uns oder wir von ihnen. In einem Ort hatte ich zwei Garnituren Hemden und Hosen von einer Frau waschen lassen und wegen eines vorzeitigen Alarmes nicht mehr bekommen. Am **23.10.** gelangten wir wieder nach Tarnobrzeg und am **24.10.** wieder nach Sandomierz. Dort hörten wir, dass uns die Türkei zu Hilfe kam, und der Entente den Krieg erklärt hatte. Beim Vormarsch sah ich tausende gefangene Russen an uns vorbeiziehen. Sie bettelten um „papirozy", Zigaretten und um „chleb", Brot.Die Offziziere blickten traurig. Viele Verwundete der Russen und von unseren Leuten wurden in Wagen zurück befördert. Man hörte das Russisch der aktiven russischen Soldaten, das bei den asiatischen Divisionen nur die Chargen sprachen. Es gab Soldaten aus allen Gegenden des riesigen Reiches. Finnland, Polen, Estland, Livland und die angrenzende Länder gehörten ja noch dazu; sie kamen aus Turkestan, dem Kaukasus, Sibirien, aus Irkutsk und Omsk, vom Amur, aus Armenien; es waren Tungusen, Tscherkessen, Kirgisen, Mongolen und viele andere Völker; Ussuri- Kavallerie, Kosaken vom Don, von der Wolga und der Kuban; viele Angehörige der Kavalleriegarde und der Schützenbrigaden.

Beim Vormarsch bei Szuczin ging ich abseits der Heeresstraße durch einen kleinen dichten Wald und stieß an ein ganz im Wald verstecktes Haus, das einem Terpentinbrenner gehörte. Ich wollte sehen, ob ich etwas Brot kaufen kann, denn tagelang hatte es außer Krautstengeln vom Acker weder Brot noch sonst etwas Essbares gegeben. Als ich die Tür zur Stube öffnete, sah ich einen russischen Offizier des Garde-Grenadierregimentes Preobasensky im Bett liegen. Er war durch fünf Schüsse durch ein Maschinengewehr in die Oberschenkel verwundet und hatte sich noch bis zum Haus schleppen können. Ich ließ ihn beim Besitzer des Hauses, einem alten Mann und bei dessen ebenfalls bejahrten Gattin .Die alten Leute hatten mich gebeten, keine Anzeige zu machen. Sie wollten ihn gesund pflegen, und dann sollte er sich selbst melden. Ich versprach es, nachdem ich Einblick in seine Briefschaft und Dokumente genommen hatte. Er war Petersburger, war verheiratet mit einer hübschen Frau und hatte zwei reizende Töchter, zehn und vierzehn Jahre alt. Auf der Fotografie sah man sie mit dem Herrn Papa, der jetzt dalag und außerdem noch total verkühlt war. Im Frieden war er von Beruf Lehrer am Gymnasium.

Ich bekam fünf Eier und gab dem Russen meine letzten paar Zigaretten, die ich vom Feldkurat dafür bekommen hatte, dass ich ihm half, einige tote Russen zu identifizieren, da ich schon cyrillisch lesen konnte. Als ich die Wunden des Russen sah, konnte ich nicht begreifen, dass das ein Mensch ohne Arzt aushielt, doch sagte man mir, dass die Salben des alten Vaters den Verwundeten fast schmerzfrei und fieberfrei machen konnten. Na, das war mir auch recht, sonst hätte ich den Mann in ein Spital überführen lassen. Wenn ich in der Nähe bliebe, wollte ich noch nach dem Mann sehen. Durch Zufall hatte ich in Modlibozice ein Lesebuch in Cyrillisch gefunden, daraus lernte ich in meiner freien Zeit. Als ich schon gut cyrillisch lesen und schreiben konnte, wurde ich von der Abteilung als Dolmetsch verwendet. Die Post funktionierte wieder und wir bekamen auch Zeitungen und lasen über die Siege in Serbien und Montenegro und das wechselnde Hin und Her, bald Vormarsch, bald Rückzug, wie bei uns; auch über die Siege der Deutschen in Belgien und Frankreich bei Dinant, Namur, die Siege der Hindenburg-Armeen in den Masurischen Seen, über „Panik in Paris". Unsere 30,5 und die deutschen 42 er Mörser taten ihre Wirkung in Frankreich, und eine Festung nach der anderen wurde eingenommen und fiel in unsere Hände. Dass auch zur See viele Schiffe torpediert wurden und viele Matrosen dabei ertranken, auch das wurde vom Volke bejubelt. Alle hofften, dass die Friedenstaube zu Weihnachten den Ölzweig bringen wird, da auf allen Fronten der Krieg zu Ende gehen wird. Na, freuen wir uns weiter, ich glaube nicht daran, denn jeder will siegen, und die Menschen sind noch alle viel zu sehr begeistert und opfern Ringe, Gold, Silber und Geld, um noch ja recht lange und viel morden zu können. Ja, „Gold gab ich für Eisen.", brave Menschen, nicht wahr? Wieviele werden sich die Säcke damit gefüllt haben? Wieviele haben an den Rüstungen enorme Summen verdient? Und das alles für Gott, Kaiser und Vaterland! Wenn sich jemand im Frieden verletzte oder verletzt wurde, wurde der arme Kerl bedauert und bemitleidet. Wenn jemand einen Hund oder ein Pferd mit der Peitsche schlug, war er ein Rohling und alle verachteten ihn und zeigten ihn beim Tierschutzverein an, oder die Polizei wurde gerufen und er wurde vom Richter bestraft. Jetzt im Krieg werden Millionen verpulvert, Häuser zerstört, Menschen umgebracht, die Pferde gemartert,Lebensmittel vernichtet, Getreide angezündet, Wälder abgeholzt, und das wird belohnt, mit einer Tapferkeitsmedaille, und sogar der Papst, der heilige Vater in Rom segnete alle Waffen. Mein lieber Soldat, du hast keine Sünde im Krieg begangen, denn du kannst und du musst töten, denn der da drüben, den du nicht kennst, nie gesehen hast, vielleicht ein Familienvater wie du und ich, ist dein Feind, und du bist sein Feind. Wir sind uns gegenseitig Feinde, weil es unsere und auch eure Regierung nicht verstanden, Frieden zu halten, und die angehäuften Waffen ihrem richtigen Zweck zugeführt werden mussten. Dieses verfluchte Spiel mit den Menschen als Schachfiguren wird so lange nicht aufhören, als es zwischen den Völkern keine Einigung gibt, und jeder Staat sich gegen den anderen hermetisch abgrenzt und abschließt anstatt dass man eine einheitliche Weltsprache, „Esperanto", und den Austausch der Waren einführt, und das Wettrüsten der Staaten einstellt. Es hieß, dass in Frankreich schon farbige Truppen aus den Kolonien im Einsatz stehen, auch Inder, Kanadier und Australier.

Am **27. November** wurde Czernowitz von uns geräumt. Verspätet erfuhren wir noch, dass die Deutschen am **9. Oktober** Antwerpen eroberten, nachdem es der Zepellin am **8. Oktober** mit Bomben beworfen hatte. Wir bekommen nur spärlich Zeitungen, denn die Feldpost wurde wieder eingestellt. Die schönste Nachricht wäre „Waffenstillstand" oder „Friedensschluss" gewesen, aber, wie ich schon sagte, Professor Zipernowsky hatte Recht, der Krieg würde noch lange Jahre dauern und zwar so lange wie es möglich war.

Der zweite Rückzug begann, und nach einem langen und anstrengenden Marsch erreichten wir Klimontow, am **1. November** Stopnica, am **2.** Wiszlica a der Nida, am **3.** Kochary, am **4. November** Kosztelec, am **5.** Proszowice, am **6.** Niedwiecz Slomnika, am **7.** Skala, eine herrliche Gebirgsgegend. Ich war Quartiermacher und sah noch vom Berg aus, wie unsere Abteilung vor die Geschütze gespannt wurde, denn die Pferde waren zu schwach, um die Geschütze hinaufzuziehen. Kaum waren die zwei Batterien oben, als sie schon ganze Salven gegen den Feind abfeuerten.

Am **8. November** erreichten wir Olkusz, und hier wiederholte sich die Hilfe für die Artillerie. Ich bewunderte die Felsenlandschaft, denn in ganz Galizien und in den Orten und Landstrichen, die ich vorher durchwandert hatte, gab es keine Steine, nur Sand, Sümpfe und Lehm.

Am **9. November** kamen wir nach Zagoreze, da hörten wir, dass die Russen vor Krakau stehen. Als wir durch Slavkow marschierten, wussten wir, dass wir nach Deutschland, nach Preußisch-Ostschlesien kommen werden.

Mannschaftsunterstand in Zagoreze Dubno

Spitalsbarackenbau bei Ljubacewka

Arbeiten an der Ikwasperre

Wir marschierten rasch, und ab Sandomiercz, das von den Russen gänzlich ausgeplündert war, bekamen wir unterwegs nichts zu kaufen. Unsere kleine Küche ließ uns oft im Stich, und wenn uns die Küche nach zwei oder drei Tagen endllich fand, war das Essen in den Kesseln ungenießbar. Die Vormärsche und Rückzüge bewirkten überall eine unerhörte Preistreiberei, so dass alles um das Zehn-bis Dreissigfache verkauft wurde. Eine Schachtel Zünder kostete statt 2 Heller 20 Heller, eine russische Zigarette mit einer langen Hülse und wenig Tabak kostete 20 bis 30 Heller, 1 Glas Tee ohne Zucker und Rum kostete 20 Heller, 1 kilo Brot 2 bis 6 Kronen. Wir hatten tagelang kein Brot gefasst und hatten deshalb auch entsprechend Hunger. Auch das Geld war knapp, und wer welches hatte, bekam auch samt seinem Gelde oft nichts. Auf dem ganzen Rückzug sahen wir viele Orte, die nur so von Schmutz starrten, Städte, wo man am Hauptplatz im Kot versank, und als wir am **10. November** in Myslovicz von der deutschen Grenzwache empfangen wurden, waren wir angenehm überrascht.Trotz der vielen Tagesmärsche mit voller Rüstung war alle Müdigkeit wie weggeblasen, und munter ging es mit Pfeifen und Singen bis Gischewald, wo wir von den Bewohnern der herrlichen Kolonie mit Kaffee, Butterbrötchen und Zigaretten bewirtet wurden. Für uns war das etwas ganz Neues. Drei Monate hindurch hatten wir nur Polen und Juden gesehen, die durch den Krieg verdrossen und ausgehungert, ausgeplündert waren; und täglich fremde Gesichter, und alle hatten so lange genommen, so lange etwas zu nehmen war, ob von Freund oder Feind, das war ganz egal;oft keine Latrinen und dann bei den Scheunen überall Schmutz und Exkremente, die Bewohner voller Läuse, und sie konnten sich nicht reinigen, da immer irgendjemand anwesend war. Ganz besonders litten die Frauen und Mädchen darunter, ebenso die Kinder, denn die Soldaten zogen sich ohne Scheu nackt aus und suchten Läuse, und es blieb nicht aus, dass auch Frauen und Mädchen belästigt wurden.

Daher waren wir gleich gut gelaunt, obwohl wir in so zerrissenen und alten Monturen daher kamen, dass wir uns selbst schämen mussten, als wir die frohen, lieben Gesichter sahen, die Reinheit überall, die gepflegten Straßen, und deutsch sprechen hörten. Da war ein gewaltiger Unterschied zwischen Volk und Volk und seinen Lebensumständen, unabhängig von der Nationalität, denn auch im deutschen Grenzland waren viele Polen ansäßig und arbeiteten im Bergbau und in der Landwirtschaft. Von Gischewald sind wir über Emanuelsegen nach Nikolai gekommen, und unterwegs bewunderten wir die schönen Prachtbauten und Kohlenbergwerke. In Nikolai wurden wir ebenfalls festlich bewirtet mit Kaffee und Bier, das wir schon lange nicht genossen hatten, und mit Semmeln und Wurst. Ein Fleischer hatte uns zwei Kesseln voll Blutwurstsuppe gespendet. Er war gerade dabei, seine Blutwürste zu sieden, und als wir kamen, zerstach er sie absichtlich, um uns eine gute Suppe geben zu können. Unterwegs bekam ich auch Post; einen Brief von Onkel Marek aus Prauß, worin er mir mitteilte, dass seine beiden Söhne Hans und Fritz und sein Schwiegersohn hatten einrücken müssen. Auch von meinem ehemaligen Lehrkollegen Julius Friedrich bekam ich einen Brief von der französischen Front. Da ich nur unweit von Prauß war, ersuchte ich um zwei Tage Urlaub, doch der Hauptmann lehnte ab mit der Bemerkung, er habe für solche Fälle keine Scheine. Wir blieben leider nur zwei Tage in Nikolai, und diese Zeit nützten die Frauen, um uns wieder zu Menschen zu machen. Unsere Wäsche wurde gereinigt und die Montur, so gut es ging, repariert und zusammengenäht, denn es gab niemanden von uns, der noch eine ganze Hose hatte. Zu meiner größten Freude bekam ich noch vor dem Abmarsch einen Brief von meiner Frau mit drei Päckchen. Drin waren zwei Schachteln Zigaretten, eine Schneehaube, ein Paar Handschuhe und ein Paar Wickelgamaschen.

Nikolai

Mylowitz

Pieskowa Skala/ Burg Peskenstein, 25km nordwestlich von Krakau

Am **12.November** um 2 h nachmittags ging es über Emanuelsegen zur Drei Kaiser- Ecke, das ist die Ecke, wo Russisch-Polen, Österreichisch- Polen oder Galizien und Preußisch-Schlesien zusammenstoßen und an den Grenzen sichtbar ein russischer, ein österreichischer und ein deutscher Adler mit den jeweiligen Landesfarben auf Pflöcken angebracht sind. Weiter ging es nach Debowa Gora, nach Sosznowitz und nach Sielce, wo wir am **13.** ankamen. Hier mussten wir mit den Zivilisten die Straßen beschottern. Kaum hatten wir die deutsche Grenze überschritten waren die Straßen schon nicht mehr befestigt, und man versank um grundlosen Kot. Nicht umsonst sprach man von „polnischer Wirtschaft", denn sogar mir sagten einige Polen, dass während der russichen Herrschaft in Polen alle Beamten bestechlich waren, auch die Polizei. Wenn jemand, der Geld hatte, einrücken sollte, konnte er sich loskaufen, und ein anderer war für ihn Soldat. Das sagte genug. Mir taten die Menschen hier leid, denn alle sahen sehr schlecht aus, und sehr viele konnten weder lesen noch schreiben. Am **18. November** erreichten wir Bendzin, wo sich ebenfalls etwas Industrie befand und wo man überall, wo man hinblickte, hungernde Menschen sah. Ganz besonders in den Industrieorten war es furchtbar, denn viele Kinder bettelten um ein Stückchen Brot, und die Mütter wussten auch keines aufzutreiben. Es mangelte auch an Kartoffeln und an allem, und da überall Arbeitslosigkeit herrschte, auch an Geld. Da gab es unter unseren Soldaten Schweine genug, die für ein Stückchen Brot von den Frauen Unmögliches verlangten und die Not ausnützten.

In Bendzin bauten wir eine neue Bahnrampe und auch eine Brücke. In dieser Zeit bauten wir eine neue Straße, das heißt, ich hatte die Aufsicht über achzig arme Teufel, die während dieser Zeit wenigstens von unserer Küche mit Eintopf versorgt wurden.Ausgeschunden und ausgehungert mit schweren Steinen eine Straße zu grundieren,war fast nicht zu bewältigen, und doch musste ich meine Leute zur Arbeit anhalten, denn bis **7. Dezember** musste die Straße fertig sein, und sie wurde auch fertig. Die achzig Arbeiter wurden noch weiter verwendet, und ihre Verpflegung war noch einige Zeit gesichert. Am **6. Dezember** kamen wir nach Pilica, wo harte Kämpfe stattfanden und auch die Alleebäume und die Bäume an der Waldlisere durch den Beschuss von Artillerie und Infanterie furchtbar zugerichtet waren, und in vielen Bäumen steckten Blindgänger der Russen. Die Äcker und Straßen waren voll von Trichtern, und das Merkwürdigste, das wir in dieser von Menschen geschaffenen Hölle sahen und unser Staunen und unsere Bewunderung hervorrief, war die überlebensgroße Marienstatue an einer Wegkreuzung, die gänzlich unversehrt im Meer von Trichtern stand. Da kamen uns Fragen: Wie ist das möglich? Wer schützte diese Statue? Gibt es doch eine höhere Macht? Gibt es noch Wunder? Wer mag es enträtseln. Am **7. Dezember** erreichten wir Orlow. Unterwegs sahen wir ausgebrannte Ruinen, es war von allem nur der gemauerte

Rauchfang stehen geblieben, und die armen vom Brand Betroffenen räumten gerade die Brandstätten auf und konnten von Glück reden, dass sie am Leben geblieben waren, obwohl sie alles verloren hatten und nicht einmal Kartoffeln zum Essen.

Wenn jemand das Glück hatte, Waldbäume für sein neues Haus schlägern zu können, konnte mit Hilfe seiner Nachbarn in einem Jahr sein Eigenheim errichten, denn Holz gab es hier in den schönen Wäldern mehr als genug. Schlimmer erging es dem Besitzer gemauerter Häuser, doch davon gab es am Lande wenig. In Orlow blieben wir bis zum **14. Dezember 1914**. Ich bekam 4 Kronen Löhnung, gerade genug für ein Mittagessen in Russisch –Polen. Zuweilen freute ich mich über eine gute Suppe und Rindfleisch, denn es kam dann vor, dass ich erst wieder in drei bis fünf Tagen etwas Richtiges zu essen bekam und nicht nur Tee, Cai oder Herbata genannt, den ich beim Juden einnahm. In Orlow richteten wir die Straße nach Wolbrom her. Wolbrom ist ein größerer Ort mit Steinkohlen-Bergbau aus einem mehr als tausend Meter tiefen Schacht. Der stand zur Zeit still, angeblich weil die deutschen Rückzugstruppen diesen Schacht mit Wasser zulaufen ließen. Auch hier war keine geschotterte oder gepflasterte Straße sondern wo man hinstieg knöchteltief Kot, anscheinend waren wir Österreicher und Deutsche dazu verdammt, den Polen auf Jahrzehnte hinaus die Straßen zu bauen. Andererseits, wenn man die Sache richtig betrachtet, kann man doch sagen, dass die kriegsführenden Mächte mit den vielen Trains, den Munitionskolonnen , der leichten und schweren Artillerie, durch das immerwährende Befahren und das Hin-und Herwogen der Kriegsereignisse die Straßen und Wege so grundlos gemacht haben. Sicher ist aber, ohne Krieg in dieser Gegend hätten die Polen nicht so schöne Straßen, außer einigen Hauptstraßen wie zum Beispiel die Straße zwischen Krakau und Warschau, die schon damals in Ordnung gehalten wurde und als Reichsstraße galt.

Am **15. Dezember 1914** kamen wir nach Wierbky, einer kleinen Ortschaft mit einer Papierfabrik. Ich kam als Quartiermacher mit Krumschmied hin, und als erstes erfuhr ich vom Direktor der Papiefabrik Anton Moes, dass es in den Häusern noch etliche an Cholera verstorbene Russen gab, und die Brunnen kein Trinkwasser hatten, weil sie verseucht waren.Ich bat um Papier und Farbstift und schrieb mit Kreide auf jedes Eingangstor, Stadel-und Scheunentor die Zahl der möglichen Schlafplätze und dann heftete ich auch die Warnung „Kein Trinkwasser, Brunnen verseucht“ überall an die Türen und die Brunnen und wo ich es anbringen konnte. Gegenüber der Fabrik bezog ich mit noch drei anderen Quartier, doch vorher mussten wir noch zwei Tote, an Cholera verstorbene Russen ins Freie tragen. Auch hier gab es wie überall Läuse, Läuser und wieder Läuse, so dass man unsere Montur mit dem Birkenbesen abkehren musste. Unterm Blusenkragen und in den Nähten saßen die Ludern in Achterreihen, und der Körper juckte an allen Stellen.

Am **17. Dezember** wurde ich beim Direktor zum Mittagessen eingeladen. Ich machte mich sauber, mit frischer Wäsche, gut rasiert, die langen und vielen Haare, die ich damals noch hatte, gut gekämmt und entlaust, besuchte ich den lieben Gastgeber. Ich wurde sehr freundlich empfangen und in der Guten Stube mit Rindsuppe und Rindfleisch, das noch die Russen zurückgelassen hatten, mit Kartoffeln, Süßkraut und Kompott bewirtet. Noch während ich die Suppe löffelte, sah ich zu meinem nicht geringen Ärger eine Laus auf dem Tischtuch, die auf jeden Fall von mir stammen musste, denn wo käme sie sonst her? Die Frau des Direktors bemerkte meinen Schrecken und fragte mich, was mich so in Aufregung versetzte, da ich vergaß, die Suppe weiter zu essen. Ich entschuldigte mich und sagte offen, dass die Laus auf dem Tischtuch wahrscheinlich, ja sogar bestimmt, von mir enwichen ist, und ich das liebe, süße Tierchen wieder in meine Obhut nehmen möchte, es wäre schade um die schöne Zucht. Ein tolles und schallendes Gelächter erklang. „Zeigen Sie bitte die Laus“, „Hier bitte, eine gute Zucht“. „Ah, die gehört uns, es ist eine russische Laus, mit einem roten Kreuz, wollen Sie noch mehr sehen? Sogar unsere Gardinen sind damit bevölkert und auch wir, denn wir hatten noch keine Zeit, uns gründlich zu reinigen. Seit gestern früh sind die Russen weg, dafür seid ihr in unsere Ortschaft gekommen.Früher konnten wir nichts machen, weil unsere Fabrik still stand, aber gleich nach dem Essen kommt alles unter Dampf, dann werden sofort alle Räume ausgegast, und wir und unsere Arbeiter werden doch endlich von dieser Plage befreit sein.“

In den von den Russen verlassenen Schützengräben befanden sich Hunderte Kilo Papier und Zellulose, welche den Russen als Lager und bei Regenwetter als Dach dienten. Was gab es Neues in der Welt? Wir bekamen wieder regelmäßig Post, und viele Zeitungen wurden nachgesendet, so dass wir uns ein Bild über die Kriegslage machen konnten. Der Krieg war unausbleiblich und wäre auf jeden Fall noch im Jahr 1914 ausgebrochen und zwar unter allen Umständen, auch wenn das traurige Ereignis nicht zu beklagen wäre, der Mord in Sarajewo hat die Sache nur beschleunigt. Russland hatte am **27. Und 28. Oktober** die Feindseligkeiten mit der Türkei begonnen und griff die türkische Flotte im Schwarzen Meer an. Sultan Mehmed V und Enver Pascha proklamierten am **12. November** den „Heiligen Krieg“ gegen die Entente. Auch in der Türkei unter den Mohamedanern herrschte Kriegsbegeisterung. Wird Persien sich anschließen? Wird sich der Krieg auf Nordund Ostafrika ausweiten? Denn schon liest man, dass sich der Beduinenscheich Ibn Reschid entschlossen hat, den Kampf gegen England und den mit England befreundeten Ibn Saoud aufzunehmen. Englische Kamelreiterpatrouillen und Truppen wurden beschossen. Stämme aus dem Kaukasus, aus Aserbeidschan und Persien kämpften begeistert mit den Türken gegen Russen und Kosaken. Khedive Abbas II Hilmi von Ägypten wurde von Engand abgesetzt, und unter dem Patronat Englands wurde Hussein Kemal als Sultan ausgerufen, die Insel Zypern von den Engländern annektiert. Zur See ging der Krieg weiter: Kämpfe in der Nordsee, Seeschlacht an der Küste von Chile. Die englischen Panzerkreuzer „Monmouth" und „Good hope" wurden schwer beschädigt; „Glasgow" ist beschädigt entkommen; Schlacht mit den Kreuzern „Nürnberg", „Leipzig", „Dresden". Die „Scharnhorst" ist gesunken. In den Seegefechten bei Helgoland versenken und kapern die „Kaiser Wilhelm", „Emden", „Karlsruhe" und „Königsberg" viele Schiffe. Um Tsingtau fand ein erbitterter Kampf mit japanischen Kriegsschiffen statt, und am **7.November** ist Tsingtau gefallen.

Berichtet wurde von Kämpfen in Togo, Kamerun, Neuguinea, in Deutsch Südwestafrika, in Deutsch Ostafrika, in Samoa, vom Aufstand in Südafrika. In den Zeitungen schiebt die Schuld an den Kriegen einer dem anderen zu, und schuld sind alle an diesem weltweiten Zerwürfnis, das die ganze Welt um die Vernunft brachte, und das Morden wurde zu ihrem Gebet; und alle, ohne 200 Ausnahme wollen sich an den Ländern, die sie rauben, bereichern. Was wurde bis jetzt nur an Sachwerten vernichtet! Und der Weltwahnsinn ging weiter. England führte mit seinen farbigen Völkern den Krieg gegen Weiße in Europa und Afrika, und der weiße Mann verlor in Afrika bei den eingeborenen Schwarzen die Achtung und das Vertrauen. Was wird das Endresultat sein? Deutschland verlor überall sämtliche Kolonien und seine Flotte und beklagte Hunderttausende Tote und ebensoviele Verwundete. Täglich sah ich ganze Kolonnen von Verwundeten und viele Tote, die ohne Namen zu Hunderten in Schachtgräbern beerdigt wurden. Ich selbst fuhr mit Ziviilisten, Bauern auf ihren Wagen auf der Suche nach Toten, und wir fanden so manchen nur notdürftig mit etwas Erde bedeckt im Straßengraben. Wir zogen viele aus den Sümpfen, lasen sie, die im Wald verstreut waren, auf, sammelten unsere Soldaten und unsere Gegner. Oft beerdigten wir sie ohne Priester, und wenn ich halbwegs den Namen und das Regiment eruieren konnte, schrieb ich alles auf. Wenn seine Sachen wie z.B. ein Ring, eine Uhr, Geld, ein Messer oder Briefe gefunden wurden, was jedoch selten vorkam, wurden sie in ein Säckchen gegeben mit Namen, Daten und Regimentsnummer, und wenn nur irgendeine Adresse vorhanden war, dem Feldkurat zur Sendung an die Angehörigen übergeben; die Eltern, die Frau, oder irgend ein anderer Angehöriger verständigt, dass der Soldat als Held gefallen ist und in diesem oder jenem Ort begraben wurde. Wenn ich während des Vormarsches und während des Rückzuges gelegentlich einen Toten beerdigen musste, dann bekam er ein Kreuz, und wenn es nur aus zwei Ästen bestand, und fand ich seine Namenskapsel, dann schrieb ich Namen und Regiment, Geburts-und Sterbedaten darauf, ebenso den Chargengrad, und meldete es beim Ortskommando, mit der Angabe, wo sich das Grab befand, und am Kreuz hing dann die Kappe oder der Stahlhelm des Toten. Auch in Serbien schien es nicht zu klappen, und den Berichten nach zogen sich unsere Truppen zurück. Haben wir den Serben mit seinen Komitatschis unterschätzt? („Komitatschis“ , Freischärler) Am **15. Dezember** mussten wir Belgrad räumen. Das kleine Serbien gegen eine mit den besten Waffen ausgestattete Großmacht? Wie ist das möglich? Sehr leicht! Wir nahmen es mit der ganzen Welt auf und zwar auf Geheiß des lieben, guten und friedliebenden Beraters, des „Es ist erreicht-Schnurrbartes“ in Berlin. Dafür wurden wir „Schlappschwänze“ genannt, obwohl, wie es bis jetzt schien, zuerst unsere Truppen die Kastanien holen sollten, und dann käme das Großmaul ungeschwächt zur Hilfe und holt uns aus der Scheiße. Dass aber wir zuerst die Scheiße wegräumen mussten, und die Germanici dann bei dem schon geschwächten Gegener leichte Arbeit hatten, sahen sie niemals ein.

Am **15. Dezember 1914** war die Frontlinie in Wolbrom und Noworadomski Piotrkow. Von unseren Truppen verfolgt wichen die Russen noch immer zurück, und die Front erstreckte sich über Limanowa, Lodz, nach Krosno Zaklyczyn. Am **22. Dezember** griffen die Russen neuerlich an und standen an der Nida, in Tomaszow, Rawka Bzura, am Duklapaß in den Karpathen. In Wierbka waren wir schon vierzehn Tage von der Welt abgeschnitten. Wir besserten eine unbefahrene Straße aus. Am **24. Dezember**, Heiligen Abend, wateten wir bis über 6 h abends im Kot, bis es dunkel wurde. Wir mussten einen Transport mit Verwundeten begleiten und die immer wieder die im Kot stecken gebliebenen hohen Sanitätswagen aus dem Dreck ziehen. Abends um halb sieben Uhr gab es Menage, den ganzen Tag hatten wir unfreiwillig gefastet.Jetzt bekamen wir Suppe und Rindfleisch.Um halb acht Uhr abends versammelten wir uns alle vor dem in der Schule des Ortes aufgestellten Christbaum, unser Hauptmann Straka hielt eine Ansprache. Dann erfolgte das „Absingen der Kaiser- oder Volkshymne“ und von „Stille Nacht, heilige Nacht“, dann war die Bescherung: als Liebensgaben der Stadtgemeinde Wien bekamen wir einen Striezel, Tee, 20 Zigaretten und eine Zigarre. Am 25.12.1914 haben wir bis vier Uhr nachmittags bis zu den Knien im Kot gearbeitet. Um fünf Uhr Menage: Schweinsbraten mit Kraut, eine Flasche Bier. Ab sieben Uhr abends: Musik, Gesang und Vorträge, das dauerte bis 10 Uhr abends.

Am Sonntag, den **26.12.**, hatten wir wie die Arbeit wie gewöhnlich, so auch die Menage. Früh gab es schwarzen Kaffee, abends Suppe, Rindfleisch mit Fisolen oder Erbsen. Mittags gab es nur schwarzen Kaffee oder Tee. So vergingen die Feiertage, und manche Familienväter konnten am Heiligen Abend lange nicht einschlafen, denn die Gedanken waren bei den Lieben zu Hause. Die Arbeit ging täglich weiter, und wir verfluchten schon diese elenden, kotigen Straßen, da sie ohne Grund waren, und die Steine nur so verschwanden. Zu Sylvester hörten wir schon um drei Uhr nachmittags auf, damit wir uns gründlich reinigen konnten. Wir sahen wie die „Lahmscheiber" aus, die Montur voll Dreck und Krusten. Auch gab es eine gründliche Lausjagd, und jeder zählte seine gefangenen Läuse, ich hatte nur 163 gefunden, das war im Vergleich zu anderen gar nicht so viel, die bis zu 300 und darüber fanden.

Am **Neujahrstag 1915** standen wir erst um acht Uhr auf. Um elf Uhr Vormittag gab es immer noch keinen Befehl zur Arbeit. Ja, wie ist so was möglich? Bis jetzt hatten wir Regenwetter und heute endlich Frost und Sonnenschein. Seit 14 Tagen keine Post! Vorher hatte ich eine Karte von meinem lieben Samitz erhalten, und ich entnahm daraus, dass es um ihn nicht besonders gut stand. Es kam noch eine Karte von Jaresch und eine von Ludmilla Schlenker aus Budapest mit Segenswünschen. Liebe kleine Ludmilla, vielleicht hilft mir dein Segen! Auch mein Bruder Max sandte mir seine Adresse: Max Souček, Zugsführer, Dragoner Regiment Nr. 3, Res. Esk.III, Korps Kommando. Ich freute mich jedesmal, wenn ich Nachricht vom ihm erhielt. Als Premysl gegen Ende November von den Russen eingeschlossen wurde, hatte er den Eltern nicht geschrieben, und sie glaubten schon, er wäre bei den Hunderttausend dabei, die der Russe in Premysl gefangen nahm. Obwohl der Festungskommandant Feldmarschall-Leutnant Hermann von Kusmanek alles Menschenmögliche unternommen hatte, fiel die Festung den Russen in die Hände. Gleich schrieb ich an Max, auch an meine Frau, dass sie mir ein Leinenhemd und eine Unterhose schicken soll, denn wegen der vielen Läuse kann ich die wollene Wäsche nicht gebrauchen. Endlich gab es wieder Zeitungen, und wir waren sehr enttäuscht. Einen Tag vor Weihnachten war nämlich ein deutsches Bataillon hier durch gekommen, und der an der Spitze des Zuges reitende Offizier hatte uns zugerufen: „Kameraden, habt jehört, Paris gefallen, hurra, hurra!" „Kameraden, der Krieg ist zu Ende, hurra, hurra, hurra!", so schrien wir und die Deutschen, die auch „Die Wacht am Rhein" sangen und „Deutschland, Deutschland über alles, über alles in der Welt!" Leider ist Paris trotz der nahen Beschießung durch die 42er und 30, 5-Mörser nicht gefallen, und wir mussten weiter den polnischen Dreck treten. Nach Neujahr kamen wir nach Zerwana bei Slomniki, ich wurde dem Brückenbau zugeteilt, da kannte ich mich schon gut aus.

Am **18.Jänner** schrie ich noch einmal dreimal Hurra, denn erst jetzt bekam ich die ganze ausständige Post und auch Packerln: vom Schwager Hans Vaculik Speckwurst, mährische Klobassi, Zigarettentabak, Schokolade, ein Fläschchen Sliwowitz und zwei Kronen; abends ein Kistchen von meiner lieben, guten Frau, alles verspätet, sollte doch alles zu den Weihnachtsfeiertagen gehören: Geselchtes, Schokolade, Bäckerei, Zigaretten und Zünder. Alles ist noch in brauchbarem Zustand angekommen, ein Kisterl war nach dem Schreiben meiner Frau noch ausständig, und im Brief lagen 20 Kronen. Wir arbeiteten hart an der galizisch-polnischen Grenze unweit von Krakau und Slomniki an der Straße und an den Brücken, und am **17.Jänner** war ich nur ein paar Kilometer von Krakau entfernt. An der österreichisch-russisch-polnischen Grenze hatte ich unweit von Krakau zwei Fahnenstangen aufzustellen, die von mir schwarz und gelb gestrichen wurden.Auch bei Slomniki hatte ich sämtlche Brückengeländer schwarz-gelb gestrichen.Der Hauptplatz von Slomniki wurde „Kaier-Franz-Josef-Platz“ getauft, und heute sollten die Erzherzoge Friedrich und Carl Franz Josef in Slomniki eintreffen. Für alle Soldaten war bis auf weiteres Slomniki gesperrt und nur mit Passierschein zu betreten. Ich wusste mir zu helfen. Dem Feldwebel entnahm ich vom Tisch einen polnisch geschriebenen Zettel, versehen mit der Abteilungsstampiglie, worin Brückenholz angefordert wurde.

Nun, lieber Feldwebel, lasse dir einen neuen schreiben, denn der auf dem Tisch lag, wurde vom Wind verweht und ist unauffindbar. Ich wusste, dass der ungarische Posten am Ortseingang niemanden ohne Passierschein einlässt. Ungesehen von meinen Kameraden ging ich mit meinem „Sesam öffne dich“ zum Posten und zeigte ihm verkehrt den falschen Passierschein. Der Held sah nur den Stempel, denn polnisch lesen konnte er nicht, und ich sagte ihm auf Ungarisch, dass ich zum Armeekommando gehörte. „Passiert“, war alles, was er mir zu sagen wusste. Ich ließ mir die Haare schneiden und trank nach langer Zeit beim Gastwirt Kurbjel Bier. Quietschvergnügt trottete ich über den Hauptplatz, und –oh Schreck, da rief jemand meinen Namen. Ich drehte mich um, es traf mich der Schlag, der Hauptmann rief mich zu sich. „Wer hat Ihnen ohne meine Erlaubnis den Passierschein gegeben? Wieso wird mein Verbot missachtet?“ „Herr Haupmann, bitte vielmals um Entschuldigung, ich zeigte dem ungarischen Posten diesen Zettel, und er ließ mich in die Stadt.“ „ Ja, können Sie denn Ungarisch? Unerhört, Sie traun sich was! Verschwinden Sie aus der Stadt und tun Sie so etwas nicht mehr, sonst müsste ich Sie bestrafen.“ Im zweiten Kisterl von meiner Frau befanden sich zwei gleich große Flaschen Kognak. Ich war sehr verkühlt und blieb zu Hause, und zu Hause war dort, wo ich mich gerade befand und wir übernachteten, ich und meine Kameraden: Krumschmid und ich waren unzertrennliche Freunde, wir waren überall beisammen; dann Lenninger, ein Wiener Rauchfangkehrer vom Deutschen Haus am Stefansplatz und Karanic, ein Holzknecht, hatten mit uns zusammen Quartier bei einem Bauern. Im Zimmer war nur ein Bett, worin der alte Bauer, der ungeähr 60 bis 65 Jahre alt war, und die circa 40-jährige Bäuerin die Nächte verbrachten. Dann gab es noch einen Kasten, einen Tisch, zwei Sesseln mit aus Sroh geflochtenen Sitzen. In der Küche standen eine Kredenz, ein Tisch und eine Bank. Wir lagen zu viert, das Zeltblatt mit Stroh ausgefüllt, wie auf einem Strohsack auf dem Fußboden, darauf hatten wir immer gut geschlafen. Da auch immer von ihren Gaben etwas bekommen hatte, ließ ich bei meinen Kameraden ein Fläschchen die Runde machen, nahm mir für die Arbeit nur einige Zigaretten mit und ließ alles andere zu Hause. Auch der Bauer und seine Frau hatten ihren Teil vom Kognak und den Zigaretten bekommen, doch abends sah ich, dass der Bauer Zigaretten aus der Schachtel und ein Kuhmaul voll Kognak aus der Flasche genommen hatte, die mit einem Zeichen versehen war. Er selbst war ein alter Geizhals, der mit seiner Babuschka schimpfte, wenn sie uns Eier oder Milch verkaufte. Na, warte nur! Es waren gestopfte Zigaretten, und ich entnahm der Hülse der Zigaretten, die für den Bauer bestimmt waren, Tabak und gab ein wenig Schießpulver hinein und machte sie wieder voll. Mit einigen guten legte ich sie unter den Tisch, meine versteckte ich. Auch ließ ich vom Kognak jeden, auch den Bauern einen Schluck machen, versteckte dann das Fläschchen und gab ein anderes, das schon leer getrunken war, halb voll mit Petroleum gefüllt, auf das Fensterbrett nahe dem Bett des Bauern. Wir stellten uns schlafend und warteten gespannt auf das Kommende. Es war keine halbe Stunde vergangen, und der Bauer sprang aus dem Bett und rannte hinaus, er hatte, ohne dass wir es merkten, einen ordentlichen Schluck Petroleum getrunken. Die Bäuerin, die davon wusste, lachte und lachte lange noch, als er zurück ins Bett kroch. Ich fragte ihn, ob er krank sei. „Nje, nje Panje, ja nejsem chosi", „Nein, mein Herr, ich bin nicht krank." Am nächsten Tag am frühen Morgen vertauschte ich die Fläschchen. Als der Bauer vom Füttern kam, nahm ich das Fläschchen mit dem Kognak vom Fenster, und jeder von uns nahm einen Schluck, auch dem Bauern bot ich an, der uns erstaunt trinken sah aber entsetzt ablehnte. Als die Bäuerin einen Schluck mahm und noch einen verlangte, war er sprachlos. Wir gingen in die Küche um Kaffee und Brot und dann zur Arbeit. Hatten wir doch noch einige Brücken zu verstärken, damit die 28er –Haubitzen drüber fahren konnten. Abends kamen wir nach Hause, und siehe da, der Bauer hatte seinen sonst immer buschigen Schnurrbart kurz gestutzt. Die Bäuerin lachte verschmitzt, als ich den Bauern fragte, ob heute Feiertag wäre, weil er so schön rasiert sei und den Schnurrbart gestutzt habe. Er murrte nur und gab keine Antwort. Nachts hörten wir schon immer Geräusche, als ob sich ein Pferd im Haus befände. Da wir nachts Trainwache hatten, hatten wir am Sonntag Zeit nachzusehen, wenn die Bauersleute in die Kirche gingen. Wir horchten in der Küche. Aha, hinter der Kredenz ist was los! Die Kredenz rückten wir weg, und da schau her, da ist ja eine Tür, und guck mal, als sich die Tür öffnete, hinter der Tür ein Stall mit einem Schimmel!

„Jo, host scho sowos gsehn, na wart, wisst´s wos? Aus dem Schimmi moch ma a Zebra, wer hot a Wichs?", fragte ich, und „I, i a!", war die Antwort, „Also her damit und a a klans Pirschtl wenn´s hobts, dann gemma´s gschwind an!" Wir bemalten den Schimmel schön gleichmäßig mit schwarzen Streifen, sogar die Hufe und den Schwanz. Herrlich! Wir bestaunten unsere Kunst, und ein fabelhaft naturgetreues Zebra stand vor uns und wieherte vor Freude. Nur schnell wieder die Kredenz an Ort und Stelle! Zu Mittag gingen wir unsere Menage holen und blieben länger aus, um dem Bauern Zeit zum Füttern zu lassen. Als wir dann ankamen, grinste die Bäuerin wie ein frisch lackiertes Hutschpferd, und als mich der Bauer sah, bekreuzigte er sich und verschwand. Von nun an nahm er nichts mehr an und wich mir aus. Am nächsten Abend gab es im Haus eine ganze Familien-versammlung. Der Bauer zeigte auf mich und bekreuzigte sich. „O Boze, Boze“ seufzend fragte ich die Leute, was sie von mir wollten. Ich hätte das Pferd verhext und alles verzaubert und ich möge das Pferd wieder zum Schimmel machen. Na schön, es wird geschehen. Ohne Beisein des Bauern, nur mit der Hilfe der Bäuerin wuschen wir das Pferd wieder zum Schimmel. Als wir ihm sagten, dass er das Pferd nicht verstecken brauche und ihm den Schimmel zuführten, weinte er wie ein kleines Kind. Um etwas Geld zu verdienen, fuhrwerkte er für uns und führte uns Piloten, Steher und Pfosten für die Brücken zu. Am 28. Jänner bekam ich einen Brief vom Lehrherrn Marek. Er schrieb, dass sein Sohn Hans gefallen sei und dass Fritz noch lebe. Der Wildner Bruno, der Sohn vom Messner, und auch Janke aus Schmitzdorf seien vermisst. Auch Advokat Gábor von der Váltoüzlet in Budapest sandte eine Karte, dass auch er einrücken musste, und eine Karte kam vom Schwager Hans, der mich am 30.Jänner zwischen 9 und 10 h vormittags in Krakau erwartete. Er hatte als Leutnant nicht einrücken müssen sondern konnte bei der Post bleiben. So hatte er jetzt die „Postambulanz-Tour“ Wien –Krakau. Der Besuch wurde mir nicht bewilligt. Na schön. Meine Brückenpartie hielt zu mir, und auch ein Einjährig-Freiwilliger schloss sich mir an. Am 30. Jänner bei Morgengrauen waren wir schon vor Slomniki beim Autostandplatz und Autopark. Mit schönen Worten bat ich einen Chauffeur, er möge mich und den Einjährig-Freiwilligen nach Krakau mitnehmen. Es waren Autos, die aus Krakau für die Straße Krakau –Warschau, an der wir bei Slomniki arbeiteten, Schotter fuhren. Nach langem Zaudern entschloss sich der Fahrer, uns mitzunehmen.

„Hockt´s eich eini hintn, i deck eich mit der Plachn zua. Oba wann i kontrolliert wia, i waß nix von eich, wäuls kann Passierschei hobts, eigspiert werds es, net i.“ Um Viertel neun waren wir schon beim Schwager, der noch schlafend im Bett lag. Auf, auf und los ging´s in die Stadt. Krakau mit seinen vielen Kirchen gefiel mir sehr gut.Beim Selcher Opalewsky kauften wir gute Wurst ein, und marsch ins Gasthaus! Ein gutes Bier, eine gute Jause machen frohgelaunt, und so stiefelten wir in Krakau von einem Gasthaus in das andere, und zum Schluss ließ Hans einen Goronec aufmarschieren, das ist ein heißer Schnaps. Wir aßen tüchtig und kauften dann noch ein, was uns die Kameraden aufgetragen hatten, und es gefiel uns in Krakau so gut, dass wir gar nicht fort wollten.

Zum Unglück sahen wir nachmittags vier Trainwagen mit den Leuten unserer Abteilung, die nach Krakau kamen um auszufassen. Abends sahen wir sie voll beladen mit der Fassung heimwärts fahren. Warum wir uns nicht anschlossen? Es war der kleine Feldwebel Reichmann dabei, da hätte es einen Krach gegeben. Ach was, alles Wurst! Wir blieben bis 9 h abends und dann machten wir uns benommen und wankend vom genossenen Alkohol auf die Beine. Jeder von uns hatte den Brotsack und den Rucksack voll Wurst und Branntwein und noch zwei Flaschen Wein. Vom Schwager hatten wir uns um vier Uhr nachmittags verabschiedet. Als wir zum inneren ersten Festungstor kamen, fragte uns ein Posten um den Feldruf und die Losung.Ich hielt ihm eine Flasche Schnaps hin und sagte: „Trink, das ist der beste Feldruf!" Da schreit der Kerl aus Leibeskräften: „Wachkommandant!" Und schon stürzt ein Hauptmann aus einer Tür und fragt was los ist. „Da, zwei Mann, nix Feldruf!" „Was ist mit euch, hm, wo kommt ihr her und wo wollt ihr hin? Ohne Feldruf?" Der Jahrling versteckte sich hinter mir und ließ mich allein sprechen. „A, ah Herr Hauptmann, melde gehorsamst, wir - hup- wir sind mit dem Train-hup- von der Militär-Arbeiterabteilung 4/1 hierherhup- fassen gefahren, und der Feldwebel-hup- hat gesagt- hup-, wir sollten bei der blauen Kugel-hup- warten, und er kommt nicht daher." „So, warten sollt ihr auf ihn bei der blauen Kugel? Ihr seid ihm abgefahren, ihr versoffenen Schweine! Wisst ihr, wann der Train zurückgefahren ist? Um fünf Uhr, und jetzt ist es halb zehn! Was mache ich mit euch Halunken? Von wo seid ihr?" „Aus Wien, Herr Hauptmann." „ Ich werde euch einsperren, damit ihr euren Rausch ausschlafen könnt." Da stieß mich der Jahrling in die Rippen, denn er als Offiziersanwärter wollte nicht entdeckt werden. „ Ah bitte gehorsamst, Herr Hauptmann, lassen Sie uns- hup- weitergehen, es wird-hup- nicht mehr vorkommen." „Na meinetwegen, beim Sperrfort werden Sie euch trotzdem schnappen." „Mir wurst, gehn ma, Jahrling." Gut is gangen, nix is gscheg´n, und wir gingen, nein noch torkelten wir, denn jetzt war der Kopf schwer, und die Füße versagten uns fast den Dienst. Endlich rauchte uns der Kopf aus, und wir kamen zum Sperrfort. Derselbe Anruf vom Posten:"Feldruf!" „ Halt die Papn, da, sauf", und ich hielt die Schnapsflasche hin. Der Tepp schreit genau so: „Wachkommandant!" Der Jahrling versteckt sich wieder zitternd hinter mir. Heraus kam ein Feldwebel mit der Frage: „Was gibt's?" „Zwei Mann ohne Feldruf!" „Wos haßt ohne Feldruf? Wos war denn des nocha? „ und er zeigte auf die Schnapsflasche. „Ach so!" „ Na, kummts nur eini, damit ma eich seg´n!" Also rein in die Kaschemme. Während ich der Wachmannschaft die Schnapsflasche überließ, fragte ich einen Korporal: „ Du, sog amoi, wia haßt der Feldruf, beim Tor hob ma ´n gwußt, und in unserm Taml hab ma´n i und da Jahrling vergessen." „Feldruf: Innsbruck, Losungswort: Spaten!" Als die Flasche leer war, fragte mich der Feldwebel, was ich mir jetzt so denke. „Ham wül i, sonst nix!" „Jo, Schneckn, es bleibts do, do is nix mit´n Hamgehn. „ „Wos, es kennts uns do net do loss´n, i was e in Feldruf: Innsbruck!" „Trottl, damischer, warum sogst es net glei, Tepp, tepperter, hätt´st da deinl Schnops daspart. Fohrts oh, es zwa Bledn, hobts eh no an urndlich´n Tschoch vor eich!" Und wir gingen, schön eingehängt, unterwegs sagte ich immer „Innsbruck" und „Spaten". So passierten wir noch zweimal den Posten und kamen über Michalowice nach Widoma. An der Straße hörten wir in einem Haus von Widoma ein Schrammelquartett und Gesang. Es waren Artilleristen, und obwohl es schon weit über Mitternacht war, waren die Kerle lustig und fidel, und wir wollten sie besuchen. Als wir die Haustür öffneten, stieß ich als Vorangehender im finsteren Vorhaus an einen Tisch, und – wie es der Teufel haben will- an etwas Fleischiges. In der Stube nur Musik und Gegröhle, niemand hörte uns. Ich greife und begreife: Ein Mordstrumm Sauschädl liegt vor mir. Die Kanoniere hatten Sautanz, warum sollte ich nicht auch etwas davon haben? Ich nahm den Sauschädl, der groß und schwer war noch mit dem ganzen Goderfleisch und drängte den Jahrling zur Tür hinaus, und ich kam schnell hinten nach. Draußen sagte ich zu ihm: „Da hast du und lauf!" Er sah mich ganz verdattert an und nahm den Schädel und als ich wieder sagte „Schau net so blöd und renn!", da begriff er erst, was ich damit wollte. Die Straße ging einen Hügel hinauf und der Jahrling rannte wirklich. Ich rannte ebenfalls, aber zur Waldlisere, von wo ich erst gekommen war. Dort stand ich kurze Zeit um zu verschnaufen, und im Vollmond sah ich den Einjährigen hinter dem Hügel verschwinden. Nich lange darauf öffnete sich die Tür, und ein halbes Dutzend Kanoniere hielt Umschau und drei kamen mir entgegen. „Herst, host net an mit an Sauschädl gseg´n?" „Mit an Sauschädl? Seid wann hab´n d´Soldaten an Sauschädl?" „A Sauschädl is uns gstoin wurn." „A so! Jo, do is vurhin ana grennt, wos er trog´n hot, hob i net gseg´n, wäus beim Wold finster is gwes´n." Ein Pfiff zu den anderen, und im Laufschritt trabten sie in die entgegengesetzte Richtung. Nun hängte auch ich einen Schnellschritt ein, um meinen Kameraden einzuholen, und war ich froh, dass der Jahrling so gescheit war! Der Sohn eines Wiener Bankdirektors wartete auf mich im Jungwald getarnt und schimpfte und fluchte. „Herst, bist narrisch wurn? Mit dir geh i no amoi, du bringst uns in Situationen, dass uns amoi urndli vaprigln, des kau ma davon hobn, wäuist ollwei so blöde Tanz in dir host. Du frißt in Sauschädl, und i hätt kenna d´Hieb hobn." „Na Schurl, moch da nix draus, guat is ganga, nix is gscheg´n. Gehn ma weita. Gib den Schädl her, den trog i jetzt, und murgn kummst auf d´Nacht zu mir und ißt mit" Ich war seit diesem Tage noch öfters in Krakau, doch dehnte ich die Fahrt nie mehr so aus, dass ich dann vier bis fünf Stunden marschieren musste, sondern fuhr mit dem Schotterauto wieder zurück. Bei diesem bewußten Nachhauseweg aber damals mit dem Einjährig Freiwilligen hatten wir unterwegs noch unseren Korporal Schwarzer aus Oberösterreich getroffen, genannt „die Radltruhen", der einen Mordsrausch hatte und die ganze Straßenbreite für sich brauchte. Wir nahmen ihn in die Mitte, und er erzählte uns, dass er seinen Bruder in Widowa besucht hatte, der dort einquartiert war und dass es dort einen Sautanz gab. Na, dachte ich mir, wenn du wüsstest, von wo der auf meinem Rucksack aufgeschnallte Sauschädel stammt!

Da sahen wir hinter aus ein kurzes Aufleuchten von einem Auto, und so schnell waren wir zwei noch nie in einem Straßengraben! Den Schwarzer ließen wir allein. Da er die ganze Straße für sich brauchte, blieb das Auto vor ihm stehen, und der Cauffeur fluchte. Ein Offizier fragte aus dem Auto, wohin Schwarzer wolle, nach Zerwana, er stieg ins Auto, und fort waren sie.Am nächsten Tag erzählte er mir, dass ihn der Verpflegsmeister vom Armeekommando eingeldaden hatte. Aber: „Ich kann ja ohne Passierschein nicht hinein!“ „Na, weißt d´was, Schwarzer? Nimm mich mit, ich hab einen!“ „Is guat, murgen noch zwa dampf ma o, mir san eh in da Näh ba da Orbat, sodaß uns neamd siacht.“ Tags darauf gelang es uns, mit meinem Passierschein, der keiner war, den Posten, der ungarisch sprach, zu bewegen, uns nach Slomniki zu lassen. Wir ließen uns rasieren, die Haare schneiden, tranken beim Kurbjel ein Krügel Bier und machten uns auf die Suche nach dem Menagemeister. Dass unser Hauptmann in Slomniki wohnte, wussten wir. Dass wir aber mit ihm Pech hatten, konnten wir nicht voraussehen. Gerade als wir in das Haus treten wollten, kam unser Hauptmann mit noch zwei Offizieren heraus und hielt uns beim Kragen. „Ihr verdammten Kerle, was sucht ihr hier?“ „ Wir wollen, Herr Hauptmann, zum Verpflegsmeister, der soll hier wohnen. „Na, dass euch der Teufel holt, hier gibt es keinen!“ Und doch öffnete sich die Tür einer Küche, und ein Soldat fragte, ob „am End der Korporal Schwarzer do“ sei. „Jo, do bin i.“ „Na, dann kumm eina, er wart scho auf di.“ Der Hauptmann schaut verdutzt und läßt dann Schwarzer hinein gehen. „Souček, kommen Sie mit, was ist da los? Wieso seid ihr in der Stadt? Ohne Passierschein?“ „Nein, mit dem Zettel“ „So, jetzt ist er zerrissen, und den Posten dort werde ich zur Anzeige bringen.“ „Tun Sie es nicht, Herr Hauptmann, er ist unschuldig, Er kann vielleicht nicht einmal lesen und Polnisch schon gar nicht.“ „Na gut, gehen Sie nach Hause, und abends um sechs Uhr melden Sie sich beim Leutnant Ötzelt. Verstanden?“ „Jawohl Herr Hauptmann.“ Um sechs Uhr abends meldete ich mich beim Leutnant Ötzelt, gleich darauf kam der Hauptmann, und ich hatte mich auf eine Strafe gefasst gemacht. Als auch der Feldwebel eintrat, dachte ich nur, dass jetzt über mich Gericht gehalten würde. Hauptmann Straka fragte, wieso es kommt, dass ich kein Gefreiter wäre? Der ich schon Korporal hätte sein können? Da meinte der Feldwebel: „ Herr Hauptmann, wenn ich die Arbeiter, die die Arbeit tun und sie verstehn, befördere, wer soll dann arbeiten?“ „Herr Hauptmann“, sagte ich darauf, „ich selbst möchte nicht befördert werden. Ich bitte aber um leichte Arbeit oder um Verwendung für besondere Zwecke, da ich schon außer Tschechisch noch sehr gut Ungarisch und etwas Italienisch und Polnisch beherrsche und sehr viel Russisch verstehe, und das habe ich schon öfters bewiesen." „Wie Sie wollen, Souček, ich werde Sie vormerken, und wenn sich eine leichte Arbeit anbietet, dann denken Sie an Ihn, Feldwebel." Bis jetzt waren wir zu keinem Schuß gekommen, und unsere Gewehre wurden schon mehrmals gereinigt und visitiert. Das Wetter besserte sich, und es regnete und schneite nicht mehr, und auch meine Finanzen standen gut. An Wäsche hatte ich drei Sommer- und zwei Winterhemden und drei Unterhosen. Was ging mir noch ab?

(Direkte Abschrift des Tagebuchs:)
Am **12.Februar 1915** war ich wieder in Krakau beim Schwager Hans und ließ es mir gut gehen. Ich gab ihm meine Taschenuhr zur Reparatur mit. Am **28. Februar** arbeiten wir mit drei Straßenwalzen an der Warschau-Krakauer Straße und freuen uns der sonnigen Tage. Sieben Monate sind schon vergangen und vom Frieden ist keine Spur. Jetzt haben wir schon um fünf Uhr früh Tagwache und arbeiten die Mittagsstunde durch von 6 Uhr früh bis 5 Uhr abends. Zu Mittag gibt es ein Stückchen Speck, Tee oder schwarzen Kaffee, abends Suppe, Rindfleisch, Reis oder auch Bohnen oder Erbsen. Von meiner lieben Frau bekomme ich jetzt regelmäßig Post, und es freut mich immer, wenn sie schreibt, dass auch die Eltern und mein Putzi kam wohlauf sind. Immer wieder und in jedem Schreiben taucht die Frage auf: Vati, wann kommst du nach Hause zu uns? Na, einmal wird der Tag kommen, denn die Zeitungen melden lauter Siege!! Habe von Professor Zipernowsky und von Frau Anna Schlenker einen Brief erhalten. Bis jetzt ist der Garten ohne Gärtner, da auch die Gehilfen einrücken mussten. Ich war wieder bei Hans, und er brachte mir von meiner Schwester Berta einen Nuß-und einen Mohnstrudel. Wir besichtigten alle Sehenswürdigkeiten und das Schloß Wawel. Max ist in den Karpathen und ist vier bis fünf Tage ununerbrochen auf Patrouillenritt.

Max

Mit meinen Quartierleuten habe ich mich versöhnt, es sind sehr nette Leute. Unser Hund, das heißt unser aller Hund, der Nimanie, besucht uns öfters, und man muß staunen, er erkennt uns alle. Bei den vielen Märschen war er immer mit, und trotzdem sehr viele Truppen bei uns vorbei marschierten, blieb er bei uns. Er ist überall und nirgends, heute schläft er bei uns und morgens woanders, von allen wird er verhätschelt und schaut prächtig aus. Nach einem neuerlichen Kälteeinbruch habe ich mich sehr verkühlt, so dass ich in das Festungsspital Krakau II gebracht wurde. Ich habe arges Stechen in der Lunge, auch beim Atmen, so dass es nicht zum Aushalten ist. Im Spital geht es mir gut, eine polnische Ärztin gibt mir das Beste. Draußen schneit es, hier ist es so schön warm. Ja, es wäre hier so schön, doch wenn ich die armen Teufel sehe , die dem Sterben nahe sind, und täglich einige junge Menschen sterben,junge Menschen, die das Leben vor sich gehabt hätten, dann gefällt es mir auch hier nicht. Ich habe eine schwere Bronchitis und einen Schatten in der Lunge. Die Wärter und Schwestern sind sehr freundlich und gut, und ich bin hier Dolmetsch. Kommen doch alle Sprachen von Österreich-Ungarn hier zusammen! Doch nichts dauert ewig. Obwohl mich die Ärztin und das Pflegepersonal noch gerne dort behalten hätten, verließ ich am **10. März** das Spital, um bei meiner Abteilung einzurücken. Meine Frau schrieb mir, dass sie die Möbel aus Budapest nachbringen lassen will und in Wien wohnen möchte. Ich habe nichts dagegen, denn wer weiß, wann der Krieg beendet wird, und der Ausgang ist sehr ungewiss. Ich kam mit Prager Tschechen zusammen und da hörte ich nichts Gutes, denn schon vor dem Kriege gab es überall separatistische Ströme, und für Böhmen, Mähren und die Slowakei wurde Autonomie verlangt. Auch Kroaten und Slawonier wollen sich von Ungarn loslösen und Rumänien verlangt Siebenbürgen. Was wird das Ende sein? „Der Zerfall der Monarchie, des tausendjährigen Habsburger Reiches von Gottes Gnaden“?

Wir haben einen alten Kaiser, und ob der Nachfolger es verstehen wird, den Krieg in friedliche Bahnen zu lenken, ist fraglich. Jetzt, schon acht Monate nach Kriegsbeginng, höre ich, dass im Hinterland Getreide requiriert wird. Seit dem Verlust von Przemysl steigen die Preise überall unerhört, auch in Wien. Auch hier ist alles viel teurer, und die Juden sind die einzigen, die den Handel aufrecht halten und auch manchmal arg draufzahlen. So gestern, als wir von der Arbeit gingen, fanden wir unterwegs, als es schon dunkelte, eine Menge Kerzen und Orangen auf der Straße. Wahrscheinlich hat jemand unterwegs die Kisten aufgebrochen, und die Sachen fielen beim Fahren langsam durch, ohne dass es der jüdische Händler bemerkte. Es ist auch möglich, dass die Kisten wegen der vielen Schlaglöcher auf der Straße barsten. Am Samstag war ich in Jenslawicz und besuchte auch die Kirche, und heute, den **28. März 1915**, war ich in Slomniki, wo ich zu tun hatte. Ich war auch in der Kirche und im Gasthaus Kurbjel. Ich trank zwei Flaschen Bier und aß drei Salzstangerln, die sehr teuer waren. Weiß der Kukuk, woran es liegt, unsere Brotportionen werden immer kleiner und ungenießbarer, und man hört allgemein, dass Mehl und Kartoffeln sehr knapp sind. Reis bekommen wir überhaupt nie mehr, und das Stückchen Fleisch wird auch kleiner; täglich abwechselnd Erbsen und Fisolen. Meine derzeitige Kost besteht frühmorgens aus schwarzem Kaffee und einem Stückchen Brot, zu Mittag einem Schmalzbrot und schwarzem Tee ohne Rum, abends aus einer Suppe, das heißt mehr Wasser als Suppe und Fisolen oder Erbsen, die ich leider nicht essen kann, da ich sonst am nächsten Tag krank bin. Um aber nicht zu hungern, kaufe ich mir täglich einen halben Liter Milch und hie und da einige Eier, denn von 6h früh bis 6 h abends sind wir auf der Straße und jeder Witterung ausgesetzt. Dass man dann zusätzlich beim Teejuden ein Glas Tee trinkt, ist selbstverständlich.

Die Kämpfe bei Tarnow und Dunajec dauern weiter. Auch in den Karpathen und in der Bukowina bei Czernowic und Kimpolung geht es heiß zu. In den Karpathen liegt viel Schnee, und im masurischen Seengebiet tobt die Winterschlacht. Bei Grodno hatten die Russen große Verluste, und hie und da sieht man ein Flugzeug. Alle Häuser sind abends schon seit langem verdunkelt. Der Landsturm wurde erweitert und zwar von 18 bis 50 Jahre. In Frankreich gab es heftige Kämpfe in der Champagne und in den Argonnen. Bei Ypern wurden viele Engländer gefangen; Siege, Siege, nichts als Siege. Was hört man von unseren Verbündeten in Italien? Nichts Gutes, und wenn ich mich nicht täusche, fällt uns der „Katzelmacher“ in den Rücken statt uns zu helfen, denn auch dort wittert man billige Beute, „Südtirol, Triest samt Görz und Gradiska“, und wenn möglich noch mehr. Wird Italien den Krieg verkürzen? Ich glaube kaum. Warum soll es sich nicht auch bereichern wollen? Amerika liefert fleißig an alle Staaten Waffen und verdient durch die Hetze sehr schön dabei. Der Amerikaner ist zufrieden, da er Arbeit und guten Verdienst hat, und die Multimillionäre, besonders die Ölmagnaten, werden reicher und frecher. Am **31.März** bekam ich vom Onkel Jarosch eine Karte aus Steyr und von Samitz einen Brief mit Musterpäckchen: 30 Stück Sport, zwei Tafeln Schokolade und Zuckerln. Er schreibt, dass im Gebirge vier Meter hoch Schnee liegt. Es ist sehr nett von ihm und seiner Familie, dass sie immer an mich denken. Am **28. April** war ich wieder in Krakau, ich wollte Hans besuchen, leider war er nicht anwesend. Ich schlafe in einem einsamen Haus mit einigen Landsturm-Männern und werde erst in drei Tagen zurück zur Abteilung fahren. Ich habe die anrollenden Schotterwaggons zu kontrollieren und auch die Autos. Bei uns bereitet sich was vor. Vormarsch? Ich erhalte jetzt die neuesten Nachrichten vom Kriegsschauplatz und lese soeben, dass Warschau von den Deutschen beschossen wird. In der Durchbruchsschlacht bei Gorlice, rollten wir die ganze Front auf und die Linie ist: Malastow, Gorlice, Gromnik. So wurde

Tarnow befreit mit riesigen Verlusten der Russen an Maschinengewehren und anderen Geschützen, mit mehr als 30000 Gefangenen und der weitere Kampf auf die Karpathen ausgedehnt. Am 6.Mai war der Dunajec ganz in unserem Besitz. Mackensen tat mit den deutschen Truppen viel dazu, und ich bin neugierig, ob es unseren Truppen mit Hilfe der Deutschen gelingen wird, den Russen aus Galizien, Polen und der Slowakei zu verdrängen. Ich nehme an, dass der Italiener geheim rüstet, um uns nach der Mobilisierung in den Rücken zu fallen.

Kaum war ich am 6.Mai von Krakau nach Zerwana gekommen, ging es schon ab. Wohin weiß man nicht. Vorher wurde ich zum siebenten Mal geimpft, diesmal gegen Typhus. Wir sind unterwegs nach Szozuczin. Die Schlacht um Przemysl dauert an. Schon fünf Tage sind wir an der Nida und hatten unterwegs fast nichts zu essen, wir marschierten die ganze Zeit.Ich werde unterwegs öfters abkommandiert und muss mit Zivilisten Brücken verstärken. So kam ich einmal in eine Ortschaft, da war die Brücke so morsch, dass man die ganze große und lange Brücke abreißen lassen musste. Von der Abteilung waren noch vier Mann mit. Ich ging zum Bürgermeister und sagte ihm, er möge mir Leute zur Verfügung stellen. Ich bekam 20 Mann mit Werkzeug und innerhalb einer Stunde waren alle 20 Mann verschwunden und eine Menge von Zusehern umstand die Brücke. Da machte ich kurzen Prozess, und mit meinen Leuten fing ich 20 Mann zusammen. Sie mussten bleiben. Werkzeug lag hier, also los! Da verschwanden auf einige Zeit die Zuschauer. Als ich dann sah, dass manche die Arbeit nicht leisten konnten, schickte ich diese Leute wieder fort. (Anmerkung: Es handelte sich hier um eine rein jüdische Gemeinde. In der Abschrift wurde das ursprünglich widergegebene Idiom nicht mehr verwendet.) Mit dem Bürgermeister hatte ich einen Auftritt, denn die Gemeinde war laut überbrachtem Schreiben verpflichtet, die Brücke neu herzustellen. Am nächsten Tag bekam ich 25 Mann, meistens dafür bezahlte Leute, und außerdem wurde das nötige Holz geliefert. So wurde in drei Tagen eine massive Brücke errichtet, über die schwere Geschütze passieren konnten. Kaum hatte ich mit meinen Leuten meine Abteilung eingeholt, musste ich nach Zeglin zur Zivilarbeiterabteilung 2, zu Leutnant Spalt, einem netten, dicken Herrn aus Budpapest, Steinmetz und Bildhauer von Beruf. Ich vertrug mich mit ihm sehr gut. Wir hatten wieder einige Brücken und Straßen herzurichten. Von der Abteilung 4/1 kamen noch 14 Leute mit. Also teilte ich meine14 Mann auf je 10 Zivilisten pro Mann auf. 100 Mann kamen zur Straße, die in einer Länge von 3 km von Grund auf mit Polsterung und Schotter herzurichten war. Davon entfiel auf unsere Abteilung die Hälfte, die nächsten anderthalb km wurden von einer anderen Abteilung übernommen. Mit vier Mann der Abteilung und 40 Zivilisten bekam ich die Aufsicht über die Arbeit an den Brücken. Hier gab es weit und breit keine Steine. Da sah ich einen Hügel und ich ließ nach Steinen graben. Wir fanden riesige Ammoniten, Riesenschnecken und Muscheln aus der Trias-Periode.Leider gaben die Zivilisten nicht acht und zerschlugen mit dem Krampen einige Stücke. Ich fand aber noch genug, so dass Herr Leutnant Spalt etliche an das Wiener und das Budapester Museum senden konnte, und auch das Armee-Kommando bekam noch welche. Wir fanden keine Steine und mussten Steine mit dem Lastauto herführen lassen. Es war viel zu tun, und es klappte fast alles. Nur unser Koch, ein alter Landsturmmann, bemogelte uns oft, so dass ich ihm auf die Finger schauen musste. Die Arbeit ging flott vorwärts, und auch eine Dampfwalze bekamen wir, die aber leider schon am 2. Tag ein Brückengeländer durchbrach und im Sumpf landete. Dem Wagenführer war nichts passiert, da er noch rasch abspringen konnte. Nun zeigte Leutnant Spalt seine Kunst. Zum Glück lag die Maschine nicht im Bach sondern am sumpfigen Ufer. Sie wurde nun immer Stück für Stück gehoben und „unterpackelt". So ging es eine Weile, und als die Walze schon recht hoch stand, fragten wir uns: Was weiter? Ja, was weiter! Wir wollten sie ja auf der Straße benützen und nicht als Denkmal. So ließen wir ein paar Pferde und Seile holen und konnten sie mit Hilfe der Pferde aufrichten, und nachdem wir Pfosten über den Sumpf gelegt hatten, erreichte die Walze wieder aus eigener Kraft die Straße. Wir hatten keine Kartoffeln mehr und der Eintopf wurde immer wässriger. So ließ ich einen Trainwagen einspannen und fuhr um 6 h früh los, um welche aufzutreiben. Wir fuhren durch viele Orte und an viele Bauernhöfe heran, und es war schon 11 h, als wir bei einem Pfarrer anhielten, der uns 400 kg Kartoffeln zu 10 Kreuzer oder 20 Heller pro Kilo gab, und ich musste noch froh sein, dass ich welche bekam. Erfreut fuhren wir zu Abteilung zurück, hatten wir doch wieder zu essen. Ich hatte viel zu tun, und war schon 4 Wochen hier. Die Straße von eineinhalb km war fertig, und ich bekam noch 1 km zum Grundieren dazu.

(Weiter direkte Abschrift aus dem Tagebuch:)
Am **23. Mai 1915** erklärte uns Italien den Krieg. Meine Ahnung hat mich nicht betrogen, dass uns der kleine Vittorio Emmanuele den Krieg erklären wird, und so haben wir um einen Hund mehr, der den Hasen hetzt, und viele Hunde sind des Hasen Tod. So bleibt nur mehr die Schweiz als neutrales Land. Am **28. Mai**, bin ich immer noch in Szeglin. Am **2. Juni** wird Pola bombardiert. Am **3.6.** ist Przemysl gefallen. Der Vormarsch geht weiter. In der Adria greifen die Italiener unsere Schiffe an, und es beginnt das italienische Konzert. Die Alpini greifen an der Tiroler und Kärntner Grenze an und auch das küstenländische Grenzgebiet Hunderttausende Tonnen an Gütern werden in den Meeren versenkt. Nur so weiter im 20. Jahrhundert! Arbeitsbeschaffung für die Zukunft? Für einen armen stellenlosen und hungernden Familienvater hatte der Staat, die Gesellschaft, das kultivierte Europa keinen Heller übrig, und jetzt werden Milliardenwerte vernichtet.Die Opfer des Wahnsinns werden zu Helden erklärt. Am **17. Juni 1915**

ereigneten sich blutige Schlachten am Isonzo. Der kleine Vickerl hat sich die Sache gut zurecht gelegt. Während wir gegen eine russische Übermacht kämpfen und ihn aus unserem Land vertreiben, holt er sich fette Bissen. Na Mahlzeit, vielleicht, lieber Vittorio, erstickst du daran, wie auch dein General Cadorna ersticken möge. Hier, auf dem sandigen Boden brennen der Weizen und die Gerste aus. **22. Juni**: Ich bin noch immer bei der Zivilarbeiter-Abteilung 2, hörte aber, dass unsere Abteilung 4/1 in Szczucin ist. Die Urlaube sind bis auf weiteres gesperrt. **29. Juni**: Ich demoliere mit meinen Leuten eine morsche Brücke und die Sonne scheint heute sehr heiß. Es ist der Peter- und Pausltag, leider für uns hier kein Feiertag. **14. Juli 1915**: Ich und 14 Mann marschieren nach Szczucin. Leutnant Spalt wollte mich bei sich behalten, doch Oberingenieur Eisen aus Linz gab mich nicht frei, da ich alle Arbeiten zur vollen Zufriedenheit ausgeführt hatte. Sämtliche Brücken und Straßen sind gut und solide gebaut und benützbar. Auch alle schriftlichen Kanzleiarbeiten wurden von mir präzise erledigt. (Weiter Erzählung:) Am **16. Juli** in Szczucin angekommen, arbeitete unsere Abteilung an einer Feldbahnanlage, und schon am nächsten Tag musste ich die verbrannte Brücke in Krechow herrichten. Am 18. fuhr ich mit dem Lastzug der Bahn nach Lemberg und kam am **23. Juli** wieder zurück nach Szczucin und zwar zum vierten Mal zu denselben Bauersleuten mit Krumschmied, Klima und Lenninger.

Ich und die drei Kameraden fuhren am **23. Juli** wieder zur Zivilarbeiter-Abteilung 2 nach Szeglin um einen Transport abzuholen. Wir fuhren über Lemberg nach Zolkiew. Schade, ich wäre gerne hier geblieben! Wir waren in einem Maierhof einquartiert und schliefen im Stroh auf dem Fußboden. Die Kanzlei befand sich ebenerdig, doch waren weder Tür noch Fenster vorhanden, und die Fliegen flogen ein und aus. Hier gab es auch ein schönes Schloss und einen herrlichen alten Schlossgarten. Der Park war ganz verwildert. Anschließend stand eine von den Russen ganz zerstörte Spiritusbrennerei. Besonders die Maschinen waren zerstört. Die Fenster und Türen sämtlicher Wirtschaftsgebäude waren verbrannt. Der Besitz gehörte dem Fürsten Lubomirsky. Bevor ich hierher gekommen war, musste ich noch tags zuvor eine neue fahrbare Küche besorgen, da unsere total kaputt war und die Kesseln durchgebrannt. Hier war eine ungarische Fassungsstelle, und vier neue Küchen standen im Freien herum. Das Verlangen unserer Abteilung nach einer neuen Küche wurde aber vom Akzessisten abgewiesen. So blieb nichts anderes übrig, als die neue Küche durch einen Streich zu holen. Die Fassungsstelle lag an der Weichsel und dehnte sich am Ufer ziemlich weit aus. Straßenseitig befanden sich die Küchen, eineinhalb Meter höher gelegen. Ich konnte den ungarisch sprechenden Posten leicht ablenken. Als es dunkel wurde, zogen vier Mann die alte, leere Feldküche heran, und in der Zeit, in der ich den Wachposten vor dem Magazin unterhielt, wurde die Küche rasch ausgetauscht und im Laufschritt im schalldämpfenden Sande weggeführt. Bei meiner ersten Fahrt von Szczucin nach Lemberg besuchte ich auch die Stadt Przemysl und staunte über die dortigen Preise.Ich wunderte mich, dass die Stadt nicht mehr zerstört war, da doch so harte Kämpfe um Przemysl waren. Von der Bahn aus sah man aber in den sehr ausgedehnten Festungsgebieten sehr viele zerstörte Forts und auch zerstörte Ortschaften. In Lemberg selbst war es auch nicht so schlimm, doch hätte man dort, um besser leben zu können, viel Geld gebraucht. Nachdem ich noch zwei Tage in Szeglin verbracht und es mir dort gut gehen gelassen hatte, machten wir uns am **26. Juli** 1915 um 7 h früh mit neun Pferden und vier Wagen auf, um von Szeglin nach Dombica zu gelangen. Leider hatte es am Tag zuvor sehr stark geregnet, und niemand kann sich leicht einen Begriff von einer polnischen Straße machen, die nicht grundiert und beschottert wurde. Wir versanken manchmal bis zur Achse. Ich gab als erster Fahrer einen guten Kutscher ab und fuhr im Sand, durch den Wald und auch auf Umwegen, wenn wir nicht gefahrlos durch den Bach fahren konnten, denn viele Brücken waren noch kaputt. So ging es durch Dick und Dünn gegen Radomysl. Auf der Fahrt nach Wiwiurka sahen wir viele Ruinen, der Ort selbst war ganz ausgebrannt, 85 Häuser durch Feuer vernichtet. Auch Dombica war ganz zerstört, der ganze Rinek, das heißt der Hauptplatz und die Judenzeile waren nach der beiderseitigen Kanonade ein Trümmerhaufen.

In Dombica kamen wir um 7 h abends ab und stellten die Pferde mit einer Bewachung ein, dann suchten wir Quartier. Bei einem Briefträger bekam ich ein Bett, doch trotz meiner Müdigkeit und dem Naphtalin, das ich ins Bett streute, konnte ich nicht schlafen, denn hunderte Flöhe saugten mein Blut. Um 4 h früh zog ich mich im Hofe nackt aus und wusch mich beim Brunnen. Die Montur klopfte ich über einem Wasserbottich aus und ermordete damit alle Flöhe. Die Jagd lohnte sich, und ich ging ungestört Kaffee kochen. Am **27.7.** um 6 h morgens fuhren wir zum Bahnhof, und ich wartete auf das Einwaggonieren. Zu Mittag hatten wir jeder eine Hascheekonserve, die ich in der Lokomotive heiß machte. Erst um 3 h wurden wir einwaggoniert, und dann rangierten sie mit uns die ganze Nacht, so dass wir wieder eine Nacht schlaflos verbrachten. Am **28.7.** endlich um 8 h früh nahm uns der Sammelzug mit, und in der dritten Station blieb er mit uns wieder stehen, und es gab kein Weiter. Da wir die Pferde füttern und tränken mussten aber nicht viel Futter mit hatten, sah ich schwarz. Wenn dieser Expresszug so weiter macht, verhungern wir samt den Pferden, bevor wir nach Zolkiew kommen! Ein Jahr ist seit dem 11. August 1914 verstrichen, und wie lange wird es noch dauern? Soll Professort Zipernowsky mit vier bis fünf Jahren doch Recht behalten? Am **30. Juli 1915** erreichten wir um 4 h nachmittags Jaroslan. Wir standen auf offener Strecke, und etwas wie ein Vulkan drohte unsere Waggons umzuwerfen. Es war ein Hexensabbat. Im Waggon heulte, pfiff und sauste der Sturm bei einem wolkenbruchartigen Regen. Viele Bäume waren entwurzelt und abgebrochen. Die Getreidepuppen flogen durch die Luft und zerstreuten sich viele Meter weit. Um 6 h abends waren wir vor Rzeszow, - es ist ja doch wieder weiter gegangen-, und am 3. August kamen wir in Zolkiew an. Eine ukrainische Stadt! Da ich mich verständigen konnte, wurde ich für alles Mögliche verwendet. In Zolkiew lag eine Garnison. Es gab eine große Kaserne, Kirchen, einen Park, eine Menge Gasthäuser und Geschäfte und auch viele Juden wie überall.

Wir waren in der Kaserne einquartiert und erlebten ein Martyrium. So etwas hat die Welt nicht gesehen! Millionen Fliegen, wir konnten Tausende erschlagen, und es werden nicht weniger! Machte man den Mund auf, waren sie schon zu Dutzenden drinnen, das Gesicht und die Hände waren immer und immer voll, es war zum Verzweifeln. Was wir auch anwandten, Räucherkerzen, Fliegenleim, Lysoform, Formalin, Benzol, es war alles umsonst. Alle Räume der Kaserne, der Hof, die Stallungen, waren nach der neunmonatigen Besetzung durch die Russen so versaut, und der angehäufte Unrat war eine einzige Brutstätte. Wir konnten nicht schlafen, und der Gedanke, infiziert zu werden, war furchtbar, da man nicht wusste, wo gerade so eine Fliege saß, auf Cholerakranken, die es im Spital noch genug gab, auf einem Kadaver oder irgendeinem anderen Fäulnisstoff. Man konnte weder reden och etwas essen, denn mit jedem Bissen kamen sofort Unzählige als Zutat.Sie tanzten auf dem Kopf, klebten am Mund, auf den Augen, saßen gleich zu Hunderten am Tellerrand und – schwaps- schwammen sie in der Suppe oder im Kaffee als Gratisbeilage.In die Waschschüssel fielen sie schon beim Eingießen, und schrieb man mit Tinte, saugten die Ludern die Tinte auf, und das Papier war voll gekleckst. Wickelte man sich nachts in die Decke ein, sie fanden ein Loch und peinigten uns bis zur Raserei. Und doch mussten wir alle Räume, die Stallungen und den Hof reinigen.Doch womit reinigen? Für unser Geld Bürsten und Kübeln kaufen? Wir fassten nichts, auch keine Seife oder ein Reibtuch. Ja, hatten wir nicht Virtuosen im Stehlen? Aber natürlich! Die Herren Kameraden Faix und Mittler, angeblich zwei Bürochefs der Spedition Schenker und Co aus Wien, und der Leninger, und wir alle wie wir hier waren, lernten es mit der Zeit, sich Sachen anzueignen, die wir benötigten und zwar auf geschickte Weise. Und was heißt „gestohlen"? Man nahm nur. Man lernte das Nehmen von den Großen, die damit reich wurden und über Leichen gingen, skrupellos Millionenprofite einsteckten, und ihnen blühte der Weizen umso schöner, je mehr Menschen in den Krieg verwickelt wurden.

Wir entwarfen einen Kriegsplan im Kleinen. Wir sandten Späher aus, und dann ging es los. In einen Laden gingen gleich drei oder vier Mann und verlangten etwas, wobei sich der Verkäufer umdrehen musste oder auf eine Leiter steigen. Währenddessen nahm einer von unseren Leuten einen Kübel in die Hand. Als sich der arme Kerl umdrehte, wurde er gefragt: „Was kostet bei Ihnen so ein Kübel?" „Ein Rubel und 50 Kopeken"„Viel zu teuer, im anderen Geschäft, da kostet so ein Kübel nur einen Rubel und 20 Kopeken.", und ging mit dem Kübel zum Laden hinaus. Das wurde noch einige Male wiederholt und wir hatten wir unsere Beute: Kübeln, Bürsten und alles andere. Es wurde die ganze Kaserne gesäubert und fuhrenweise Mist und Unrat weg geführt.

(Anmerkung: Es handelte sich um jüdische Geschäfte. In der Schrift von Franz Souček wurde der jüdische Tonfall wiedergegeben. Dies wurde in meiner Abschrift unterlassen.)

Sämtiche Leuchtbirnen in den Räumen gaben kein Licht, auch keine einzige war brauchbar. Zwei Mann nahmen eine Leiter und zwei Mann einen Karton voll unbrauchbarer Birnen und tauschten bei hellichtem Tage in den Straßen die guten gegen die schlechten Glühbirnen aus. Auf die Frage, was sie da machten, sagten die vier Männer: „Stärkere Birnen einschrauben". Na schön. Abends hatten wir alle Räume beleuchtet, und die Stadt lag im Finsteren. Mit dem Schmutz brachten wir auch die Fliegen fast ganz weg. Ljublin, Iwangorod und Warschau waren nun gefallen. Da wir die Russen fast aus Galizien und der Bukowina verdrängt hatten, glaubte ich, dass wir bald eine stabile Stellung beziehen würden. Wir würden doch nicht Petersburg und Moskau erobern wollen und müssten zufrieden sein, wenn wir nahe der Grenze Fuß fassen und der Russe nicht über Krakau nach Wien marschiert! Von Max kam eine Nachricht, dass er sich in der Karpathen der Bukowina aufhielt und er meinte, dass er in Kürze nach Italien kommt. Fünf Briefe erhalten, von meinen Eltern und von meiner Frau. Leider mussten wir die Kaserne, die wir so schön hergerichtet hatten, verlassen und wir errichteten für aus ein Zeltlager auf einer Wiese. Dann hörte ich, dass ein Feldwebel Gärtner sucht, alle Gärtner mögen sich melden. „Hier!“, schrie ich sofort und hatte schon geringe Hoffnung, ins Hinterland, vielleicht sogar nach Wien zu kommen. Weit gefehlt! Es meldeten sich noch vier Mann, die ich übernehmen musste mit dem Auftrag, das Epidemiezelt zu dekorieren, Girlanden seien vorhanden. Also los, gemma´s an. Als wir dort ankamen, wurden uns im Keller die Girlanden gezeigt, und die sollen in beiden Stockwerken von einem Fenster zum anderen gezogen werden. Spitalskranke hatten Ruhr, Cholera und Typhus, lauter ansteckende Krankheiten, und was ist gegen Cholera gut? Schnaps. Darum ersuchten wir im Parterre um Schnaps und bekamen Rum. Ich trug die Girlanden zu, und die vier Mann sorgten für das Anbringen. Im ersten Stock bekamen wir wieder eine Feldflasche voll Rum. Das wiederholte sich im zweiten Stock, und als ich wieder in den Keller um Girlanden ging, sah ich noch einen Mann beim Desinfektor im Hof und ging in meinem ungewohnten Rumtaumel statt nach links nach rechts, wo es ebenso dunkel war. Ich stolperte über etwas und fiel auf etwas Weiches und schlief sofort ein. Nachdem die vier Mann schon eine halbe Stunde auf mich gewartet hatten, gingen sie in den Hof hinunter nachsehen. Nicht zu finden, sie fragten den Mann im Hof. Ja, er sah einen Mann in den Keller gehen, ob er schon raus ist, wisse er nicht. „Schauts besser nach!“ Als sie sich umsahen, lagen noch Girlanden da, und einem fiel ein, im rechten Kellerabteil nachzusehn und wäre auch bald über etwas gefallen. Er zündete sein Feuerzeug an und schrie: „Kummts her, do liegt er wie a Toter auf den Toten!“ Es waren fünf an Cholera verstorbene Soldaten, die da lagen und ich quer darüber. Sie trugen mich sofort hinaus in den Hof und begossen mich mit Wasser, so dass ich bald munter wurde. Das hatte auch ein Arzt bemerkt. Die vier Mann erzählten ihm den Vorfall, und wir mussten, nachdem alle Girlanden aufgehängt waren, sofort desinfiziert werden und bekamen ein Bad. Meine Montur wurde im Desinfektor verbrannt. Ich bekam aber eine ganz neue, zum Glück, denn meine war schon sehr schleißig und geflickt, und doch war meine neue Bluse im Rücken mit einem Gewehreinschussloch versehen. Welch armer Teufel hatte sie an, und was geschah mit ihm?

Am **20. August 1915** marschierten wir wieder los an die Grenze. Wir errichteten eine neue Fassungsstelle an einer von den Russen neu erbauten Bahnlinie, wo am **17. August** noch eine heftige Schlacht getobt hatte. Am **1. September** waren wir in Christinopol, nachdem wir einige Tage für die Fassungsstelle gearbeitet hatten. Wir hatten 80 kilo schwere Mehlsäcke geschleppt aber auch Edamerkäse, den wir uns gut schmecken aber auch einige Kugeln verschwinden ließen. Der Weg von Zolkiew ging über Terynka, wo wir am **22. August** ankamen und noch Welky Mosty erreichten. Von hier ging es den **23. August** nach Smitków über Ostrów, von Smitków nach Konodopy bei Sokal, circa 70 km. Kaum hier angekommen, mussten wir nach Grzybowice ins russische Reich und am 25. wieder nach Konodopy zurück, wo wir zwei Tage blieben und von der russischen Artillerie mit Schrapnell beschossen wurden. Auch hier waren am **27. August** schwere Kämpfe, und unsere 20 Batterien links von Sokal beschossen den ganzen Tag die Russen. Die Front war nur 3km von Konodopy entfernt. Ich ging mittags zum 15.Landwehr-Infanterieregiment in den Schützengraben und blieb dort bis 5h abends, doch dann musste ich schleunigst raus, denn es ging der Teufel los. Eine Granate nach der anderen und ein Schrapnell nach dem anderen platzten in und über den russischen Schützengräben, ohne dass die Russen das Geschützfeuer erwiderten. An vier Stellen brannten Orte, da auch mit Brandgranaten geschossen wurde. Ich blieb noch die ganze Nacht bei den türkischen Haubitzen im Wald. Um 4h früh ging die ganze Front vor, die Russen hatten schon um 2h nachts ihre Truppen zurück genommen. Unsere Truppen verfolgten die Russen gegen Luzk. Ich befand mich schon einige Zeit in Ulwowek, wo auch schwere Kämpfe stattfanden und unser Panzerzug auch eingesetzt war. Ich bewunderte hier die Mädchen und Frauen, deren Männer eingerückt waren und die die ganze Arbeit im Haus und auf dem Feld verrichten mussten und ihr Vieh beim vorbeifließenden Bach tränkten. Auf den Pferden ritten sie ohne Sattel im Herrensitz wie dieTeufeln zur Tränke und wieder zurück. Es waren wirklich selten schöne Gestalten! Am **28. September** gingen wir nach Uhrynow. Ich sah mir die Stätte der meisten Kämpfe genauer an, von uns waren wenig Gefallene, doch viele Russen hatten ihr Leben lassen müssen.

Wir waren wieder marschbereit und sollten 100 km gegen Brody marschieren, voll bepackt, ohne Menage, nur mit Krautstengeln und Holzbirnen als Nahrung, die wir unterwegs fanden. Man gewöhnt sich an alles, auch ans Hungern. So trottete einer hinter dem anderen, ganz automatisch, im Halbschlaf durch mit Typhus, Cholera und Blattern verseuchte Gebiete. Zugsführer Stöhr kam vom Urlaub, der vor einem Monat an alle Soldaten vom Oberkommandeo bewilligt worden war. Er kam aus Wien und erzählte von sehr unliebsamen Dingen und von enormer Preistreiberei. Meine Frau hatte aus Budapest die Möbeln geholt und wohnte nun im III.Bezirk, in der Rüdengasse 3, unweit meiner Eltern. Noch ein Urlauber kam aus Wien und erzählte, dass verheiratete Frauen, deren Männer eingerückt waren, sich mit allen möglichen Menschen abgaben, und die Unterhaltungslokale und überhaupt alle Wirtshäuser abends voll waren, und da werde jetzt mehr gesoffen und getanzt als früher. Um Frauen sei keine Not, nur Geld müsse man haben. Wir standen knapp hinter der Front, und ich wurde ich abkommandiert. Da die Ortschaft vor uns in der Feuerlinie lag und von Freund und Feind beschossen wurde, musste ich die Ortseinwohner evakuieren und sie mit 36 Wagen voll Hausrat, mit Frauen und Kindern eine 15 km weite Strecke zurück begleiten. Es war nicht angenehm, denn alles ging unter russischem Artilleriebeschuß vor sich. Kaum hatten wir die Ortschaft verlassen und waren halbwegs rasch circa 1km weit gefahren, krepierte in der Nähe eine Lage Granaten, zum Glück ohne Schaden anzurichten.

Dann stockte der Train in der Mitte. Ich sah eine Frau in Geburtswehen auf einem Strohsack liegen, die ganz jämmerlich schrie. Ich ließ den Wagen abseits fahren und fragte alle, die noch vorbei fuhren, ob sie vielleicht eine Geburtshelferin darunter befände. „Nje panje." Da war wieder eine Lage von Granaten in der Wiese rechts von uns. Wir kamen mit dem Wagen nicht weiter. Da sich niemand fand, wusch ich meine Hände mit Sand im Bach. Da gab es wieder eine Lage Granaten, und die Fuhrwerke beschleunigten die Fahrt und auch die Geburt ging schnell weiter. Ich half so gut ich konnte, und ein schwerer Bub erblickte unter Kanonendonner das Licht der Welt. Da, wieder eine Lage vor uns! Das Kind wurde noch im nahen Bach gebadet, in Tücher eingewickelt und der Strohsack mit der Frau und dem Zuwachs schnell wieder auf den Wagen gehoben, und eilig ging es weiter. Später hörte ich, dass alle nach Lemberg kamen. Jetzt war ich schon 15 Monate im Feld und hörte, dass ich auf der Urlauberliste war. Mein Bruder hatte schon 14 Tage bekommen, er sandte mir schon eine Karte aus Wien. Unsere Truppen hatten überall Erfolg, in Serbien und auch in Italien. Ich war schon einige Zeit in Lubaczewka und am **8. November**, da Regenwetter war, erledigte ich alle Kanzleiarbeiten. Ich war hier mit 14 Mann. Wir arbeiteten an der Straße und erneuerten Brücken. In einigen Tagen sollte auch die Abteilung hier eintreffen. Hier ging es uns nicht schlecht, da wir genug zu essen und zu rauchen hatten. Wir schliefen zu acht in einem Raum, weil das Haus leider nicht mehr Räume hatte. Meine Hausfrau war eine hübsche junge Frau, doch während acht Tagen schlief sie nur einmal in ihrem Bett.Als einige durchaus mit der Frau anbandeln wollten, verhinderte ich jede Liebelei. Ich hatte Recht, denn eines Tages kam der Hauptmann und fragte nach der Frau. „Nicht hier, schon lange nicht gesehen." „Diese verflixte Kanaille, diese Hure hat mich krank gemacht!" Da sahen sich meine Mannen gegenseitig an, und der mich am frechsten beschimpft hatte, bedankte sich bei mir, dass ich damals jede Annäherung verhindert hatte.

(Tagebuch:) Am **23. Oktober** suchte ich um Urlaub an und erhielt heute die Nachricht, dass ich wahrscheinlich Anfang Dezember Urlaub erhalte. Wir wurden heute wieder in der Brust gegen Typhus geimpft. Darauf sind wir ganz kaputt und die Brust schmerzt, und doch ist es nötig, denn hier gibt es eine große Anzahl von Flecktyphusfällen. Ich erinnere mich traurig an den erst 20 Jahre alten polnischen Kutscher, der im Aufnahmezimmer des Krakauer Festungsspitales neben mir lag, von fünf Ärzten umgeben, von denen einer den Flecktyphus erkannte. Der Mann starb 4 Stunden darauf, und ich kann von Glück reden, dass

ich nicht angesteckt wurde. Das Terrain ist hier hügelig und gefällt mir sehr gut. 15. September, Leopolditag: Wir bauen zwei lange Spitalsbaracken, morgen müssen sie schon fertig sein. Wir kamen mit Autos an und brauchen nur die nummerierten Teile zusammen fügen; Korporal Kneisl, in Zivil Tischler, hat die Bauten über. Ich bin mit seiner Grundplanierung nicht einverstanden, da eine Baracke höher liegt, und die Körperbehinderten nun Stufen steigen müssen, aber die Zeit drängt. Wir werden wahrscheinlich in dieser hübschen Gegend noch 14 Tage bleiben und ich besuchte schon die russisch-orthodoxe Kirche in Lubaczewowka.

Eines Abends sitzen wir beim Nachtmahl und auf einmal sehen wir einen Feuerschein. Wir stürzen hinaus und alarmieren noch die anderen Kameraden. Gegenüber brennt das Haus, die kleine Fassungsstelle! Wir alle laufen sofort in das anschließende Magazin, das einst ein Stall war, und holen alles heraus, so gut es noch geht: Benzinbarrels, Rauchwaren, ein Fass Rum und alles noch Essbare, und schon knattert die Infanteriemunition hinter unserem Rücken, so dass wir den Rest nicht mehr herausbringen konnten. Während die Kameraden die „Beute“ wegrollten und fortschleppten, sah ich in das Zimmer, wo der Brand entstanden war, und siehe da, beim Ofen brennen eine Menge Bücher, die dort gestapelt waren, das Mobiliar, das heißt zwei Bänke und ein Tisch, die hintere Holzwand zum Magazin brennen lichterloh. Es war ein Holzblockhaus, und wir konnten nur zusehen, wie alles niederbrannte. Ich sah es und wusste genug. Es ging mich auch nichts an. Auch der gute Herr Hauptmann wusste, warum es so geschah, bevor er es einem anderen übergeben konnte, bevor er ein Spital aufsuchen musste. In den Fassungsstellen fehlte immer etwas, denn gestohlen wurde überall. Nach unserem Bericht war alles verbrannt, denn hätten wir nicht schnellstens zugegriffen, wäre alles ein Raub der Flammen geworden, und die Explosion der Benzinbarrels hätte auch die Ortschaft gefährdet. Unsere Abteilung arbeitet in Beresteczko und baut Baracken.

28. November 1915: Auch wir sind in Beresteczko eingetroffen. Wir schleppen Baumstämme aus dem Wald und hacken sie mit der Zimmermannsaxt vierkantig zu. Mit der Hetschhacke, wie man sie nennt, kann ich gut umgehen, und die Späne fliegen nur so, denn ich freue mich auf die Urlaubsfahrt.

Hier schneit es schon den dritten Tag und. Wir haben sehr viel Schnee und nur einige Grade unter Null.

Am **29. November** kam der Feldwebel zu mir und sagte: „Souček, pack zsamm, morgen um 4 h früh fährst du mit dem Schlitten nach Brody. „ Ist das möglich? Ich komm nach Wien? Ich kann den morgigen Tag kaum erwarten und verbringe die Nacht fast schlaflos um nicht zu verschlafen. Wirklich trank ich beim Feldwebel Reichmann um 4h früh Tee, bekam noch zwei Konserven Brot und mit weiteren vier Mann ging es rein in den Wagen, der Schlittenkufen hatte.Während der Fahrt wurde es immer kälter, und schon die sternklare Nacht brachte die eisige Kälte mit sich, ich schätzte so 15 bis 20 Grad unter Null. Wir mussten sehr oft absteigen und neben dem Schlitten hergehen, um uns zu erwärmen, und besonders bergauf, um den Schlitten zu entlasten. Um 2h nachmittags fiel unser Schlitten oder besser gesagt unser Wagen um und auf unseren Feldwebel, wobei dem Armen zwei Rippen gebrochen wurden.Bald darauf kamen wir zur Chaussee und sahen ein offenes rotes Auto vorbeiflitzen. Drinnen saß derselbe General, der uns beim Marsch Nisko- Janow so gröblich beschimpft hatte. Eine halbe Stunde darauf kam das Auto leer zurück und nahm mich bis Brody mit.Ich fragte den Feldwebel Chauffeur, weil ich neben ihm saß, wer der General sei. „Der Feldzeugmeister Csánády von der 4.Armee." Unser Schlitten mit dem Feldwebel fuhr dann nach Werba, der Arme musste ja Schmerzen haben! In Brody angekommen, mussten wir erst auftauen, denn wir waren ganz durchfroren. Einige Glas Tee mit Rum, den wir in der Feldflasche mithatten und heiß machten, half unsere Lebensgeister wieder zu erwecken.Ich ging noch abends zum Bahnhofsvorstand und fragte, wann ein Zug nach Lemberg geht. „Personenzug gibt´s keinen, und im Lastzug, der um 10 h nachts geht, darf und will ich niemanden mitfahren lassen. Wir haben jetzt um 7 h abends schon 30 Grad unter Null." Was machen wir? Ich fragte einen Eisenbahnersoldaten, wann der Zug abgeht. „Um 9 h abends, ihr dürft aber nicht mit, ihr erfriert ja." Ach was, uns ist es wurscht, wir lassen uns keinen Tag vom Urlaub stehlen. Vor neun Uhr abends schlichen wir einzeln zum dritten Waggon, dessen Schiebetüren offen standen und stiegen ungesehen hinein. Tatsächlich ging der Zug schon um 9 h ab. Herrgott, während der Fahrt spürten wir erst die bissige, grimmige Kälte.

Wir waren zu acht. Bei der nächsten Station rissen wir aus einem Zaun einige Latten und machten im Waggon mit zerkleinertem Holz ein Feuer. Bei geschlossener Tür konnten wir es aber wegen des beißenden Rauches nicht aushalten. Da, was war das? Unser Waggon brennt; wir brannten ein Loch durch und versuchten, mit dem Bajonett das brennende Bodenholz zu entfernen und warfen in der nächsten Station Schnee auf die Brandstelle. Von einem niederen Schuppendach nahmen wir Dachziegeln und verdeckten damit das Loch. Wir zerkleinerten die Latten und fachten neues Feuer an. Es half nichts, vorne beim Feuer war es etwas warm, hinten am Rücken eisig kalt. Wir hüpften wie Wahnsinnige im Waggon, und der Zug fuhr so langsam und hielt bei jeder Station. Da gab ich meinen Kameraden den guten Rat: „Horcht´s, wir legen uns alle in der Fahrtrichtung nieder, schließen die Tür und geben das Heizen auf, werd´s sehen, wir schlafen uns gut aus." „Trottel, bist narrisch, in da Frua hauns uns als a dafruana aussi." Ich hörte soeben, wie ein Eisenbahner dem Lokführer polnisch zurief: „Wir haben schon 35 Grad minus!" Egal. Ich richte mein Zeltplatt auf dem Fußboden des Waggons, breite meine Decke darauf, ziehe meinen Mantel aus und lege ihn dazu. Ich legte mich nieder, knöpfte das Zeltplatt so zu, dass man von mir nichts sah und schlief ein. Ich schlief einen tiefen Schlaf und wurde erst um 9 h vormittags wach und fragte „Wo sind wir?" „ In Podzameze." „Was, eine Station vor Lemberg?" „Ja, lebst du noch?" „Ja, wie ihr seht´s. Hätt´s euch niedaglegt, wärt´s jetzt ausgschlafen und so hobt´s euch die Nasen und die Händ erfroren." Die Sonne schien und in kurzer Zeit stand ich am Bahnhof von Lemberg. Ich fragte nach dem Zug nach Wien, und da sagt jemand: „Servas, Souček, ja ist es möglich, bist du es? Was machst du da? I bin in da Bahnkanzlei und fahr heit in Urlaub." „Ja, wann fahrst denn?" „In ana Stund, um zehn geht mei Schnellzug." „Schad, da kann i net mitfahrn, i hab ka Schnellzugsgenehmigung."

„Geh, Franzl, gib her dein Urlaubsschein, i hau a n Schnellzugsstempel drauf, fahrst mit mir, Franzl." „Dank da schen, Schani, des gfreit mi, dass i mit dir fohr." Es war ein Kamerad, der von unserer Abteilung abkommandiert worden war und weil er in Zivil Bahnbeamter war, das Glück hatte, in Lemberg stationiert zu sein. Vor 10 h stiegen wir in den Zug und – ja wie denn? Er führte mich in die erste Klasse. Was soll ich da? Uns schmeißen sie ja sofort hinaus. „Maul halten. Pass auf, i bin jetzt a Exzellenz, a Generäu, verstanden? Du bist mei Pfeifendeckl, mei Diena." Die Vorhänge wurden zugezogen. „ Der Kondukteur hat von mir a schens Fresspackl g´kriagt, der is informiert. Wan jetz ana eini wü, dann sog nua: „Exzellenz, es will wer hinein." Dann sog i in an tiefen Ton: „Verdammter Kerl, wenn du mich noch einmal aufweckst, so erschieße ich dich sofort. Er soll zum Teufel gehen, lass mich schlafen." Und so war es von Lemberg bis Wien. Wir spielten die Komödie ein paarmal. Einmal wurde dem Kondukteur befohlen, die Tür zu öffnen. „Bedaure, ich darf nicht, höherer Befehl." Auch dieser Herr schlich von dannen. Jedoch um 6 h früh in Wien! Mit Zittern und Bangen öffnete ich die Tür, sprang hinaus, nahm vom geöffneten Fenster die zwei Rucksäcke, und mein Freund Schani kam beim Fenster nach, und schnell verschwinden, denn zwei hohe Offiziere erwarteten Seine Exzellenz, und auch der Kondukteur verschwand schnell. Die Tür blieb innen weiter verschlossen, und die zwei Herren können lange warten, bis jemand das Coupé verlässt.

Draussen sprangen wir auf einen vorbeifahrenden Milchwagen, und Gott sei Dank, hatten wir bald einige Gassen hinter uns, da war die Gefahr auch schon vorüber, und frohgemut und ausgeschlafen trabte jeder seinem lieben Heim zu. Als ich bei den Eltern ankam, war nur meine kleine herzige Tochter zu Hause, und als ich fragte: „Sag, liebes Putzikam, wohin ging die Oma?", fragte sie mich: „Sind Sie der Onkel Max?" Ja, mein kleines herziges Kind erkannte mich nicht. Habe ich mich so verändert? Meine Mutter war gerade nur beim Greissler einkaufen und war freudig überrascht und Tränen rannten ihr herunter, als sie mich ans Herz drücke. „Bub, dass du nur da bist!" , waren ihre ersten Worte.Erst jetzt begrüßte ich richtig mein Töchterl, denn jetzt musste mein Mitzerl doch glauben, dass ich der Vater bin, und auf die Frage, wo sich ihre Mutti befindet, erfuhr ich, dass sie in der Schöller- Mühle Beschäftigung fand, und mein kleines Mitzerl tagsüber bei Oma und Opa ist, die an ihr eine Freude haben, denn die Plaudertasche plauderte unermüdlich. Auch meine Frau und mein Vater, der erst vor wenigen Tagen aus Pisek gekommen war, umarmten mich gerührt.

Leider vergingen die Tage viel zu schnell, und am **14. Dezember 1915** abends verließ ich alle meine Lieben, und erst um halb vier Uhr früh, nachdem ich die Nacht auf dem Bahnhof verbracht hatte, fuhr der Zug mit uns Urlaubern ab, und wir kamen am **16. 12.** Um 6h früh in Lemberg an. Wir frühstückten in einer Restaracia, als sich gegen 8h eine Schöne an unseren Tisch setzte. Neben mir saß ein Bäckermeister, der an der Südbahnstrecke südlich von Wien ein gut gehendes Bäckereigeschäft hatte, das seine Frau weiter führte. Trotz meiner Warnung verliebte sich der dumme Kerl in das Mädchen, na ja, Geld hatte er genug mit, und verschwand mit ihr. Um 10 h fuhren wir weiter nach Brody, wo wir auf der Suche nach einem Nachtquartier waren. Eine Jüdin bot uns ein Zimmer mit drei Betten an, und wir nahmen das Zimmer. Wir ließen uns Tee und Kaffee kochen und machten es uns nach der Reise gemütlich.In der Früh standen wir gestärkt auf, trotzdem ich mit einem gemütlichen Sachsen namens Knop aus Chemnitz, der auch bei unserer Abteillung war, in einem Bett schlafen musste. Ich verlangte die Rechnung: Für das Schlafen pro Person inclusive Wanzen und Flöhe 2 Kronen, der Friedenshotelpreis; für Tee ohne Rum 40 Heller, für Kaffee je Schale 50 Heller. Wir zahlten jedoch nur 60 Heller pro Person für das bloße Strohbett ohne Decken, 20 Heller für Tee und 30 Heller für Kaffee. Hier will Jeder Jeden wurzen. Um 8 h gingen wir zur Bahn und da sah ich den Herrn Brückenmeister mit dem Lastzug ankommen. Der Esel hatte bei dem Mädel geschlafen und konnte erst abends mit dem Lastzug weiter.Die Schöne hatte ihm 60 Kronen gestohlen, 10 Kronen hatte er ihr großmütig gegeben. Den Verlust bemerkte er erst im Zug. Geschieht ihm recht! Er war doch erst von zu Hause gekommen. Von 9 h bis 11 h vormittags fuhren wir mit dem Lastzug weiter nach Rudnia. Da mir Kameraden geschrieben hatten, sie seien derzeit in Kolonie Alexandrowka, fragten wir nach dem Weg und gingen dann am Bahndamm entlang bis Werba. Auf der ganzen Strecke sahen wir bis 4 h Nachmittag keinen Menschen. Wir hörten nur links und rechts Geschützfeuer unserer Batterien und wussten nicht, wo wir sind, weil wir schon eine Verteidigungslinie passiert hatten. In Werba war alles demoliert. Wir gingen schon ein ganzes Stück Weg durch die Ortschaft und und suchten nach einem unbeschädigten Haus mit Fenstern und Türen um hier zu übernachten. Lange gingen wir und sahen keinen Menschen. Doch da, halt, da sahen wir einen Posten. Wir fragten ihn, wo wir hier übernachten könnten. „A Quartier hamma net. Hobts a Zigaretn oda an Tschik?“ Ja, wir gaben Zigaretten. Das 25. Jägerbataillon hatte hier die Kantonierungwache aufgestellt. Jetzt kommt der Aufführer. „Wos, a Quartier wollts? Dos gibt's do net. Hobts a Zigarettn?“ Nach längerem Zureden führte er uns in die Kanzlei und wir fragten den Feldwebel um Quartier. „Ale Boze, do kann i ihne net schlofn lossn, ale gengens noch Pticze, do bekummens Quartier, hob ich ihne prosim strenge Aftrock do in Urtschoft kane Soldatn schlofn lossn.“ „Gemma!“

Wir gingen noch eine halbe Stunde gegen Pticze, da sahen wir die Gefechtslinie vor uns und die Deckungen der 25-er Jäger. Die Mannschaft arbeitete noch, und sogar Fuhrwerke sah man noch vor dem Drahtverhau. Alle waren sorglos, denn die Russen schossen nicht herüber. Die russische Stellung war von hier sechs Kilometer entfernt, und entlang der langen Gefechts-und Feuerlinie erstreckte sich ein sehr breiter Sumpf. In Pticze wollte ich in einer Artilleriedeckung übernachten, doch ich fand ein leeres Haus, das vorher von den 84-ern bewohnt war. Um 7 h früh luden wir unser Gepäck auf einen Wagen, der nach Perutin fuhr. Als wir dort ankamen, spielte gerade die Militärkapelle die österreichische, die deutsche, die ungarische und die bulgaische Hymne, wahrscheinlich gab es irgendwo einen großen Sieg. Aus allen Orten nahe der Front wurden die Zivilisten evakuiert. Es ging weiter nach Adamowka, wir trugen wieder unsere Rucksäcke und der Weg zog sich endlos. Endlich kamen wir an unser Ziel „Kolonie Alexandrowka“. Wir hausten in Deckungen, die unsere Abteilung schnell herrichtete, denn die ganze Kolonie bestand aus sechs Häusern; darinnen waren ein Brigadier, das Kommando der Deutschmeister und ein Spital. Die Unterstände und das Spital wurden erweitert und auch Magazine gebaut.

(Abschrift Tagebuch:) Wir sind der 25. Division und der 50. Brigade, Feldpost Nr. 57 zugeteilt. Wir haben scheußliches Wetter, nichts als Regen, wir schwimmen bei der Arbeit in den Unterständen. Wir, das heißt der 2.Zug, rücken um 7 h früh aus und gehen noch fünf Kilometer zu unserem Arbeitsplatz und planierten die Schützengräben. Drei Züge arbeiten von 5 h nachmittags bis 11 und 12 h nachts. Wir schaufeln Laufgräben und Schützengräben aus, die Schützengräben ein Meter achzig tief und eineinhalb bis zwei Meter breit. Wir sind von den Deutschmeistern 2 km entfernt. Die Arbeit ist hier nicht gefährlich und wäre auch nicht schwer, da es hier vor allem Lehmboden gibt. Wenn nur das Wetter

halbwegs schön wäre! Der Mantel ist schon einige Tage nass und kann gar nicht trocknen. Wenn wir um 6 h abends nach Hause, das heißt in den Unterstand kommen, dann sieht es hier wie in einem Aquarium aus. Von überall regnet es herab. Wir waten bis zu den Knien im Wasser und mussten unsere Schlafstellen höher bauen. Wir spannten die Zeltblätter über unserer Schlafstätte, doch das hilft auch nichts. Nach dem langen Regen sickert das Wasser durch, und da hilft kein Fluchen mehr. Vor unseren Unterständen erstreckt sich ein ein paar Kilometer langer See, der sich nach dem langen Tauwetter aus dem Wasser von den Hügeln bildete, das sich hier sammelt. Diesen See müssen wir obendrein zweimal täglich durchwaten. Die ganzen siebzehn Monate waren nicht so scheußlich wie diese Zeit, in der wir hier sind. Doch wir verlieren den Mut und die gute Laune nicht und denken, dass es schon wieder besser werden wird.

Am Heilligen Abend, den **24.12.1915**, und am Christtag, **25.12.**, hatten wir frei und schliefen die ganze Zeit. Am Heiligen Abend bekamen wir gekochtes Schweinefleisch mit Sauerkraut und jeder einen Liter Wein, der nicht besonders schmeckte und gepanscht war, und jeder einen Weihnachtsstriezel. Am Stefanitag arbeiteten wir wieder. Es regnet in Strömen weiter. Zu Sylvester und zu Neujahr hatten wir frei und die normale Verpflegung wie alle Tage. Eines freute uns: Es gab endlich Frost! Hoffentlich hört der Regen auf!

7. Jänner 1916: Um halb ein Uhr in der Nacht bekam ich von meiner lieben Frau einen Brief. Sie ist schon ganz verzagt, und ich glaub ihr´s, es geht doch allen so, bis auf einigen, denen es noch nie so gut ging wie jetzt.Da gab es arme Schlucker vor dem Krieg, zum Beispiel arme Lehrer, heute sind sie Offiziere und glauben, sie können die Untergebenen schikanieren; aber auch die vielen Arbeitslosen essen sich in der Etappe und im Feld hie und da satt und sind ohne Sorgen. Landarbeiter, die für eine Krone täglich 14 bis 16 Stunden arbeiten mussten, fühlen sich hier wohl, wie ich feststellen konnte. Es ist zum Davonlaufen! Wenn es draußen aufhört zu regnen, dann fängt der Regen im Unterstand erst recht an. Der Mantel verfault am Körper, und der Kot zieht einem die Stiefel vom Fuß, oder man versinkt im Dreck. Friert es, ist der Mantel bocksteif, und will man den Mantel reinigen, dann müssen wir im Freien ein Feuer machen und den Lehm erst trocknen und dann abklopfen.

16. Jänner 1916: Endlich Kälte und Schnee. Die Arbeit geht im Schützengraben weiter. Cetinje, die Hauptstadt von Montenegro ist gefallen. Ein Urlauber nimmt meiner Frau vier Ringe mit, die ich aus dem Kupfer und Aluminium von Blindgängern gemacht habe. Wir sehen schon wochenlang keinen Zivilisten. Von der Arbeit und den langen Märschen zweimal täglich früh und abends ermüdet sinkt man aufs Lager und schläft, schläft, um alles zu vergessen. Heute erhielt ich eine Karte vom **31.12.1915** vom Lehrherrn Marek, in der er mir mitteilt, dass sein Sohn Frítz, der beim 5. Grenadierregiment diente, bei Borzymow durch einen Kopfschuss gefallen ist. Auch Gretes Mann wurde am **15.8.1915** verwundet, er bekam das E.K.II und ist nun ausgeheilt. Heinrich, der jüngste und dritte Sohn ist noch zu Hause. Gretes Mann ist sonst Verwalter in Kurtwitz.

Am **1. Februar 1916** hatten wir Sonne und Kälte, endlich kein Regen und trockene Füsse! Nur die Menage sollte ausgiebiger sein. Krumschmied, der immer mit mir arbeitet, geht in den Urlaub. Ich denke oft an die schönen Zeiten in Budapest, an den schönen Park und die Gärtnerei. Die Zeitungen sind voll von Friedensreden, und meine liebe Frau und das kleine Putzikam schreiben fleißig.

Am **10.2.1916** ging Krumschmied von hier fort, und ich hatte meiner Frau geschrieben, sie soll meinen guten Freund auf das beste bewirten. Auch Klima Rudl ging ab, und ich gab ihm die Adresse meiner Eltern, damit er sie besucht.

13.2.: Seit einigen Tagen Schnee und an der Front sehr unruhig, stellenweise heftiges Artilleriefeuer, die Russen versuchen, durchzubrechen oder sie haben Regimentswechsel. Wenn neue Truppen die Stellung besetzen, dann schießen sie Tag und Nacht wie toll, nach ein paar Tagen, wenn wir mit ihnen Fühlung nehmen, kehrt die Ruhe wieder. Von Max habe ich ein sehr gutes Foto erhalten. Er sitzt hoch zu Ross. Heute haben wir Rasttag, damit wir uns einmal gründlich waschen und die Montur reinigen können und die Schuhe und das Gewehr putzen, denn der Lauf ist total verrostet. Ich jage ein Magazin voll durch, und wenn ich Glück habe, schieße ich einen Raben. Hier sieht man nicht so viele wie in Szeglin.Dort hatte es in einem Hochwald hunderte Nester gegeben, und ich hatte täglich nachgesehen, wie weit die jungen Raben gediehen waren.Als ich sah, dass sie bald das Nest verlassen werden, nahm ich zehn Leute mit einem Gewehr mit mir und stellte sie günstig um den Hochwald. Zehn Zivilarbeieter hatten nach unseren Schüssen die aus dem Nest gefallenen Raben zu töten und in Säcke zu geben. Tags darauf, es war gerade Sonnag, hatten wir eine wunderbare Suppe und ein Rabengulasch. Ich musste darüber lachen, dass die Leute auch die zarten Knochen verspeisten. Kaum hatten wir nun hier alles gereinigt, erscholl der Ruf: „Alles antreten zum Kirchgang!“ Im Wald wird vom Feldpater die Messe gelesen, und die Kapelle der Deutschmeister spielt Kirchenlieder, und alle singen bei Kanonendonner als Begleitung mit, und es hört sich sonderbar an, dass man auch das Geknatter der Gewehre von der Stellung bis hierher hört. Ja welch eine Ironie! Hier Andacht, doch dort in kurzer Entfernung Mord en gros. Wir wurden abermals gegen Blattern geimpft. Am **12.2.1016** habe ich vom

Oskar Krumschmied aus Wien eine Karte erhalten, er war bei meinen Eltern und Hans. Am **15.2.** kam Krumschmied von Wien zurück, und wir arbeiten in der Nacht bei strenger Kälte, und wenn wir unseren Teil der auszuhebenden Schützengräben von 1,80m Tiefe und 2m Länge pro Person fertig haben, und damit sind wir, ich und Krumschmied immer als erste fertig, dann gehen wir in den Unterstand. Am **18.2.** verkühlte sich Krumschmied mit eiskaltem Kaffee, den er, als er schwitzte, aus der Feldflasche trank, so sehr, dass er sofort in ein Spital musste, und am **24. 2.** brachte uns Klima, der bei Krumschmieds Schwester in Wien war, die Mitteilung, dass Oskar in Wien im Garnisonsspital 1, Währingerstraße 43, liegt. Klima brachte mir von meiner lieben Frau ein Paket mit Gugelhupf, Bisquit, ein Flascherl Rum, Speckwurst, Zucker, Schokolade, Salz und Hofmannstropfen mit, auch Tabak und Zünder waren dabei. Ich höre aber soeben, dass wir alle von den 40-50 jährigen abgelöst werden und wir zum Kader einrücken. Bei den Deutschmeistern, 17er Jägern und Pionieren sind schon Landstürmler als Kutscher und „Pfeifendeckeln" eingestellt. Wir hörten, dass in Deutschland viele Hungernde gibt, da sogar die Kartoffeln fehlen. Meine Schwester Anna heiratete den Tierarzt Dr. Karl Grujic, der bei der türkischen Division als Tierarzt dient. Krumschmied geht es besser, und ich soll ihm seine Sachen aufheben. Von unserer Kompanie wurden 10 Chargen und 30 Mann abgezogen. Es verbleiben samt den Offizieren 144 und wir heißen ab heute k.u.k. Baukompanie 4/2 und sind Pioniere; wir gehen im Notfall ins Gefecht und bilden die Infanterie-Reserve. Bekomme seit einiger Zeit Kaffee und Tee ohne Zucker. Durazzo und Verdun gefallen, auch Valona und Paris sollen bald drankommen.

15.3.1916: Bin total verkühlt und rücke nicht aus, habe Inspektion. **16.3.1916:** Habe freien Tag und großen Waschtag für mich, denn ab morgen bin ich im Schützengraben von 6 h früh bis 2 h nachmittags und muss Stufen einflechten. Kamerad Schlosser hat geschrieben, er hatte das Glück, zu Hauptmann Straka zu kommen, der im Etappenbereich verblieb, und sie bauen eine niedergebrannte Station auf. 12 Mann, darunter auch ich, wurden am **18.3.1916** vom k u k 1.Armeekommando mit einem Belobungsschreiben ausgezeichnet, und der Wortlaut ist: „Ich spreche Ihnen in Anerkennung vorzüglicher Dienstleistung vor dem Feinde im Namen des Allerhöchsten Dienstes die belobende Anerkennung des Armeekommandos aus, Puhallo von Prlog, Feldzeugmeister." Schwager Paul, der Bruder meiner Frau, ist bei der Radiogruppe 3.Etappenpost. Kamerad Indra, Zuckerbäcker Wien IX, Marktgasse, geht im Urlaub zu meinen Eltern. Am **24.3.** kam er zurück und brachte mir ein Packerl. Wir arbeiten in der Stellung. Wegen des Tauwetters stürzten die Gräben ein, und auch der Russe arbeitet, ohne einen Schuss abzugeben. War gestern in Dubno. Als ich nach Dubno entlang der Ikwa und unserer Stellungen ging, sah ich unsere und die russischen Unterstände vor mir. Es war so ruhig wie im Frieden, und ich dachte gerade nach, denn da, wo sich jetzt unsere Stellungen befinden, standen vorher Gebäude, ein zwei km langes Dorf, „Tarakanowa“ mit vielleicht glücklichen Menschen, die dann überall hin verstreut in Lagern untergebracht wurden. Ich hörte, dass sich viele von ihnen im Lager Wagna bei Leibnitz in der Steiermark befinden sollen. Jetzt, wo der Schnee geschmolzen ist und der Boden aper, grabe ich täglich Kartoffeln aus, die, durch die Schneedecke geschützt, im Acker gut erhalten blieben. Wo ist jetzt der Bauer, der die Kartoffeln legte? Vom Dorf ist nichts zu sehen, die Häuser sind restlos verschwunden, stattdessen Schützengräben und verstärkte Schanzen.

Ich freue mich des Lebens und wandere weiter wie im Frieden, doch in meinem Bauch rumort es, und ich muss im Straßengraben die Hose öffnen. Hinter mir ist eine drei Meter hohe Böschung. Ich verrichte gerade meine Not, da höre ich drüben einen Abschuß und schon krachte es auch schon hinter mir in der Böschung, dass die Erde nur so spritzte, und ich hatte keine Zeit, meine Hose zu richten, als es abermals einschlug, und immer wieder beim Laufen explodierte das von einem Tschinbumms oder Grabengeschütz abgefeuerte Geschoß. Ich glaube, der Russe lachte nicht wenig, als er durch das Fernrohr sah, wie ich zu laufen anfing und ihm mit der Faust drohte. Obwohl ich während zwei Stunden entlang der Linie gut sichtbar war, fiel kein Gewehrschuss. Ich sah die Russen an ihren Unterständen und Graben arbeiten und auch Fuhrwerke, die Baumstämme bis zum Graben führten. Hier ergab sich eine ideale feste Linie, denn die Ikwa und deren Sumpf und auch die Eisenbahnlinie waren mit Stacheldraht abgegrenzt, und bildeten die sicherste Linie vor einem Überfall. Seit einiger Zeit bemerke ich, dass wir Schweizer, holländische, dänische und schwedische Fischkonserven und Fische bekommen. Nur die Klippfische, weiß der Kuckuck, kann ich nicht vertragen. Aus Rumänien Getreide, und so weiter. In den Unterständen sind alle voll Zuversicht, dass sich das Wetter im Frühjahr bessert. Wir haben hie und da einen freien Tag, sitzen beisammen und erzählen uns Erlebnisse, spielen Karten oder ich zeichne Karten für Gratulationen. Sogar Gedichte musste ich auf die Bitte meiner Kameraden machen, und merkwürdig, auch das kann gelingen.

Auch der April ging ohne viel Lärm zu Ende. Doch seit einigen Tagen haben die Russen ein sibirisches Schützenregiment eingesetzt, und die Nächte hindurch schießen sie derart, dass man meint, sie müssen die ganze Munition sofort verschießen, und man darf sich auch bei Tage nicht mehr blicken lassen. Diese Unruhe verursacht auch bei uns erhöhte Alarmbereitschaft, und unsere Infanterie und Artillerie schießen ebenfalls wie verrückt. Es bleibt dann nicht aus, dass daraus ein Artillerieduell entsteht, die Granaten nur so hin und her flitzen, und es beiderseits Tote und Verwundete gibt. Endlich, nach einigen Tagen wieder Ruhe, da werden nachts von uns wieder neue Spanische Reiter aufgestellt, und am Morgen, da sie nicht verankert waren, sind alle beim Russen. Ihr Teufeln, na wartet, die holen wir uns wieder und eure dazu! Und so war es auch, nur diesmal mussten wir alle sofort verankern. Befindet sich beim Russen ein Stadtregiment, dann ist es leicht, die Ruhe wieder herzustellen. Schon ein paarmal ging ich mit zur Hauptwache, und als Dolmetsch konnte ich solche Erfolge erzielen, dass ich die Sache zum friedlichen Abschluss brachte, und wir ständig in Verbindung waren.

Am **10. Mai 1916**, an meinem Geburtstag, bekam ich die Nachricht, mich bereit zu halten, da ich am 12. zum Kader abgehe. Der Russe hat Angriffsabsichten, da General Brussilow eine Großoffensive starten will. Das hatten mir die sibirischen Jäger, mit denen ich in Kontakt bin, verraten, und ich meldete es sofort beim Kommando zur Weiterleitung. Auch die sibirischen Jäger haben Scharfschützen, und diese Kerle, wenn sonst schon Ruhe herrscht, schießen nur Einzelfeuer. Die Gewehrkugel sitzt, sodass sich bei uns kaum was bewegen darf.Wir machten eine Strohpuppe, zogen ihr eine alte Montur an, setzten eine Kappe auf und hoben diese bei Tag nur so viel, dass der Russe das aus Papier bestehende Gesicht sah, und schon saß ein Schuß darin. Ja sogar durch die Schießscharten erlitten unsere Leute schwere Gesichts-und Kopfverletzungen. Auch ich bekam bei der Nachtarbeit Schüsse in die Schaufel, und einmal hatte sogar mein Kochgeschirr einen Durchschuss. Ich bemerkte es erst, als ich nachts einen Tee bekam, der sofort ausrann. Einmal verließ ich beim Eintritt der Dunkelheit mit einigen Kameraden den Laufgraben und erhielt einen Schuss ins Kreuz, ohne verwundet zu werden, da der Hosenträger mit dem angenähten Lederstück die Durchschlagskraft hemmte, und mir die Kugel in die Unterhose fiel. Die Kugel habe ich mir aufgehoben.

Mit noch 40 Mann ging die Reise am **13. Mai 1916** ab, und das Abschiednehmen vom 2. Zug fiel mir nicht leicht. Der Abschied von meinen Kameraden der Baukompanie war herzlich, denn eine schöne Zeit lang hatten wir gemeinsam Freud und Leid geteilt und keine Hänselei war übel genommen worden. Einer war für den anderen eingestanden, und die letzte Zigarette wurde gemeinsam geraucht. Hatte ich während unserer Märsche etwas Essbares aufgetrieben, gab ich her, was ich konnte, ohne Eigennutz. Am **15. Mai** kam ich abends in Wien an. Am 16. Mai besuchte ich, da ich kaserniert wurde, meine Lieben, meine Eltern und meine Frau, die sich über meine Ankunft freuten und doch auch für meine Zukunft zitterten, denn jetzt geht es wahrscheinlich von Schlacht zu Schlacht. Unser Regiment liegt bei Olika Luzk. Ich bin schon 14 Tage beim Kader, wurde neu ausgerüstet, und wir machen vormittags Geländeübungen. Ich komme täglich nach Hause und soll demnächst mit dem Marschbataillon ins Feld. Das Bataillon ging ohne mich ab. Ich hatte das Glück, über Feldwebel Jurkowitsch, der, wie ich hörte ein degradierter Oberleutnant ist, einen Urlaub zu erreichen. Ich hörte auch zu meinem Leid, dass der Feldwebel Muck, der sich als erster, trotzdem ihm davon abgeraten worden war, im **August 1914** freiwillig ins Feld meldete, und gleich bei der ersten Gelegenheit von einem gewissenlosen Kerl von rückwärts erschossen wurde. Es stimmt, er war strenge, und doch ist eine solche Tat zu verwerfen. Am 30. Mai fuhr ich mit meinem Töchterl nach Zárány (Zagersdorf) zu meinen Schwiegereltern. In Sollenau trank ich vor lauter Durst 2 Flaschen Bier, und zwei Flaschen nahm ich mit zum Großvater Stefan Borenich, der sich darüber freute. Die Kinder umringten gleich meine kleine herzige Mitzerl, „Mariza“ genannt, und die Frage „ca je, kaje toja mati“, was ist, wo ist deine Mutter, fragten alle. Der liebe gute alte Großvater saß im Hof und sonnte sich und konnte vor lauter Staunen kaum sprechen. Auch unser liebes Großmutterl war freudig überrascht, und die Kleine fiel ihr um den Hals und wollte sie nicht loslassen, und mir traten vor Rührung die Tränen in die Augen. Nur mit der Großmutter wollte sie schlafen. Der arme Großvater raucht nicht mehr. Als uns die Schwägerin erblickte, bekam die gute Reza grüne Lippen, rote Augen, und die Nase lief blau an vor lauter Wut, dass ich wieder auf Urlaub bin, und ihr guter alter Paulus, den die Läuse, Mäuse, Fliegen und Flöhe, wie er geschrieben hat, zerfleischen, noch nicht ein Mal Urlaub hatte. Über Fliegen haben wir uns auch in Zagersdorf geärgert, und ich kaufte Organtin und Fliegenleim, denn die Ludern weckten uns frühzeitig auf. Der Zweite, der uns aufweckte, war der Halder, der frühmorgens mit seinem Trompetenblasen das Vieh sammelt und auf die Weide treibt.Ich helfe der Reza im Weingarten und auf dem Acker, und Mitzerl tollt herum und ist vergnügt. Ich war auch zweimal bei Herrn Bechinsky in Drassburg und einmal beim Onkel Martin Borenich in Baumgarten, der mich und Mitzerl herzlich empfing. Auch der Herr Pfarrer hatte mich ein paarmal eingeladen, und da ich ihn an einem Freitag besuchte, wollte ich sein gutes Geselchtes nicht essen, da lachte er nur. „Franzl, iss und trink, du bist Soldat, und ich tue dasselbe. Weil ich alt bin, begehe ich damit auch keine Sünde mehr. Der Herrgott verzeiht alles.“ Na, da ließ ich es mir nicht zweimal sagen und ließ mir Fleisch und Wein gut schmecken.

(Weiter direkte Abschrift Tagebuch:) Am 16. Juni rücke ich wieder zum Kader ein, und es gehlt ein Bataillon nach dem anderen ab. Brussilow griff mit großer Macht an und drückte unsere Front bei Olika Luzk ein, unsere Leute müssen bis Zatureze Lokaczy zurück gehen. Die furchtbaren Kämpfe dauern an, und der Russe greift unsere Stellungen mit einer Übermacht an und zwar in 18 bis 20 gestaffelten Linien, sodass nicht nur unser Regiment sondern ein Marschbataillon nach dem anderen gänzlich aufgerieben wurde und Oberst Heilinger einen Nervenschock erlitt. Ich bleibe noch den ganzen Monat Juli in Wien, da ich als Rekruteninstruktor in der Kaserne verblieb. Ich konnte deshalb noch recht oft meine Lieben, meine Eltern und meine Frau besuchen.

Am 12. Auguts 1916 ging unser Marschbataillon ab, und ich staunte darüber, wohin sie uns führten. Wir fuhren mit der Bahn über Kielec Radom nach Pulawy (Iwangorod), wo wir am **19. August** ankamen. Weiter ging es über Cholm nach Kowat und von dort nach Wladimir Wolhynsk, wo wir am **25. August** ankamen. Wir sind an einer Waldlisere in der Reserve, da kommt Leutnant Moser zu mir und sagt: „Souček, gehen Sie zum Regimentskommando und melden sich bei dem neuen Oberst Bitterlich, der das Kommando übernehmen wird, als Ordonnanz. Sollte es etwas für uns geben, sind Sie die Verbindung." Wie kam es, dass Leutnant Moser, ein Wiener Lehrer, dessen Person so ausgeglichen und ruhig wirkte, ausgerechnet mich aus dem ganzen Bataillon aussuchte? Dass ich das Glück hatte, mit dem Bataillon zu fahren, als der ganze Stoß der Brussilow-Armee zum Stillstand kam?

Unser Regiment wurde auch von einem Bataillon Südtiroler-Nord und einem Bataillon vom Infanterie-Regiment Nr. 27, mit Grazern und Steirern, verstärkt. In unserem Regiment waren sehr viele verschiedene Nationen vertreten. Wir bekamen die Feldpost-Nr. 291, und am 7. September konnte ich die erste Karte an meine Frau senden, nach Wien XVI, Wurzlitzergasse Nr. 37, wohin wir während meines Aufenthaltes in Wien übersiedelt waren. Am 8. September nahm Oberst Heilinger, ein hagerer, alter, glatt rasierter Offizier, seinen Abschied von hier, um nach Wien zu fahren. Er weinte dabei über seine Niederlage und seine hohen Verluste, er war noch immer nervenkrank. Ich stand von 8 h früh bis 10 h vormittags beim Regimentskommando Posten, und um halb neun Uhr sah mich der neue Kommandant groß an, als ich ihn militärisch begrüßte. Er schien denken: „Wieder ein Gesicht, das ich nicht kenne", und sagte kein Wort; ein großer, schlanker älterer Herr mit Vollbart, scheint ein gütiger Herr zu sein. Der Tag verging ohne Arbeit, ich bin es gar nicht gewohnt. Beim Stab sind: Regimentshornist Stabsfeldwebel Hainz, Feldwebel Honak, Stabsfeldwebel Gerhardinger, Feldgendarm Feldwebel Spacil, Feldwebel Bauer, Gendarm Zugsführer Borowieska, Zugsführer Mayer, Meldereiter Mitukowsky, Ordonnanz Emil Erben, Emil Hofmann, der Koch Karl Alt, Telefonist Jirsa und ich. Wir sind unweit von Pasieka Dobrowa bei Szelwow. Der Oberstleutnant Bitterlich wurde zum Oberst ernannt und verbleibt als Regimentskommandant. Der Adjutant ist Hauptmann Wanka. Kaum bin ich einige Tage hier, und meine Lieblinge, die Läuse, fanden mich wieder.Es ist schrecklich, sie finden einen überall, die lieben Viecher sind sehr treu und anhänglich.

20. September 1916: Hier wütet schon seit drei Tagen das heftigste Trommelfeuer, und der General Brussilow greift wieder mit 16 bis 18 gestaffelten Linien unsere Stellungen an und wurde mit schwersten Verlusten aufgehalten. Alle Bataillone wurden eingesetzt, und ich kann es nicht glauben: Ich bleibe beim Kommando und verbleibe als Ordonnanz. Ich habe den Train und die Post übernommen und gehe täglich eine halbe Stunde weit zurück. Meine jetzigen Kameraden sind sehr nett zu mir, und mit mir machen nun folgende Leute beim Kommando Dienst: Anton Herdy von den 27-ern, ein Grazer aus der Paradeisgasse und von Beruf Ober vom Hotel „Goldene Birn“; Erben, ein Fleischer,Scherzer, ein Tramwayschaffner aus Hernals, Saatzer und die zwei Sanitätssoldaten Alois Postrikac, Lagerarbeiter aus Wien, und Karl Söllner, Friseur aus Guntramsdorf. Der Kreisl Alexander ist Offiziersdiener, und wir beide hausten gemeinsam in einer Deckung, die wir nach meinen Vorgaben selbst errichteten. Unser Regiment wurde eingesetzt, und die Front wurde gehalten. Auf beiden Seiten gab es wieder Verluste, viele Tote und Verwundete. Der Krieg geht weiter und somit auch mein Dienst.

Der Russe hat heute, den **15.Oktober 1916** einen Fesselballon steigen lassen und sieht daher bei uns jede Bewegung und alles wird benagelt. Ich war gerade beim Telephon, als vom Train gemeldet wurde, dass eine Marschkompanie in Anmarsch ist und bald beim Kommando eintreffen muss. Donnerwetter, da heißt es rasch entgegen gehen, denn wenn der Beobachter vom Fesselballon sieht, dass da eine ganze Truppe daher kommt, lässt er sofort eine Lage nach der anderen hinein hauen. Ich erreichte vom Feind noch ungesehen die Marschkompanie noch an der Ecke der Waldlisere, doch musste ich über freies Gelände zum nächsten Hügelrand, um wieder ungesehen weiter gehen zu können. Das musste rasch geschehen und als ich rief: „Alles auf mein Kommando im Laufschriff an die gegenüberliegende Berghangseite, mir nach!“, da liefen alle bis auf den Oberleutnant, der das erste Mal raus ins Feld gegangen war, und der Kommandant der Truppe war. Der gute Mann schrie mich an, wer denn hier das Kommando hat, da rief ich zurück: „Ich!“ Kaum hatte ich die Mannschaft über das freie Gelände gebracht, da saß schon eine Lage an der Waldlisere, und nun rannte auch der Herr Oberleutnant. Als ich fragte, warum er nicht mitgerannt ist, da meinte er, es wäre unser Fesselballon, den er gesehen. Und schon krachten noch einige Lagen, die uns aber keinen Schaden zufügten, da wir schon den gefährlichen Raum verlassen hatten und uns dem Kommando näherten. Vom Kommando wurde der ganze Vorgang beobachtet, und der Herr Oberst dankte mir für mein rasches Handeln vor der Mannschaft.

Zwei Tage darauf gehe ich zum Train, nein, ich ging nicht, ich rannte abteilungsweise, denn wer würde es glauben? Der Fesselballon stand wieder hoch, und da, auf einmal höre ich den Abschuss und auch schon das Heulen der Granaten hnter mir. Nieder, auf, und ich renne wieder weiter, schon wieder eine Lage Granaten, 10 cm hinter mir. Nieder, aufspringen und laufen, und so ging es noch sechsmal bis in den Wald hinein. Als ich vom Train mit der Post kam, staunten alle, dass ich noch lebe, denn sie hatten zugesehen, wie mich der Moskal jagte. Dass der Russe auf Einzelne schoss, kam oft vor, doch waren unter den Geschossen auch oft Blindgänger darunter, die nicht krepierten. Mit der Kompanie kam auch der Bäckermeister, der sein Geld mit einem Mädchen in Lemberg gelassen hatte. Er sagte mir, er hätte auf mich hören sollen, denn fast ein Jahr lang war er von dem Mädchen krank und machte mit seiner Frau einiges mit, weil sie sich scheiden lasssen wollte. Franz Kupka, im Zivil Gärtner, kam zu uns als Ordonnanz; ein kleiner, untersetzter, rotwangiger und gutmütiger Kerl, den wir wegen seines roten runden Gesichtes den „Vollmond" nannten, ein guter Mundharmonikaspieler. Mit meinem kleinen dicken Kollegen richte ich den Heldenfriedhof in unserer Nähe her, da Allerheiligen vor der Tür steht. Wir haben sehr schlechtes Regenwetter, doch hoffen wir, fertig zu werden, denn es gibt sehr viel Arbeit: die Gräber richten, drei hohe Kreuze aufstellen, Kränze binden und die Einfriedung des Friedhofes, die machten wir aus Birkenholz. Auch bekam jedes Grab ein Kreuz mit einer Tafel mit den nötigen Daten. Der Platz war gut gewählt, und einige Bäume, die jetzt kahl waren, gaben die nötige Dekoration.

Von meiner Frau bekam ich die betrübliche Nachricht, dass unser liebes, gutes Großmutterl plötzlich gestorben ist, und sie beim Begräbnis in Zagersdorf war. Am **1. November 1916** wurde ich beauftragt, den Herrn Feldkurat zum Friedhof zur Totenfeier zu führen, die um drei Uhr nachmittags stattfinden sollte. Während meines dreimonatigen Hierseins habe ich nur eines gesehen: dass sich unser Hochwürden nur um den Alkohol kümmert und so oft betrunken ist, dass man ihn auf einem Trainwagen vom Kommando zu seinem Unterstand beim Train befördern muss, und die armen Seelen ihm hier Wurst sind. Wenn es vorne heiß her ging, verbrachte ich Tage und Nächte im Graben und kümmerte mich mit dem Sanitätspersonal um die Verwundeten. Ich machte viele Bekanntschaften. Unter anderem gefielen mir die 27er sehr gut. Ich plauderte, wenn das Schießen nachließ, in der Ruhepause mit einem Mann, der mir seine Heimat schilderte. Es ist dies der Franz Lind aus Kainach bei Voitsberg, der in Kainach eine kleine Landwirtschaft und ein Gasthaus besitzt und im Frieden täglich mit Pferd und Wagen die Post von und nach Voitsberg führte. Auch mit einem Hornisten des 3. Bataillons und der Ordonnanz Josef Karner aus der Weststeiermark sprach ich oft, doch den Herrn Feldkurat sah man nie im Graben, und ich wusste, dass er sich höllisch fürchtete. Ich holte den hochwürdigen Herrn um 1 h ab und wanderte mit ihm zur Stellung durch Laufgräben und den ganzen Schützengraben entlang, und der Russe und auch unsere Leute hatten nichts anderes zu tun, als sich gegenseitig Minen mit dem Minenwerfer zu schicken, die bei der Detonation einen Höllenlärm verursachten. Dass auch hie und da Kugeln über unsere

Köpfe pfiffen, blieb nicht aus. Alle im Schützengraben waren erstaunt, unseren hochwürdigen Herrn Feldkurat in der Stellung zu sehen und wussten sich das nicht zu deuten. Auf Umwegen brachte ich ihn pünktlich zum Friedhof, wo sich auch die anderen Herrn Offiziere und der Stab einfanden. Als alle zusammen waren, fing der Herr Feldkurat an, die Gräber zu segnen, und als vom russischen Fesselballon aus unsere Ansammlung gesehen wurde, schickten sie gleich darauf eine Lage von sechs Granaten in unsere Nähe. So rasch war unser Geistlicher mit einer Einsegnung noch nie fertig wie diesmal. Ein kurzes Gebet und fort ging´s von hier, damit auch die Toten nicht in ihrer Ruhe gestört werden. Bei einer Windmühle vorbei, und in einer Viertelstunde waren wir beim Kommando. Jetzt sah auch unser Seelenhirt, dass ich ihn zwei Stunden herumgeführt hatte, und hätte er eine Waffe gehabt, hätte er mich maustot geschossen. Als er sein Erlebnis an der Front den Offizieren erzählte, hatte ich die Lacher auf meiner Seite.

Von meinem Schwager Dragotin (Karl), den ich leider noch nicht kenne- er ist noch immer Tierarzt bei der türkischen Division-bekam ich einen Brief, in dem er mir mitteilt, dass er zu Weihnachten auf Urlaub geht. Schade, wer weiß, wann ich wieder fahren kann. So bald nicht. Heute, dem **2. November**, ist an der Front Ruhe. In Wien scheint wieder ein Friedensrummel zu seind, wahrscheinlich ein falscher Friedensalarm. Da es fast nichts Essbares zu kaufen gibt, und wenn überhaupt nur um zu zehn – bis zwanzigfach erhöhten Preisen, beschwichtigt man die Bevölkerung, dass so bald Friede sei. Scherzer fährt zu seiner Jetti in den Urlaub, und ich bat ihn, meine Eltern und meine Frau zu besuchen und ihnen meine Lage zu schildern. Wie gut war es doch, dass ich keine Charge hatte, wäre sonst nie zum Regimentskommando gekommen. Heute ist Sonntag, und ich liege auf dem Strohsack und denke wie so oft, wie schön es wäre, zu Hause zu sein, bei der Familie oder auf einem schönen Posten als Obergärtner. So muss man die Monate hier verbringen. Zu welchem Nutzen? Wenn man bedenkt, was der Krieg heute schon kostet an Menschen, an Geld, an Material, was bisher überall in den Ländern wie Frankreich, Belgien, Polen etc. alles vernichtet wurde, Sachwerte, die die Menschen im Schweiße ihres Angesichtes durch Arbeit, Entbehrung und Sparsamkeit erworben und errichtet hatten! Wer wird das alles wieder bezahlen, neu aufbauen? Wo bleibt die viel gepriesene Religion? Es heißt doch „Du sollst nicht töten“, und Christen morden Christen, wo bleibt die viel besprochene Moral? Das Gebot „Du sollst nicht stehlen“? Nicht deines Nächsten Weib begehren? „Ja, wir haben doch Krieg, da hat das alles keine Gültigkeit!“ Warum diese gemeine Verhetzung? Wie oft las ich in der Zeitung, der Russe habe unseren Soldaten die Nase und die Ohren abgeschnitten, die Augen ausgestochen, und dasselbe sagten Ukrainer und Russen von uns. Warum diese Lügen?

Am 3. November waren ich und Kupka wieder auf dem Friedhof, ich musste leider wieder ein Kreuz aufstellen für einen Kameraden, der mit uns hergekommen war. Das 29. Grab. Sämtliche Margeriten auf den Gräbern blühen noch. Sie brachten einen gefangenen Russen ein, den ich verhörte. Auch in ihren Reihen spricht man von einem separaten Frieden, den Russland mit uns und Deutschland eingehen will. Die Zeitungen dementieren die Nachricht, doch auch unsere Offiziere reden davon. Hoffentlich bringt mir Scherzer die gewünschen Handschuhe und Stizzerl mit, auch Bartbinde und Bartwichse. Das sind Sorgen, was? Und doch brauche ich sie. Wir stehen vor einer großen Kälte, und wenn der Schnauzbart voll Eis ins Maul hängt, ist es nicht angenehm. Auch Handschuhe benötigen wir hier dringend. Wir schneiden jetzt einen Holzvorrat zum Heizen der Unterstände. Ich baute mit Kupka richtige Glashausöfen in allen Unterständen, die Wärme geben, und auf denen man auch kochen kann, weil ich genügend starkes Blech gefunden hatte, und zwar aus einer alten Brandruine. Ich komme öfters mit Dienststücken zur Brigade, und da gefällt mir der alte Baron Wimpffen als Rittmeister, der stocktaub ist, und wenn eine Granate in der Nähe platzt, sie nicht hört, und dann fragt: „ Was, eine Krachnate? Ich habe nichts gehört."

Leider musste er später durch eine Schrapnellkugel, die ihn in den Oberschenkel traf, elend an Blutvergiftung zugrunde gehen, obwohl man ihn sofort zur Sanität brachte und operierte. Schade um den gemütlichen Kerl. Wir hatten vor den russischen Granaten nicht viel Angst, denn von sechsen krepierten oft nur zwei oder drei, die anderen waren Blindgänger, und auch die scharfen waren nich so schlimm. Wenn man sich schnell nieder warf, bekam man nur Lehmerde zu spüren.Fällt eine Granate in den Sumpf, dann gibt es eine Dreckfontäne, und einmal sah ich zu, wie eine Granate einen von uns mit dem Luftdruck vom trockenen Land in den Sumpf warf und die nächste vom Sumpf ins Trockene, ohne dem Mann viel zu schaden. Bei der 25.Brigade gab es ein ungarisches Ehepaar als Meldereiter. Eine junge, fesche Frau als Soldat gekleidet, macht mit ihrem Mann Dienst, und beide sind unzertrennlich. Ich spreche oft mit ihnen. Ich musste die Frau oft bewundern, wie sie mit einer wichtige Meldung bei starkem Artilleriebeschuss in einem Saus daher ritt und wieder zurück, wie der beste Reiter des Rennsports. Den **22. November** um 1 h nachts, habe ich Telefondienst beim Kommando, weil der Telefonist mich bat, für ihn einzuspringen, da er sich nicht wohl fühlte und sich niederlegen musste. Es kommt ein Anruf der Division, ich hebe ab und schreibe: **„Unser alter Kaiser ist am 21.11. abends um 9 h und fünf Minuten in Gott entschlafen."**

Vier Stunden nach dem Tod unseres Monarchen erhielten wir schon die Nachricht, und ich weckte unseren Adjutanten auf, um ihm das zu melden, und sofort waren auch alle Abschnittskommandanten verständigt. Ich kann mir vorstellen, wie es in Wien zugehen wird, und alle auf den Frieden warten werden. Die Chancen hätten wir jetzt, werden wir sie auch nützen? Von meinem Lehrkollegen Julius Friedrich bekam ich ein Schreiben von der Sommefront, dass auch die Deutschen vom Frieden sprechen.Wird zum Schluss Amerika den Krieg beenden? Alle hoffen auf Wilson. Wird Österreich als ein Konglomerat von Ländern und Sprachen in der jetzigen Form weiter bestehen? Wenn Österreich-Ungarn weiter so bestehen soll, dann nur unter der Gleichberechtigung der Länder, einer Autonomie, wie sie die Völker verlangen, auch unter einem Dache, wie jetzt. Sollten sich die Länder selbst verwalten, ohne Zollgrenzen, die Industrieländer und die Agrarländer sich gegenseitig ergänzen, könnte der mitteleuropäische Staatenbund unter der bewährten Dynastie erhalten bleiben. Es sei denn, das internationale Kegelspiel räumte unter den Königen gewaltig auf, etliche fielen um, weil sie unbrauchbar geworden sind? Sollen dann an die Stelle der Monarchien demokratische Republiken treten? Na, wir werden ja sehen.

Am **25. November 1916** leisteten wir den **feierlichen Eid für Kaiser Karl I**. Nun ist die Thronfolge entschieden und wir haben wieder einen Herrscher; er ist mit Zita von Parma verehelicht, einer Italien freundlichen Person. Was wird uns die Zukunft bringen? Wenn man das so wissen könnte. Tschechische Regimenter liefen zum Russen über. Masaryk zieht am Strange der Freiheit und Selbständigkeit. Zerfällt das tausendjährige Reich? Entschieden sind die Zeiten des Glanzes, der Wohlhabenheit, oder ist, wie man um 1900 sagte, „die goldene Zeit" vorbei und kommt nicht so bald wieder; eher eine Hungersnot und eine Inflation. Und wer soll nach dem Zerfall der Monarchie alles zahlen? Die vielen Krüppel versorgen, die ihre gesunden Glieder für eine schon von vornherein verlorene Sache opferten? Du mein übrig gebliebener armer Teufel, der du noch gesunde Arme hast und arbeiten kannst, wirst dafür zahlen müssen und auch die Krüppel erhalten, denn geschenkt bekommen wir nichts, wenn wir den Krieg verlieren. Geld in Mengen verpulvert, Material vergeudet, das Glück tausender Familien zerstört, Väter und Söhne geopfert, und das alles schließlich umsonst. Und doch sehnen wir den „Frieden in Ehren" herbei, denn wenn der Krieg noch zwei Jahre dauert, werden die gesündesten und kräftigsten Menschen noch fallen. Und was wird das für ein Nachwuchs sein, wenn nur Krüppel, Kranke und Schwächlinge übrig bleiben. Mit dem Befehl des Regimentskommandos wurde mir noch von der Baukompanie eine bronzene Tapferkeitsmedaille verliehen, für tapferes Verhalten vor dem Feinde bei Dubno.

Ich gehe fleißig um die Post, und alle wundern sich darüber, dass sie jetzt restlos sämtliche Post, auch Musterpakete, und die beschädigten Pakete erhalten. Ich weiß, wie Päckchen oder Briefe mit Geld verschwinden konnten, seit ich in Lubaczewka dahinter kam, als der Diener des Feldwebels sich unrechtmäßig Musterpäckchen, Zigaretten, Schokolade und noch manches andere angeignete, Briefe mit Geld spolierte. Als ich einmal zur Küche ging, die unweit von der Behausung des Feldwebels stand, um mein Mittagessen zu holen, sah ich auf der Erde einen Kartondeckel mit meinem Namen, von meiner Frau an meine Adresse gesandt. Ich wusste sofort, wer derjenige war, der mir und den anderen die Post veruntreute. Ich sah ihn auch vor der Küche und sagte ihm vor allen anderen, dass er ein Dieb ist und uns die Post stiehlt. Da brauste der „rote Maier" auf mit den Worten „ Sogs no amoi, i wär a Dieb, und hast a paar Fotzn, dass d´ glei Zähnd spuckn wirst, und i hau di zu Krenfleisch!" Dazu hatte er keine Zeit mehr, denn als er zum Schlag ausholte, war der große Löffel, den ich dem Koch rasch entrissen hatte, in seinem Gesicht, denn mein Arm war um diesen Löffel länger. Als er nochmals auf mich zurannte, hieb ich ihm unter dem Beifall der anderen noch ein paarmal in die Visage, dass er über einen Baumstamm, der vor der Küche lag, fiel und aus der Nase blutete. Ich ließ ihn ruhig aufstehen, und als er nochmals mit einem Knicker gegen mich ging, hieb ich ihm den Knicker aus der Hand, und dann hagelte es nur so auf ihn. Die Kameraden verdroschen ihn derart, dass er schleunigst davon lief.

Am **11. Dezember 1916** schrieb ich meiner Frau um Lauspulver. Die lieben Viecherln vermehren sich derart unheimlich, und ich kann die lieben Schmarotzer duch Absuchen auch nicht mehr los werden. Unser Regiment hat wieder Stellungswechsel mit dem 24. Landwehr- Infanterieregiment, das zur Brigade gehört. Der Stellungswechsel vollzog sich schon einige Male, und wir müssen unsere gut heizbaren Unterstände gegen schlechte austauschen. Dass wir nun Rumänien, Bukarest und Ploiesti, erobert haben, 100 km hinter Bukarest stehen und viele Offiziere und Mann gefangen haben, freut mich, doch denke ich- und ich habe meistens Recht behalten-, dass auch wir bald uns Rumänien anschauen werden. Man spricht wieder vom Friedensangebot, das wäre eine schöne Weihnachtsüberraschung. Die Deckungen der 24-er soll der Teufel holen, wir müssen alle Deckungen wasserdicht machen und neue Öfen bauen. Das Kommando befindet sich in einem Hause Quote Michailowka, nordöstlich Szelwow.

15. Dezember 1916: Kaiser Wilhelm hat ein Manifest an seine Völker herausgegeben und spricht von „Ausharren bis zum Frieden". Es hätte jedoch „Aushaaren" heissen sollten, denn langsam gehen allen die Haare aus. Weihnachten vor der Tür, und im Hinterland fast nichts zu haben, ausser wir requirieren in Rumänien Getreide, Wein und Vieh. Dann geht es wieder eine Zeit lang, bis man wieder verschimmeltes Kukuruzbrot essen muss, das wir, oft ganz zerbröselt, in der Kappe fassten. Ich ersuchte abermals meine Frau, sie soll mir das Lauspulver senden, sonst nichts, da ich nichts anderes brauche und ich sogar meine Löhnung nach Hause schicke, weil ich hier das Geld nicht verwerten kann. Ich habe außer Zigaretten wirklich alles und bin zufrieden, denn die Köche beim Train, es sind vier Küchen, geben mir öfters einen „Abstauber". Habe ich doch mit Kupka den Köchen die Kessel eingemauert, die bleiben fix, und das Essen wird mit Kochkisten zu den Kompanien gebracht. Fasste heute für unsere Lampe Petroleum, denn die Kerzen, die auch vor allen von den Urlaubern gebracht wurden, kommen zu teuer.

24. Dezember 1916, Heiliger Abend: Wir haben viel Schnee. Unsere Küche brachte mir der Menage Liebesgaben der Stadt Wien, und abends gab es einen Mordskrach.

Der Oberst erkundigte sich telefonisch bei den Kompanien, ob sie Liebesgaben erhalten haben, und nur zwei Kompanien meldeten, dass sie um 5 Uhr mit der Menage die Weihnachtsgaben erhielten. Da rief er den Feldwebel Rockerbauer zum Telefon und ließ ihm sagen, er möge alle Feldwebel sofort verständigen, dass bis 9h die Liebesgaben an die Kompanien der Stellungen verteilt sein müssen. Jeder Feldwebel habe die Ausführung des Befehles persönlich dem Oberst zu erstatten, bei Nichtbefolgung er widrigenfalls sofort als gemeiner Soldat einrücken muss. Na, der Oberst hat den Herren „gelbe Füße" gemacht, und bis zehn Uhr hatte sich der Letzte, der den weitesten Weg hatte, gemeldet. Oberst Bitterlich hatte Recht, denn die Herren schauten nur auf sich, und nur die Köche zahlten dabei drauf, da sie am selben Abend zum zweiten Mal mitfahren mussten, um auch Tee mit Rum auszugeben.

Auch **Neujahr 1917** verbrachten wir in Ruhe bei eingeheiztem, warmem Unterstand, und ich lese Bücher, die mir ein Kamerad vom Train mitgab. Ein Buch hat den Titel „ Der Rückblick aus dem Jahr 2000", und ist von Bellamy, und das zweite „ Der Freistaat". Beide Bücher sind bis jetzt in Österreich verboten. Die Bücher sind interessant, aber Utopie? Oder vielleicht doch nicht. Was schrieb alles Jules Verne, und doch ist bis jetzt alles eingetroffen, und es hieß noch vor 50 Jahren und bis 1900 alles Utopie. Heute gibt es Flugzeuge, Unterseeboote, den Zeppelin und vieles andere. Ich lese, wenn ich nachts Dienst beim Kommando halte, ich war fast mit beiden Büchern fertig, als ich bei Kerzenlicht eintunkte, und der Oberst, es war halb 4 Uhr früh, sich die beiden Bücher von mir entlieh, als er einmal hinaus musste. Hoffentlich macht er mir keine Vorwürfe, wenn er diese Bücher liest, und vergisst nicht, sie mir zurück zu geben. Unser Oberst fährt nach Wien und Major Hoyer von den 24ern vertritt ihn. Das Wetter ist jeden Tag anders. Heute weht ein Schneesturm, und ich wate bis zum Bauch im Schnee und bin hundsmüde, der Schneesturm ist so dicht, dass ich fast nichts sehe, und doch, ich gehe richtig, hier vor mir steht der einsame alte Hofbirnbaum. Ich lehne mich an ihn an, nur etwas rasten möchte ich, und schlafe stehend ein. Mir wurde so wohlig warm, und nur dem Zufall, dass die Ordonnanz nach meiner Spur reitend zu mir stieß, verdanke ich, dass ich nicht erfrohr; es war die liebe, tapfere ungarische Husarin, die eine Meldung fürs Kommando überbringen musste.Als sie mich aufweckte, war ich ganz benommen und steif und hatte zu tun, wieder warm zu werden.

Das Wetter ist hier sehr unbeständig; heute minus 16 bis 20 Grad und mehr, und zwei Tage darauf Tauwetter. Heute, den **15. Jänner 1917**, wurden alle Rechnungs-Unteroffiziere durch Hauptmann Wanka und Major Hoyer mit dem Eisernen Verdienstkreuz und ich und einige Kameraden mit der Bronzenen Tapferkeitsmedaille ausgezeichnet; Am **19.1.1917** wurde mir beim 1. Bataillonskommando der Italiener Cavosi übergeben, mit einem Schreiben an den Regimentskommandanten. Ich fragte ihn, was mit ihm los ist, da sagte er, er will nicht auf seine Freunde schießen, überhaupt macht ihn das Schießen nervös. Ein Familienvater von fünf Kindern, ein vollbärtiger Mann von etwa 40 Jahren, Irredentist, ausgesprochen Italien und Russland freundlich eingestellt. Ich warnte ihn. Er soll sagen, dass er nervenleidend ist, und er soll um Versetzung zum Train ansuchen, denn es steht sonst sehr schlecht mit ihm, da schon fast alle italienisch sprechenden Südtiroler zum Russen hinüber wechselten. Er wurde trotz meiner Fürsprache zum Feldgericht gebracht. Wir haben wieder Stellungswechsel.

20. Jänner 1917: Gestern brachten sie einen russischen überläufer, der die Nacht in meinem Unterstand verbrachte, und ich hatte Gelegenheit, mit ihm über alles Mögliche und über Russland zu sprechen. In Nischny Nowgorod, wo er zu Hause ist, und in allen Städten wie Moskau, Petrograd etc., ist die Not an Lebensmitteln und Kohle sehr groß, und die Leute müssen sich auch überall bei den Geschäften anstellen, und es gibt Schlangen wie bei uns in Wien, Graz, Linz etc.. Russland hat das ganze Silber und Gold und auch das Kupfergeld eingezogen und nur Papiergeld herausgegeben. Brot bekommen die russischen Soldaten an der Front genug, Fleisch in der Woche ein halbes Pfund, Gemüse einmal und gewöhnlich Fische; Wodka oder Schnaps keinen, nur Tee genug. Er geht heute Vormittag mit dem Feldgendarmen Zugsführer Sykora zur Division ab.

22. jänner 1917: Ich war mit unserem Fotografen Voigtländer in der Stellung im Abschnitt (…? -unleserlich) und wir nahmen von unserem Horchposten aus den russischen Schützengraben auf und auch die Russen, die man gut sehen konnte. Zwischen dem unseren und dem russischen Drahtverhau liegen noch tote Pferde und tote Russen von der letzten Kampfhandlung. Der Wald schaut traurig aus, teilweise nur Stämme ohne Äste. Wie wird die Sache hier ausschauen, wenn es warm wird? Seit September und Oktober liegen hier gefallene Russen und Pferde und wurden durch Frost und Schnee konserviert.Aber was nachher? Ich konnte mit den Russen Fühlung aufnehmen und hatte das Glück, mit einem Praporschtschik (Fähnrich) zu sprechen. Leider wurde unser Gespräch bald unterbrochen, die deutsche Batterie hinter uns funkt öfters in die Russenstellung.

24. Jänner 1917: Heute bestätigte Major Hoyer das Todesurteil über den Südtiroler Italiener Cavosi, als abschreckendes Beispiel. Morgen wird ihn ein Peloton von 8 Mann und einem Offizier erschießen. Der Starrkopf, meine Warnung überging er, und ich meinte es gut mit ihm. Ich hatte ihm nahe gelegt, was er zu sagen hat, er sagte das Gegenteil, er schießt auf keinen Russen, sie sind seine Freunde. Ein armer, durch die italienische Irredenta verhetzter Mensch, der nicht an seine Familie denkt; sie glauben, mit der Irredenta zu erreichen, dass Südtirol an Italien angeschlossen wird. Wir würden dadurch unseren südlichsten, sonnigsten Teil bis zum Gardasee mit Ala, Riva, Bozen, Meran, Rovereto usw. verlieren. Gott gebe es, dass es nicht dazu kommt.

25. I.1917: Cavosi ließ sich die Augen nicht verbinden, als unser Feldkurat ihm in der letzten Stunde beistehen wollte, schrie er ihn an, er soll sich zum Teufel scheren, er braucht ihn nicht; mit dem Rufe „Evviva Italia“ starb er von Gewehrkugeln durchlöchert. Armer, verwirrter Mann, warum ist nicht auch er zum Russen hinüber gewechselt wie seine Kameraden? So viel ich bemerken konnte, wäre es kein Problem gewesen, hinüber zu gehen.

30.1.1917: Ich warte auf die Post, die heute wegen des enormen Schneefalls Verspätung hat, und beim Train sind die in die Erde gegrabenen Unterstände gänzlich verschneit. Im Raum der Kanzlei befinden sich Feldwebel Krickl, Rockenbauer, die Infanteristen Hafner, Moser, Kalenda und Grünauer, und jeder von uns bekommt ein Stamperl Schnaps. Feldwebel Rockenbauer stellt die Urlauberliste auf. Abends wieder ein russischer Überläufer vom 3.Astrachaner Grenadierregiment, er sagt, dass es höchstens noch bis zum Herbst geht, denn dann brechen sie zusammen. Ein gewisser Lenin spuckt dem Zaren in die Suppe, und alle sind mit der Regierung unzufrieden.

15. Februar 1917: Ich bin mit unserem Fotografen Voigtländer im Morgengrauen beim Horchposten im Abschnitt „Karolina“, und wir nehmen wieder drei russische Horchposten auf. Zugleich nehmen wir einen Ulanen-Rittmeister und die Feldwache in Schneemänteln im Abschnitt „Frieda“ auf.

Ulanen-Rittmeister beim Horchposten mit Universal-Handgranaten. Aufgenommen von Fritz Voigtländer.

In Russland Revolution? Die beiden Minister Stürmer und Protopopow sollen ermordet sein. Auch soll die Revolution auf Kronstadt, Odessa, Charkow und viele Städte übergegriffen haben. Hier war eine unheimliche Ruhe, nachdem ich und die Horchposten russisch geschriebene Flugzettel zu den Russen hinübergeworfen hatten. Unsere Bitte, nicht zu schießen, wurde überall erhört.

Beim Train, Februar 1917

Traingelände März 1917

Einschlag einer russischen 18-er Granate beim Regimentskommando

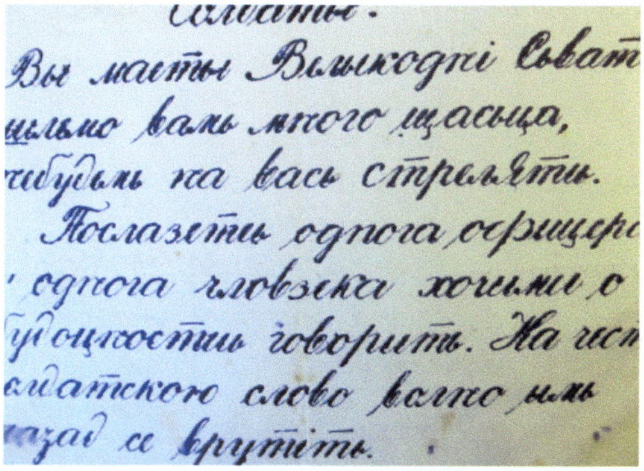

...атиы.
Вы маєты Великодні Свят
цыльно вамъ много щасця,
не будемъ на васъ стрілятн.
Пошлете одного офіцера
і одного чловіка хочемы с
будущности говорить. На чест
солдатского слово вамо, мы
назад се врутіть.

Flugblatt der Österreicher an die russischen Soldaten

Text des Flugblattes:

„Soldaten! Ihr habt jetzt Osterfeiertage, wir wünschen Euch viel Glück. Wir werden auf Euch nicht schießen. Schickt uns einen Offizier und noch einen Mann, wir wollen über die Zukunft sprechen. Auf Soldatenehre, Ihr könnt wieder zurückgehen."

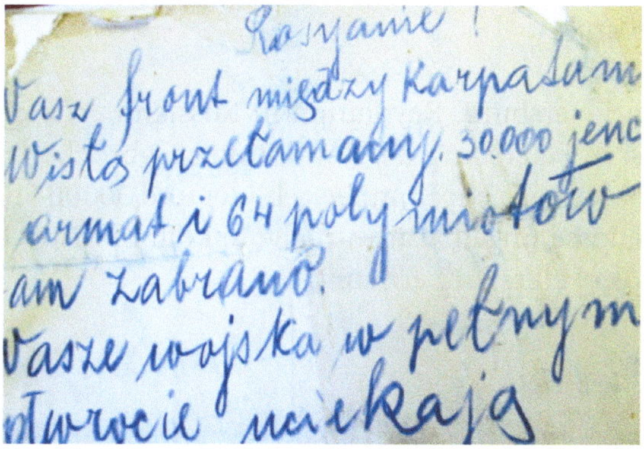

Rosyanie!
Vasz front między Karpatam
Wisłą przełamany. 30.000 jenc
armat i 64 polymiotow
am zabrano.
Vasze wojska w pełnym m
otwrocie uciekają

Einschlag einer russischen 18-er Granate beim Regimentskommando

Inhalt des Flugblattes:

„Russen! Eure Front zwischen den Karpathen und der Weichsel ist durchbrochen, und 30000 Gefangene, 22 Geschütze und 64 Maschinengewehre wurden erobert. Eure Heere sind in vollem Rückzug."

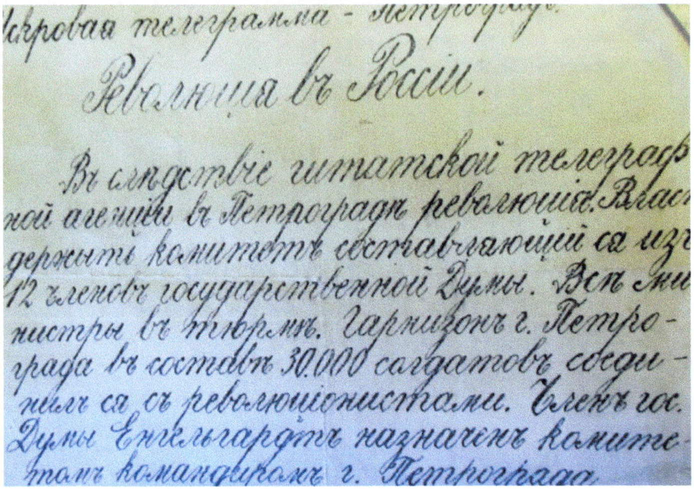

Dieser Flugzettel wurde den Russen im Abschnitt unseres Regiments durch unsere Horchposten am **16.3.1917** um 9 h vormittags übermittelt. Auch unsere Flugzeuge warfen dem Gegner Flugzettel ab. Standort L.I.Regiment Wien, Szelwow, Wolhynien.

Inhalt dieses Flugblattes:

„Funk-Telegramm Petersburg. Revolution in Russland. Wie der staatliche Telegraph berichtet, ist in Petersburg die Revolution ausgbrochen und in der Garnison wurde von 12 Männern ein Komitee gebildet und 30000 Soldaten haben sich angeschlossen. Genosse Engelhardt wurde vom kommunistischen Komitee zum Kommandanten von Petersburg ernannt."

Kaiser und König Karl

In den Kamof ziehende Truppen jubeln dem Kaiser und König zu (Postkarte)

Der Kaiser reitet durch Folgaria.

Kaiser Karl heftet Tapferkeitsmedaillen an verdiente Krieger des Sch. Reg. 1, gemalt von Franz Reich.

Verteilung der Auszeichnungen, „Dekorierung“ der Soldaten

Unser Ordonnanzenheim. Das Dach wurde durch eine russische Granate zerstört. Dachsparren und Dachstroh hatten die Deutschen fortgeschleppt, als wir im Einsatz waren.

Unweit von unserem Regimentskommando hatten Kupka und ich diesen Friedhof hergerichtet, und am Allerheiligentag wurden die Gräber der gefallenen Kameraden und Offiziere vom Feldkurat eingesegnet. Die heilige Handlung wurde aber durch einige Granatlagen beschleunigt und in einer Viertelstunde erreichten wir den Standort des Regimentskommandos.

22.Februar 1917: Ein deutscher „Fokker“ ist im Luftkampf abgestürzt, ein deutscher Oberleutnant tot. Da ich Zeit habe, zeichne ich Karten mit schönen Motiven der Landschaft, doch es scheint jemanden zu geben, der, wenn ich die Karte offen sende, sie für sich behält, ich muss nun alle Zeichnungen mit Couvert senden. Wenn auch Offiziere mir beim Zeichnen zusehen und dann die Zeichnung haben wollen, dann gebe ich sie her. Auch mein Freund, mit dem ich die Motive aussuche, der Maler Hamza der Jüngere, der bei mir im Unterstand Platz fand, malt soeben „Pferde mit Feldbahnloren“. Auch beim Train haben wir einen bekannten Schlachtenmaler, dem ich auch Modell stand, Franz Reich, der die schönsten Bilder fürs Regiment malt, diesmal den Gefechtstrain mit dem russischen Fesselballon. Einmal malter er auch mich vor seinem Unterstand, es wurde ein hübsches Bild, schade, dass ich es nicht bekam.

1.März.1917: Ich bekam heute einen Jammerbrief von meiner lieben Frau, sie schreibt, dass man in Wien und im Hinterland nichts mehr bekommt, und auch die Ungarn an der Grenze ihr die von zu Hause mitgenommenen Lebensmittel wegnahmen und zwar allen, die mit der Bahn fuhren und hamsterten. Ja, ja, es wird noch schlechter kommen, außer wir erobern wieder ein Land, das wir kahl fressen können wie die Heuschrecken. Schade, dass zwischen uns und Amerika sich das Meer befindet, sonst würden wir und die Germanici auch dieses Land erobern, da gäbe es sicher noch genug zu essen und zu stehlen. Der Urlaub ist noch immer gesperrt. Die Menage hier geht noch an, doch gibt es wieder Kukuruzbrot in der Kappe. Doch was geht mir ab? Ich mache Dienst im geheizten Raum, und trotz der Kälte von Minus 30 Grad habe ich keine Erfrierungen.
10. Februar 1917: Soeben brachten sie wieder zwei Überläufer, zwei wüste, arme

Gesellen, und ich frage sie aus. Sie wollen vom Krieg nichts mehr wissen. Das Wetter hat umgeschlagen, der Schnee schmilzt bei 10 ° Wärme rapid, und überall gibt es Überschwemmungen, auch fielen viele Deckungen und Unterstände ein. Hüben und drüben herrscht Ruhe, die Wege sind unpassierbar. Heute war ich beim Horchposten, in der Stellung sieht es scheußlich aus. Ich gab Ratschläge bezüglich der neu zu errichtenden Deckungen, und da auch einige Kameraden der Baukompanie hier sind, werden sie es schon schaffen. Auch sah ich unseren ehemaligen Chef, Leutnant Ötzelt von der Baukompanie, der in Kürze zum Oberleutlant befördert wird, und die Begrüßung war sehr herzlich. Beim Horchposten hatten sie eine Menge Pferdefleisch, und auch ich bekam ca 10 kilo vom Schenkel, ich gab ca 6 kilo beim Regimentskommando für die Offiziersküche ab, und Leutnant Straté will durchaus wissen, woher ich es habe. Zu Mittag hatte ich absichtlich den Dienst übernommen und sah den Offizieren beim Essen zu. Das Fleisch schmeckte ihnen großartig, ich bekam den Auftrag, wieder welches zu besorgen. Hoffentlich liegt noch ein Rappen im Drahtverhau, ich hätte selbst nicht geglaubt, dass so ein Kadaver, der fünf Monate draußen liegt, so fein schmecken kann.

3. März 1917: Wir schlafen jetzt in einer kleinen Deckung zu dritt, da fehlt es mir an Licht und Raum, etwas zu zeichnen. Wir haben immer noch Schnee, und die Kameraden lachen jeden Morgen, wenn sie mich nackt aus der Deckung springen sehen, ich kugele mich im Schnee einige Male und dann zurück auf das warme Lager. Wenn die wüssten, wie wohlig das Gefühl ist, würden sie es ebenso machen.

15 .März 1917: Ich sehe heute in der Stube des Obersten meine zwei Bücher am Tisch liegen und frage den Adjutanten, ob ich die Bücher haben kann. Da fährt der Oberst mich an: „ Wo haben Sie die Bücher her?“ „ Die kamen mit der Post an einen Soldaten vom Landwehr-Infanterieregiment Nr. 1, Feldpost 291.“ „Haben Sie die Bücher gelesen?“ „Nur ein paar Seiten, und ich schlief dabei ein.“ „So, na dann ist es gut. Die Bücher bekommen Sie nicht mehr.“ Die Bücher interessieren die Offiziere sehr, und ich höre so manche Zukunftspläne erörtern. Ich freue mich, dass durch die zwei Bücher andere auf Gedanken über noch nie gehörte Ausblicke kommen. Später fand ich die zwei Bücher beim Oberstleutnant Schönowsky von Schönwies, dem Kommandanten des 3.Bataillons, meinem ehemalgen Hauptmann vom 10er Jahr bei der Abrichtung. Ich fragte ihn, wie ihm die Bücher gefallen. „Ja, man liest da unglaubliche Sachen, die nie verwirklicht werden.“ Herr Oberstleutnant, wir werden ja sehen, was die Zukunft bringt. Auslandsblätter schreiben schon lange, dass Österreich auf tönernen Füssen steht, dass es morsch sei etc. Sollen sie Recht behalten? Ich glaube es fast selbst, dass, wenn der Krieg zu Ende ist, so mancher Potentat entweder tot sein wird oder ins Exil wandert.

6. April 1917: Heute essen ich und alle beim Kommando Anwesenden das letzte

Pferdeschnitzel vom letzten Pferd des Drahtverhaus. Heute war ich vom Olgagraben aus drüben beim Russen, ich sprach mit dem Fähnrich und einigen anderen Russen und versprach ihnen, dass wir nicht schießen werden, doch auch sie sollen von nun an Ruhe geben. Ich hörte, dass der Russe einen Teil der Mannschaft zum Anbau herausnimmt und alle Leute im Alter von 30 bis 50 zurückschickt. Ich gehe durch den Graben und sehe wieder meinen Kainacher Lind Franzl, der mir zuruft: „Mach Frieden mit den Russen, dass ma ham kumman!"

18. April 1917: Ich bringe allen die freudige Nachricht, dass, nachdem teilweise das Drathverhau beseitigt wurde, unsere Leute und die Russen zur Verbrüderung zusammen kamen. Im Schützengraben herrscht Friede. Es werden die Toten zwischen den Drahtverhauen beseitigt und beerdigt, um den üblen Geruch und die Gefahr einer Infektion zu bannen. Endlich werden meine Bemühungen belohnt, und unsere Musikkapelle des Regiments spielt unsere und die russische Hymne und dann lustige Weisen und Märsche.Voigtländer sorgt für Fotoaufnahmen. Die unseren und die Russen brachten Bänke, und Offiziere und Mannschaft von hüben und drüben sitzen plaudernd beisammen, tauschen Zigaretten gegen Papyrosy, und die Russen leihen sich von unseren Soldaten Mund-und Ziehharmonikas aus und tanzen zu ihrem Spiel. Auch brachten die Russen gut schmeckendes Brot. Ich sah, wie alle lustig und zufrieden sind, und da, im schönsten Beisammensein heulen Granaten über unseren Köpfen und explodieren im Wald der Russen und verwunden einige russischen Soldaten.Und noch und noch sausen die Lagen der deutschen Batterien in den Wald. War das eine entsetzliche Enttäuschung, die wir ungewollt den Russen brachten.

19. März, Josefitag: Die Russen beschießen als Revanche die Gräben mit Granaten. Ich schrieb sofort Flugzettel, ließ sie vervielfältigen und trug sie dann hinüber zum Verteilen. Mich empfingen sie nicht freudig sondern frostig. Ich klärte sie aber auf, dass es nicht beabsichtigt und nicht unser Verschulden war, sondern dass die deutsche Batterie schoss, und ich würde trachten, dass auch sie verstummt. Neuerlich wurde mir bestätigt, dass sich nur 20-24-Jährige im Graben befinden und alle anderen nach Hause geschickt wurden.Vor allem über eines sind sie erbost: dass englische und französische Offiziere und Unteroffiziere ankamen, und in den Gräben verteilt das Kommando übernehmen. Da sagt der eine Russe zu mir, dass sie die Eindringlinge bald rausschmeissen oder erschlagen werden, sollten sie keine Ruhe geben. Erben musste dringend nach Wien fahren, in die Gersthoferstraße.

1. Mai 1917: Wir heißen seit 14 Tagen nicht mehr Landwehr sondern Schützenregiment Nr.1, Wien. Ein soeben eingelangtes Telegramm besagt laut „Züricher Nachrichten", dass einige tausend freigelassene „Verbrecher"!

sich der Festung Kronstadt bemächtigten und sich mit Gewehren und Maschinengewehren ausrüsteten, und auch im nahe gelegenen Petersburg das Volk sich bewaffnet um die Regierung zu stürzen und um die Dynastie Romanow zu beseitigen. Das Volk will Frieden, will keine Offensive mehr ergreifen sondern demobilisieren. Ein gewisser **Ilic Lenin** soll der Anführer der gewaltigen Revolution sein. Hoffen wir nun das Beste. Freiherr von Richthofen hat in der Luft seinen Gegner über Frankreich abgeschossen. Ich höre die neuesten Nachrichten, die bei uns durchgegeben werden. Einige Urlauber brachten die Nachricht, dass in Wien schon Leute an Hungerödemen sterben.

Zur Ernte haben wir noch einige Monate, wie das Ernteergebnis sein wird, weiß man noch nicht, da Bauern und Bauernsöhne oft mit Wagen und Pferden einrücken mussten und nur spärlich Anbau-und Ernteurlaub gegeben wird. Die Bauern mussten sich mit Gefangenen begnügen, und oft ist der gefangene Russe oder Serbe der Herr im Haus und zeugt Kinder, wenn der Mann gefallen oder in Gefangenschaft geraten ist. Eine verrückte Welt! Dient das zur Verständigung der Völker und Rassen? Wir werden wahrscheinlich, wenn hier Ruhe herrscht, von hier abgezogen und entweder nach Rumänien oder auf den Balkan verschoben. Am liebsten würden wir gegen den Italiener ziehen und ihn bis zur Poebene und die Lombardei zurückdrängen, das lassen aber Amerika und England, das „perfide Albion" nicht zu. Den größten Nutzen haben bis jetzt die Amis und die lachen sich die Faust voll. Eher kommen alle farbigen Völker der Erde nach Italien, um das Land zu halten. An der Front herrscht Ruhe, und auch der deutsche Hauptmann, mit dem ich sprach, hält Frieden, obwohl er es nicht einsehen will, da er von seiner höheren Stelle nichts vorzuweisen hat.

18. Mai 1917: Wie schön ist doch die Welt! Alles blüht hier, die Vögel singen und zwitschern, nur hie und da hört man von weitem einen Schuss. Ich ging auch heute über Berg und Tal, über verödete Felder, blühende Wiesen; Weit und breit kein einziges ganzes Bauernhaus, alle sind zerstört. Die Sonne scheint so warm und ich sehe im Wald an der Lisere, an der ich vorbeigehe, einen großen Ameisenhügel der großen Waldameisen. Sie schleppen Fliegen, Flügeln, mühen sich mit einem toten kleinen Käfer ab, horuck, horuck und sechs bis acht Ameisen zerren an Kopf und Füßen des Schnellkäfers, da, es kommt noch Hilfe, wahrscheinlich sind die schon zu müde. Mit vereinten Kräften geht es wieder weiter. Da schleppt eine eine tote Blattlaus. Laus? Läuse? Ha, ich habs! Na wartet, ihr lieben, guten Viecherln, ich decke euch den Tisch, ihr werdet staunen. Ich ziehe mich rasch ganz nackt aus und breite Hemd, Unterhose, auch Bluse und Hose neben dem Hügel aus. Aha, da schau her, da geht schon eine mit der Laus, lässt sie fallen und läuft und erzählt unterwegs von dem Fund. Unglaublich, auf einmal kommen sie in Scharen. Ja eine ganze Ameisenstraße bildet sich zu jedem Wäsche-und Kleidungstück. Alles wimmelt von Ameisen, und sogar die Nissen, die Larven der Läuse werde in die Zange genommen und fortgetragen. Ich wende die Wäsche und die Montur, dann sitze ich auf einem alten Baumstumpf und lasse mich in der Sonne braten. Da auf einmal, horch! Ein deutscher Major reitet vorbei, ich bleibe sitzen, was soll ich da tun, ich bin ja nackt und salutiere nicht. Da dreht er seinen Gaul um und reitet zu mir und fragt: „Na Mensch, wat machen Se hier?“ „Entlausen!“ „Wat tun Se hier? Entlausen! Ja Se sitzen mang nackt hier, aber da ist Ihr Zeugs.“ „ Herr Major, das Entlausen besorgen die Ameisen.“ „Na will mal gucken wat de Biester, die dingsda machen.“ „Bitte, hier sehen Sie selbst.“ „Na jut, machen Se mang Platz.“ Er band das Pferd an einen Baum, und schon begann er, sich auszuziehen. Wier saßen zusammen circa eine Stunde und sonnten uns. Darauf begann ich, mein Hemd, die Unterhose nach Läusen und Nissen abzusuchen und fand nichts, und ich staunte: auch die Montur war läusefrei. So auch der Major, der sich bei mir mit einem mit Wurst belegten Brot und einer Zigarre bedankte. Auch meine Kameraden sandte ich in die Entlausung und die Ameisen hatten mühelos Festtage. Die Deutschen haben in unserer Nähe ein Bad errichtet, das wir auch benützen.

24. Mai 1917: Ich wurde von der Division als geprüfter Dolmetsch für die russische, ungarische und alle slawischen Sprachen für das Regimentskommando bestimmt. Was nützt die ganze Verständigung, die Menschen werden nicht vernünftig. Was ging uns ab? Hatten wir nicht alles? Warum sperrten die Ungarn in Österreich so oft die Grenzen gegen Serbien? Drosselten sie damit die Einfuhr von Schweinen und Vieh? Damit die Großgrundbesitzer , die Magnaten in Ungarn, die Andrásy, Károly, Báthiany, Erdödy, Eszterházy und wie sie alle heißen, ihre Schweine und Rinder besser und zu höheren Preisen anbringen können? Erzherzog Friedrich mit seinen riesigen Besitzungen in Österreich, in Ungarn, allein in der Báránya mit 76000 Hektar an fürstlichen Weinbergen; mit den Besitzungen bei Esseg, Sokolowac etc. und in Veldes; mit den Zuckerfabriken, Molkereien und so fort. Das Schönste und Beste ist aber, dass Hunderte Hektor Gemüse gezogen werden, Gemüse, das getrocknet und dem Militär als Dörrgemüse teuer verkauft wird, damit es durchhalten kann. Aber bitte keine Aufregung, ich ändere an der Sache nichts. Die Japaner haben Archangelsk und Charbin in Besitz genommen. Was spielt sich am Isonzo ab? Ich sehe den Tag näher rücken, da wir entweder in Rumänien oder in Italien eingesetzt werden. Unsere Division soll zur fliegenden Division werden und überall wo es schiefgeht, zum Einsatz kommen.

1. Juni 1917: Ich erfahre eben vom Hauptmann, dass ich wahrscheinlich, im Fall dass nichts dazwischen kommt, in 10 bis 14 Tagen in den Urlaub fahren kann und diesmal sogar auf 22 Tage. Ich hatte gleich um Verlängerung gebeten, da ich diesmal in Zárány der Schwägerin in der Landwirtschaft helfen will, und auch nach Budapest möchte ich fahren. In Wien soll es bei Roth und im Arsenal Streiks geben. Deswegen wird der Krieg auch nicht beendet, da müssten alle Betriebe samt der Bahn streiken, und das würde noch unnütze Opfer kosten, denn das Standrecht im Innern bedeutet auch Krieg, Bruderkrieg. Kaiser Karl soll angeblich in diesen Tagen den Russen ein Friedensangebot gemacht haben? Unter den günstigsten Bedingungen könnte das im Einvernehmen mit Bulgarien und der Türkei geschehen sein, was ich aber nicht glaube, denn was würde Kaiser Wilhelm dazu sagen? Er wollte doch die ganze Welt beherrschen, sein Traum würde sich dann nicht erfüllen. Ich glaube, sein Traum wird sich trotz aller Siege niemals erfüllen, eher jagen ihn die eigenen Leute im Reiche zum Teufel; denn laut den Briefen von Kopp aus Chemnitz haben sie auch in Deutschland Hunger, und nach den enormen Verlusten, die sie erlitten, sehnen sich alle nach dem Frieden.

15. Juni 1917: Endlich bekam ich Urlaub und ich fahre über Wolhijnsk, Sokal, Lemberg, Krakau, nach Wien. Am 17.Juni kam ich an. Nichts zu Hause an Essbarem! Ich hörte, dass es Hamsterzüge gibt, hinaus aufs Land. Auch ich versuche, etwas aufzutreiben. Ich fahre nach Stockerau, eine Menge Menschen entsteigt dem Zug. Da warten sogar Wagen auf die Hamsterer und fahren mit ihnen in die entlegensten Nester. Auch ein Geschäft, das seinen Mann ernährt. Ich ging zu Fuß, hatte 10 Virginier und 20 Kubazigarren und einen Stoff für eine Hose mit. Ich ging ohne Ziel in einer mir unbekannten Gegend. Die Leute arbeiten am Feld, und in der Mittagszeit, abends und in der Nacht werden die Äcker bewacht. Ich kam zu einer Mühle und versuchte mein Glück. Ein Müller gab mir für fünf Stück Virginier 2 kilo Staubmehl. Mehr wollte er nicht geben, obwohl es zusammengekehrtes Mehl war. Ich ging weiter und kam nach Groß Mugl. Es muss gerade ein Zug eingetroffen sein, in Sierndorf oder Stockerau oder was weiß ich wo. Die Bauern rannten was sie konnten und schlossen Hof und Haustüren, jagten vorher noch die Gänse und die Hühner hinein, und schon sah ich die Wiener Invasion. Hunderte kamen, sahen geschlossene Türen und fluchten in allen Tonarten und „Hauts den ausgfressenen Bauern die Türn und Fenster ein!“, hörte ich allgemein, und „He, machts auf, hob wos fir eng, a Leiwand, an schen Anzug von mein gfallenen Mann, a Wolln hab i da, an Teppich, an Zuwizahrer. He, wollts Möbeln? Mochts auf? Net?“. „ Gauna, vafluachte, dastickn sollts in da Fettn. Na warts, Bagasch vadammte, wann ma wieda olls hobn, nocha kummts nur, es Rauba, dann scheiß ma eich a wos!“, so hörte ich rufen. Als die meisten wieder verschwanden, blieben nur die Hartnäckigen oder gut Bekannten, die Tür öffnete sich, und hie und da wurden Geschäfte abgeschlossen. Ich saß bei einem Dorfschmied auf einem Stamm eines gefällten Birnbaumes und konnte nur staunen. Ich sah zu, wie der Schmied einen Reifen aufs Rad aufzog. Es ging allein nicht gut, und ich sprang hinzu, um ihm zu helfen.Ich half ihm noch eine Stunde und kam mit ihm in ein Geschäft, da ich ihm sagte, warum ich hier war. Er rief mich dann zu seiner Frau, und wir wurden in Anbetracht der geleisteten Hilfe in der Schmiede und des Stoffes handelseinig, und ich bekam 2 kilo Fett, wenn auch nur Darmfett, aber rein und zum Kochen geeignet, und 10 kilo Kartoffeln. Dann kam ich zu einem Bäcker und wollte ein Stück Brot kaufen. Ich hatte Hunger, da ich schon zeitig in der Früh fortgezogen war, und ich bekam für 5 Virginier-Zigarren einen kleinen Wecken, denn Brot und Mehl waren rationiert und ohne Karte nicht zu bekommen. Es geschah oft, dass man auf die Karte auch nichts bekam. Ich kaufte mir in einem Gasthaus eine Flasche Bier und aß ein Stück Brot, es war Mittagszeit. Der Wirt und die Wirtin aßen vor mir, dem Hungrigen, eine gute fette Suppe, ein schönes Stück Geselchtes, Knödeln mit Kraut und hernach eine Mehlspeise. Die Wirtin brachte auch aus ihrem Garten herunter gefallene Birnen, und ich bat sie, sie möge mir 1 kilo davon verkaufen, daß mein Töchterl etwas Obst bekommt, da gab sie mir 3 Stück um 50 Heller, und die waren ungenießbar, da sie mir die schlechtesten und angefaulten gab.

Es soll vorgekommen sein, dass bei hellichtem Tage Fremde ganz einfach Kartoffeläcker plünderten und den Bauern, der sich darüber aufhielt, verprügelten. Nun ja, ich machte mir dabei meine eigenen Gedanken. Gut, dass ich 6 ersparte Fleischkonserven und Kaffeekonserven nach Hause brachte. In der Zeit des Urlaubes kam ich mit einem Schieber zusammen, mit dem ich als Bub in die Schule gegangen war, der warf mit seinem Geld nur so herum und nichs war ihm zu teuer. Er bringt über die ungarische Grenze mit einem Auto Kukuruzmehl und Schweinefleisch, auch Geflügel nach Wien und verkauft alles hier um horrende Preise, und dieser Kerl, der groß, stark und gesund ist, braucht nicht einrücken. Ins Feld müssen arme Teufel, die drei -oder viermal verwundet wurden, und ich kenne einen, der schon sechsmal verwundet wurde, und er geht so lange ins Feld, bis ihn der Tod ereilt, und er als Held fürs Vaterland stirbt. Ich habe in Budapest zu tun und gehe abends zur Südbahn, auch mein Urlaubsschein lautet dorthin. Die Halle ist gedrängt voll von Wartenden. Auch ich warte von 6 h abends bis 9 h, da: „Der Zug nach Budapest geht gleich ab, alles einsteigen!“. Leicht gesagt, alles drängt und stößt und tritt und quetscht, und alle wollen auf einmal bei der Tür hinaus und jeder will der erste sein. Auch ich wurde eingekeilt und von rückwärts nach vorne gedrängt und da auf einmal kann ich nicht weiter, zwei große Kartons hindern mich am Weitergehen. Ich hebe beide auf und werde nur weiter geschoben und gestoßen. Endlich bin ich am Perron und sehe mir die Kartons, die sehr schwer waren, an. Ich greife hinein, lauter Papier, aha, was für eine Kanzlei.Ich sehe, wie alle rasch einsteigen und sich Plätze sichern. Leider kann ich das nicht, ich habe fremdes Eigentum in Händen. Ich gehe zum Stationsbeamten und melde ihm den Fund. „Was ist drinn?“ „Kanzleisachen.“ „Fahrns ab damit, so a Glump hamma selba gnua, wird si im Zug scho wer möldn.“ Ich ging und eroberte auf der hinteren Plattform eines Waggons, beim Abort, einen Platz. Als der Kondukteur kam, meldete ich den Fund von zwei Kartons. Endlich fuhren wir ab, und bei der nächsten Station hatte ich mit zwölf deutschen Soldaten eine Auseinandersetzung, da die paar Mann den ganzen Waggon okkupierten. Sie hatten die ganze Ausrüstung mit und deklarierten den Waggon als „für deutsche Soldaten reserviert“ und ließen niemanden hinein. Na auch gut, ich muss ja nicht sitzen, aber die vordere und hintere Plattform waren derart lebensgefährlich voll, dass sich niemand rühren konnte. Vor Schwadorf kam es schon zum Krach. Eine deutsche Schnute wollte während der Fahrt aufs Clo und konnte die Tür nicht öffnen. Den Ungarn, Tschechen, Kroaten, Slowenen etc., die mitfuhren, hatte auch ich in ihren Sprachen verboten, einen Deutschen aufs Clo zu lassen, außer sie lassen uns in den Waggon. In Schwadorf hielt der Zug, und ein Mann sprang beim Fenster heraus und wollte unsere Plänkler, die auf den Stufen saßen, herunterholen. Na da kam er zurecht, ein paar ordentliche Boxhiebe musste er einstecken ohne aufs Clo zu kommen. Als sich der Zug in Bewegung setzte, mussten sie ihn schleunigst beim Fenster hineinziehen. Vor Bruck an der Leitha wiederholte sich das Schauspiel, als sechs Mann bei den Fenstern heraus sprangen, jedoch auch sie den Kürzeren zogen und beim Fenster wieder retour mussten. In Bruck blieb der Zug stehen, und nochmals wollten sie uns stürmen, doch ich war schneller und holte den Stationskommandanten, und zugleich mit ihm kam auch der Deutsche. Jetzt wurde Ordnung geschaffen, und wir wurden in die Abteile hineingelassen, unter Verwünschungen und Drohungen der Deutschen, die uns eine „dreckige Zigeunerbande“ usw. nannten. Kaum fuhr der Zug an, da ging es schon los. „Ihr Scheißkerle, ihr Schlappschwänze, wir müssen euch überall aus der Scheiße holen, ihr verhungerten, dreckigen Balkanesen“, und so schimpften sie bis Kiralyhida, und einige fingen mit unseren zu raufen an. Da sie sich mit dem Bajonett wehrten, sah es bedrohlich aus. In Kiralyhida sprang ich hinaus, nachdem mich ein Piffke ins Schienbein getreten hatte und suchte den Stationskommandanten. Ein alter ungarischer General, als ich mich bei ihm beschwerte, machte er Generalordnung: die Deutschen mussten in zwei kleine Abteile eines anderen Waggons und wurden eingesperrt. In unseren Waggon stiegen noch Ungarn zu, und in Ruhe ging die Fahrt weiter. Unterwegs, da sich niemand wegen der zwei Kartons gemeldet hatte, sah ich nach, und siehe da, als ich hineingriff, ohne den Karton zu öffnen, entdeckte ich eine Wurst, brach ein Stück ab und: „Herrgott, war das eine gute Wurst!“. Da griff ich in meinen Brotsack, zog die „Pferdewurst“ heraus und verteilte sie an zwei hungrige Landstürmler, vollbärtige Väter. Endlich, nach einer Fahrt von 9h abends bis 8h früh, kamen wir in Budapest an. Ich stieg aus und staunte, dass, als die Deutschen ausstiegen, sie sofort umringt wurden und alle Aussteigenden auf die Deutschen losgingen.Sogar Gendarmerie und Rettung war zur Stelle, Da hörte ich, dass es auch in dem Waggon, den die 12 deutschen Soldaten benützten, eine arge Schlägerei gab, und durch Schüsse drei Ungarn, ein Bosniake und zwei kroatische Soldaten teils schwer verletzt wurden. Warum gaben die Deutschen keine Ruhe? Hatten auch die schon die Schnauze voll? Hatten sie schon genug vom schönen Soldatenleben und wollen lieber eingesperrt werden? Ja wahrscheinlich, denn jeder Tag, den sie der Front ferne sind, bedeutet Leben, und viele leben gerne, genauso wie ich. Dass sich die deutschen Soldaten mitunter sehr renitent benahmen, sah ich, als ich mit dem Marschbataillon nach Wladimir Wolhynsk kam. Es war 3h Nachmittag, und wir lagerten im Hof einer großen Kaserne, denn die Kaserne war mit deutschen Soldaten besetzt. Mit gutem Willen hätten sie uns noch in der Kaserne untergebracht. Obwohl es draußen stark regnete, ließen sie uns nicht hinein. Abends ging ich ins Kino, das in einer Baracke untergebracht war. Es wurde ein Stück gegeben, worin sich ein Italiener in eine Österreicherin verliebt, der Krieg bricht an, der Italiener und der Bruder seiner Braut müssen einrücken, stehen sich dann im Kampf gegenüber, und der Italiener wurde vom Bruder als Gefangener eingebracht. Na, die Schießerei und noch andere Szenen wurden, nach der Gegend zu schließen, wahrscheinlich bei einem Steinbruch bei Mödling oder Baden aufgenommen, und das Ganze wirkte auf uns alle unnatürlich. Der Gefangene kommt just zur rechten Zeit in in die Stadt und begegnet seiner Braut, und sie erhält durch Bitten beim Lagerkommandanten ihn als dringend benötigte Arbeitskraft, und nach dem Krieg findet die Trauung statt, und anschließend dann die Hochzeitsreise nach Venedig, Padua, Florenz und Rom. Dort segnet sie der Papst und wünscht, dass sich die Völker, die sich feindllich gegenüber standen, versöhnen und lieben wie diese zwei. Die zwei Stunden, in denen der Film lief und herrliche Aufnahmen der Natur von Österreich und Italien brachte, wurden durch gemeine Zwischenrufe der Deutschen gestört, bis zum Schluss sich einige Hitzköpfe in die Haare fuhren und eine Keilerei im Großformat begann. Ich saß nahe der Tür und verschwand so schnell wie möglich, denn es lohnte sich nicht, wegen eines Films, der in der Friedenszeit gedreht wurde, sich mit anderen zu prügeln.

Im Hof stand ein leerer Sarg mit Deckel. In dem Sarg schlief ich dann die ganze Nacht herrlich ohne nass zu werden und träumte vom langen Leben, dass ich hundert Jahre alt werde. Da ich aber noch in Budapest bin, sehe ich, wie die deutsche Mannschaft entwaffnet und unter Eskorte von Gendarmen und einem höheren deutschen Offizier abgeführt wurde. Hass oder Provokation enden so, oder verschwand bei ihnen schon der Patriotismus? Meine zwei Kartons gab ich in der Gepäcksaufbewahrung ab und fuhr vom Zentralbahnhof am Barrostér in die Hellai Ferenc utca zu Professor Zipernowsky. Ich wurde vom Frl. Gabi, von Erszi und der Köchin herzlich begrüßt. Der Professor war nicht anwesend, und ich soll um 2h wieder kommen. Auch recht, ich schaue mir den Garten an. Die schönen Rasenflächen sind umgeackert und zu Gemüseland hergerichtet. In den Glashäusern und im Wintergarten ist wohl durch die aufopernde Arbeit der Frau Schlenker und ihrer Tochter Ludmilla der Stand erhalten, aber schade, viele Gewächse haben schwer gelitten, besonders Orchideen und heikle Pflanzen, da der Fachmann fehlt. Unterwegs hatte mir ein ungarischer Honved die Adresse seiner Schwester von Ujpest (Neu-Pest) gegeben. Ich fahre hin und bekomme um wenig Geld 10 kilo Mehl, schön, weiß, und wurde so herzlich aufgenommen, dass ich tief bewegt war. Menschen, denen ich fremd war, die mich vorher nie gesehen haben, hatten ein Übriges für mich und bewirteten mich obendrein. Ich soll nur bei ihnen schlafen, wenn ich noch länger in Budapest bleibe, sie haben Platz genug für mich. Ich dankte gerührt und nahm herzlichsten Abschied. In der Stadt ging ich in die Markthalle und kaufte 5 kilo Zwiebeln und 1 kilo Knoblauch. Ich umgab das Leinwandsäckchen mit dem Mehl im Rucksack mit den Zwiebeln, damit mir die Ungarn an der Grenze in Kiralyhida das Mehl nicht wegnehmen, denn die Kontrollorgane, die nur für den Zweck der Bahnvisitation eingesetzt wurden, sind unerbittlich. So habe ich nur Zwiebel im Rucksack, das werden sie mir doch lassen. Mit meinen zwei Kartons? Na, werden sehen!

Um 5 h nachmittags kam ich zum Professor und verlangte mein Zeugnis. Er stellte die Frage: „Soll ich das heutige Datum einsetzen?“ „Nein, den 1.August 1914, denn Sie haben mir vom 1.August 1914 bis heute keinen Heller bezahlt, und es hätte mich gefreut, wenn Sie , als reicher Mann, mir ein paar Zigaretten gesandt hätten, da Sie wussten, wo ich bin, und Ihnen Frau Schlenker es auch sagte.“ Ich verabschiedete mich, als ich das Zeugnis bekommen hatte, von allen im Garten und im Haus und ging noch zum Baumeister Markhold, der mit mir und meiner Frau in der Klosterkirche ungarische und deutsche Mess-und Segenslieder gesungen hatte. Nach einem guten Nachtmahl beim Baumeister verging beim Plaudern die Zeit so schnell, dass es schon bald Zeit zur Bahn war, denn um 10 h nachts ging mein Zug nach Wien, und ich nahm auch hier Abschied. Die Heimreise lief bis auf die Gepäckskontrolle gut. Vor Kiralyhida kam ein Leutnant mit 4 alten Infanteristen, sie visitierten die Rucksäcke und nahmen jedem, der nach Österreich fährt, ob Zivilist oder Militär, alle Lebensmittel ab wie Schmalz, Brot, Mehl, Eier, Milch, Fleisch etc. bis auf ein Stückchen Brot für eine Jause. Bei mir griff er hinauf und befühlte den Rucksack. Da sagte ich, dass es nur Zwiebel und Knoblauch ist, für die ungarische Küche, für Offiziere bestimmt. Und in den Kartons befänden sich nur Kanzleischriftstücke, die ich dort in Wien ebenfalls abgeben müsse. Er nahm einen Karton in die Hand, ja er ist schwer. „Natürlich, da lauter Papier drin ist.“, sagte ich noch auf Ungarisch. „Jóvan.“, „Es ist gut.“ Gott sei Dank, ich atmete auf, denn 10 kilo Mehl für meine Lieben daheim war ein Reichtum und Kost für einige Wochen. Und die Kartons? Ich hatte mir in Budapest nichts herausgenommen, da ich von Zipernowsky Wurst und Brot mit hatte, und wusste nicht, was sie enthielten. Endlich, als sie alle Waggons durchgesehen hatten und eine Menge Kartoffeln, Fleisch, Obst und was sie sonst noch an Essbarem fanden, den Leuten abgenommen hatten, ging der Zug ungehindert bis Wien, wo ich um 8 h früh ankam. Als ich mit dem Rucksack und den beiden Kartons meine Wohnung betrat, auspackte, und meine Frau und Mitzerl sahen, was ich da Kostbares mitbrachte, jubelten wir alle, auch ich, der ich noch keine Ahnung hatte, was sich in den zwei Kartons befand.

Ich hatte blindlings beide Kartons von Wien nach Budapest und wieder zurück nach Wien geschleppt. Es lohnte sich, denn was ich da sah, überstieg meine Erwartungen. In einem Karton war ein tschechisch geschriebener Brief an einen Sohn, der als Hauptmann irgendwo in Ungarn stationiert war. Ich entnahm dem Schreiben, dass die Eltern Gutsbesitzer waren, das ersah man auch aus dem Inhalt der Kartons, und der arme Pfeifendeckel sollte sie zu seinem Hauptmann bringen. Leider waren kein Name und keine Adresse des Haupmanns oder seiner Eltern angegeben, sonst hätte der Hauptmann die Pakete trotzdem erhalten. Ich hätte sie per Post senden können, so konnte ich mich leider nicht einmal bei ihm und seinen Eltern für die herrlichen, guten Sachen bedanken. Ich hätte schon des armen Dieners wegen die Sache in Ordnung gebracht. Ich hätte den armen Kerl sehen mögen. Nun, lieber Herr Hauptmann, trösten Sie sich mit den nachfolgenden Paketen der lieben guten Mama, die Ihnen immer so gute Sachen schickt , und, wie sie schreibt, in 14 Tagen wieder Pakete geschickt werden. Ich besuchte auch die Schwägerin Reza in Zagersdorf, und als ich zu ihrem Haus kam, es war gerade Mittag, gab es eine Aufregung. Im Hof steht eine Kuh und die ist dem Ersticken nahe. „Was ist da los? Was hat die Kuh?“ „Ich weiß nicht, ich hab schon um den Fleischhauer geschickt, die Kuh muss geschlachtet werden.“ Einige alte Männer und Frauen umstanden das Vieh. Ich gehe auch hin und schaue. Ich reisse der Kuh das Maul auf, greife in den Rachen und spüre was Hartes. Ich ziehe an, Teufel, es lässt sich ziehen, doch endlich ist es heraus. Ein alter Lederpantoffel kam zum Vorschein. Da kommt auch schon der Fleischer, dem ich das Tier abjagte. Nichts zu machen. Der Reza hatte ich die schöne Kuh errettet. Die Zeit in Wien und die drei Tage in Zagersdorf verflogen so schnell, so trat ich am 3. Juli nachts wieder die Rückreise an, um nach Zatureze Lokaci zu kommen. Am 6.Juli 1917 abends kam ich in Lemberg an, sah mir noch Lemberg genauer an und übernachtete am Bahnhof. Am 7. Juli ging es über Sokal nach Wladimir Wolhijnsk, wo ich um 6 h abends ankam. Wieder begegnete mir das rote Auto mit Feldzeugmeister Czánády. Mein Freund, der Czánády, wollte mich einmal erschießen. Wir waren damals in Lirtal, und der Russe trommelte schon zwei Tage lang ohne Unterbrechung, denn Brussilow griff an. Ich hatte beim Kommando Dienst, und da kommt mein Freund, der General, angefahren. Er tritt ein und fängt schon zu schreien an: „Herr Oberst, warum halten Sie das eine Bataillon rückwärts in Reserve? Ich wünsche, dass das Bataillon sofort nach vorne geht!" Da braust auch unser Oberst auf. „Das Bataillon bleibt dort. Ich lasse mir meine Leute nicht umsonst zusammenschießen!" „Ich befehle es Ihnen!" „Exzellenz, Kommandant vom Regiment bin ich, und ich werde es verantworten, und ich lasse mir nicht befehlen." „Ich werde mich beim Erzherzog Josef über Ihr Benehmen mir gegenüber beschweren, Sie haben mit mir nicht zu schreien."

Links und rechts vom Kommando an der Straße des Tales fetzt der Russe seine Granatlagen hin, und rechts erwischt es eine Munitionskolonne samt den Pferden. Der Russe gibt Sperrfeuer, und da fällt es meinem Freund ein, fuchsteufelswild wie er ist, dass er zurück muss. Wieso hat er es auf einmal so eilig? Au, des a no! Jetzt kommt der Adjutant zu mir und sagt: „Souček, führen Sie seine Exzellenz ungefährdet nach rückwärts!" Ungefährdet? In dieser Hölle? Links und rechts der Weg durch Granatfeuer gesperrt und die vielen Granattrichter! Und da wieder eine Lage! Ich gehe hin zum Chauffeur, den ich schon gut kenne und frage ihn, ob er sich getraut, gleich durch den Wald gegebüber zu fahren? Der Weg ist schlecht und geht dann über eine Wiese, es ist der nächste und kürzeste Weg. Da kommt schon mein Freund dazu und schreit auch mich an: „Fahren Sie mich sofort zurück aber so, dass mir nichts geschieht, sonst holt Sie der Teufel." Fahr ma. Der Weg ist schlecht, mit tiefen, vom Wasser ausgespülten Rinnen und in der Mitte erhöht. Der Chauffeur fährt vorsichtig und vermeidet die Mitte, und bald sind wir auf der Wiese. Er fährt schön langsam über die Wiese, bald links, bald rechts, denn geradeaus war es unmöglich. Als es auch der Beobachter des russischen Fesselballons sah, da krachte schon eine Lage hinter uns. Seine Exzellenz brüllte hinten: „Schweinkerl, ich schieße Sie nieder!", und schon als ich mich umdreh, sehe ich seinen Revolver. Da gab der Chauffeur Gas, und schon wieder eine Lage links von uns! „Schneller, schneller!", ruft hinten mein Freund, und Gott sei Dank sind wir über dem Berg, und schon krachen wieder die Granaten. Bergab ging es nun gedeckt und schneller, und mein Freund, der General, steckte den Revolver wieder ein und machte freundliche Nasenlöcher. Als wir durch das eingesehene Gelände zum Wald kamen, machte sich der General davon, um seine Hose auszustauben. Oder? Ich fuhr noch bis zum Train mit, und dort entließ mich Seine Exzellenz, der Feldzeugmeister Czánady gnädigst, ohne sich zu bedanken, dass ich ihn trotz allem „ungefährdet“ zurückbrachte, und ich noch lebe. In Wladimir Wolhijnsk übernachtete ich in der Kaserne bei dem bayrischen Regiment, und am **8.Juli 1917** fahre ich mit der Feldbahn weiter, und die kleine Lokomotive rattert schnell mit uns über Woinicze zum Lirtal. Der Fuss schmerzt noch von dem Schienbeintritt des Deutschen auf der Fahrt nach Budapest. Hier hört man keinen Schuss. Heute früh, dem **9.Juli**, führten Herdy und Erben drei Russen, die von den Deutschen an der französischen Front gefangen worden waren, zu den Russen hinüber. Sehr gemütlich, was? Ich gehe wieder um die Post und freue mich über die vielen Kirschen und Sauerkirschen, die ich unterwegs pflücke und esse, so viel ich kann. Scherzer ist furchtbar wütend, dass nicht er sondern Erben und Lambrechter dienstlich nach Wien fahren und zehn Tage ausbleiben. Scherzer war schon lange nicht zu Hause. Es herrscht hier eine Ungerechtigkeit puncto Urlaub. Manche waren schon fünf bis sieben Mal im Urlaub, und ich kenne im Schützengraben welche, die zwei Jahre und sogar mehr noch nicht im Urlaub waren.

Wir haben hier beim Kommando einen Leutnant, dem das Essen zu schlecht ist. Na Bursche, du wirst noch Augen darüber machen, was du zu essen bekommst, wenn der Krieg noch lange dauert. Ich sende meiner Frau eine Fotografie unseres „Sommerheimes“, wo alle Ordonnanzen untergebracht sind. Als wir im Vorjahr im Lirtale waren, stahlen uns die Deutschen zuerst das Stroh vom Dach und dann alle Dachsparren. Mit dem Stroh fütterten sie Pferde, und die Sparren verheizten die Brüder. Als wir dann zurück kamen, mussten wir, damit es nicht hinein regnet, einen Lehmschlag machen, das heißt Lehm aufschütten und glatt schlagen, im Gefälle, damit das Regenwasser abfließen kann ohne in die Stube zu tropfen. (Mein Patent!) Im Vorjahr wurden das Haus und das Kommando durch einen halbstündigen Feuerüberfall derart beschossen, dass sämtliche Offiziere, Ordonnanzen und Telefonisten den schützenden Reservegraben aufsuchten. Nur ich und Kupka und das Tragtier zum Essenholen blieben zu Hause. Eine Granate traf ein Eck des Blockhauses ohne dem Pferd zu schaden, das sich losriss und laut wiehernd ins Freie flüchtete. Sooft eine Granate in der Nähe des Pferdes einschlug, hieb es mit den Hinterbeinen aus und wieherte, und es klang, als würde es den Russen auslachen. Bis jetzt hatte der Russe nur einmal Gasgranaten verwendet, die Geschoße explodierten dumpf, ohne Trichter zu schaffen, und gleich darauf sah man eine dichte, weiße Gaswolke, die sich langsam entfaltete. Ich wich jeder Granate aus, indem ich schnell gegen den Wind ging und ein mit Lehm gefülltes Taschentuch vor Mund und Nase hielt, und erlitt nicht den geringsten Schaden. Überall hörte ich Gasalarm:Schlagen von Metall auf Metall, was weit zu hören war. Der Gasangriff hatte auch ohne Gasmaske keine nachteilige Wirkung. Seit einigen Monaten haben wir hier ein Soldatenheim. Mitunter bekommt man auch einige Zigaretten zu kaufen, sonst nur Putzzeug, Seife, Pfeifen, Briefpapier und so weiter. Innen und vor dem Haus sind Tische und Bänke aufgestellt und am Sonntagvormittag gibt es die Feldpredigt und die Feldmesse beim Heim. Da spielt die Regimentsmusik Kirchenlieder und Märsche beim Aufbruch.

18. Juli 1917: Ich muss dringend nach Wien zum Kader und zum Oberst in die Heugasse (Prinz-Eugen-Straße), so kann ich einige Tage zu Hause sein. Doch auch diese Zeit vergeht, und am **11. August** komme ich am Nordbahnhof noch mit einigen Kameraden zusammen. Wir hören, dass sich unser Regiment nach Südungarn oder Rumänien verschoben hatte. Egal, zurück nach Kowel fahren wir mit dem Schnellzug ab. Wir kamen dort am **3.8.** an und übernachteten in der Sammelstelle. Um halb sieben Uhr früh bekamen wir Kaffee und warteten auf den Abschub. Am 4.8. nachts wurden wir einwaggoniert und wir fahren angeblich nach Klausenburg, Kolosvár und Siebenbürgen und werden so circa 4 bis 5 Tage unterwegs sein? Wir sind lauter Urlauber und Spitalsentlassene. Es regnet in Strömen.

Am 6. August 1917 fahren wir über Trzebinje und Oderberg nach Stillein(Zolna), wo es wieder Baden und Entlausen hieß, obwohl wir erst von Kowel kamen, wo wir badeten und entlaust wurden. Wir wurden zum achten Mal geimpft. Die Fahrt von Sillein war herrlich, wir staunten über die schöne Landschaft und rollten nun in der Ebene gegen Budapest, wo wir am **7.** ankamen. Ich führte eine ganze Kolonne in Budapest herum, als Dolmetsch, und weil ich mich hier gut auskenne, zeigte ich allen die Sehenswürdigkeiten der schönen Stadt. Wir blieben über Nacht in der Transenenabteilung und verließen am **8. August** um vier Uhr früh mit einem Lastzug Budapest. Ein langer Transport! Wir fuhren nach Debrecén und kamen dort am **8.** in der Nacht an. Am nächsten Tag in der Transene: wieder baden, entlausen und Haarschnitt! Frühstück, Mittag-und Abendessen, so halbwegs, und wieder geht es weiter. Nach Hermannstadt? Die Fahrt ging nach Schässburg (Sighisvorara) eine wunderbare und sehr abwechslungsreiche Fahrt. So gab es vor und nach Debrecen weite Strecken lang viele große Flächen, die rot leuchteten: Paprika, der reif wurde! Die Fahrt wird mir unvergesslich bleiben. Stundenlang fuhren wir durch die ungarische Tiefebene. In Siebenbürgen war es schon hügelig. Schöne reine Städte und Dörfer! Deutsche Pioniere, seit 200 Jahren ansäßig, haben Ödland und Urwald zu dem Siebenbürgen gemacht, wie es heute ist. Gewöhnlich spricht man hier drei Sprachen: Ungarisch, Deutsch und Rumänisch, und Rumänien möchte gerne nach dem Siebenbürgerland greifen und es in Besitz nehmen. Noch konnten wir es verhüten und wie lange noch? Gibt es wieder Krieg, denn es herrscht immer Unzufriedenheit, und ein Land will sich auf Kosten eines anderen bereichern, und es ist egal, wenn dabei bis zu 50% der Bevölkerung und der Baulichkeiten zugrunde gehen. Die rasch wachsende Bevölkerung soll damit dezimiert und neue Arbeitsplätze sollen geschaffen werden. In Schässburg ist es schön, doch das ewige Entlausen geht mir auf die Nerven, denn es ist wieder mit einer Impfung, was weiß ich gegen was, verbunden. Mit einigen Unteroffizieren entwischte ich, und wir wechselten zu denen, die die Prozedur schon mitgemacht hatten. Wir suchten noch ein Loch im Zaun, um in die Stadt zu kommen, und das Loch fand ich durch meine ungarische Sprache. Mit zwei Feldwebeln besichtigte ich die Stadt und die herrliche Umgebung. Wir kamen gerade zurück, als es hieß: Antreten zum Kaffee!

Eine Stunde darauf ging es wieder zum Bahnhof, wo wir in Güterwaggons verfrachtet wurden. Die ganze Nacht standen wir am selben Ort, und in der Früh stand ein Lastzug mit Kühen auf dem Nebengeleise. Wir waren ohne Frühstück und hungrig. Ich erkletterte einen Waggon mit Kühen, melkte meine Menageschale voll und trank die kuhwarme Milch, die mir jedoch im Lauf des Tages nicht gut bekam sondern mir ordentlich Abführen einbrachte. In einem anderen Waggon hatte ich zwei Männer gesehen, die an der Feldküche hantierten. Bei offener Tür sah ich auf dem Boden des Waggons eine Menge Speisefettwürfeln und Kaffeekonserven. Aber Kameraden, wie unvorsichtig! Es kann doch etwas gestohlen werden! Bitte, ich n a h m mir nur 1 kilo Margarine und 10 Kaffeekonserven, zum Unterschied von Stehlen. Endlich ging die Fahrt weiter, doch nach knapp vier Stunden gab es wieder einen langen Aufenthalt. Ich kochte mir Kaffee und aß Brot mit Margarine. Wieder geht es weiter und wieder die ganze Nacht im Viehwaggon, und es schmerzen uns alle Glieder. Überall, in jeder Station ein langer Aufenthalt, jetzt wären wir schon froh, wenn wir endlich das Ziel erreichten. Kronstadt, Brasso, alles aussteigen!

Wir sind hart an der rumänischen Grenze und marschieren in die Transene. Es ist heute der **11. August**. Wir bekamen Kaffee und Brot, und sofort hieß es wieder Baden und Entlausen. Das machten wir diesmal mit, denn seit ein paar Tagen spürten wir wieder Läuse. Wohin geht die nächste Reise? Angeblich nach Odobesti, wo hartnäckige Kämpfe mit den Russen und den Rumänen im Gange sind. Auch recht, dann hat das Eingepferchtsein im Viehwagen ein Ende. Der noch Geld hat, kann sich unterwegs immer noch etwas zusätzlich kaufen, wir haben aber unter uns geldlose arme Teufeln, die fütterte ich mit mitgenommenem Brot aus Katzendorf- (bitte, ich n a h m!)- , mit Margarine und gekochtem Kaffee. Auch „tachenierte“ ich 100 Stück Drama-Zigaretten auf, alles, damit ich die Mander „bei Hamur“ erhalte. Sie hatten wegen des Hungers schon Selbstmordgedanken. Mich hat das alles nur ein paar Griffe gekostet, und die Leute freuen sich. In Kronstadt sind wir wieder Gefangene des Lagers und dürfen das Lager nicht verlassen. Wir müssen uns im Freien aufhalten, da es hier keine Mannschaftsbaracke gibt, und die Sonne brennt auf uns herab. Wir wurden regimentsweise zusammen gestellt, so sind von unserem Regiment schon viele beisammen. Die Menage geht an. Was machen wir abends? Das eintönige Leben in der Hitze stumpft ab, und dazu kommt noch die ungewisse Zukunft. Wir sind aus dem Familien-und Berufsleben herausgerissen und zeitlos. Auf Befehl einiger, die sich das Recht anmaßen, über Leben und Tod zu verfügen, werden Menschen wie das lieber Vieh von einem Ort zum anderen transportiert und dann als Schlachtvieh verwendet. Es gelingt einigen Kameraden, im hintersten Teil des Lagers ein Loch in den Zaun zu machen, so groß, dass gerade einer nach dem anderen entschlüpfen kann. Wir gehen in die Stadt, vier Chargen und ich, darunter ein Feldwebel, unser Transportführer.

Des Wanderns müde begeben wir uns in einer mit einer roten Laterne versehenen Gaststätte, in der sich schöne Mädchen befinden, und die die ganze Nacht geöffnet haben soll. Wir trinken Bier und essen eine Kleinigkeit. Ein deutscher Klavierspieler spielte am Klavier Tänze und ein musikalisches Gebet vor der Schlacht mit Kanonendonner; ein anderer Deutscher, der sich bis auf eine kurze Schwimmhose auszog, zeigte seine Kunststücke als Schlangenmensch; ein anerkannter Artist, der zu seiner Artistentruppe unterwegs ist und deren Aufenthalt nicht weiß. Das Lokal ist um 1h nachts voll Soldaten, und einer davon zahlt jedem eine Flasche Bier und zwei Zigaretten. Er habe geerbt, und nun mache er die Erbschaft flüssig. Seine Tante vermachte ihm 5000 Mark, und die will er vor seinem Tod im Schützengraben los werden. Uns auch recht! Er ist ledig und meint, er kommt nicht mehr nach Hannover zurück. Gegen 3 Uhr zahlt er allen, ungefähr 40 Mann, einen Kaffe mit Rum. Es wird licht, und wir müssen zurück ins Lager, bevor wir bemerkt werden. Wir kamen im Lager gut an und schnarchten bis 8 Uhr früh. Und da einige Kameraden für uns Kaffee gebracht hatten, konnten wir sogar frühstücken. Tagsüber kam wieder diese drückende Hitze, ich stehle mich durch die gut getarnte Lücke und schleiche mich in die Stadt mit dem Dreisprachensystem. Ich kam in das Haus einer Sparkassenbeamtin und saß nun im Garten unter einem schattigen Lindenbaum und plauderte mit ihr und ihrer Mutter. Auch hier ist alles teuer, da das Militär alles aufkauft. Die guten Leute, Zipser Deutsche, warteten mir mit einem guten schwarzen Brot auf, mit etwas Kaiserfleisch und Obst. Ich sah einige Kameraden von gestern, die sich auch unerlaubt aus dem Lager entfernt hatten und schloss mich ihnen an. Durch die gute Jause gestärkt, verzichtete ich diesmal auf den schwarzen Kaffee, und ich kaufte mir in dem bekannten Damenlokal eine Flasche Bier. Es war schon 8 Uhr abends, als wir uns am Bahnhof erkundigten, ob vor 6 Uhr früh ein Transport zur Front abgeht. Bis jetzt sei ihnen nichts bekannt, nur ein Zug komme mit Nachzüglern und Urlaubern von Nyirodháza und Nagy Kaniza (Groß Wardein). Von hier gehe diese Nacht kein Zug ab. Dann zurück in das mit der roten Lampe bezeichnete Haus! Auch unser 5000-Mark-Mann ist wieder da und zahlt eine Runde nach der anderen. Um zwei Uhr nachts kam eine Militärstreife mit einem Offizier, und wir alle mussten das Lokal verlassen und in das Lager marschieren. Dort angekommen wurden wir in einen Raum getrieben, der voll mit Militär war, darunter waren auch unsere Deutschen. Das Lokal war ganz voll, wir konnten uns nicht rühren, und umfallen konnte niemand. Um fünf Uhr früh kamen zwei Offiziere und vier Zivilisten, und wir staunten, als wir unter dem Licht einer starken Laterne einzeln die Herren passieren mussten. Draussen angekommen warteten wir auf die Auflösung des Rätsels.Da kam der Erbe von 5000 Mark unter das helle Licht und wurde sofort gefesselt.Jetzt hörten wir, er habe in Szolnok einen Händler um 8000 Kronen beraubt und treibe sich schon drei Wochen in allen möglichen Städten herum. Sie fanden noch fast 200 Kronen bei ihm. Er wollte an der Front untertauchen. Tags zuvor hatte er einer Diva des bekannten Lokals 500 Kronen gegeben, wovon ein Detektiv erfahren hatte. Daher diese unerwartete Kontrolle.

Heute, am **13.August 1917**, mittags, geht endlich der Zug gegen Foksani. Ich werde Kronstadt nicht vergessen. Wir fahren über den Predealpass und die Stadt Sinaia durch eine landschaftlich schöne Gegend mit vielen Petroleum – Bohrtürmen. Ein Turm brannte, und nachts sah man den Feuerschein sehr weit in der Richtung gegen Ploiesti. Wir fahren langsam und stehen lange in den Stationen. Die Häuser hier sind sehr nett im Baustil, und auch die Menschen sind sehr freundlich. Ab Sloiesti hatten wir vom Schützenregiment 1 vier eigene Waggons, und der Wagon vor uns war voll mit Blut-, Leber- und Speckwurstkonserven. Nachts hatte ein deutscher Unteroffizier den Wagen geöffnet, die Plombe entfernt und teilte dann in einer Station an uns Konserven aus. Jeder hatte eine Konserve und ohne Brot löffelte er daraus solange er konnte. Doch als sich ein paar Stationen weiter noch andere an dem Raub beteiligten, flog die Sache bei einem deutschen Stationsoffizier auf, und er wollte den Zug nicht weiterfahren lassen. Der Lokführer, der ebenfalls Konserven bekommen hatte, hörte nicht auf den guten Mann, und er gab ein Pfeifsignal zur Weiterfahrt. So gut war der Stationsoffizier nicht, denn er telefonierte nach Buzau, einer größeren Station, wo wir aufgehalten wurden und eine Kompanie deutscher Landstürmler auf uns wartete. Kaum stand der Zug, als sich schon 5 bis 6 Mann in jeden Waggon begaben, um uns die Konserven abzunehmen. Bei uns fanden sie nichts, denn die leeren Dosen hatten wir bei der Fahrt zum Fenster hinausgeworfen, und die vollen zum Teil zurück gegeben und zum Teil den Deutschen, die mit uns fuhren.Wir waren die reinsten, unschuldigsten Engeln, denn wir hatten doch nichs genommen, sondern die Deutschen waren es selbst, na ja, geschmeckt haben uns die Konserven schon. Der Wagen wurde dann unter deutscher Begleitmannschaft gehalten, und wir staunten, dass es trotz Visitierung des Gepäcks noch manchem gelungen ist, die Konserven unauffindbar zu verstecken.

17. August 1917: Wir sind in Romniku am Fluss Romniku angekommen und gehen durch die Stadt. Am Markt verkaufen die Frauen Tomaten, Wassermelonen und Melanzani, Eierfrüchte genannt. Ich musste lachen, als einige Kameraden die Melanzani kauften und sie für Feigen hielten. Die längliche, bläulichbraune Frucht wirkte sehr verlockend, so bissen sie hinein und schauten dumm, denn die Frucht ist roh ungenießbar, aber in Scheiben geschnitten und gebraten schmeckt sie köstlich.Auch gekochter Speisekukuruz wurde verkauft. Wir fuhren streckenweise nahe der Transsilvanischen Alpen durch eine fruchtbare Ebene, bebaut mit Kukuruz und Weizen. Wir sahen noch viele Steppenrinder, magere, große, falbe Rinder mit den langen Hörnern und viele Schafe auf den Weideflächen. Auch hier sieht man, dass es große Güter der Bojaren sind, denn man fährt lange Strecken durch riesige, gleichmäßig bebaute Felder. Seit einigen Tagen sieht man auf der Fahrt auch Weingärten und Obstanlagen. Es begegnen uns Güterzüge voll Obst und einige Waggons voll mit lose aufgeschütteten Weintrauben. Obst und Trauben gehen schon in Gärung über, und der Most rinnt aus den Waggons, und es scheint mir, dass wenn die Waggons nicht bald ihr Ziel erreichen, tausende Liter Most verloren gehen. Ich begreife nicht, warum so eine unverantwortliche Vernichtung von Obst und Weingut möglich ist, denn man hätte doch genügend Fässer für die Maische auftreiben können. Sollte das der Wein sein, den wir künftig ins Feld bekommen? In Polen und in Wolhynien bekamen wir hie und da Wein, der meistens im Keller der Weinlieferanten gewachsen war, und manche Lieferfirma, manche Weinkellerei bereicherte sich an dem Gesöff, oft einem Säuerling, mehr Essig als Wein. Diese Herren sind unabkömmlich, schön zu Hause, verdienen sie schönes Geld durch Weinpanschen.

Der Bahn entlang sah ich an der Böschung Sonnenblumen, deren Samen gepresst ein sehr fettes und schmackhaftes Öl geben. Die Sonne brennt furchtbar und das Jahr 1917 soll die heissesten Monate seit undenkbar langer Zeit haben. Es herrscht ausgesprochener Wassermangel, alle Bäche und Flüsse sind ausgetrocknet, und man kann trockenen Fusses jeden Bach und Fluss durchqueren. Ich verstehe die Rumänen sehr gut, obwohl es Lateiner sind und die Sprache mit dem Italienischem sehr verwandt. Bis auf die lästigen Fliegen und Gelsen wäre es hier zum Aushalten, und die Trauben sind sehr schön groß und süss, und ich esse sie alle Tage anstatt Wasser zu trinken. Merkwürdigerweise kam ich dazu, in einem entlegenen Bauernhof bei einer Geburt zu helfen. Die Geburt, es war das 4. Kind, ging ohne jede Gefahr leicht von sich, und es war fast nichts dabei zu tun außer abzunabeln und das kleine Mädchen der Mutter ins Bett zu legen. Mit einem großen Fresspaket bedankt ging ich zur Bahn, und weiter ging die Fahrt. Bei Odobesti sollen unsere Truppen mit unserem Regiment nach schweren Verlusten der Russen die Front durchbrochen haben, und wir stehen nun an der Susita und der Putna, an deren breiten, ausgetrockneten Strombetten zwischen Weingärten und Feldern gelegen. Die Weinstöcke in den Weingärten sind zwei bis drei Meter hoch, mit reich tragenden großen und schweren Trauben, die bei dem Wassermangel eine begehrte Erfrischung sind. Besonders morgens, wenn noch alle Trauben betaut sind, schmecken sie sehr fein. Später, wenn die Sonne prall darauf scheint, sind die Trauben sehr warm und büssen an Geschmack ein aber nicht an Süsse. Wir machen gratis eine Traubenkur, und am **18.August** kommen wir in Faroelli an der Putna an.

Faorelli an der Putna

Faorelli an der Putna Als wir den russischen Graben erreichten, den unsere Truppen bei Faroelli überschritten hatten, sahen wir viele tote Russen aber wenige tote Österreicher. Die Toten waren durch die Hitze schon sehr stark aufgedunsen, und man sah, dass der Graben im Nahkampf mit Handgranaten überrascht worden war. Hier sind im weiten Umkreis die Zivilisten entfernt worden, und nun stehen die unübersichtlichen Weingärten ohne Betreuer und weil sie nicht abgeerntet werden, gehen hunderttausende Kilogramm Weintrauben zugrunde. Wir waren fast 18 Tage lang unterwegs und jeder von uns ohne richtiges Essen, und wir waren wir froh, endlich wieder unseren Stabskoch mit dem großen fahrbaren Suppentopf zu sehen. Ich bekam eine Menageschale voll Hammelfleisch und aß es gierig mit Brot. Alle bekamen wir Durchfall, sei es von dem ungewohnten Genuss von Hammelfleisch oder dem Essen der oft bis zu einem Kilogramm schweren Trauben, die übermäßig gegessen, auch kein gutes Bauchgefühl hervorrufen. Die Beeren sind enorm groß und werden von uns „Goassutteln" genannt, denn ein Untersteirer, der auch einen Weingarten bei Reichenberg hatte, taufte sie so.

Endlich kamen wir am **18. August** abends nach Foksani zum Regimentskommando Nr. 24. Am **19.** ging es weiter und am **20. August** traf ich bei unserem Regimentskommando ein und wurde von den Offizieren und meinen Kameraden herzlich begrüßt. Gott sei Dank bekamen wir nach dieser langen Fahrt wieder normale Mahlzeiten und etwas zu rauchen. Während der Fahrt gab es nicht viel, und das, was wir bekamen, nur zu Wucherpreisen. Eine „Drama" oder „Ungarische" kostete 20 Heller. Ein Bauer gab mir einmal Tabakblätter, die ich, fein geschnitten, in Packpapier oder Zeitungspapier rauchte. Das Morden geht weiter. Ich bin aber voll Zuversicht, dass ich heil nach Hause kommen werde, und ich weiß, dass ich diese vielen schönen Städte und Landschaften auch nicht um teures Geld noch einmal sehen kann. Das ist jetzt alles gratis, und ich nehme alles mit offenen Augen auf, was mich trotz der Strapazen, trotz Hunger und Durst und des Schlafens auf dem Waggonboden voll entschädigt und ich das Gesehene nie vergessen werde. Schade, dass ich von den schönen Städten keine Ansichtskarten zu kaufen bekam, denn die Zeit war oft zu kurz oder wir durften wegen der baldigen Weiterfahrt den Waggon nicht verlassen. Scherzer geht endlich in den Urlaub und nimmt 10 kilo Mehl und einen Karton Weintrauben mit. **24.8.1917**: Wir sollen nicht lange hier bleiben, und unser Standort ist Satul Nou an der Susita. Die Russen beschießen das Dorf. **27.8.1917**: Wir müssen den Standort des Regimentskommandos wechseln und befinden uns in einem in den Felsen gehauenen Weinkeller. Hier sind die Offiziere (N.,N.,N....)und außer mir noch der Regimentskoch und Zuckerbäcker Dobinger, ein gebürtiger Wiener und in Berlin Zuckerbäckermeister und der gefräßigste und faulste unter uns: der Feldwebel und Feldgendarm S.. Heute war ich in Paucin, die Ortschaft und die Kirche wurden fast ganz zerstört, der Altar durch eine explodierende Granate zertrümmert. Hier gibt es weit und breit kein Trink-und Kochwasser, die Dörfer sind verlassen, die tiefsten Brunnen ausgetrocknet, und unsere Küche muss oft stundenlange Wege um Wasser fahren.Ich bemühte mich, mit der Wünschelrute Wasser zu finden, doch alle Mühe war vergebens. Um einen Pferdekadaver scharten sich die Hunde, ich zählte 15, und beide umschwirrten Wolken von Fliegen. Ich sah auf der anderen Seite einen Hauptmann der deutschen Feldhaubitzen, der seine Waffe nicht bei sich hatte und sich wegen der Hunde, unter ihnen ein großer weißer Schäferhund, nicht weiter zu gehen traute. Ich erschoss einige der Hunde, herrenlose hungrige und durstige Strassenköter, die sehr gefährlich aussahen, die anderen stoben davon. Es lagen noch viele tote Russen und ihre Pferde auch in den Weingärten. Zusammen mit den Regimentspionieren mussten wir die Toten beerdigen, um eine Seuche zu verhindern. Die Toten rochen schon sehr und sprengten fast die Monturen, so prall waren sie in zwei bis drei Tagen aufgedunsen. Fand ich einen Brief oder eine Namenskapsel, dann konnte ich auf das primitive Holzkreuz den Namen und andere Daten schreiben.

Hier haben wir die Aussicht auf hundert Berge, die Ausläufer der Karpathen. Das Bergsteigen bringt mir Vergnügen und Abwechslung. Es herrscht eine sehr rege

Fliegertätigkeit, und durch Erkundungsflüge hatte man erfahren, dass der Russe seine 1.Armee zurückzieht und abtransportiert. Daraufhin plante Mackensen eine groß angelegte Offensive. Bis jetzt waren wir an der Putna und Susita, und nun geht es in den Einsatz zum Sereth, einem sonst riesig breiten Fluss, der jetzt genauso ausgetrocknet war wie alle anderen. Etwas ließ mir keine Ruhe, und ich ging, durch Weingärten gedeckt, am 29.8.1917 nach vorne zum Sereth. Das Flussbett war die Scheidewand zwischen uns und den Russen und Rumänen. Die Russen, hieß es, seien schon abgezogen. Da sehe ich eine Spiritusfabrik, sie ist verlassen, nichts rührt sich. Riesengroße Fässer liegen herum, und man sieht, dass auch die Fabrik durch Volltreffer beschädigt ist. Der hohe Kamin steht noch, und ich klettere an den angebrachten Steigeisen empor und schaue mir die Gegend mit einem ausgeborgten Glas näher an. Von oben sehe ich sehr gut in die feindlichen Gräben, und was sehen meine Augen? Russen! Neben mir links einen kleinen Wald, vor mir hohe Weingärten, und rechts von mir eine deutsche Batterie, die soeben eine Salve hinüber jagt. Ich schaue noch einmal genauer hinüber, ja ich täusche mich nicht, im Graben nur Russen! Ich gehe zurück zum Kommando und melde es dem Hauptmann L. und dem Oberst. Das gibt es nicht, denn die Fliegeraufnahmen stimmen. Na, mir soll es gleich sein. Unser Kommando bezog als Standort und Nachtlager die Spiritusfabrik, und einige legten sich in die großen umgelegten Fässer. War schon am 28. hier ein höllisches Gewehr-und Artilleriefeuer, durch das ich oft Meldungen überbringen musste, so war der 30. August ein Entscheidungstag. Wegen der Berichte der Flieger, dass die russische Armee aus der Front gezogen sei, bezahlten wir mit dem Verlust des halben Regiments, und es gab viele Tote und Verwundete, und viele kamen dadurch in die Gefangenschaft. Ja, es zogen die Russen bei Tag zur Bahn, die sich entlang des Sereth dahinzog, und nachts wieder in die Stellungen zurück. Auch mein Freund und Kamerad Klima wurde mit noch einigen Kameraden der Baukompanie verwundet. Klima hat einen „Tausendguldenschuss“ in der Hand, hoffentlich kommt er nach Wien. Die deutsche Batterie rechts von uns ließ die Geschütze im Stich, und der Russe war schon in der Nähe unseres Kommandos, als ich schie: „Lauft den Weg durch den Wald, sonst seid ihr gefangen, der Russe hat durchgebrochen!“. Ich selbst rannte durch ein offenes Feld und alarmierte unsere Pionierkompanie und ein in der Reserve befindliches ungarisches Bataillon, das durch Gegenstoss die Front wieder ausgleichen konnte, und auch die deutschen Geschütze wurden von Oberleutnant Safonith und seinen Mannen zurück erobert.

Wahrscheinlich ahnte oder wusste die russische Heeresführung von der geplanten Mackensenoffensive und gebrauchte das Täuschungsmanöver, nahm ihre Truppen bei Tage nach Tecuci zu einem Bahnknotenpunkt hinter der Front und nachts mit den Autos wieder zur Stellung. Oberleutnant Safonith und noch einige

Offiziere bekamen das Eiseren Kreuz Erster Klasse, und mir wurde ebenfalls das deutsche Eiserne Kreuz Zweiter oder Erster Klasse versprochen, doch sollte ich die Kleine silberne Tapferkeitsmedaille erhalten und zum Unteroffizier befördert werden. Ich bekam weder ein Eisernes Kreuz Zweiter noch Erster Klasse, und die Ungerechtigkeit wurmte mich, ich hätte mir die Auszeichnung redlich verdient, denn die Kugeln und Sprengstücke pfiffen nur so um meine Ohren, und ich wunderte mich, dass ich nicht verletzt wurde. Durch den Vorstoß und das Zurückwerfen des Feindes wurden viele Russen gefangen und die Hälfte des Regiments zurück bekommen. Die Offensive des Generals Mackensen verlief im Sande. Zur gleichen Zeit tobte die achte Isonzoschlacht, und es war wahrscheinlich, dass wir hier abgezogen würden, denn nicht umsonst waren wir die „fliegende 13. Division". Jetzt konnte ich einem Kameraden die 10 Kronen zurückgeben, die ich mir von ihm auf der dreiwöchigen Herfahrt ausgeborgt hatte. Ich habe noch Geld, doch hier bekommt man fürs Geld weder was zu essen noch zu rauchen, noch zu trinken. Nur Weintrauben, und die sind gratis! Menage: Gerste und Marmelade täglich. Ich bekomme wieder regelmäßig Post, auch ich kann wieder schreiben. An der Front herrscht nun Ruhe, wir braten draussen im Freien, doch im Weinkeller (ohne Wein) ist es angenehm kühl. Voigtländer Fritzl macht Aufnahmen vom Oberst und den übrigen Offizieren vor der Kaserne.

Meine Ahnung täuschte mich nicht, denn schon höre ich, dass von der Division der Befehl einlangte, schon morgen, den **31. August 1917** zur Bahn zu marschieren, zur Einwaggonierung. Das Rätselraten beginnt und nimmt kein Ende. Wohin wir wohl fahren werden? Nach Serbien? Ich sage, zum Isonzo oder nach Südtirol. Wer wird Recht behalten? Ich frage unseren Haupmann, auch der weiß es nicht. Ich möchte mir gerne Italien anschauen, denn wenn wir einmal dort sind, dann ist der Krieg zu Ende, oder? Nach Amerika können wir nicht, auch nach England nicht, denn dazu fehlen uns schon die Schiffe. Mit Frankreich wird hoffentlich unser großer Bruder fertig, und die anderen gehen uns nichts an. Reicht es noch mit der Munition? Wie lange noch, und es werden überall die Glocken der Kirchen abgenommen und sogar die Kupferkesseln eingezogen. Reicht es auch mit den Fressalien? Warum nicht, wir werden uns als Grasfresser heranbilden, aber nur dann, wenn wir nicht ins Hochgebirge kommen, denn die Steine würden wohl unverdaut im Magen liegen; und mit der Zeit vergessen wir durch das schwere, drückende Gewicht das Aufstehen und wir frieren mit dem Hintern am Gletscher an. Noch sehe ich eine Rettung: Erzherzog Friedrich mit seinem Dörrgemüse, den großen Patrioten, der damit die Dynastie Habsburg – Lothringen rettet, den Krieg zum Siege führt und dabei schön verdient. Recht hat er.

Am **1.September 1917** sind wir abfahrtsbereit. Wir Ordonnanzen und Gendarmen haben einen eigenen Waggon und die Offiziere einen Personenwaggon. Die Küche fährt auch mit. Mensch, was verlangst du mehr? Du wirst verpflegt, kannst dich während der Fahrt schlafend im Zeltplatt schaukeln, bekommst zu essen, zu rauchen, die Löhnung, siehst während der Fahrt die herrlichsten Landstriche gratis, fährst franco, ohne zu arbeiten kannst du den ganzen Tag Karten spielen und faulenzen, ja faulenzen, so dass mir vom Nichtstun die Knochen weh tun. Ich sitze am liebsten vorne und lasse meine Füsse baumeln, schaue mir die Bewohner, die Häuser und auch die Flora der schönen Gegend an, und ich sehe bei einem Bahnhof Bambusstauden, die ziemlich hoch sind, und auch die Trompetenblume voll mit roten Blüten an den Hausmauern. Wir fahren von Foksani über Romniku Saratul und Buzau, die Strecke, die ich schon kenne, und in Buzau bekommt ein Waggon von uns Zuwachs, ein ca 20 bis 22jähriges Mädchen fährt mit, eine Rumänin. Na, mich geht es nichts an, sie sollen auch eine Freude haben, wenn´s nur gut abgeht, denn hier ist die Krankheit weit verbreitet. Da wir jetzt keine Bewegung machen, melden sich die Läuse wieder, die der Teufel holen soll. Wenn die Sonne scheint, sind wir auf der Läusejagd, denn die lieben Viecherln sind gar zu lästig.

Am **2. September** fahren wir von Buzau gegen Bukarest. Eine endlose Ebene breitet sich vor uns aus. Die Äcker sind zum größten Teil abgeerntet bis auf Kukuruz, der in Massenanbau vorherrscht. Es gibt noch viele Rinder und Schafe. Ich sehe wieder von Traubensaft rinnende Waggons und kann die Verschwendung nicht begreifen. Gerade das heurige Jahr mit dem heissen Sommer gibt den besten Wein seit Jahrzehnten, und so wird mit den Trauben gewirtschaftet, es ist direkt ein Verbrechen.

3. September 1917: Wir berühren Bukarest nicht, so wie ich anfänglich dachte, sondern fahren jetzt eine lange Strecke entlang eines Flussbettes nach Pitesti, einer schönen und unbeschädigten Stadt. Viele Städte und Orte waren von den Kriegsereignissen verschont worden. Pitesti liegt am Rand der Transsilvanischen Alpen, und von da an geht es durch Hügelland. Weingärten, wo man hinsieht, und-auf dem gut ausgenützten Bodenentlang des Schienenstranges links und rechts Sonnenrosen. Die Häuser, die nicht so massiv gebaut sind wie bei uns, gefallen mir sehr gut. Es sind meist ebenerdige Häuser mit einem eigenen Stil: mit großen breiten Fenstern, einem offenen Vorbau, einer Veranda ähnlich, wo die Menschen die Nacht auf dem Fußboden verbringen, mit einer Decke zugedeckt oder auch nicht, Männlein, Weiblein und Kinder durcheinand und nebeneinand. Ich sah hier, wo es sehr warm ist, Kinder bis zum Alter von etwa 14 Jahren nackt herumlaufen, und kleine Knirpse bettelten um Zigaretten und rauchten. Ja, Frauen genauso, sie mit einem langen Zigarettenspitz oder einem Tschibuk, denn der Tabak ist hier zu Hause. Kein Mensch fürchtet sich hier, nachts bei offenen Türen zu schlafen, da es fast nie vorkommt, dass jemand belästigt, beraubt oder gar umgebracht wird. In Polen, Wolhynien und Rumänien hatten die Bewohner keine Schlösser an den Türen, und mit den primitivsten Mitteln wurden die Türen verschlossen, und jeder konnte sie jederzeit öffnen. Meist waren es Holzschuber oder auch Holzriegeln.

Ich denke an meine kleine Tochter, die in wenigen Tagen die Schule besuchen wird, und ich bin immer noch im Felde.

5. September 1917: Wir fahren von Pitesti gegen Slatina, überqueren dann den Fluss Alto(Altul) und fahren gegen Crajova. Am 6. kommen wir zu Donau, nach Turu Severin. Hier bleiben wir einige Stunden stehen und bewundern den Donaustrom, der uns Grüße aus Wien bringt, denn aller Gedanken sind bei unseren Lieben zu Hause. Nachmittags fahren wir gegen Orsowa weiter, zum Eisernen Tor.

7. September: Die Fahrt geht nun nordwärts gegen Temesvar (Timisuaru). Bis jetzt fuhren wir durch fruchtbares, gesegnetes Land.

8. September: Wir sind in Temesvar angekommen. Ich ahne, dass die Fahrt nicht nach Serbien sondern zur Isonzofront geht, durch Bánát, Bácska und Bárányá.

9. September: Wir fahren über Nagy Kikinda nach Szegedin, einer größeren Stadt in Südungarn. Wir bekommen leider kein Szegediner Gulasch, da wir den Bahnhof nicht verlassen dürfen. Nachts ging es weiter, und uns war es schon egal. Wir hätten nichts dagegen gehabt, wenn wir in Budapest aufgewacht wären. Aber so gut waren die Oberen nicht, und als nachts auf einer Station „Szombor“ las, da wusste ich, dass wir durch die Bácska fuhren.

Frühmorgens, den **10. September**, ging es nach Esseg (Osijek), vorbei an mehreren Ortschaften, und wir bewunderten die schönen Pferde, die die Bauern vor ihre Wagen eingespannt hatten. Auch in Slawonien gab es fruchtbare Äcker, und die riesigen hausgroßen Schober zeugten für ein gutes Getreideland. Hier in diesen Gegenden spricht man ausser Kroatisch noch Deutsch und Ungarisch. Es gibt hier fast rein deutsche Sprachinseln, Land, das vor 200 Jahren zu Maria Theresias Zeiten durch Bayern und Sachsen besiedelt wurde. In einer Ortschaft bekam ich ein gutes weißes Brot und 40 Eier zu kaufen, und Obst, auch Weintrauben gab es in Hülle und Fülle, und die Zwetschken, die noch hie und da am Baum hingen waren picksüss. In einer Station auf der Weiterfahrt bekamen wir billigen Rotwein.

Am **12. September** sind wir in Agram (Zagreb) angekommen, und erst am

13.ging die Fahrt weiter. Am 15. sind wir in einer kleinen Ortschaft stecken geblieben, und endlich, am 15. sind wir in Laibach (Ljubljana), einer größeren Stadt, die wir leider nur in der Peripherie befahren. Wir kamen noch am selben Tag in Assling(Jesenice) an, wurden auswaggoniert und stehen marschbereit. Wir sind froh, dass die Fahrt endlich zu Ende ist, und wir das Ziel erreichten. Es geht entlang der Idria nach Hudajuzna und von dort nach Slap-Bürgermeisterhaus. Ein gebirgiges Land! Hier geht es lebhaft zu, und die 9. Isonzoschlacht ist zu erwarten.

21. September: Habe weit um die Post zu gehen und muss fleißig bergsteigen. Wir sind mit unserem Kommando bei Spilenza im einsamen Haus eines Keuschlers, der mit knapper Not eine oder zwei Ziegen halten kann, denn die Gegend hier ist sehr unfruchtbar, und hier kann man wohl sagen: „Viel Steine gab´s und wenig Brot.“ So ist fast durchwegs das ganze Küstenland. Wir haben in der Nähe ein Soldatenheim, und ich kaufe mir für 5 Kronen fünf Packerln Zigarettentabak und 100 Stück ungarische Zigaretten, und alle hier freuen sich, dass es endlich einmal mehr Zigaretten zu kaufen gibt, sonst gab es nur höchstens 4 Stück pro Mann. Eines geht uns nicht ein: Hier bekommen wir mehr Fleisch und Brot, mit einem Wort mehr zu essen als in Wolhynien und Rumänien. Die Verpflegung ist gut, wird es weiter zu bleiben? Ich glaube nicht. Heute sehe ich zum ersten Mal eine mohamedanische Schlachtbank, es ist ein furchtbarer Anblick. Es ist so, als ob ich mich in der Nähe von rasenden Mördern befände. Zwei Reihen Kühe und Ochsen stehen sich hier im Raum gegenüber, im ganzen zwölf Tiere und warten darauf, geschlachtet zu werden. Da kommt einer mit einer Bosniakenkappe daher, schwingt das Schlachtmesser, stösst es dem ersten Rind bis ins Herz hinein und das Tier wird von zwei Männern zu Boden geworfen. Da sticht schon der Schächter das zweite, das dritte und vierte und so fort, und jedesmal wird das Rind sofort umgeworfen. Drei Mann stürzen sich auf die umgeworfenen Tiere und enthäuten sie, und so geht das von einem zu anderen. Wieder sind es drei Mann, die das Rind zerstückeln, und weiter geht´s. Die Männer oder Schlächter waren im Blut und sind ganz blutbepritzt. Es dauert kaum eine Stunde, und alles ist vorbei. Schon spült man das Blut der Fleischbank ab, und in einem anderen Raum werdem die Eingeweide gereinigt. Der Schlächter kam mir wie ein blutgieriger Amokläufer vor. Ich denke daran, dass ich einmal gelesen habe, dass der Krieg von 1914 vorherbestimmt war.

Heute, **5. Oktober**, regnet es den ganzen Tag und ich lese in der Zeitung über Vermutungen darüber, dass an dem ganzen Morden Veränderungen an der Sonne schuld seien. Die in großen Mengen und in Riesengröße auftretenden Sonnenflecken, das sind ausgedehnte Gaswolken, die die Sonne verdunkeln und die Erde mit Partikelchen bombardieren, würden zu abnormen Witterungsverhältnissen führen, zu vermehrter Sterblichkeit der Kranken, zu Eruptionen, zu Katastrophen in allen Ländern. Sollten diese Gasnebel an der Sonne auch die Hirne der Menschen vernebeln? Die Menschen zu Bestien machen?

8 Oktober 1917: Der Italiener hat die Offensive ergriffen und schießt Tag und Nacht. Es regnet in Strömen und wir sind im Wald am Fusse eines Berges ohne Deckung gegen Nässe und herabfallende Steine. Seit zwei Tagen ist die Hölle los. Er haut mit Gasgranaten, Gelb-und Grünkreuz herüber, der Teufel soll sie holen. Wie die armen Kerle ausschauen, ob da noch welche mit dem Leben davonkommen? Solche Gasangriffe sollten verboten werden, es ist eine grenzenlose Sauerei. Wie wäre es, wenn man diejenigen, die den Krieg schüren und anzetteln, an einen neutralen Ort in der Schweiz einladen würde, wo sie sich unter sich einigen könnten, um dem wahnsinnigen Schlachten Einhalt zu gebieten und Friedensverhandlungen anzubahnen? Oder die Schuldigen am Krieg in eine Arena einladen, da sollen sie sich die blöden Köpfe gegenseitig einschlagen und allen anderen Ruhe geben. Ich sehe schwarz für die Zukunft, ein Jahr noch, und der Untergang Europas ist entschieden. Unser Oberst hat die beiden Bücher aus meinem Besitz gelesen. Es scheint ihm auch manches gegen den Strich zu gehen. Schon hört man, es gebe in Russland die Anfänge eines neuen Regierungssystems. Es gibt aber zwei Strömungen in Russland, die Weiße und die Rote Garde, hie Lenin und auf der anderen Seite Kerensky. Unser Regiment wehrte den Angriff der Italiener ab und machte viele Gefangene und Maschinengewehre wurden erbeutet.

Ich musste einmal mit einem Befehl dringend zum Regimentskommando und benutze die Drahtseilbahn nach Hudajuzna, es ging von Station zu Station, von Berg zu Berg. Als ich dann dort ankam, gab ich meinen Brief ab und wartete auf Antwort. Obwohl es verboten war, mit der Seilbahn zu fahren, benützte ich sie auch am Rückweg. Ich befand mich schon vor der letzten Station, hoch über einem Tal, als ein Gewitter losbrach, und die Seilbahn wurde eingestellt. Das Gewitter dauerte nicht lange. Ich saß durchnässt auf dem schwebenden Brett, die Wolken verflogen und die Sonne schien wieder. Ein italienischer Fliegeroffizier verfolgte einen österreichischen Flieger, sie flitzten bei mir vorbei, so dass ich beide in einer Entfernung von ungefähr 10 m deutlich sehen konnte. Der Italiener schoss unseren mit dem Maschinengewehr ab, das österreichische Flugzeug stürzte getroffen ins Tal, und der Lenker wurde beim Aufprall aus dem Flugzeug geschleudert. Ich sass so hoch oben, dass die Menschen unten so groß wie Zündhölzer wirkten. Der Italiener machte eine Schleife und flog mir zu, so dass ich Angst hatte, er werde mich mit einigen Schüssen vom Brett schleudern. Er flog ganz nahe an mir vorbei, sah mich an und flog noch einmal eine Schleife, um mich von der anderen Seite zu sehen. Später sah ich bei einem italienischen Flieger, der durch

Abschuss in Gefangenschaft geraten war, die Fotografie des Fliegers, der zweimal und das dritte Mal bei mir vorbeiflog, ohne mir einen Schuss zu senden. Es war **Gabriele d´Annunzio**, der berühmte Schriftsteller und beste Flieger Italiens.

12.10.1917: Wir marschierten von Slap zwei Tagesmärsche gegen Görz, auf einen 1200 m hohen Berg, Jagersce. Nachdem wir 14 Tage lang bei schlechtem Wetter und unter Beschuss kampierten, beim Geknatter der Gewehre und Donnern der Geschütze, ist es hier oben ruhig, man hört keinen Schuss. Die Ortschaft besteht aus einer Kirche und einigen Häusern. Es ist ein Wallfahrts-und Ausflugsort in der Bainska Planina, oder wie wir sagen, der Bainsica. Die Bevölkerung ist hier überall rein slowenisch oder windisch wie sie auch sagen. Obst gibt es hier genug, doch kostet das kilo Äpfel 1 Krone. Hier wird auch der Wacholderschnaps gebrannt, und als ich einmal die Post holen musste, kam ich bei einem Bauern-wenn man die armen Teufel so nennen soll- vorbei, der Schnaps brannte. Ich sah zu, weil ich das Brennen noch nie gesehen hatte. Da reichte mir der gute Mann ein Glas voll warmen Destillat. Es sah so rein wie Wasser aus, und ich trank das Wasserglas voll aus. Ich kam nicht weit, denn schon war ich berauscht, die Füsse wollten mich nicht mehr tragen und ich legte mich im Tal unter einen Baum. Ich schlief ein, und nach vier Stunden erwachte ich von einem Regenguss. Vom Kommando aus suchte man mich schon, denn ich hatte eine größere Summe Geld bei mir.

Zu rauchen gibt es schon 14 Tage nichts, und ich kann auch nichts auftreiben. Ich gehe täglich um die Post, bergab ging es schnell, doch der Rückweg bergauf dauert 4 Stunden. Ich komme so um 2 Uhr nachmittags oben an, und mein Mittagessen fasse ich so um 3 Uhr, und da spürt man hier schon um diese Zeit die Kälte. Wenn oben die Sonne scheint, und ich sehe es unten regnen, dann stehe ich hier neben vielen Inseln der Bergspitzen und Kuppeln, und unterhalb sehe ich das wogende Wolkenmehr und bei Gewitter überall das Zucken der Blitze. Dass ich auch bei schlechtestem Wetter die Post holen muss, ist selbstverständlich, und der gute Oberst Bitterlich schenkte mir seine Regenhaut. Beim Heruntergehen komme ich zuerst in einen Nebel, der immer dichter wird, und je tiefer ich steige, umso nasser werde ich, bis es richtig regnet.Hier regnet es fast alle Tage. Endlich hat uns Korporal Scherzer gefunden, er war wochenlang auf der Suche des Regiments. Er war auch bei meiner Frau, dreimal, sagte er, und er habe sie nie angetroffen. Ich glaubte es gerne. Obwohl sie nicht mehr in die Schöllermühle arbeiten geht, muss sie sich um jedes Bisschen, das man bekommt, stundenlang anstellen. Ich sah selbst im letzten Urlaub Menschen in Schlangen stehen, und ich hatte mich vor einer Margarineausgabe 3 Stunden lang angestellt, und dann wurde vor mir Schluss gemacht, weil nichts mehr da war. Schon nachts sah ich oft bis zu 20 Leute und mehr auf Schamerln und Stockerln sitzen und warten bis der Kaufmann sein Geschäft öffnet, um ja die ersten zu sein. Meine Frau hatte mir geschrieben, sie wäre um 4 h früh zur Ausgabestelle für Koks gegangen, und mit 20 kilo Koks kam sie abends nach Hause. Ich hatte meiner Frau um Wäsche geschrieben, da während der Herfahrt mein Rucksack aus dem Waggon gestohlen, nein „mitgenommen“ wurde. Wahrscheinlich hat den Rucksack jemand dringend gebraucht. Schade um die Wäsche! Ich bekam den leeren Rucksack eines Verwundeten. Leider hatte ich wegen der Läuse und der Hitze keine Wäsche an, aber hier ist es schon ziemlich frisch und mich friert.

Am Abend des **15. Oktober** musste ich nochmals ins Tal, und ich sehe bei Mondschein Wäsche im Garten eines Hauses hängen.Ich suchte etwas für mich, doch leider war es nur Damenwäsche, Höschen und Hemden mit schönen Spitzen, und da mich ausser dem Mond niemand sah, borgte ich mir ein Hemd und eine Damenhose mit Spitzen aus. Ich werde, wenn es Frieden ist, und ich in die Gegend komme, den Schaden ersetzen. Ich hätte zwar noch manches gebraucht, wie Handtuch und Taschentücher, aber auch das bekomme ich noch. Die Kirche in Jagersce war einmal abgebrannt und wurde wieder neu errichtet. Wir gehen oft zur Messe, nur um den Priester zu sehen, wie er die Messe und am Sonntag das Hochamt zelebriert. Es geht, möchte man sagen, militärisch vor sich, abgehackt, jede Wendung exakt ausgeführt, wie am Schnürchen. Ich hatte einen schönen Traum: Ich sass mit meiner Frau und mit meinem sechsjährigen Putzerl in einer schönen Stube meines Eigenheimes, vor dem Haus ein schöner Garten mit Blumen, und die Vögel sangen. Leider nur ein Traum, wird es dazu kommen? Draussen regnet es wieder in Strömen, und wir sitzen im Trockenen, und ein Kamerad spielt auf der Zither und die anderen singen dazu, meist Volkslieder und Vierzeiler.Angeblich werden wir noch eine Zeitlang hier bleiben, weil das Regiment sehr geschwächt sei, aber daran glaube ich nicht. Täglich kommen deutsche Batterien an, und da die deutschen Fahrer unsere schmalen Gebirgsserpentinen nicht gewöhnt sind, sind schon einige Autos abgestürzt. Unsere Fahrer schleppen jetzt Geschütze und Munition hinauf.

16. Oktober 1917: Es regnet weiter, und beim Holen der Post macht die Gummihaut den besten Dienst. Gut, dass ich noch in Wolhynien neue Bergschuhe mit H-Stollenbeschlag bekam. Ich sah damals Schuhe im Regimentsmagazin, und da meine schon ganz kaputt waren, bat ich den Hauptmann um neue. Er gab mir eine Anweisung, und ich bekam - keine. Da sah ich beim Oberleutnant ein Kistchen stehen mit zwei Paar Schuhen, Konserven, Zucker und Mehl, das nur verschlossen werden musste, um mit der Post abzugehen. Ich meldete es sofort beim Kommando, und da kam schon der Anruf, dass Oberleutnant F. sofort zum Kommando muss. Er setzte sich aufs Pferd, und dahin gings. Als er zurück kam, fand er das Kistchen nicht vor, da ich es zum Rechnungsfeldwebel getragen hatte, und die Schuhe mit Schweizer Beschlag hatte ich mitgenommen. Wie es dem Oberleunant F. ergangen war, hörte ich von meinen Kameraden, die dabei waren, wie über ihn das Donnerwetter losging. Es sind hier die einzigen Schuhe dieser Art, die ich jetzt trage. Ich klettere die steilsten Stellen bergauf mit perfekter Sicherheit.Nur muss ich sehr acht geben, dass ich niemandem auf den Fuss trete. Da wir keine Zigaretten bekommen, greife ich wieder zu meinem Ersatzmittel. In Wolhynien sammelten wir trockenes, reines Buchenlaub, das ich mit verdünntem Nikotin beizte, und der feinste Pfeifen-und Zigarettentabak für uns alle war gratis geboten. Von einem Urlauber hatte ich auf meine Bitte eine Einkilo- Dose Nikotin bekommen, und wir machten der Tabakregie Konkurrenz, denn in Wien und in den Ländern bekommen die Pfeifenraucher ja auch nichts anderes. Kamerad Korporal Menschik fährt auf Urlaub nach Wien, und ich ersuchte ihn, mir die Ledergamaschen von zu Hause zu bringen, eventuell Handtücher und Taschentücher. Endlich scheint die Sonne, und es ist wärmer. Wir waren beim Hochamt, und hier ist heute Kirchweihfest. Ich wohne noch in der „Gostilna“, im Gasthaus.

17. Oktober 1917: In unserem Saal sind 30 Mann einquartiert, und es herrscht ein Lärm, dass ich mein eigenes Wort nicht verstehe. Einige spielen Karten, einige streiten, und die meisten blödeln. Heute hatte ich zwei Stunden lang die Lacher auf meiner Seite, denn ich log derart, dass sich Münchhausen hätte was abschreiben können. Zum Beispiel: Dass der Papst heuer nach Prag in den Lateran zieht, und siehe da, es wusste von allen keiner, dass sich nicht nur der Vatikan sondern auch der Lateran in Rom befindet; dass Amundsen 1911 am Äquator erfroren ist usw.. Wir bekamen wieder Pferdefleisch, auch recht. Die Menage ist noch gut und reichlich, wir essen auch viel Obst, Äpfel und Birnen, das Kilo zu 60 Heller bis zu 1 Krone, es gibt hier oben kein Qualitätsobst.

19. Oktober 1917: Ein schöner Tag hier heroben. Unten wallen die Nebel, und wir sehen nur die hohen Bergspitzen der Karawanken, den Triglav mit dem Slatorog, und durchs Fernrohr die Adria. Es wird hier bald lebhaft zugehen. Man merkt vermehrte Fliegertätigkeit, auch werden Caproni, italienische Bombenflugzeuge, sichtbar. Ich brachte eine Feldflasche voll Kranawitschnaps, und nun soll ich fürs Kommando 10 Liter besorgen. Hier gibt es viel Wacholder, dessen Beeren, wenn sie im Herbst reif sind, durch abklopfen auf ein darunter gebreitetes Tuch gesammelt werden, eingemeischt und dann destilliert. Heute fand ich eine Kreuzotter, die ich tötete, auch einen Skorpion sah ich in diesen Tagen. Sandvipern soll es ebenfalls hier geben.

Am **24. Oktober 1917** brachte ich fürs Kommando den gewünschten Schnaps und auch für uns einige Liter. Scherzer hatte um ein Glas zuviel getrunken und wurde rabiat. So ist es, dem einen steigts zum Kopf, dem anderen in die Füße, und beides ist nicht gut. Wir warten schon fieberhaft auf die Abberufung und auf den Vormarsch nach Italien, denn diesmal wird es ernst mit dem Laufen der Cadorna Armee. Heute kam ich im Tal in ein Gasthaus, weil ich vor einem Wolkenbruch flüchten musste und kam mit einem Deutsch sprechenden Italiener ins Gespräch, obwohl ich mich mit dem Mann in kein Gespräch einlassen wollte. Aus ihm sprach ein furchtbarer Hass gegen Österreich. Er sagte unter anderem: Wenn auch Österreich mit deutscher Hilfe in Italien einbricht und eventuell ganz Italien erobert, so wird trotzdem Österreich verspielen und sie bekommen Südtirol und Istrien mit Pola und Triest. Solange ein Serbe noch in Serbien steht, hat Serbien nicht verloren und bekommt Bosnien, Herzegowina, Kroatien, Slawonien und auch die hiesigen Slowenen dazu. Sollte der Mann, der sehr intelligent aussah, recht haben? Ich fragte insgeheim den Wirt, ob der den Mann kennt. Ja, ein alter Gelehrter ist er und wohnt hier.Möglich ist alles, denn alle Völker wollen sich von Österreich losreißen, das weiß ich schon lange, und soll auch Cavosi nicht umsonst gestorben sein? Wie konnte es soweit kommn? Sicher wissen es dann auch die Oberen in der Regierung, dann frage ich, warum noch weiter Blut vergießen? Ist noch zuwenig gemordet worden? Nicht nur an der Front sondern in den Lagern der Gefangenen und Zivilinternierten sterben täglich Menschen durch Unterernährung, an Flecktyphus und anderen Epidemien. Es heißt wieder, dass der Papst in Rom für einen Frieden vermittelt. Er ist jetzt in einer heiklen Lage, zuerst wurden von ihm die österreichischen und dann die italienischen Waffen gesegnet, und der Teufel hat alle gewollt; denn Gott wollte sicher nicht, dass sich Millionen Menschen gegenseitig abschlachten. Wie wird das noch enden! Auch der Bruder der Kaiserin Zita, Sixtus soll sich für den Frieden einsetzen und vermitteln. Zu wessen Gunsten? Ich glaube niemandem mehr, auch der Kaiserin nicht.

25. Oktober 1917: Nach dem Bericht eines von Wien eingetroffenen Feldwebels ist die Lage in Wien nicht beneidenswert. In Wien, X.Bezirk, schlachtet man die Hunde und bekommt Hundefleisch beim Fleischhauer zu kaufen. Es geht los mit Italien. Wir haben Bereitschaft.

26. Oktober: Wir marschieren gegen Santa Lucia, Tolmein. Wir marschieren entlang des Isonzo auf einer schönen Strasse langsam vorwärts, denn der lange Nachschubtrain hält uns auf. Es regnet in Strömen schon den ganzen Tag.

Am 27. Oktober marschieren wir weiter und unweit von Monte Matajur gibt es einen Bergrutsch und zwei von unseren Trainwagen wurden verschüttet. Wir konnten leider niemanden retten. Ich muss zurück bleiben, wir sammeln, was von den Wagen übrig ist und müssen einen neuen Weg suchen, um weiter zu kommen. Wir bleiben in Santa Lucia, und ich schlafe bei einem zerschossenen Haus, ein Teil des Daches schützt mich vor dem Regen. Zwei Deutsche verheizen neben mir Munitionskörbe. Während ich schlafe geben beide acht auf mich, dass ich nicht verbrenne, denn ich liege knapp neben der Feuerstelle. Ein Unteroffizier soll den Train nach Cividale bringen, ich suche unterdessen das Regiment.

Ich habe nur mein Gewehr zu tragen, der Rucksack ist ja im Trainwagen. So geht es rasch vorwärts, und mir begegnen große Kolonnen Gefangener. Alle lachen und sind vergnügt, denn für sie ist der Krieg zu Ende. Nicht zu Ende ist das Sterben. Es ergaben sich auf das vereinte Trommelfeuer hin ganze Regimenter kampflos, und unterwegs sehe ich fortgeworfene Waffen und Ausrüstungsgegenstände. Ich holte das Regiment, das zwei Tagesmärsche hinter sich hatte und noch weiter marschierte, ein. Um 6 h früh verließ ich Santa Lucia, und als ich das Regiment einholte, hatte ich einen Fußmarsch von 72 km hinter mir und musste noch 8 km gehen bis zum Übernachtungsort des Kommandos. Ich ging mit einem Kameraden hinter dem Oberst, als sich dieser umdrehte und sagte: „ Lieber Souček, was machen wir jetzt? Ich brauche einen Dolmetsch, der auch Italienisch spricht." „Jawohl, Herr Oberst, den brauchen Sie." Leider benützten wir beim Marsch nicht die direkten Strassen, sondern mussten Umwege machen, um den Vormarsch nicht zu behindern. Die Kameraden fingen an, mich zu hänseln. „Jetzt, Souček, kannst nix mehr powidalen, bis jetzt hast Du gut gelebt, hast mit deinen Sprachen in allen Ländern und Orten was für dich aufgetrieben, aber jetzt ist es aus mit den Jaice." (Eiern) Während des Marsches kamen wir zu einem Haus, vor dessen Tür ein alter Mann stand und uns neugierig betrachtete. Ich trat aus der Reihe und fragte den alten Herrn laut, dass es alle hörten auf Italiensich: „Guten Tag, Herr, bitte, wieviel km hat die Strasse nach Udine?" „Zwanzig, zwanzig, mein Herr!" „Danke sehr, Herr, auf Wiedersehn, auf Wiedersehen!" Als der Oberst und meine Kameraden hörten, dass ich auch Italienisch kann, hat es ihnen die Rede verschlagen. Nur der Oberst freute sich und fragte, wo ich Italienisch lernte. „Herr Oberst, sobald ich die Grenze eines Landes überschreite, spreche ich auch schon die Sprache." Dort wo wir übernachteten bat ich einen Bauern um Wein und sagte ihm auch, dass ich bezahlen möchte. „O, nichts zu zahlen, mein Herr, der Wein ist kostenlos", war die Antwort auf Italienisch. Ich trank aus der Menageschale und gab den anderen auch. „Verdammt no moi, der hot wieda ois und mir an Dreck, wäu er redn kann. San mir wieda die Teppn und auf erm angzwiesn. Wo der Taifi des her hot. Tepert is a net, des was is scho lengst. I hob immer glaubt, er is a Behm, dawäu redt er olli Sprochn." Ja meine lieben Kameraden, ihr habt in der Freizeit Karten gespielt und ich Italienisch gelernt, obwohl ich schon als Kind genügend gesprochen habe, war ich doch mit den Kindern der Italiener, die beim Bau des Sammelkanals in Wien beschäftigt waren, täglich beisammen. Ich hatte vieles vergessen und holte nur nach, was ich notwendig brauchte. Viele Häuser standen leer, die Bewohner sind geflüchtet. Fast alle Häuser waren durch Nachbarn geplündert, und wo sich die Leute im Haus befanden, fehlte nichts. Viele Weinkeller waren aufgebrochen und der Wein war aus den Fässern geronnen, die Löcher von Revolvern oder Gewehren hatten. Ich kam in einen Weinkeller, da watete ich fast bis zu den Knien in Wein. Im nächsten Keller sah ich dasselbe, kniehoch war er voll ausgeronnenem Wein, und aus einem großen Fass floss der Wein noch aus einem Loch. Ich ging hin, um meine Menageschale zu füllen und stolperte. Ich griff nach dem Hindernis und zog einen ertrunkenen deutschen Feldwebel in die Höhe, den ich hinausschleppte. Er hatte einen schönen Tod gefunden. Ich machte einen Holzstöpsel und verschloss das Fass. Man sah beim ganzen Durchbruch wenig Tote, nur einen Leichenfledderer sah ich einem Toten den Ring vom Finger ziehen, und als ich ihn anschrie, suchte er das Weite.

Jetzt sahen wir unterwegs weder Tote noch Verwundete, und der Vormarsch ging so rasch vor sich, dass fast die ganze Cadorna-Armee in Gefangenschaft geriet. Das wären schätzungsweise 100000 Mann. Es gibt aber noch Kämpfe um Conegliano, das teilweise brennt. Ich musste nochmals zurück nach Cividale, um die Wagen weiter zu bringen, und wir fuhren nur solche Wege, die abseits lagen, denn die Hauptstrassen waren zu stark befahren und verstopft. Ich fuhr nun in Richtung San Daniele und übernachtete mit meinen Fahrern in einem Gutshof. Mit vier Mann ging ich in den ersten Stock, um uns ein Lager zu richten, und sechs Mann ließ ich in den Wagen schlafen. Futter für die Pferde hatten wir genug gefunden und auch Wein. Leider auch Wein. Da ich oben im ersten Stock schlief, sah ich nicht, dass sich die sechs Kutscher derart betranken, dass sie, nachdem sie sich in den Wagen niederlegten, sofort einschliefen. Sie nahmen nicht wahr, dass auch ein deutscher Train im Hof Quartier bezog und einiges aus unseren Wagen plünderte. Am Morgen wachte ich vom Lärm im Hof auf, und als ich unsere Kutscher aufzuwecken versuchte, sah ich, dass hier aus den Wagen Verschiedenes verschwunden war. Ich suchte mein Packerl mit den 27 Paar Schutzoberteilen, das ich in einem italienischen Trainwagen gefunden hatte, es fehlte, und auch die Ledergamaschen vom Oberst Bitterlich waren verschwunden und so manches mehr. Ich ging zum Hauptmann der Abteilung um mich zu beschweren, da kam ich gut an. „Na Mensch, sachen se det mal ja nich, min Leut stehln nit." Neben dem Hauptmann stand ein Feldwebel, der mich mit der Peitsche hauen wollte, es kam aber nicht dazu, da ein Auto mit einem österreichischen General in den Hof fuhr. Wir fuhren ab und gaben uns noch vorher die schönsten Kosenamen mit den Piffkes.

Ich kam am **3. November 1917** in San Daniele an. Die Strasse war links und rechts voll von italienischen Trains, die die Italiener fluchtartig verlassen hatten, oder weil sie in Gefangenschaft gerieten. Wir nahmen, was wir aus dem Chaos auf der Strasse mitnehmen konnten, etwa zwei Schreibmaschinen, die das Regimentskommando erhalten wird, und für mich ganz neue italienische Militärwäsche, die ich dringend benötigte, denn mit dem Damenhemd und dem Spitzenhoserl war ich nachts, wenn es kalt war, nicht zufrieden. Ich hätte noch viel Wertvolles gefunden, aber wer schleppt schon das ganze stundenlang auf dem Rücken mit sich? Ich fand auch Handtücher und Taschentücher, so war meine Wäsche wieder komplett, und auch Damenstrümpfe fand ich. Leider darf unsere Post keine Pakete annehmen. Ich könnte vieles Brauchbare, das im Strassenstaub liegt, nach Hause senden. Da hatten es die deutschen Truppen besser. Sobald sie eine Ortschaft einnahmen, konnten die Truppen Beute machen, und man sah allen Orts nach der Einnahme die Soldaten Kisten nageln und erbeutete Sachen wie Motoren, Nähmaschinen, Geigen, Blasinstrumente, Uhren, Gemälde, ganze Klaviere, Schreibtische, antike Möbel, Vasen, Figuren, ganze Ballen von Leinen und anderen Stoffen verpacken und überhaupt alles was wert war, weggeschickt zu werden, wurde in den Munitionsautos mit der Adresse versehen ins Hinterland geschickt. Für erbeutete Metallgegenstände wie Kupferkesseln der Bauern, die darin Polenta kochten, Glocken, Aluminium etc. bekamen die deutschen Soldaten Beutegeld. Ich sah wie man ganze Fabriken abmontierte, so eine Seidenspinnerei, in einem anderen Ort Drehbänke und andere Maschinen und Bestandteile von Maschinen in Waggons verladen wurden, ebenso Möbel und Klaviere.

5. November 1917: Die Gegend ist hier herrlich, kein Vergleich mit dem Küstenland, wo ich bei den armen Teufeln dort nur Steine statt Äcker vorfand, und auch die Wälder wuchsen dort nicht so wie hier. Das ganze Gelände auf dem Monte Matajur bestand aus Steinen. Wir sahen dort Artillerieeinschläge und deren Wirkung, die italienischen Soldaten waren von Steinen erschlagen worden. Ich sah auch einen deutschen Blindgänger von 42 cm liegen, wenn so ein Stückerl explodiert, dann „Habe die Ehre!“, da gibt es weit und breit eine „Himmelfahrt“. Zu essen und zu trinken haben wir mehr als genug und alles Erdenkliche in Hülle und Fülle. Viele Wohnungen sind auch hier geplündert. Ich schlafe und wohne bei einer alten, lieben Frau, und da ich nun neue und reine Wäsche anhabe, in einem Bett. Ich bin es nicht gewöhnt, denn die Matratzen, die Pölster und die Tuchend sind so weich, dass ich mich gar nicht wohl fühle. Ich glaube immer zu versinken. Die arme Frau hinkte seit einem halben Jahr und der Fuß schmerzte. Wir versuchten die Methode nach dem Hypnotiseur Radwany, und wirklich, die Frau verspürt keine Schmerzen mehr und kann gehen ohne zu hinken. Ich freue mich, dass ihr geholfen werden konnte. Vor uns liegt die italienische, oder richtiger: die venetische Ebene, links von uns das schneebedeckte Gebirge. Ich sehe von hier aus den Tagliamento und sein sehr breites jetzt gänzlich ausgetrocknetes Strombett. Hier wachsen schon Lorbeerbäume, Feigen, Palmen und Granatäpfel. In den Maroniwäldern wächst der stachelige Mäusedorn, der Ruscus, und wie in unseren Wäldern wachsen hier die Heidelbeeren. Ich bekam seit dem Beginn des Vormarsches keine Post.

8. November 1917: Wir überschritten den Tagliamento, sein riesig breites Flussbett und die zum Teil zerstörte Brücke, die soeben repariert wird. Wir kamen nach Godega di San Urbano und Fontanafredda. Überall dasselbe Bild: verlassene Schlösser, Herrenhäuser, Villen und Geschäfte, die ausgeplündert waren. Wir schlafen in Godega in einem herrlichen Gebäude mit erlesenem Mobiliar, sehr wertvollen Bildern, auch von ganz berühmten alten Meistern. Hoffentlich werden Fachleute die Kunstgegenstände bewahren, denn es sind unbezahlbare Schätze in den Schlössern. Es wäre wirklich schade, sollten die Kunstschätze in falsche Hände gelangen. In einem Ort, den ich aus gewissen Gründen nicht nennen will, hatte ich als Quartiermacher für das Kommando ein Pfarrhaus bestimmt. Wäre nicht vorher der Befehl an unsere Truppe verlautbart worden, die Kirchen, Pfarrhäuser etc. zu schonen und auch die Pfarrverweser, hätten wir den Herrn Pfarrer unbarmherzig verhauen. Er war bis jetzt der einzige, der uns mit den gemeinsten Schimpfnamen belegte und alles, auch seinen Weinkeller, mit großen Schlössern versperrte. Nicht einmal etwas Stroh gab er uns, obwohl er in der versperrten Scheune genug davon hatte. Wir mussten auf den kalten Fliesen des Vorhauses übernachten, es war die elendste Schlafstelle, die wir je hatten. Er verkaufte uns weder Wein noch Milch, trotzdem zwei Kühe im Stalle standen, sondern schimpfte wie ein Rohrspatz, wenn er uns sah. Seine Figur bleibt mir unvergesslich: ein magerer, grobknochiger und großer Mann mit einem runden, hervorstehenden Bauch, riesengroßen Schuhen Nr. 46, einem breiten Pfarrerhut mit Quasteln, einem langen Priesterrock mit 50 Knöpfen, Händen wie Schaufeln und einem Pferdegebiss. Ein Grobian ? Nein, ein ganz gemeiner, saugrober Kerl. „O che brutti austriachi, queste canaglie, lazzaroni! O Dio, dio, Santa Madonna, perche non fai morire questi cani! “ *(Anmerkung: Dieser Absatz ist gekürzt um ein Ereignis, dessen Widergabe ich für geschmacklos hielt. Dieser besagte Pfarrer war auf einmal beschmutzt und stank, die Ursache dafür wird nicht beschrieben. Aber dann wird er unter kaltem Brunnenwasser sehr intensiv gewaschen mit Ausrufen der Rache dafür, dass er nichts verkauft hat.Ich würde diese"lustige" Geschichte für eine üble Propaganda halten. Mein Großvater konnte sich auf Italienisch verständigen, kam aber nicht dazu, auf Grammatik und Recht-*

schreibung in Italienisch Wert zu legen.Da ich es auch nicht kann, habe ich das schreckliche Italienisch meistens einfach ausgelassen bezw.ins Deutsche übersetzt.)

10. November: Wir tachenieren weiter. Unser Regiment hat während des Vormarsches noch keinen Schuss abgegeben. Wir haben einen Esel mit einem zweirädrigen Wagen erbeutet. Wir legten unsere Rucksäcke auf den Karren, der Esel bockt und will nicht gehen. Ich glaube, die ihn stehen ließen, hatten ihn halb tot geprügelt. Das Tier tut mir leid. Wir marschieren über Spilimbergo, eine herrliche Gegend, die ich später im Frieden nochmals sehen möchte. Leider regnet es während des Marsches; der arme Esel wird geschlagen dass Gott erbarm. Ich wollte den Asino in einem Ort stehen lassen, doch meine Ordonnanzen lassen es nicht zu. Von Spilimbergo, das auf einer Anhöhe liegt, überblickt man den breiten Tagliamentofluss und die Ebene bis wieder zum Gebirge. Die Strassen sind sehr gut gehalten, kein Vergleich mit den polnischen. Die Kirchen sehen eigenartig aus. Meist steht der Glockenturm (Campanile) separat, abseits der Kirche, ein hoher, viereckiger Bau mit der Uhr und den Glocken. Auf meine Frage, wie die Ortschaft neben Spilimbergo heisse, sagte man mir: **L´Ancona sul Tagliamento**.

17. November 1917: im Haus **Spironelli bei De Lozza**. Wir marschieren immer noch in der Reserve, weit hinter der Front. Wir sind eigentlich Tachenierer,wohin wir kommen, ist schon alles längst von den Zivilisten und dem Militär geplündert, die Schlösser und Paläste sind leer, die Keller jedoch noch voll von Wein mit Hunderten Hektolitern. Es gibt zu trinken mehr wie genug, wir leben wie im Schlaraffenland, man isst und trinkt, marschiert und schläft. Das Wetter ist großartig, nachts etwas kühl doch bei Tag wie im Sommer. Wir haben seit dem 24. Oktober keine Post von unseren Lieben. Was hätte ich alles nach Hause schicken können, Wäsche, Kleider, Schuhe und wertvolle Sachen, ich tat es nicht, denn ich brauche kein „unrecht Gut". Mit mir tragen? Nein ! Hier im Haus ist es sehr schön, es scheint hier eine sehr intelligente Künstlerfamilie gewohnt zu haben. Ich sah schöne Zeichnungen und Gemälde mit „Spironelli" signiert. Auch eine Menge Bücher, eine sehr schöne, wertvolle Bibliothek fand ich. Schade, dass die Bewohner flüchteten. Wenn sie zurückkommen, werden sie nichs mehr vorfinden.

20. November 1917: Wir haben ein 200 kilo schweres Schwein bekommen. War das ein Sautanz! Es gab Grammeln, Blutwürste, Fleisch genug doch wenig Brot und kein Salz. Wir fanden einen gut getarnten Weinkeller. Es gab große Fässe voll Wein und viele mit „Nostrano" bezeichnet. In den Regalen hunderte Flaschen alten Weines, den besten den ich je getrunken habe! Ich holte mir 20 Flaschen und wir stellten dann einen Posten auf. Ich aß und trank und führte ein Schlemmerleben. Ich hatte auch Salz aufgetrieben, und zwar verwendeten wir das Salzwasser aus einem Fass mit Salzheringen. Das beeinflusst zwar den Geschmack, aber tage-und wochenlang ohne Salz geht es auch nicht! Der Besitzer des Weinkellers ist geflüchtet. Ich schätze, dass der Weinkeller 250 Hektoliter Wein enthalten dürfte.

23. November: Collarbrigo bei Conegliano. Die Gegend hier wird immer schöner, und herrliche Bauten gibt es im Umkreis zu sehen. Vor mir liegt Conegliano. Die Stadt brennt, und von der Piave hört man noch dumpf das Schießen. Hier gibt es nicht mehr viel zu holen, ausgefressen und leer die Läden doch Wein im Überfluss. Das Wetter ist herrlich, und nun verstehe ich die Menschen, warum sie nach Italien fahren um sich zu erholen. Bis jetzt kein Frost jedoch kühle Nächte. Man sieht fast in keinem Haus Öfen oder Sparherde sondern offene Kamine. Die Küchen sind übermäßig groß, da der Raum für die Seidenraupen benötigt wird, die vor dem Einspinnen viele Äste der Maulbeerbäume kahlfressen. Interessant zu sehen ist der ganze Vorgang, von den Eiern auf dem Papier, die von der Sonne zum Leben gebracht werden, bis zum Cocon. Zurück zum großen freistehenden oder an die Mauer gebauten Kaminofen: ein gemauertes, 1m hohes Viereck, das durch eine wie beim Schmied überdeckte Esse versehen ist. Auf dem Viereck brennt und glimmt das Feuer, und ober dem Feuer hängt der kupferne Kessel, zum Beispiel für Polenta. Die kupfernen Kessel werden jedoch von den Deutschen requiriert, wo sie sie vorfinden. Fleisch wird am Rost geröstet, Milch und andere Speisen erwärmt, indem man die Glut beiseite schiebt und dann wieder an das Gefäß herangibt. Da der Stein unterhalb sehr heiß ist, kocht alles sehr schnell. Das Brot ist hier fast nicht zu essen, es gibt nichts zu rauchen, der Kaffee ist ohne Zucker, die Menage wieder ohne Salz. Wir sind daher auf das Tachenieren angewiesen und kochen uns selbst etwas, wenn wir was zu kaufen bekommen. Heute brachte ich 10 kilo Kartoffeln, die uns gut schmecken. Ich gehe schon den 6.Tag um die Post, und von meiner Frau habe ich erst eine Karte bekommen. So gut wie hier ist es bis jetzt niemandem ergangen. Heute Abend sind fast alle besoffen. Wir haben einen neuen Wasserkübel, mit dem wird mehrmals täglich Wein geholt, und je mehr man trinkt, umso größer werden der Hunger und der Durst.

Um den **6. Dezember** wird Kupka mit unserem Oberst nach Wien fahren, und ich gebe ihm 10 Stück Seife mit, die ich hier noch billig kaufen konnte. Menschitz ist noch immer nicht vom Urlaub zurück. Er lässt sich absichtlich Zeit, ich kenne ihn zu gut. Das Wetter hat umgeschlagen. Die hohen Berge sind voll Schnee und es wird kalt, und doch stehen die Chrysanthemen im vollen Laubschmuck und in schönster Blüte. Die Front steht an der Piave und wird dort noch Monate verbleiben. Obwohl die ganze Cadorna-Armee von unseren Leuten geschlagen und gefangen genommen wurde, kratzen die Italiener und unsere Seite noch alles zusammen, was an Menschen aufzutreiben ist, auch die

Schwachen und wenig Leistungsfähigen. Ich sah Offiziere und Soldaten der Mannschaft, die schon mehrere Male verwundet waren und nach ihrer Heilung immer wieder zur Front mussten. In der Zeitung vom **23.11.** steht, dass Russland mit uns und Deutschland Frieden schließen will. In Gottes Namen, nur zu, ich habe nichts dagegen! Dort geht es im Inneren lebhaft zu. Werden Lenin und Stalin die Lehre von Marx durchsetzen können? Und auch Engels seine Ansichten? Werden in Russland dadurch die Menschen frei von Sklaverei? Wird dort endlich Gerechtigkeit herrschen? Werden die Menschen glücklicher? Gärt es dort nicht an allen Ecken und Enden? Was wird sich herauskristallisieren? Der Kommunismus? Eine Diktatur? Nach dem Buch „Der Freistaat" eine herrliche Zukunft für alle Menschen. Schön, aber in einem Land mit 98% Analphabeten? 100 Jahre gegenüber dem Westen zurück, unselbständig, geschunden, deportiert, versklavt! Doch.. vielleicht nur deshalb könnte das Experiment im Osten gelingen und die Worte Lenins und Stalins auf fruchtbaren Boden fallen. Dann würden Menschen durch Bildung aus der Knechtschaft befreit werden. Abschaffung der Kriege? Hier spricht man von Todesstrahlen. Ich glaube aber nicht daran. Hat die je schon jemand konstruiert? Es heißt, es werden immer gefährlichere Waffen gebaut, die die ganze Menschheit zerstören können und auch die Erde, die uns trägt. Da fragt man sich: Gibt es wirklich einen Gott?

Grüße aus Conegliano

Spilimbergo

Die lange Tagliamento-Brücke

Italienischer Fesselballon

Szene bei Conegliano

Conegliano

Conegliano

Grüße aus Conegliano

Villa Lucchetti, Conegliano, eigene Zeichnung Soucek

Castello dei Laghi, eigene Zeichnung Soucek

5. Dezember 1917: Ich war schon einige Male in Conegliano um die Post zu holen. Schade um die schöne Stadt! Ich gehe bei einem Palazzo vorbei und höre Pferde wiehern. Ich gehe zurück und staune, als ich den Saal betrete: ein langer, herrlicher Saal mit hohen Spiegeln an den Wänden, schönen roten Plüschdiwans, herrlichen venezianischen Lustern und das ganze zum Stall gemacht. Mit den Dreckhaxen liegen die Pferdekutscher auf den Plüschbänken, von denen teilweise der Plüsch schon entfernt wurde, große geschliffene Spiegel waren in kleine Stücke geschnitten, Luster beschädigt und der schöne Parkettboden von Pferdeurin ruiniert. Muss das sein? Auch hier schleppen die Germanici alles fort was nicht angenagelt ist. Einige Häuser, in Brand geschossen oder in Brand gesteckt, brennen noch, niemand machte sich die Mühe, den Brand zu löschen. Am

6. Dezember 1917 haben wir Friaul verlassen und sind jetzt in Venetien, San Pietro bei Refrontolo, Provinz Treviso.Unser Oberst ist im Urlaub. Es vertritt uns unser alter Kompaniekommandant der Abrichtung in Bruck an der Leitha, Oberstleutnant Schönowsky von Schönwiese. Casa Ossi; wir wurden alle von Voitgländer fotografiert, mit unserem neuen Feldkurat Baumgartner.

16. Dezember 1917: **Palazzo Lucchetti bei Conegliano**. Wir sind seit einigen Tagen hier und sind zufrieden. Der Palazzo liegt erhöht, ein schönes Gebäude mit einer langen, ebenerdig gelegenen Halle und einem langen Tisch, der als Speisetisch der Offiziere dient. Wir wohnen im ersten Stock. Anschließend ist die Wirtschaft, die von einer älteren Frau und ihren beiden Töchtern Angina und Mora Fedatto geführt wird. Die Besitzer sind geflüchtet. Die Gegend ist ganz ohne alle Lebensmittel, und die Zivilisten haben nicht einmal mehr Polenta für sich. Die deutschen Truppen raubten und plünderten hier in Refrontolo, Conegliano und den anderen Ortschaften alles aus, die Geschäftsläden sind alle leer. Ich gebe den drei Frauen, was ich noch in der Küche beim „Abstauben“ bekommen kann. Ich rede fast immer mit den dreien und ergänze damit meine italienischen Sprachkenntnisse. Es sind arme Teufel, ich helfe ihnen, wo ich kann. Als Postrihac den Kaffee, den er nicht mehr wollte, vor den Augen der Frauen ausschüttete, gab ich ihm einen Rippenstoss.

19. Dezember 1917: **Villa Lucchetti**. Ich lese in der Reichspost, dass es in Wien nichts Essbares zu kaufen gibt, Wien hungert. Ich glaube, dass auch in anderen Ländern Europas viele hungern, bis auf die, die viel Geld haben und sich im Schleichhandel alles leisten könnnen. Als wir heute morgens aufstanden, hatten wir cirka 8 cm Schnee, die Chamaeropspalmen, die hier stehen, ließen die Blätter hängen, doch bis 9 h vormittag war es schon 10 Grad warm, der Schnee war geschmolzen, und die Palmblätter stehen wieder normal wie vorher.Gestern kaufte ich in Belluno von einem Bosniaken eine Spule Zwirn und zwei Leintücher. Er hätte noch mehr zu verkaufen gehabt, aber leider reichten meine Moneten nicht.Belluno ist eine reizende alte Stadt an der Piave. Herr Gott, wie schön ist die Welt, und wie schlecht sind die Menschen! Wenn ich von der Balustrade unseres Palazzo den Blick gegen das Gebirge richte, die hohen, schneebedeckten Berge sehe und hier neben mir die 6 m hohe Chamaeropspalme mit dem dicken Stamm, Bambusbüsche in Riesenhöhe, Kirschmyrten mit grünen Blättern, einige Zitronenbüsche mit Früchten, eine Menge Olivenbäume und auch Feigen, ja sogar zwei Bananenbäume mit trotz des Schnees grünen Blättern, denke ich: Wie muss es da erst im Sommer sein! Um die mit Marmor geflieste Halle, in der wir uns den ganzen Tag aufhalten, zu erwärmen, baute ich einen gemauerten Ofen auf. Im Vestibül hängen die Bilder von Dante Alighieri und Petrarca. Meinen Schnurrbart habe ich nun englisch gestutzt, ich will keine Eiszapfen daran hängen haben wie in Polen. Heute bekam ich ein ganz neues Unteroffiziers-Portepee, da meines ganz verdreckt war. Sassmann fährt nach Wien. Ich gab ihm Rosen und ein Packerl für meine Frau mit. Die Rosen blühen vor Weihnachten noch schön. Wir haben wieder herrliches, warmes Wetter und gehen ohne Mantel.Bei schönem Wetter sieht man wieder lebhafte Fliegertätigkeit.

20. Dezember 1917: Wir haben nun schönes weißes Brot und das berüchtigte „Dörrgemüse". So ist es doch richtig, dass Erzherzog Friedrich fürs Millitär Dörrgemüse fabriziert. Meine Frau hat den Acker in Zagersdorf verkauft.

26. Dezember 1917, Palazzo Lucchetti bei Rua di Fedetto. Den Heiligen Abend verbrachte ich ganz gut. Um 7 h abends musste ich zum Train, bekam vom Schneckerl, unserem Koch einen „eingehauten Kaffee", das heißt starken Kaffee mit Rum, und Schmalzbrot. Um 8 h übernahm ich bis 10 h den Dienst, denn ich wollte mit meinen Gedanken an meine Lieben zu Hause, an meine Eltern und Geschwister, alleine sein. An Liebesgaben bekam ich eine Zigarettendose, 2 kleine Notizbücheln, 15 Zigaretten der Marke Sport, 4 Äpfel und sage und schreibe: ein Drittel von einem Räucherhering, den immer je drei Mann zusammen bekamen. Ab 10 h wurde gesungen, bis 12h nachts getrunken und dann,heidi, ins Bett. Am Christtag stand ich um 8 h auf, frühstückte meinen schwarzen Kaffee und ging um halb 9 um die Post. Zu Mittag hatten wir Suppe mit zwei Nockerln und ein Stück zähes Rindfleisch. Oder war es Pferdefleisch? Heute flogen 36 Flugzeuge zu den Italienern, sie senden Weihnachtsgrüße und werfen Bomben ab, man hört die dumpfen Einschläge. Ich unterhielt mich mit Kupka, wir schmiedeten Päne für die Zeit, wenn der Krieg zu Ende ist. Das Wetter ist noch immer heiter, morgens hat es bis 2 Grad Frost, bei dem schönen sonnigen Wetter ist es eine Lust spazieren zu gehen. O bella Italia, nicht umsonst wirst du so besungen. Wir sind unser

4 Mann im Zimmer, ich, Menschik, Feldwebel Sykora und Feldwebel Schenk. Wir legten uns um 3h nachmittags schlafen, doch nebenan spielen sie Karten und streiten. Dazu habe ich nie Lust, da lese ich liebe ein schönes Buch oder lerne Italienisch bei de Angina Fedatto. Auch so eine arme Kranke, die nicht alt wird.

31.12.1917, Antiga. Ein aufregender Tag. Die Sonne scheint seit dem Morgen bei wolkenlosem Himmel, und die Luftkämpfe werden heftiger. Unsere Flieger haben gestern auf 3 italienische Aeroplane und einen Fesselballon geschossen und sie zum Absturz gebracht. Der letzte Tag im alten Jahr! Wir wollen das alte Jahr gehörig feiern, doch leider nicht zusammen, denn Korporal Scherzer hat sich sehr betrunken und ist rabiat. Wir werden ihn fesseln müssen und die Gewehre samt Munition in einen versperrten Raum geben. Die Schlüssel werde ich zu mir nehmen. Dass man sich so besaufen kann, ist mir unverständlich. Wir feiern im engsten Kreis mit Kupka, Korporal Menschik und Felbwebel Sykora. Wir haben es im Zimmer schön warm, und punkt 12 h werde ich das Glas auf das Wohl meiner Frau und meines kleinen Goldkäfers in Wien leeren. Der Mond, der hier so schön hell scheint, scheint sicher so auch in Wien. Ich lasse meine lieben Eltern und meine liebe Familie durch ihn grüßen.

1.Jänner 1918 Ich ging um 11 h nachts um die Post nach einem Anruf des Trains, dass Post da sei. Ich habe nur eine halbe Stunde nach Antiga. Ich bekam auch von meiner Frau die Nachricht, dass mein kleines Mädi krank ist, es hat die Gelbsucht. Meine Frau hat die Grippe, und an der Grippe sterben in Wien viele Menchen. Das neue Jahr fängt nicht gut an. Auch mit der Beheizung steht es sehr schlecht. Meine Frau muss sich oft wegen etws Kohle den ganzen Tag anstellen und bekommt oft nichts. Dann kann sie am nächsten Tag wieder stehen, und die Schlangen vor der Kohlenausgabe reissen nicht ab. Die Leute stellen sich dort schon des Nachts an. In Wien ist es sehr kalt und es gibt viel Schnee. Die Menschen können sich nicht einmal eine Wassersuppe kochen. Ein Urlauber brachte einen großen Kümmelbraten von Wien mit und gibt uns auch ein Stückchen von dem Reh, wie er meinte. Als wir es gegessen hatten, fing er wie ein Hund zu bellen und zu winseln an. Na, mein lieber Freund, wenn es auch ein Hund war, nach allem ein schöner, großer, uns vergraust du nichts. Es schmeckte uns gut, und ich glaube, in der Not werden so manche auch zum Hundefleisch greifen. Es ist nur traurig, dass wir schon auf den Hund gekommen sind, unseren treuen Freund und Beschützer, oft die einzige Freude alter Leute. Ich denke oft an den Hundefänger, den Schinder in Wien, der alle Hunde ohne Hundemarke und Beißkorb mit einer Schlinge einfing und in den mitgebrachten Wagen einschloss. Wieviel Tränen und Geschrei gab es dann, wenn der Hundebesitzer seinen Flocki nicht mehr sah. In meiner Jugend wurden auch Hunde als Zugtiere verwendet, die jahrelang treu ihrem Herrl den Handwagen zogen. Nun,da kein Futter mehr für die armen Vierbeiner aufzutreiben ist, und die Menschen selbst hungern, verkaufen sie den Hund ohne zu wissen, dass er geschlachtet wird, verschenken ihn; oder er wird ganz einfach gestohlen und dann verspeist. So weit haben wir es gebracht. Ich schreibe oft meiner Frau, sie soll kein Geld sparen und aus der Sparkasse herausnehmen was sie braucht und sich etwas vergönnen. Das Geld in der Sparkasse wird sowieso noch der Teufel holen, wenn sich alle Länder von uns trennen wollen oder wir den Krieg verspielen. Die Ungarn lassen nichts mehr über die Grenze nach Österreich. Die Tschechen sabotieren wo sie können und laufen zum Feind über. Ich wünschte dem Oberst und allen Offizieren ein glückliches, gesundes und friedenbringendes Neujahr und ging um halb ein Uhr schlafen. Heute am Neujahrstag spielte die Regimentsmusik flotte Märsche und Lieder. Es sind lauter Tschechen. Ich sehe noch die 5 Mann von der Musik vor mir, die eine viereckige Blechschachtel fanden und glaubten, es sei eine Konserve. Als einer mit dem Bajonett ein Loch in die Schachtel stach, explodierte sie, und die Männer hatten furchtbare Wunden; abgerissene Finger, hervorquellende Därme, das Gesicht zerfetzt. Sie mussten ihre Neugierde mit dem Leben bezahlen. Am Nachmittag gab es wieder Fliegerkämpfe, zwei feindliche Flieger stürzten ab. Mit Russland scheint alles in Ordnung zu sein, doch England, Frankreich und auch der kleine Ré Vittorio Emanuele wollen noch nicht nachgeben. Der Himmel ist noch immer wolkenlos und das Wetter hier schön warm.

12. Jänner 1918, **Pieve di Soligo, Casa Bortolotti**. Vor dem Abmarsch in Antiga hat uns noch Voigtländer geknipst. Unsere Bataillone gingen in die Stellung an der Piave gegenüber dem Montello.

23. Jänner 1918: Kupka war bei meiner Frau und hat ihr alles überbracht, was ich ihm für sie mitgegeben hatte. Ich werde nicht vergessen, was er mir damit Gutes überwies und werde mich auf irgendeine Weise erkenntlich zeigen. Leider bekommen wir in letzter Zeit fast keine Wiener Zeitungen mehr an die Front. Von Dienstag, den **22.1.**, lese ich im Wiener Tagblatt folgendes: „Das Pferdefutter der Firma Rothmühl: 5000 kilo Weizen für die Gäule!“ Dem Kriegswucheramt gelangte zur Kenntnis, dass in der Fabrik S. Rothmühl, Brigittenau, Handelskai Nr. 92, die Pferde mit Weizen gefüttert werden. Bei einer Revision im Betrieb wurden in einem versperrten Magazin 18 Kisten mit zusammen 5000 kilo Weizen gefunden und beschlagnahmt. Wir haben einige Offiziere zu Besuch. Die Musik spielt soeben das Stück „Ein bisschen tiefer“, ich glaube, wir werden auch hier nicht lange bleiben. Hier wohnt ein sehr netter junger Mann, und ich habe ihn im Verdacht, ein italienischer Offizier zu sein, und auch die Frau und ihr angeblicher Bruder sind nicht die Besitzer, für die sie sich ausgeben. Es geht mich nichts an. Sie fragt mich oft: „ Signore, wann glauben Sie, ist der Krieg zu Ende?“ „Ich wünschte, schon morgen!“ Hier blühen schon Krokus, Veilchen und Primeln.

1.Februar 1918: Ich gehe jetzt täglich eineinhalb Stunden um die Post, um 7 h früh im schönsten Morgen durch blumige Gärten und Wiesen. Ich lasse mir Zeit, bewundere die Natur, die schöne Landschaft und spreche hie und da mit einem Bauern. Ich kaufe gelegentlich die Zeitung „Gazzetta del Veneto“ und zeige sie den Bauern. Fast alle sind neugierig und lesen die Zeitung gerne. Ein Bursche sagte mir, der Krieg werde erst dann aus sein, wenn Österreich den Krieg verspielt und kaputt ist vor Hunger. Das was Österreich in der Zeitung schreibt, sei unwahr. Deutschland sei mit Russland wieder im Kriegszustand und sei in Russland einmarschiert, Odessa und viele Orte der Ukraine seien besetzt. Die Deutschen wollen angeblich Trotzky zum Frieden zwingen. Da aber England Russland als Entente-Mitglied zum Weiterführen des Krieges zwingen will, bin ich neugierig darauf, wie die Sache enden wird. In Russland sind eine Regierungsumbildung und ein neues System im Werden. Anscheinend geht der Samen, den Marx streute, in dem Riesenreich zuerst auf. Werden Lenin und Trotzky die versklavten Analphabeten zum Licht führen? Werden sie die Kraft haben, ein Reich mit so vielen Nationen und Sprachen zu beherrschen? Ich las einige Artikel über Lenin, der als Umstürzler ein paarmal nach Sibirien verbannt wurde. Durch Zufall lese ich in der Zeitung weiter über das Pferdefutter der Firma Rothmühl. Nach Angaben des Karl Otte, 31 Jahre alt, wurde der Weizen pro Kilogramm um 2 Kronen und 60 Heller von ungarischen Weizenschleppern gekauft; den Weizen hatten die Schiffsleute gestohlen. Das Getreide wurde beschlagnahmt. Dieser Vorfall wirft ein grelles Licht auf die Missbräuche. Während die Mehlration gekürzt wurde, hat eine einzige Fabrik für die Fütterung ihrer Pferde 5000 kilo Weizen beschaffen können. So blühen Schwindel, Wucher und Schmuggel. Welche Mengen an Getreide in den verschiedenen dunklen Kanälen gewissenloser Händler verschwinden, kann man nach diesem Beispiel ahnen. Es ist kaum übertrieben, wenn behauptet wird, dass, wenn man auf die Leopoldstadt klopft, es überall von Mehl staubt. Auch lese ich, dass ihn Wien Holzsohlen eingeführt werden.Das wird ein Klappern abgeben! Das Doppeln und die Oberflecke für Männerschuhe kosten 8 Kronen und 20 Heller, für Frauenschuhe 7 Kronen, für Knaben und Mädchen 5 Kronen. Lederschuhe für Minderbemittelte kosten 40 bis 55 Kronen, sonst kosten Lederschuhe 120 Kronen und mehr. Schuhe mit Holzsohlen kosten 15 bis 20 Kronen. Ich kaufte im Februar ein paar Segeltuchschuhe um 5 Kronen und ließ sie von unserem Regimentsschuhmacher doppeln. Von ener Klosterschwester bekam ich 5 Spulen Zwirn um 6 Kronen, von einem Bauern kaufte ich 2 kg Mehl und 2kg Fisolen. In Wien müsste meine Frau das Zehn-bis Fünfzehnfache zahlen. Ich selbst hatte bis jetzt immer alles bezahlt und nahm mir nichts, denn das Stehlen brachte noch niemandem Glück. In Conegliano raubte ein Soldat einen Juwelierladen aus. Er erbeutete angeblich 40 Uhren und viel Schmuck, dann wurde er durch eine Mine, die er nicht erkannt hatte, zerrissen.

Ich hatte wieder Glück, da ich für eine Gefälligkeit etwas Zwieback und Pfeffer und einige Kaffeekonserven bekam. Die Fliegertätigkeit hält den ganzen Tag an, und der „Itak" wirft mit seinen „Caproni" Bomben über Pieve die Soglio ab. Schade, dass er diesen schönen Ort durch Bomben zerstört. Die Bevölkerung scheint sich an uns „Austriaci" gewöhnt zu haben und uns freundlich gesinnt. Die Germanici wollen sie nicht, da sie alles „Tutto a portato via" forttragen und dadurch alle „molta fame" haben. Sie haben Hunger, da die deutschen Truppen sie arm gefressen haben und nichts nachschafften. Auch nahmen sie sämtliches Metall, auch alle Glocken.

4. Februar 1918: Bei schönem Wetter wieder Luftkämpfe.Ich fuhr mit einem Munitionswagen auf der Strasse gegen Vittorio, und wir sahen den Luftkämpfen zu. Im Lastauto waren wir 12 Mann, davon fuhren 11 in den Urlaub. Auf einmal sahen wir, wie ein italienischer Flieger heruntertrudelt, so als stürze er ab. Wir glaubten ihn schon erledigt, dabei hätte er uns fast erledigt. Als er fünf bis sechs Meter oberhalb des Erdbodens war, flog er normal und feuerte auf unsere zurückfahrenden Munitionsautos. Wir hielten und verließen das Auto schnellstens und warfen uns in den Strassengraben. Unser Auto hatte im Führerhaus einige Treffer abbekommen. Leider hatten wir in der Autokolonne vier Schwerverletzte und vierzehn leichter Verwundete zu beklagen. Von uns wurde niemand getroffen, wir halfen sofort, die Verwundeten zu verbinden und fuhren dann weiter. Das war ein ganz raffinierter Flieger, der das Manöver später noch oft wiederholte.

8. Februar 1918: Palazzo Lucchetti. Heute ist so warm wie bei uns in Wien im Juni oder Juli. Kupka hat bei unseren Frauen was Schönes angerichtet. Menschik, Scherzer, ich und alle, die Kupka etwas für ihre Frauen mitgegeben hatten, bekamen von diesen grobe Briefe. Kupka hatte erzählt, daß jeder von uns hier mehrere Pupperln hat, und meine Frau fragt, was mit der Angina Fedatto ist. Zum lachen! Die hübschen Pupperln vergönne ich jedem. Jede Frau und jedes Mädchen hier sieht uns feindselig an und ist für Liebeleien überhaupt nicht zu haben. Von allen hatte nur einer Glück. Dem rannte eine fast schon geistesgestörte Frau nach. Er sah ihrem Mann ähnlich, und sie nannte ihn „mio Carlo", obwohl dieser „Carlo" kein Wort italienisch sprach und erst 18 Jahre alt war. Auch hatte uns das Kommando verboten, Frauen zu belästigen. Wir werden bald wieder übersiedeln, nach Annese. Kaum haben wir uns wo heimisch eingerichtet, müssen wir weiter. Die Deutschen haben die Glocken von Refrontollo herabgenommen. Fünf Stück stehen in verschiedener Größe vor der Kirche. Heute abends brachte Friedrich eine ca. 70

kilo schwere Kirchenglocke in unser Quartier. Ich schickte ihn mit einer Meldung fort. In seiner Abwesenheit trug ich die Glocke in den Garten und warf sie dort in die Zisterne. Friedrich geht auf Urlaub und wollte sie mit nach Hause nehmen.

10. Februar 1918: Friedrich war sehr erbost darüber, dass ihm jemand die Glocke entwendet hatte und fuhr ohne Glocke ab. Ich war beim Pfarrer und sagte ihm, dass ich die kleine Glocke in die Zisterne des Gartens der Lucchetti geworfen habe. Er soll sie dort belassen und dann, wenn sie als einzige wieder im Glockenturm ist, mit ihr den Frieden einläuten und verkünden. Die Deutschen holten die vier Glocken heute ab. Ausser mir und dem Pfarrer weiß niemand, wo sich die „Friedensglocke“ nun befindet.

22. Februar: Ein Tag schöner als der andere. Die Sonne scheint so schön warm, und der Himmel ist schon seit Wochen wolkenlos. Da die arme Bevölkerung fast nichts zu essen hat, bereiten die Leute „radici“ als Salat zu, der schon hie und da wächst. (Anm. event. „radici di tarassaco, Wurzeln des Löwenzahn) Zuerst wurde mit allen Lebensmitteln Unfug getrieben, „geurrasst“, heute, weil nichts mehr da ist, müssen alle den Gürtel enger schnallen. Alle arbeiten schon auf den Äckern und in den Gärten. Ich helfe in einem Weingarten, um auch die Methode kennen zu lernen.

10. März 1918: Casa Vascellari, Annese. Unsere Regimentsmusik spielt soeben „Nach der Heimat möchte ich wieder“. Heute ist Sonntag, und ich war in der Kirche in Rua di Feletto. Nach der Kirche gehe ich um die Post. Ich staune, wie die Frauen angezogen sind! Alles in Seide, es rauscht nur so, meist dunkel, schwarz, zierliche Schuhe und Kopftuch, oft sehe ich sogar Spitzentücher. Lauter schwarzhaarige, schwarzäugige, schlanke und hübsche Personen! Ich gehe zwischen zwei älteren Frauen, und als ich mit ihnen, so gut ich kann, Italienich spreche, sagt eine: „ Signore Caporale Francesco, io la conosco, e anche tutti gli altri, lei é un buon soldato, lei a dato sempre da mangiare alla povera gente. I nostri adesso hanno molto fame, o Dio, quando verra la pace? Tutta la gente soffre e piange.“ Als ich zurückkam, spielte die Musik noch und alle waren gut aufgelegt. Im Hof stehen eine herrliche Chamaeropsopalme und ein gedeckter Brunnen. Ein schöner Herrensitz!

Die letzte Patrone!

24. März: Ich habe Nachtdienst, kein Buch zum Lesen und niemand stört. Ich schreibe an meine Frau einen langen Brief, hier auszugsweise wörtlich: „ .....Danke Dir auch für deinen lieben Brief, der mich sehr erfreute, da ich nun weiß, dass meine Lieben zu Hause wieder gesund sind und die Kleine die Gelbsucht überstanden hat. Heute überraschte uns die Zeitung mit einer Meldung sehr angenehm, und zwar über die deutsche Offensive in Frankreich. Zu Mittag bekamen wir die Nachricht, dass die Front an der Somme durchbrochen wurde und 400 Geschütze erbeutet wurden. Nun, Liebling, verstehe mich nicht falsch, wenn ich schreibe, dass die Nachricht angenehm war. Es kostet wieder sehr vielen braven Soldaten das Leben, und sehr viele werden zu Krüppeln geschlagen. Leider müssen wir, wenn die Deutschen und wir sehr viele Gefangene machen, sie auch erhalten, und die Armen in der Gefangenschaft müssen mit uns hungern, und deshalb hoffe ich, dass wir, wenn wir nicht mehr weiter können, auch aufhören müssen. Schade, dass die Osterglocken den Frieden nicht verkünden. Hier ist Ruhe an der Front, hoffentllich bleibt es so, obwohl sich alle einen Vormarsch wünschen. Alle träumen schon von Schweinen, Maccaroni und verschiedenen delikaten Speisen, einem guten Wein, denn hier gibt es keinen Gratiswein mehr. Kukuruzbrot und „Drahtverhau", das heißt Dörrgemüse, so schlecht gewaschen, dass der Sand unter den Zähnen knirscht. Alle glauben, das Schlaraffenland liegt gegenüber unserer Front. Und ich sage Dir, dass nach Aussagen einiger Gefangener auch die gesamte Bevölkerung Italiens Hunger leidet, den Frieden herbeisehnt wie wir und den Krieg verflucht.

Nun, Liebes, wie kannst Du nach dem Bild, dass ich Dir sandte, urteilen, dass ich jetzt viel schlechter aussehe? Im Gegenteil, sehr, sehr gut sogar, obwohl ich täglich viel Bewegung mache. Mich kriegt der Krieg nicht unter, wenn auch das Essen nicht so gut ist, das ist man schon gewöhnt. Der Speisezettel von heute: Frühstück, ein Becher schwarzer Mocca mit viel Wasser. Gabelfrühstück, ein Stück Kukuruzbrot, 2 Zigaretten, diesmal Marke Sport. Bis 11 h Spaziergang, dann Autofahrt.Bei Ankunft in der Proviantur übergebe ich die Post und viele Neuigkeiten. Dann gehe ich in die Regimentskanzlei um die Herren dort etwas zu ärgern, indem ich viel Dienstpost abliefere und somit auch viel Arbeit für die Herren. Von da geht es nach Hause, und zu Hause bin ich überall, wo mein Schlafplatz ist, und wenn es ein Strassengraben ist. Zu Mittag: ein opulentes Menü aus Fischsuppe und Polenta, den ich leider nicht esse sondern verschenke. Eine Schachtel Sardinen. Auch konnte jeder eine Fleischkonserve essen, das heißt, wenn er eine hatte. Nun, die hatte ich nicht. Fassung: einen halben Wecken Kukuruzbrot, das ganz gut schmeckt, wenn man hungrig ist; türkischen Zigarettentabak, fünf Mann ein Päckchen, eine Schachtel Zünder. Nachher ein Mittagsschlaf. Um vier Uhr Mocca, heute ausnahmsweise mit einem Stück Landbrot, das mir ein Urlauber aufzwang. Nach dem Kaffee ein Spaziergang in die Regimentskanzlei beim Train mit Dienststücken und wieder retour. Nachtmahl: von Mittag übrig gebliebene Sardinen und etwas Wurst. Also bitte, geht es noch jemandem so gut wie mir Kriegsgewinner? Doch damit will ich nicht sagen, dass der Krieg nicht enden soll.Gott behüte, lieber morgen als später, denn so gut es uns im Verhältnis zu vielen Tausenden geht, wollen wir lieber zu Hause arbeiten und genügsam leben, um wieder das zu bekommen, was wir vor dem Kriege hatten.

............Jetzt träumt mein Liebling von Schulaufgaben und die Mama von der neuen Wohnung.Na, lass nur, das soll Deine letzte Arbeit ohne mich sein. Also, mein kleines Herzblatt freute sich über die schönen Blumen? Was würde sie erst sagen, wenn sie die vielen tausenden Blumen, diese herrlichen Blüten im frischen Zustand sehen würde? Wohin man sieht, ein bunter, farbenprächtiger Teppich und die Zusammenstellung so, wie sie nur die Natur hinzaubern kann, da verschwindet das Können des Gärtners. Na warte, liebes Mausi, bis ich bei Dir bin, dann kannst Du viele Blumen haben, dann gehen wir zusammen botanisieren. Wäre es doch schon so weit!.......“

29. März 1918: Heute gab ich ein Kistchen per Post auf, vier Flaschen Wein und etwas Dörrgemüse dazwischen. Es ist heute Karfreitag, Fasttag. Eben bekam ich Post von meiner Frau. Ich hatte vorher ein paar Eier und noch etwas zu essen geschickt, damit sie für die Feiertage etwas haben. Die Bahn stellt der Post so wenig Waggons zur Verügung, dass Pakete tagelang liegen bleiben und verspätet und oft unbrauchbar und verdorben ankommen. Ich darf nicht schimpfen, ich treibe, da ich reden kann, immer etwas auf, und der Postbeamte, der mich gut kennt, drückt ein Auge zu und nimmt das Paket zur Weiterbeförderung an. Auch wenn es wo liegen bleibt, „alle Achtung“, es kommt an.Nur einige schöne Zeichnungen, die ich abgeschickt hatte, verkamen unterwegs. Ich muss jetzt alles mit Briefumschlag senden, da die Zeichnungen Liebhaber fanden. In Frankreich ist eine gewaltige Schlacht im Gange. Ich hörte, wie ein italienischer Gefangener sagte, dass England und Amerika Italien mit den neuesten Waffen und Panzern zu Hilfe kommen. Das „Gott strafe England“ will sich nicht bewahrheiten, ich glaube, es wird eher das Gegenteil sein. An der Front herrscht Ruhe, und man kann sagen: im Süden nichts Neues. Hier blüht alles, Mandeln, Pfirsiche, Aprikosen, Birnen und viele hübsche Sträucher, dass es eine Pracht ist, der vierte Lenz zog ins Land, und ich bin noch immer draussen. Ich denke oft an meine lieben Kameraden, die gefallen oder gestorben sind, wie zum Beispiel Feldwebel Jurko bei einem Angriff an der Ostfront, und an viele andere , jetzt Lambrechter, der nach einem Pferdebiss an einer Blutvergiftung starb.

31. März, Ostersonntag 1918, ab heute vorübergehend in Guizzetta Ich bekam heute Post von meiner Frau und auch einen Brief von meinem kleinen Liebling. Ein Paket haben Sie schon bekommen. Heute war ich beim Oberst mit der Bitte, er möge mich zum Kader um Urlaub senden, damit ich mich nach so vielen Monaten ein wenig erholen kann. Da kam ich recht an! Da ist die Antwort, und ich muss ihm Recht geben: „ ......aber bedenke, kannst du deiner Familie damit die Not lindern? Nein, nur vergrößern, denn auch du willst satt werden, und wovon? Willst du täglich das Elend deiner Familie sehen, ohne etwas dagegen machen, ohne etwas helfen zu können? Wer gibt dir die sichere Gewähr, dass du dann nicht versetzt wirst? Du bist heute beim Regimentskommando, es geht dir gut, du bist vor jeder Gefahr sicher, und wir haben dich als vertrauenswürdigen Mann lieb gewonnen. Ich kann dir 4 Tage Urlaub geben, doch da hast du nichts davon, darum warte ein bis zwei Monate, dann bekommst du 14 Tage Urlaub." Das waren die Worte des neuen Generalstabsobersten Turnau von Dobcice, dem Nachfolger von Oberst Bitterlich. Nachmittags bei Stabsfeldwebel Neumann hörte ich als erstes: „ Souček, du bist vom Obersten zum Zugsführer-Titularfeldwebel vorgeschlagen. Ich mache dich aufmerksam, dass du dann beim Stab überzählig bist, da nicht so viele Chargen nominiert sind und du bei der nächsten Gelegenheit an die Front musst. Bleib was du bist, ich meine es dir gut." Am nächsten Tag bat ich den Oberst, er möge meine Beförderung rückgängig machen. „ Ja, wie du willst, ich wollte dir damit eine Freude machen. Wir wollen auch, dass du hier weiter bei uns verbleibst." Oberst Bitterlich ist gestern nach Wien gefahren und wohnt in der Alleegasse 19 im vierten Bezirk. Ich schreibe meiner Frau, sie soll zu ihm gehen und ihn bitten, etwas für mich zu tun, wenn ich nach zwei Monaten noch immer keinen Urlaub bekommen sollte. Sie soll ihm sagen, dass ich seit Kriegsbeginn heraussen bin. Oberst Bitterlich bleibt zwei bis drei Monate im Landesverteidigungsministerium und kommt dann wieder zurück.

Meine Frau schreibt, sie will in ein Lagerhaus arbeiten gehen, aber das verbiete ich auf jeden Fall. Denn auch in der Schöllermühle wurde sie mir krank. Wegen ein paar lumpiger Kronen,die vom Mund abgespart wurden und die dann der Teufel holt, wenn sie in der Sparkasse liegen. Sie soll lieber auf die Kleine schauen und sich schonen. Bevor uns der Oberst Bitterlich verließ, es war am Karfreitag, gab es einen kleinen Aufruhr, den ich verschuldet hatte.Wie gewöhnlich war ich um die Post gegangen und dabei an einer tschechischen, motorisierten Batterie vorbei gekommen. Es regnete und ich stellte mich, müde und hungrig, bei der Küche etwas unter. Es roch so wunderbar vom Kochkessel her, und ich fragte den Koch auf Tschechisch, ob er nicht für mich „etwas zum Abstauben" hat. Aber ja, ich gebe dir meine Menageschale voll. Ich koste, hm! Ich koste nochmals, hm, das ist ja Beuschel! Herrgott, schmeckt das herrlich! Der Koch sieht zu, wie es mir schmeckt und wiegt den Kopf. „Hör einmal, was ist das, was du mir da gegeben hast? Es schmeckt wie Beuschel." „Mensch, bist du blöd, das hast du doch jeden Tag. Es ist Drahtverhau!" „Geh, mach kan Witz, so was Gutes haben wir noch nie gehabt." „Willst noch?" „Wenn du hast, dann gib mir bitte noch etwas mehr, ich lasse es unseren Oberst und die Offiziere kosten." „Aber ja, da hast du zwei Kochgeschirre voll, meine Leute lassen immer viel übrig, du kannst alle Tage davon haben." Ich bedankte mich herzlich und malte mir aus, was die Offiziere dazu sagen werden. Meine Mittagsration hatte ich noch zum Vergleichen übrig. Ich gab die beiden neuen Rationen dem Offzizierskoch zum Wärmen und dann brachte ich dem Hauptmann einen Teller voll. Ich hätte was Gutes, er soll kosten. „Es schmeckt fein, wo hast du das her? Aus unserer Küche?" „Nein, Herr Hauptmann, aus einer tschechischen Artillerieküche." „Es schmeckt gut." „Wissen Sie, was Sie da essen?" „Nein, es schmeckt nach Beuschel." „Nun bitte, kosten Sie aus meiner Schale. Nun?" „Das schmeckt nicht gut, das ist ja Dörrgemüse, nicht?" „Warten Sie, ich hole den Oberst." Der kam, und es ging von vorne los. „Wo ist die tschechische Küche?" „Nicht weit, Herr Oberst." „Führe mich hin." „ich nahm die beiden Kochgeschirre und begleitete den Oberst zur Küche, der sich beim Koch eingehend nach allem erkundigte. „Was tun Sie, wenn Sie das Dörrgemüse erhalten?" Ich musste alles dolmetschen. „Abends im Wasser einweichen, in der Früh, wenn das Dörrgemüse wieder frisch ist, zwei bis drei mal auswaschen, damit kein Sand dabei ist, dann durch den großen Wolf treiben, zum Kochen in den Kessel geben; dann kommen Fett und alle Zutaten wie Pfeffer, Gewürze , Salz und die Einbrenn mit etwas Rindsuppe. Gibt es Kartoffeln, dann kommen auch Kartoffeln dazu. Ich bekam noch einmal zwei Kochgeschirre voll davon, und dann gingen wir damit zurück zum Kommando. Nun ging es an! An alle Köche und Feldwebeln der Kompanien, Train, Stab, Sanitäter! Alle waren um halb vier Uhr beim Kommando gestellt. Als alle zusammen waren, musste jeder Koch und jeder Feldwebel zwei Löffel davon kosten. Nachdem alle zwei Löffel davon gekostet hatten und gefragt wurden, ob sie wüssten, was sie da bekamen, waren es nur zwei Köche, die sagen konnten: Dörrgemüse! Es folgte eine Belehrung durch den Oberst, er drohte, er werde jeden, der das Dörrgemüse nicht auf diese Weise kocht, an die Front schicken. Denn wir fassen alles das Gleiche, und es soll alles, was dazu gehört, in die Speisen gegeben und nicht an Privatpersonen verkauft oder nach Hause geschickt werden. Ein Urlauber kam mit der Nachricht, dass in Österreich, besonders in Wien, der Arbeitszwang eingeführt wird. Die Frauen sollen in die Munitionswerkstätten und zu den Drehbänken.

Casa Guizzetta, Casale, **17.April 1918:** Ich sandte meiner Frau heute wieder 20 Kronen zur Aufbesserung, denn ich brauche hier nicht viel Geld, höchstens etwas fürs Wäsche waschen. Ich suche mir immer einen netten, armen Menschen, dem ich dann von der übrig gebliebenen Menage des Kochs etwas zubessern kann. Ich fand auch hier eine Frau, deren Mann, obwohl noch jung, mit einer Krankheit zu Bette liegt und ihm kein Arzt helfen kann, es ist Nierenkrebs. Dabei sind vier Kinder zu versorgen. Ich helfe gerne. Korporal Menschik spielt täglich Karten und gewinnt immer. Ich spiele nie, obwohl ich sämtliche Spiele kenne. Mir ist die Natur lieber, oder ich zeichne mit Bleistift oder Tusche Karten, denn wer weiß, ob ich diese schöne Gegend noch einmal sehen werde.

Unsere Verpflegung wird täglich schlechter. Wir haben jeden Tag Wruken (Kohlrüben, Anm.) oder Klippfische, die breitgedrückt und schmal sind. Ich habe genug von dem Futter, es kann aber gar nicht anders sein, denn einmal ist genügend da gewesen. Was wurde da an Lebensmitteln vernichtet, verwüstet, verbrannt. Ungarn will an uns nichts abgeben. Rumänien ist leer gefressen, die Tschechei behält sich auch alles selbst und hat mit sich selbst zu tun. Die Zweimillionenstadt Wien verbraucht viel, alles geht durch den Schleichhandel und jeder will ohne Arbeit reich werden. Unsere steinigen und kahlen Felsen und Berge geben kein Brot. Jetzt soll auch der Minister Graf Czernin gegangen sein. Sieht er sich nicht mehr aus? Na, Hunger werden dieser Herr und seine Kollegen nicht leiden, denn die haben noch Jagdreviere und Domänen. Da sind Brot und Mehl nicht rationiert, sie haben noch Holz genug, wenn schon keine Kohle, dass sie nicht frieren müssen. Wir haben jetzt immer Regentage. An der Front gibt es nichts Neues. Der neue Generalstabsobers gefällt mir sehr gut, ein gütiger, lieber Herr, und ich verstehe nicht, wieso er das Kriegshandwerk erwählte. Er würde eher als Erzieher, Professor sich eignen, als Arzt, als ein Menschenfreund und Helfer, und nicht dazu, über Leben und Tod seiner Mitmenschen zu verfügen.Wie muss es dem Kommandeur sein, wenn er sieht, dass so viele Väter und Söhne fallen? Eventuell seine Söhne; fürs Vaterland? Für wen? Für den Kaiser, die Dynastie, die Kirche? Leider vergisst man jeden so schnell, wenn er einmal tot ist, auch wenn er noch so ein großer und tapferer Held war. Die Zeit geht über ihn hinweg, als wäre er nie gewesen.

Der Generalvikar Pavlikovsky, Oberhaupt der Feldgeistlichen, war am Ostersonntag in Generalsuniform und ordensgeschmückt in Rua und hielt die Messe. Die Kirche war voll mit Zivilisten. Das Hochamt war sehr feierlich und mehrere Priester assistierten. Nach dem Hochamt gab es im Pfarrhaus ein opulentes Essen. Die Opferbereitschaft der Bevölkerung ist erstaunlich. Die Leute trugen Hühner, Eier, Mehl und mehr ins Pfarrhaus, obwohl sie selbst nichts zu essen hatten.

1. Mai 1918: Endlich, nach dreißigtägigem Regenwetter ist heute der erste Tag, an dem ich im Freien sitzen kann. Nun ist es wieder ein Vergnügen, um die Post zu gehen, bis jetzt war ich täglich nass und schon ganz verdrossen. Den ganzen

Monat war Ruhe an der Front, damit ist es heute aus. Kaum war die Sonne heraus, schon surrte es überall in der Luft, und wohin man auch schaut, 291 sieht man nichts als Flieger! Direkt über mir spielte sich heute um 10 h 15 ein Luftkampf ab. Die hohen Berge im Norden sind weiß gekrönt, sie haben viel Schnee, die Schneeschmelze wird im Juni eintreten. Dann sind die breiten Flussbette zu klein. Jetzt könnte man noch leicht über die Piave gehen. Das Wasser reicht nur bis zu den Knien und fließt nur in einer schmalen Rinne. Ich verstehe nicht, was jetzt den Vormarsch hindern könnte. Die Italiener sitzen genauso in der Scheiße wie wir, und wenn wir jetzt zupacken, könnten wir den Frieden diktieren, sonst wird er uns diktiert. Ich habe eine italienische Pelerine, an der viel Stoff ist, aufgetrieben und sende sie meiner Frau. Sie soll der Kleinen ein Schulkleid daraus machen. Ich ärgere mich über meine Frau. Wir haben einige Tausend Kronen in der Sparkasse, und sie will davon nichts verwenden. Was ist, wenn wir nicht siegen und das Geld zum Teufel geht? Ich fragte einmal unseren Oberst Bitterlich, was ich mit unserem Geld in der Kasse machen soll. Soll ich Gold kaufen? Unsinn, sagte er, unser Geld kann nie fallen, wir stehen überall in Feindesland, und wir siegen bestimmt, daher keine Angst, unsere Krone steht besser denn je. Unsere Nichte aus Guntramsdorf tauscht alles Geld in Goldstücke um. Viele gaben das ganze Gold, auch Eheringe für die Aktion „Gold gab ich für Eisen" her, und viele zeichneten für ihr ganzes erspartes Geld Kricgsanleihen. Ob die nochmals ihr Geld sehen werden? Da haben sich wieder einige bereichert, und viele, viele werden arm. Nun habe ich für Zigaretten und 10 Kronen auch einen Rucksack aufgetrieben und ich sende ihn zusammen mit der Pelerine an meine Frau. Sie will nach Zagersdorf in Ungarn fahren und etwas Essbares holen. Na, wenn sie Glück hat, bringt sie etwas über die Grenze. Sonst nehmen die Kontrollorgane den Reisenden alles, auch den Rucksack, weg. Gerade die Wien-Ebenfurter und die Ödenburgerbahn werden am schärfsten kontrolliert.

Es gibt überall gemeine und blöde Menschen, so auch unter den Reisenden dieser Strecken. Ich wurde selbst Zeuge davon, wie blöd sich Reisende nach der Kontrolle benahmen, bevor noch die Grenzstation passiert war. Waren die Organe mit der Durchsicht fertig und der Zug rollte weiter, da öffneten sie die Waggonfenster und zeigten Butterstriezeln, Mehl, Fleisch und vieles Gehamsterte den Kontrollorganen unter hämischem Gelächter und ärgerten damit die nachschauenden Männer. Unser Regiment wird in ein paar Tagen aus der Front gezogen und geht in die Reserve, um mit frischen Kräften im Juni noch einmal einen Vorstoß zu versuchen. Ich gehe bei Artilleriestellungen vorbei und weiß, dass bei uns die Munition knapp ist. Täglich dürfen nur einige Schuss aus der Batterie abgefeuert werden. Wir müssen sparen. Alle freuen sich auf den Vorstoss. Wird er uns gelingen? Wieviel brave Väter und Söhne wird es dann wieder kosten? Was wird da wieder alles kaputt geschossen und niedergebrannt? Ich brauche eine neue Montur, unsere jetzigen sind nichts mehr wert, sie sind nur mehr aus Brennesselstoff.

Heute lache ich noch darüber, als vor zwei Monaten von der Proviantur Monturen und Wickelgamaschen ankamen und der Oberst vor lauter Wut zwei Infanteristen mit dem Wagen zum Divisionskommando brachte. Die Wickelgamaschen waren für kleine Kinder, die Monturen für Pygmäen. Nicht nur das allein, es kam auch vor, dass Gamaschen aus Schießbaumwolle hergestellt waren und neben offenem Feuer sofort selbst Feuer fingen und der arme Gamaschenträger obendrein noch Brandwurden bekam. Für landwirtschaftliche Arbeiten wurde der Urlaub geöffnet. Morgen gehe ich in die Livenza baden, das Wasser ist nicht tief doch kalt, Gebirgswasser, klar und rein. Die Livenza fließt bei Caorle in die Adria. Dort möchte ich einmal sein und im Meer baden, na vielleicht im Frieden einmal. Caorle soll ein schönes Fischerdorf sein und in unserem Besitz. Ja, es wäre schön, aber nur keinen Klippfisch!

Villa rossa bei Barbisanello

16. Mai 1918, Villa Rossa bei Barbisanello: Wir sind in einer ansprechenden, großen Villa einquartiert, auf einer schön gelegenen Anhöhe, etwa eine Stunde von der Stellung entfernt. An meinem Rasttag arbeitete ich emsig an einer besonders heiklen Arbeit. Ich zeichnete ein Programm für das Mannschaftsfest unseres Regiments, das am Pfingstsonntag abgehalten wird. Ich hatte mich mich auch beim Wettbewerb beworben, das am besten gezeichnete Programm sollte dann verwendet werden. Ich hatte das Glück, dass meine Zeichnung am besten gefiel und angenommen wurde. Sie wurde verfielfältigt, und die Offiziere und der Oberst bestaunten meine Zeichnung als sehr gelungen und schön. Es waren noch acht Vorschläge eingebracht worden. Eine gelungene, heitere Zeichnung brachte der Einjährig-Freiwillige Gefreite Janaus. Da steht drauf: „Gewitter ahnend späht er in die Tiefe, was ist mit eurer neuen Offensive? Wir kommen bald, doch vorderhand das Beste von unserm Wiesenfeste!“ Man sieht darauf, wie der kleine Ré, der Vikerl, am Montello steht und mit dem Fernrohr zum Wiesenfest blickt. Auf der Karte sieht man noch Fussballer, dann einen, der Tontauben schießt, einen Mann, der Bier ausschenkt, und das Schrammelquartett, das flotte Weisen zu spielen scheint.

Am Nachmittag suchte ich im nahen Wald Pilze und brachte ziemlich viele Herrenpilze, einstweilen pflückten meine Kameraden Brennesseln für einen Spinat. Wir kochen uns jenden Abend etwas, nachdem unser Koch Schmalhans fast nichts mehr hergibt. Solche Soirees können uns nur wir leisten. Ich bin nun 46 Monate heraussen, und ich bin neugierig, wer von unseren Ordonnanzen den Krieg heil übersteht, denn wir wechseln. Nach einander geht der oder jener durch Tod, durch Verwundung oder Krankeit ab. Ein Mann von uns „tachenierte“ Fleischstücke auf, ca. 2 kilo, angeblich ein Kitz, ich sage, es ist ein Hund. Andererseits wundere ich mich, dass es hier noch so etwas gibt, denn die Hunde sind hier ausgestorben, man sieht keinen mehr.

17. Mai 1918, freiwillig im Nachtdienst, ich habe fürchterlichen Durchfall und musste schon einige Male erbrechen. Ich ging heute Nachmittag um die Post und während dieser Zeit kochten meine lieben Kameraden meine frisch gebrachten Herrenpilze, und da sie ihnen so gut schmeckten, aßen sie mit dem besten Appetit alles auf und ließen für mich nichts übrig. Als ich zurückkam, hörte ich nur: „Jessas, jetzt hab´n ma auf den Souček vergessen!“ „Na, was wer ma tun, andere Schwämm suchen!“, wie mir der ehrliche Kupka erzählte. Und so war es auch. Zwei Mann fanden rasch welche, aber der Teufel soll sie holen! Sie brachten falsche, giftige

Satanspilze und bereiteten sie zu! Als ich davon aß, spürte ich bald, dass da etwas nicht stimmte. Hätte ich noch einige Löffel davon gegessen, wäre ich vielleicht nicht mehr am Leben. Ich musste zum Regimentsarzt Dr.Tropper, der mir Opium gab.

18. Mai 1918: Ich habe immer noch Durchfall und könnte die beiden Esel verprügeln, die mir die Teufelspilze kochten. Heute sandte ich 30 Kronen nach Hause, da man hier absolut nichts mehr bekommt. Meine Frau fragt, wann ich auf Urlaub komme. Ich bin seit dem letzten Urlaub noch kein Jahr hier, einige wie Söllner haben schon 14 Monate und einige noch mehr, die haben das Vorrecht. Ich nehme fleissig Sonnenbäder und bin abgebrannt wie ein Mohr.

20. Mai 1918: Heute habe ich mich so geärgert wie schon lange nicht. Ich gehe täglich bei einem Bauern vorbei und kehre auf ein Plauscherl bei ihm ein. Er lud mich zum Abendessen ein. Da brachte die Bäuerin eine große Schüssel gebratener Schwalben und anderer Singvögel. Als ich das sah, hatte ich genug und sagte den Leuten auch gründlich meine Meinung. Ich sagte ihnen auch, dass bei uns auf dem Land niemand Schwalben isst, da sie bei uns heilig sind. Die Schwalben sah man nicht kommen und nicht abfliegen. Man sah nur Abertausende von ihnen auf dem Campanile, auf der Kirche, auf den Gesimsen der Häuser, den Telefondrähten, tausende ermattete Schwalben , die mit Leichtigkeit mit einem Netz auf langer Stange eingefangen werden. Es ist an den kleinen Vögeln nichts dran, wenn die Haut mit den Federn abgezogen ist. Andere Länder, andere Sitten. Hier sah ich auch, wie man kleine Gartenschnecken isst. Mahlzeit! Da sind mir noch die Raben lieber. Eines ist hier merkwürdig: ich sah bis jetzt keinen Hasen, keinen Fasan und kein Rebhuhn. Nur zweimal gelang es mir während des Krieges und zwar in Wolhynien einen Hasen aus dem Lager mit der Kugel zu treffen, und beide Hasen waren eine feine Zubuße. Man sah auch dort außer Raben und hie und da einem Storchenpaar in Galizien wenig, ja man kann sagen, fast kein Wild. Eine Wildgans schoss ich im Flug, doch die bekam der Moskal (Vorgesetzter? Anm.). Am Ikwafluss sah man nur Zugvögel. Ein Kamerad schoss aus einem Dreieck von Störchen, die niedrig flogen, einen heraus. Wir ließen ihn vierzehn Tage liegen, und trotzdem war er nach dem Kochen hart und zähe wie Gummi und nicht zu essen. So erging es uns auch mit einem Esel, den der Postrihac daher brachte, um unsere Menage aufzubessern. Es war eine Jammergestalt, nur Haut und Knochen.Er wurde nicht weich und auch als Faschierter war er nicht genießbar. Lieber Postrihac, lass dich samt dem Esel ausstopfen!

21. Mai 1918: Durch das ständige Abführen, die Pilzvergiftung sehe ich sehr schlecht aus, und es wäre an der Zeit, mich zu erholen. Es sieht ganz danach aus, dss wir hier nicht lange bleiben sondern an die Piave kommen. Es wird zum Vormarsch gerüstet. Herrgott, lange geht es so nicht weiter, heuer muss Schluss gemacht werden, denn lange machen wir es nicht mehr mit und wir gehen alle zugrunde.Vorher wollen wir noch das Pfingstfest abhalten. Gib dem Volk Brot und Spiele und sie lassen sich abschlachten.

22. Mai 1918: Heute am Pfingstsonntag wurde das Pfingstfest, oder richtiger das Regimentswiesenfest, abgehalten.Wir spielten Fussball. Bei einem Spiel stand ich im Tor und wehrte die Bälle ab so gut es ging. Unsere 11 gewann 4 zu 2. Beim 2.Match war ich Sender und schoss zwei Tore. Wir gewannen 7 zu 4. Dann ging ich zum Schießstand und erreichte von 20 Mann die höchste Zahl. Es gab ein paar Fass Bier. Leider war das Bier sehr warm, obwohl die Fässer über Nacht eingegraben waren.Die Tage sind hier schon sehr heiß und die Fliegen sehr lästig. Es ging auch sonst sehr flau ab.Wettlauf, Turnen. Die Regimentsmusik spielte flotte Märsche, das Schwammerlquartett hatte einen eigenen Winkel. An einigen Stellen hörte man singen, es war aber kein richtiger Elan bei der Sache, die Stimmung wollte nicht aufkommen, und der Humor fehlte ganz. Abends bekamen wir zur Abwechslung das gelb-schwarze, kaiserliche Abendessen, Polenta und schwarzen Kaffee, und damit war der Tag des Festes zu Ende.

Ende Mai 1918, St. Anna di Piave: Wir sind vorne in der Stellung. Alles wird auf einen Angriff auf den Il Montello vorbereitet und die Artillerie erhält mehr Munition. Die Fliegertätigkeit ist sehr rege. Unweit von uns stürzte ein österreichischer Flieger ab, der vom Feinde verfolgt worden war. Nein, doch nicht so, sondern er ging im Gleitflug nieder, streifte dabei ein Dach und kam verkehrt auf der Erde auf, die Räder nach oben .Es war ein Linzer Feldwebel namens Holzinger. Wir halfen das Flugzeug auf die Beine stellen, und dabei sahen wir, dass der arme Kerl Glück hatte. Es war ihm nichts geschehen, da er in ein Getreidefeld gefallen war und nur einen kleinen Schock abbekommen hatte. Er zitterte ordentlich am ganzen Körper. Das Flugzeug blieb bis auf einige Einschusslöcher auch unbeschädigt, und nach drei Stunden Rast konnte er zurück zum Flugplatz bei Vittorio. Vor zwei Tagen erst sah ich, wie ein armer Teufel von Flieger abgeschossen wurde. Er sprang aus dem brennenden Flugzeug, und der Fallschirm öffnete sich nicht. In unfassbarer Geschwindigkeit wirbelte er, nein, in raschem Tempo drehte er sich aus großer Höhe um seine eigene Achse bis zur Erde, wo er tot liegen blieb. Bis zum **14. Juni** war Ruhe an der Front und außer der Fliegertätigkeit nichts Neues, aber am Abend des **14. Juni** begann auch schon der Einsatz des Trommelfeuers auf die italienischen Stellungen, das sich bis zum Morgengrauen steigerte. Auch unsere schweren Haubitzen, die Langrohrbatterien funkten dazwischen, und den Auftakt gab unsere 30,5 cm –Mörserbatterie, bei deren Abschuss man das Geschoß herausflitzen sieht und wie es zum Feinde orgelt, und dann hört man die Explosion, und wehe, wenn es ein Gebäude trifft, das ist dann meistens gänzlich zerstört. Am 15. gingen wir über die Piave, die wenig Wasser führte, es reichte etwa bis zu den Knien, stellenweise etwas seichter oder tiefer. Die Artillerie hatte gut vorbereitet, und die Italiener ergaben sich restlos ohne sich zu wehren. Die feindliche Batterie schoss noch, doch nicht mehr lange, und wir hatten sämtliche Batterien und die Mannschaft in unserer Hand. Auf dem Il Montello war es für uns wie ein schöner Spaziergang, ohne Verluste. Und es ging weiter. Zwei Tage vorher hatte ich eine erregte Debatte mit unserem Generalstabsoberst Turnau, er wollte mir die Hälfte der Ordonnanzen nehmen und an die Front stellen. Dafür bekomme ich 14 Meldeläufer, 2 Meldehunde und 5 Brieftauben Ich vermisste aber die Ordonnanzen, da ich doch zwei Monate lang mit ihnen Freud und Leid geteilt hatte. Auf meine und des Standesführers Stabsfeldwebel Neumanns Bitte konne ich alle behalten. Vorher hatte ich noch 2 Relaisübungen mit den Meldeläufern und den zwei Meldehunden. Es klappte ausgezeichnet. Auch der Übergang bei der Villa Yakur und in Casa Camagnola ging reibungslos vor sich, und wir sahen uns schon in der Ebene von Treviso und Venedig. Doch wo hatten die Italiener auf einmal die Reserven und die vielen Geschütze hergenommen? Es ist für mich ein Rätsel. Wir hatten doch zwei Tage Ruhe und konnten leicht weiß Gott wie weit kommen und auch die italienischen Geschütze benützen, die wir samt der Munition erbeuteten. Warum erging auf einmal der höhere Befehl, dass wir stehen bleiben müssen? Kamen die an der oberen Piave nicht nach? Oder? War es absichtlich so eingeteilt, dass der Angriff während der Schneeschmelze stattfand? Die Flüsse Hochwasser hatten? Denn kaum waren wir am Montello, hatte die Piave Hochwasser, auch einige Stauseen wurden ausgelassen. Geschütze konnten nicht hinüber, und die Pontons der Pioniere wurden durch Bomben von den Caproniflugzeugen zerstört. Der Nachschub funktionierte nicht. Ich pendelte die ersten zwei Tage bei Tag und Nacht zwischen der Front und der Piave, hungrig und schläfrig. Von einem Haus, in dem wir uns befanden, riss eine feindliche, schwere Granate eine Ecke fort, und ich hatte keine Zeit, mich auf den Boden zu werfen, da traf ein Mauerbrocken ein Gewehr, auf das ich mich knieend stützte ,und das war sofort kaputt. Einige wurden durch Granatsplitter und Ziegelstücke verwundet, und ich gab ihnen den Rat zu verschwinden, was sie auch getreulich befolgten, bis auf einen, dem die Wirbelsäule getroffen wurde, und der zusammen sackte. Er musste fort getragen werden.

Am **17. Juni** übernachteten wir bei (….unleserlich, „Colosei di Zorla“ ?) in einem Reservegraben der Italiener, die weiter gezogen waren. Der Graben lag auf einer Anhöhe und war frei sichtbar. Mir passte das Ganze nicht und ich sagte es dem Oberst. Mich ärgerte es, dass alle frei herum liefen, ohne jede Deckung. Mein ganzes Schimpfen nützte nichts, und als Brot aufzuteilen war- wir hatten doch seit dem 15. Nichts bekommen!- da war es ganz aus. Ich schrie mich heiser, doch das half nichts. Ganz nahe hätte es ein Wäldchen gegeben, das Deckung geboten hätte, und jeder Zehnte hätte das Brot für die anderen holen können. Obwohl man schon das Summen der feindlichen Flieger hörte, lief alles zur Brotverteilung im freien Gelände. Es näherten sich die Flieger, und einer flog ganz tief über unserem Graben, und man sah, wie er fotografierte. Ich bat den Oberst, er möge mit uns allen den Graben verlassen, ich wüsste eine große, tiefe, schöne Kaverne unweit von hier und zeigte ihm ihre Lage auf der Karte. Erben musste ich davon abhalten, seine Schuhe auszuziehen, und gleich darauf sehe ich, wie bei der aufgestapelten Munition ein Korporal auf einer Munitionskiste sitzt, und sein Tragtier daneben steht. Ich springe aus dem Graben, um ihn samt dem Pferd in eine nahe gelegene Doline zu schicken, da er sonst eventuell eine Himmelfahrt macht, und als ich zurückgehe und ungefähr hundert Schritte vom Graben entfernt bin, heult eine Granate heran und hinein in unseren Reservegraben. Ich sehe noch den Kupka, den Söllner Karl aus Guntramsdorf und Körperteile durch die Luft fliegen und zur Erde fallen. Alle verlassen mit dem Kommando fluchtartig den Graben und eilen zum Abhang hinunter. Ein grässliches Bild bot sich mit, als ich näher kam, und eine Granate um die andere heulte heran. Erbens Beine sah ich am Rande des Trichters liegen, ich suche weiter, da liegt Kupka und wimmert vor Schmerz. Der arme Kerl war aus einer Höhe von circa sieben Metern auf seine Beine gefallen, und es hat ihm das Fleisch von den Knochen geprellt. Sonst fand ich an ihm keine Verwundung. So schwer er war, trug ich ihn zur Strasse, legte ihn bei einem Lorbeerstrauch nieder und rannte zurück. Ich suchte Söllner und fand ihn sitzend circa 25 Schritte von der Einschlagstelle, im Gesicht voll Blut. „Karl, was hast du? Wo hat es dich getroffen?", war meine erste Frage, und ich wische ihm das Blut aus dem Gesicht, und ja, da sehe ich bei ihm auf dem Rücken ein Stück Hirn kleben. „ Kannst du aufstehen? Versuche es, denn das Blut und das Hirn stammen von einem toten Kameraden." Mit Müh und Not schleppte ich auch Söllner zur Strasse und suchte weiter. Da, im Getreidefeld lag ein Teil vom Offiziersdiener Nezhyba, einem Fleischhauersohn aus dem 10. Bezirk. Ich suche weiter, und da sehe ich den zerfetzten Leib desGendarmen Zugsführer Pozlifka. Arme Teufel. Ich suche alles ab und finde niemanden mehr. Ich hackte Prügel ab, machte daraus Tragbahren und mit den Leichtverletzten brachten wir die beiden schwer Verwundeten bis zum Kommando, wo ich sie geschützt bettete. Tags zuvor hatte ich den Pionier Gelna tot aufgefunden und beerdigt.

Heute, am **18. Juni,** müssen wir wieder drei neue Gräber machen. Als ich zum Kommando kam, das jetzt in der Kaverne war, in die ich uns früher gerne gebracht hätte, fragte ich, wer alles fehle. „Niemand." „Niemand? Wo ist Erben?

Wo ist Pozlifka? Nezhyba? Wer geht freiwillig mit, die drei mit Zeltblättern zu holen?" Endlich meldeten sich Postrihac und noch zwei andere und nahmen Zeltblätter mit. Der Italiener trommelte noch immer in die Reservestellung, und es war wie ein Wunder, dass wir die Leichenteile zusammen suchen konnten, ohne selbst verwundet zu werden, denn mehrere Male krachte es verdammt nahe. Da ich unterwegs noch viele Verwundete liegen und sitzen sah, die nicht weiter konnten, sandte ich ohne eine Meldung an den Oberst einen Meldeläufer zurück zur Piave um die Regimentskapelle, die zum Abtransport der Verwundeten bestimmt war. Ich meldete es dem Oberst erst dann, als ich sah, dass die Musiker tatsächlich mit Tragbahren Verwundete zurück trugen. Der Oberst sah mich erstaunt an, und ich sah die Zustimmung dazu in seinen Augen.

Der Feind trommelte den ganzen Tag, und am nächsten Tag, den **19. Juni**, hatte ich nur mehr zwei Ordonnanzen und drei Meldeläufer. Auch Menschik hatte sich „böhmisch empfohlen". Er kam gerade von der Front, als ich ihm auf dem Weg zur Stellung begegnete. „Waßt wos, liaba Freind, i geh und kumm nimma wieda. I bin ganz terisch, sog´s beim Kommando, i hör nix mehr." „Na ja ich wünsch da vül Glick, lieba Menschik, lass ma d´Weanastadt schen griassn und mei Frau. Kumm guat ham." „Pfiat di", und fort war er. Und so ging einer nach dem anderen. Herdy ging wegen eines Nervenzusammenbruchs ins Spital, es gingen Kupka und Söllner, und Scherzer, der einen Ziegelbrocken ins Kreuz bekommen hatte; Fleischer nach einem gut durchdachten Streich als angeblich Homosexueller. Erben ist tot, und ich stehe ganz allein da. Bald darauf wurde ich Zeuge, wie ein hoher österreichischer Offizier zum Verräter wurde und zu den Italienern wechselte. Ich sah,wie sein roter Lampas aus dem Kornacker leuchtete, er rannte gebückt, um sich klein zu machen , und da hörte ich schon Maschinengewehrsalven gegen ihn knallen. Er lief noch einen kurzen Weg, und dann lag er vor dem italienischen Drahtverhau. Als ich zurückkam und Meldung machte, war unser Generalstabsoberst entsetzt und konnte es nicht fassen.Auch ein Irredentist? Möglich. Am nächsten Tag warfen italienische Flugzeuge Flugblätter ab, in denen sie bestätigten dass der Generalmajor Bolzano von Kronstädt schwer verwundet vor dem italienischen Schützengraben geborgen wurde. Ja, ja, ein General als Verräter. Einen Cavosi hatte man erschossen, weil er auf andere Menschen nicht schießen wollte. Und was war hier?

Das bekamen wir gleich am nächsten Tag, den **20. Juni** zu spüren. Die Italiener schossen präzise dorthin, wo ihnen unser Generalsüberläufer das richtige Trefferziel gewiesen hatte. Mit einigen schweren Granaten war es der erste Feuerüberfall auf das Kommando vom Schützenregiment 24, bei dem der Kommandant, ein Oberst und sein ganzer Stab getötet wurden. Auch unsere Kaverne wurde ununterbrochen benagelt, und auf ein Haar hätte es auch mich erwischt, doch ich konnte mich noch durch einen Sprung retten und stieß dabei einen Hauptmann um. Als ich mich bei ihm entschuldigen wollte, sah ich, dass es der Hauptmann Hengst von den Vierzehnern war. Er erkundigte sich nach dem Standort des Kommandos. Meinen Rucksack hatte ich, nachdem ich etwas Brot daraus genommen hatte, an einen Baum gehängt.Der Rucksack bekam einen Volltreffer, und ich verlor alles, auch mein Tagebuch, das mir jetzt sehr abgeht. Ich fand nichts mehr von meinen Sachen. Nun zum Brigadier, den ich etwas näher beleuchten werde: Beim Vormarsch nach Italien gab es immer Nachzügler und Urlauber, die durch die Feldgendarmen gesammelt wurden. Zu unserem Kommando kam oft eine Batterie von bis zu 100 Mann aus verschiedenen Formationen. Wenn eine größere Anzahl von Leuten zusammen war, wurden sie zur Brigade geführt. Dort hieß es: antreten, Rucksack vor die Füsse und aufmachen! Der Herr Brigadier nahm sich die Mühe, alle Gegenstände, geplündert oder gekauft, Dinge, die für das Zivilleben bestimmt waren, aus dem Rucksack und dem Brotsack zu nehmen. So manchen sah ich traurig darüber, dass er etwas hergeben musste, was er teuer bezahlt hatte, etwa ein Geschenk für seine Frau, das er schon tagelang mit sich geschleppt hatte. Der Herr Bridadier sandte alles nun von ihm Erbeutete mit dem Lastauto nach Wien, und wie ich erfuhr, auch vieles an seine Frau. Nun, dem wollte ich abhelfen. Beim dritten Transport ließ ich unten am Fusse des Hügels im Wäldchen alle antreten und alles was nicht militärisch war herauslegen, und ich stellte einen Posten zu den Sachen. Als wir oben im Schloss beim Brigadekommando ankamen, wiederholte sich alles wie sonst immer: Antreten und Visitaion, doch diesmal ging er leer aus.

Die Mannschaft war je nach Regiment abgesondert und hatte Richtlinien für den weiteren Weg zu ihrem Regiment, zu ihrer Abteilung oder auch zur Artilleriestellung. Vor dem Abtreten fragte der Brigadier jeden einzeln, wo er die Sachen hingelegt habe, und da waren einige darunter, die die Wahrheit sagten. „Da, der Korporal hat uns gesagt, wir sollen alles im Wald lassen!“ Idioten, saublöde. Ich wartete nicht ab sondern war schon verschwunden, denn er gebrauchte oft die Reitpeitsche, wenn ihm etwas nicht passte. Ich meldete es dem Oberst, falls der feine Herr Generalmajor etwas gegen mich unternehmen sollte. Der Reitpeitsche und seinen freundschaftlichen Bezeugungen wich ich im Bogen aus. Den armen Teufeln wurde im Wäldchen alles weg genommen, da seine Exzellenz sich persönlich bemühte, mit einigen Ordonnanzen und Zeltblättern das zu holen, was zu holen war, und mir versprach er eine Tracht Prügel, wenn er mich das nächste Mal sehe. Er sah mich nie mehr, und ich war auch auf ihn nicht neugierig. Da wir seit einigen Tagen keinen Proviant mehr bekommen hatten, hatten wir schon gehörig Hunger, und ich suchte alle Dolinen und Unterstände der geflüchteten Italiener nach etwas Eßbaren ab. Ich fand in einem Unterstand ein Leinensäckchen mit Kaffeebohnen und in einem anderen Keks von 10 cm Durchmesser, aus weißem Mehl gebacken. Die 20 Stück waren gut verpackt. Als ich zur Kaverne kam und unser Standort noch immer mit Granaten belegt wurde, sagte ich zum Postrihac: „Rudl, nimm dei Kochgeschirr, ich nehm meins, und mir gengan Kaffee kochen". Wir rannten in eine Doline, die weit abseits vom Kommando war, dort floss ein kleines Wässerchen in der Nähe. Wir füllten unsere Kochgeschirre mit Wasser, gingen in die Doline zurück. Postrihac machte mit dem Bajonett Kleinholz und ich klopfte den Kaffee zwischen zwei Steinen klein. Wir machten Feuer und während das Wasser kochte, hackten wir mit dem Bajonett grüne Äste ab und sammelten etwas Stroh aus den Unterständen und trockenes Holz. Als der Kaffee fertig gekocht war, warfen wir viel Holz und Stroh auf das Feuer, um eine große Rauchentwicklung zu erzielen. Kaum waren wir aus der Doline gestiegen, als schon die erste Granate einschlug. Der Fesselballon, durch die Rauchsäule aufmerksam gemacht, hatte sofort die Artillerie verständigt. Das muss man dem Italiener nachsagen: seine Artillerie schoss hervorragend gut!

War das ein Hallo, als wir mit dem Kaffee ankamen und ich jedem, auch den Offizieren heissen Kaffee geben konnte. Da schmeckten auch die Keks gut. Der Kaffee war ungezuckert aber stark koffeinhältig. Ich hatte schon einige Nächte nicht geschlafen, da ich auch noch die Front mit Munition versorgen sollte. Das Ressort hatte Oberleutnant Schibitz von Schibitzhofen über, der sich aus der Kaverne kaum heraus traute. Leider bekam ich fast nichts mehr über die Piave. Ich teilte es mir dann so ein, dass ich unterwegs an einigen geschützten Stellen Kisten mit Munition für die Infanterie und Maschinengewehren aufstapeln ließ, die dann von den Tragtieren abgeholt werden konnten. Ein größeres Munitionsdepot konnte man wegen des Streubeschusses durch die Artillerie nicht anlegen. Vorher war, wie ich schon erzählte, ein Korporal trotz meiner Warnung auf einer Munitionskiste gesessen als eine Granate einschlug. Der arme Kerl hatte es eilig, in den Himmel zu kommen, obwohl er in der Nähe eine vollkommen sichere Deckung gehabt hätte.

21. Juni 1918: Die Piave führt so viel Hochwasser, dass wir kaum das notwendigste Material hinüber bringen. Die meisten Pontons sind beim Teufel und liegen zum teil versenkt oder unbrauchbar auf noch seichten Inseln. Die Caproni werfen täglich x mal Bomben auf die Pontons, und wir haben schwere Verluste. Teufel noch einmal, wenn wir nicht bald abfahren, geht es uns schlecht. Statt wir sie am Po haben uns die Italiener am Popo und reissen uns den Arsch aus, genau so, wie ich es geahnt habe. Auch verstehe ich unsere Strategen nicht. Sie hätten doch um einen Monat früher oder später angreifen können, nein, just während der Schneeschmelze. Sogar unsere Artillerie hätten wir spielend über die Piave gebracht. Heute war ich wieder vorne, und zwar mit unserem Feldkurat aus Wien, den wir noch nicht lange haben; einem sehr intelligenten und feinen Mann, und bald hätte es uns beide zusammene erwischt.Eines unserer Flugzeuge wurde mit Schrapnellen beschossen. Ich hörte etwas kommen und gab dem Feldkurat einen Stoss, dass er zur Seite fiel. Ich warf mich nieder, und schon war der Boden einer Schrapnellhülse vor uns auf dem Boden aufgeklatscht. Jetzt erst begriff der gute Feldkurat, warum er den Stoss bekommen hatte. Auf dem Rückweg sehe ich, wie ein Gefreiter einem Hund die Haut abzieht. Ich gehe hin und: „Du Schweinhund, du saublöder, wasst wos´d umbrocht host? Unseren Meldehund! Jetzt is da zweite a scho hin, darum segn ma´n nimmer.“ „Meldehund? Mir Wurst, an Hunger hob i und die beim Maschinengewerhr a, den fress ma.“ Als ich nachmittags nochmals vorbei ging, sah ich unweit des Mg.-Standes in einer Doline, wie sie in Kochgeschirren den Hund kochten. Die Brieftauben sahen wir auch nicht mehr. Heute ist der 6. Tag. Alle schauen furchtbar aus, nicht gewaschen, halb verhungert, unrasiert, nicht ausgeschlafen. Ich habe den Regenmantel eines Italieners an, denn beim Volltreffer in meinen Rucksack gingen meine Decken, der Mantel und alles, was ich hatte, in die Luft. Da so viele Verwundete abgehen, tachenierte ich mir wieder einen Rucksack und so manches Brauchbare. Als ich noch einmal den Unglücksort von Erben aufsuchte, fand ich im Getreideacker zwei Seifenstücke, die Kupka gehört hatten, rosa und parfümiert. Sonst lagen nur zerfetzte Monturstücke herum, kleine Gliedmassen wie Finger, ein Ohr und so manches, was ich mit meinem Spaten in der Erde vergrub. Ich betete noch ein Vaterunser und ging meines Weges.

23. Juni 1918: Es ist zum verzweifeln. Wenn wir noch einige Tage bleiben, dann sehe ich schwarz, es geht schief. Gott sei´s getrommelt und gepfiffen, ich hörte, dass wir wieder zurückgehen werden. Warum haben wir die Krot gefressen? Uns hielt doch niemand auf, als wir den Montello eroberten, und wir wären leicht weiter gekommen, man sah, dass es gegangen wäre. Ein Monat früher, und wir hätten die Gebirgsfront aufgerollt und wären dem Italiener bei Monte Grappa und Monte Tomba in den Rücken gefallen.

25. Juni 1918: Gestern Nachmittag wusste ich schon, dass wir den Montello räumen werden. Ab vier Uhr früh marschierte das Kommando, und in Abständen kamen die Kompanien zur Piave, wo wir mit den noch vorhandenen Pontons übersetzt wurden. Um sieben Uhr früh war das Regiment auf dem diesseitigen Ufer; bis auf 40 Mann, die man vergessen hatte zu verständigen. Um die 40 Mann kümmerte sich niemand, und sie wären oben in Gefangenschaft geraten. Da ich den Ort der 40 Mann kannte, ließ ich mich nochmals über die Piave setzen. Unterwegs traf ich noch viele Nachzügler, die ich anspornte, sich rascher zur

Piave zu begeben. Es war 8 Uhr, als ich die 40 erreichte, sie sammelte und im Laufschritt mit ihnen den Berg hinunter ging, denn es war nicht mehr viel Zeit zu verlieren. Unsere Artillerie schoss hie und da eine Lage, sonst war alles still. Unterwegs wieder Nachzügler und „Hallo, was ist mit euch? Was macht ihr da? Wollt ihr da bleiben?“ In einer Doline en Häuflein beisammen, die gehen nicht mit. Es sind viele Tschechen von den Vierzehnern, die es durchaus nicht eilig haben. Um 9 Uhr meldete ich dem Oberst, dass auch die 40 Mann und viele Nachzügler schon hier sind. Da war auch schon der Zugsführer Klein beim Oberst, um ihm meine Aktion zu melden. Es war schon höchste Zeit, denn um viertel 10 Uhr waren 12 Caproni über uns und warfen Bomben ab. Sanitätsfeldwebel Fischer und einige andere wurden getötet, und es gab auch mehrere Verletzte.Um 11 Uhr war die italienische Stellung an der Piave wie vor 10 Tagen wieder vom Italiener besetzt. Wir marschierten nach Costa bei Conegliano. Ich bin mit dem Kommando in enem schönen Haus einquartiert und schlafe, schlafe. Nur endlich ausschlafen! Alle schaun wie Gespenster aus, unrasiert, ungewaschen, und doch fallen alle in den Schlaf, kommod und ohne Schuhe, die wir 12 Tage anhatten.

26. Juni 1918, Costa bei Conegliano. Ein herrliches Nest, wie zum malen geschaffen! Eine alte Burg auf der Anhöhe, große Mauern und Türme, schöne Zypressen und Laubbäume, Gott, wie schön ist hier alles! Jetzt bin ich ausgeschlafen, rasiert und gewaschen, und nur der Söllner Karl, unser Friseur fehlt, die Haare sind schon schnittreif. Die Sonne scheint uns viel schöner, und nur aus der Ferne hört man hie und da einen Schuss. Man fühlt sich wieder wie ein Mensch, nur die Montur hemmt das Glücksgefühl. Ich gehe wieder um die Post. Na, heute gibt es aus, und da lachen so manche. Nur muss ich leider einige Briefe zurücksenden mit dem Vermerk „verstorben“. Heute habe ich an Frau Erben, an Frau Rozlifka und Frau Nezhyba geschrieben, ich sah auch Briefe, die vom Kommando an die Frauen geschrieben waren. Leutnant Lauer weint heute noch um seinen Diener Nezhyba. Er hatte seiner Mutter versprochen, auf ihn acht zu geben, und es musste so kommen. Ich gehe nach Conegliano um die Post. Schade um die schöne Stadt, dass sie so hergerichtet wurde! Unterwegs fühle ich mich so frei wie ein Vogel und jauchze vor Übermut. Ich danke dem Herrgott für das weitere Leben. Wir gehen bald von hier fort und zwar weiter nach rückwärts. Von Menschik bekam ich aus Villach eine Karte, es fehlt ihm natürlich nichts, er hört auf beiden Ohren; aber bitte, soll ich sagen, dass er recht hat? Ich schweige. In Conegliano sind die meisten Ämter, die Reservespitäler, die Reservetrains, das Feldgericht. Ja, das Feldgericht. Heute muss ich darüber lachen, aber vor einem Monat war es mir nicht danach. Ein Feldgendarm hatte einen sehr schweren Jungen namens G. zum Regiment gebracht, einen oftmaligen Deserteur, angeklagt wegen einiger Diebstähle; es war ein schönes Paket schwerer und leichter Anklagen, die vor mir lagen, und ich wunderte mich, dass der Mann noch nicht erledigt war. Er war ein junger, schön gewachsener Mann, den ich noch vom Osten her kannte, und er war intelligent. Ich musste diesen Menschen zur 9. Kompanie führen und dort dafür sorgen, dass man auf ihn acht gibt, und er nicht durchgeht. Unterwegs fragte er mich schon, wie weit es zu Piave sei und in welcher Richtung er dorthin gehen müsste. Ich gab ihm die Antwort, dass er alles rechtzeitig erfahren werde. Fünf Tage darauf sagte Hauptmann Lischauer zu mir, dass ich den G. zum Feldgericht bringen muss. „Wieso ich, Herr Hauptmann und nicht der Feldgendarm?" „ Ich will kein Aufsehen machen, du gehst sowieso dort hin, dann nimmst ihn gleich mit. Wie du ihn hinbringst, das ist deine Sache." G. war um einen Kopf größer als ich und hatte Riesenkräfte, das wussten alle. Nach vielen Überlegungen hin und her, wie die Sache anzupacken sei, fiel mir ein, dass sich im Hof des Feldgerichtes eine Tafel mit der Aufschrift „Res.Train Nr. .." befindet. Ich sandte einen Überstellungsschein voraus nach Conegliano mit der Botschaft an den Feldwebel, wen ich bringe und zu welchem Zweck. Sie sollten dort auf G. warten. So spazierte ich mit ihm nach Congegliano, ich zeigte ihm den Überweisungsschein und alles schien in Ordnung zu sein, bis er in der Stadt den Wegweiser „Zum Feldgericht" sah. Da wurde er stutzig, nahm mich an der Brust und hob mich hoch. „Wo führst du mich hin? Zum Feldgericht?" „Nein, zum Res.Train", und nahm einen anderen Weg. Im Hofe angekommen gehe ich mit ihm in die Kanzlei des Trains. Dort sitzt an einem Tisch ein älterer Leutnant und schreibt einen Brief mit Tinte. Ich melde die Überstellung des G., lasse mir dabei Zeit und sehe niemanden sonst, auch niemanden im Hof. Herrgott, wo stecken die? „Hier, bitte, der Überweisungsschein." „Ja, aber ich weiss von nichts. Sind Sie Kutscher?" „Nein, Möbelpacker und Markthelfer, wir haben einen Stand in der Halle." Da öffnete sich die Tür und herein kamen vier Mann. G. sah sie und warf den Tisch um, dass die Tinte den armen, ahnungslosen Lautnant arg bespritzte. Ich bekam einen Tritt in den Magen, dass ich um die Ecke flog, doch schon hängten sich die vier Mann auf ihn und überwältigten ihn. Ich gab noch meine Papiere ab und entschuldigte mich beim Leutnant für das Geschehene. Na, war ich froh, als ich allein zurückging, obwohl ich den saftigen Tritt in der Magengegend spürte, an dem ich noch einige Tage litt.

Ja, jetzt, gerade heute hatte ich wieder etwas beim Feldgericht zu besorgen. Ich wuzle mir noch schnell eine Zigarette und will sie rauchen, bevor ich hinein gehe. Ich zünde sie an, und was sehen meine Augen vor der Tür des Feldgerichtes? Den G. dort stehen! Ich drehe mich scharf um und gehe langsam zurück. Da ruft mich G. beim Namen, ich solle stehen bleiben. Ich drehe mich um und bleibe stehen, da sehe ich ihn schon auf mich zu kommen. Ich drehte mich nochmals um und hängte einen scharfen Schritt ein. Er schreit noch mehr. „Herst, bleib stehn, i tua da nix!“ Na schön, ich blieb stehen und wartete ab, was nun sein würde, die Hand auf der Steyr-Pistole. „Wos rennst denn, i tua da do nix, i freu mi, dass i di siach, kumm mit mir. Host an Hunga? Wüllst wos z´rauchen? I gib da wos d´wüllst, i hob gnua von olln.“ Ich ging mit ihm. Tatsächlich wartet er mir Wein, Brot und Wurst auf, gibt mir Zigaretten und plaudert, als wäre er kein Häftling. „Jo sog ma amoi, wos mochst denn du jetzt? Hams di freilossn?“ „A wo, der Generaleditor hat gsogt, i soll auf die anderen Gauna aufpassen, und des tua i a jetzt.“ G. war kein Markthelfer und kein Möbelpacker, und er war aus gutem Hause. Ich sah die Strafakte durch: Diebstahl eines Pferdes samt Sattel, verkauft an einen Bauern; 1 Jahr in der Etappe als Oberleutnant mit gestohlener Montur; 1 Jahr und 3 Monate als Hauptmann eines Ortskommandos in der Etappe. Er hatte sich selbst zum Offizier befördert und wurde für seine Verdienste ausgezeichnet. Er war nur ein gewöhnlicher Gefreiter. Er hat es eben verstanden, der Herr Schauspieler, der Herr G.

Sobrado bei Aviano, **1. Juli 1918** Wir sind drei Nächte marschiert, von der Front ca. 50 km entfernt, durch herrliche Orte mit Stadttoren, sehr schönen Hauptplätzen mit Wappen an den uralten Häusern, an Schlössern vorbei; eine Gegend wie im Märchenland mit schönen Strassen, gut eingeteilten Äckern und Weingärten. Die Einteilung der Äcker war so: eine Strasse, neben der Strasse eine Reihe mit Obstbäumen oder Maulbeerbäumen und von einem Baum zum anderen ein Weinspalier, und dasselbe in einem Abstand von 30 Metern wieder. Dazwischen lag ein Kartoffelacker oder ein Getreidefeld, dann kam ein gepflegter zwei bis drei Meter breiter Weg und dann wieder dasselbe wie vorher, alles in bestem Zustand. Bei den Häusern am Hang standen Olivenbäume und Pergolen aus Weinhecken mit schönen großen und süssen Trauben. Auch waren hier regelrechte Weingärten wie bei uns, nur etwas höher gezogen mit sehr reich tragenden Sorten. Hier in Sobrado bin ich in einem großen Haus einquartiert, das der Familie d´Anin gehört. Ich schlafe im Zimmer, wo der heilige Markus von Aviano zur Welt kam. An den Wänden befinden sich noch Zeichnungen, angebllich von ihm, ob es stimmt, weiß ich nicht, doch sie sind sehr schön und in Farben.

2. Juli 1918. Am ersten Morgen gab es einen großen Krach, weil uns die alte Frau d´Anin nicht in die Küche und zum Ofen lassen wollte und fürchterlich schimpfte und uns lauter schöne Namen gab. Sie nahm auch kein Geld für die etwa fünf kilo Kartoffeln, die wir von ihrem Acker genommen hatten, und schimpfte nur immer weiter. Um das Maß voll zu machen, wurden Leintücher requieriert, die als Stellungszeichen für unsere Flieger gebraucht wurden. Frau d´Anin schrie und hörte nicht auf die Erklärungen, wozu wir die Leintücher brauchten. Ich fand zwei sehr oft geflickte und schäbige Leintücher, die ich hergeben wollte, nahm aber noch ein Dutzend schöner Tücher mit und versteckte sie unter meinem Bett. Frau d´Anin hätte uns am liebsten umgebracht und schimpfte und schrie ununterbrochen: Diebe, Mörder, österreichischeTeufel, heilige Madonna! Schließlich belagerten wir die Küche und ließen sie nicht mehr hinein. Ihr Mann lachte dazu nur und gab uns Wein, dafür bekam er Essen, ohne dass Frau d´Anin etwas wusste. Am dritten Tag ließen wir auch die Frau wieder zu ihrem Ofen. Ich übergab ihr feierlich ihr Dutzend Leintücher, das wir ihr nur zum Schein entwendet hatten, und 15 Kronen für entnommene Kartoffeln. Wir haben Frieden geschlossen, und ich war ihr guter Korporal Francesco. Heute kam auch der Söllner Karl wieder zu uns, aus dem Spital gesund entlassen. Die Regimentsmusik spielt vor dem Haus flotte Märsche. Jetzt lasse ich mir auch die Musik gefallen. Alle freuen sich des Lebens und sind lustig, die Menage und das Brot sind gut. Mensch, was willst du mehr.

3. Juli 1918. Ich bekam von Kupka einen Brief, worin er mir für die Hilfeleistung dankt. Er befindet sich in Wien XIX, Rudolfinerhaus-Spital. Er hat noch große Schmerzen im Unterleib und in der ganzen linken Seite. Na, hoffentlch kommt der arme Kerl davon, und ich bin glücklich, ihn damals lebend aus der Hölle geborgen zu haben. Scherzer befindet sich noch in Udine im Spital, wird aber bald abtransportiert. Die letzten Tage hatte er 40 Grad Fieber. Richtig krank wurde Scherzer erst im Spital aus lauter Angst, dass er an die Front muss. Na, mich kann die Front auch nicht mehr aus der Ruhe bringen. Als ich alle Männer, die Ordonnanzen, die Meldeläufer, die Meldehunde und die Brieftauben verlor, machte ich zwar Tag und Nacht Dienst, aber trotzdem verzweifelte ich nie. Fatum, alles Glückssache. Max hat auch geschrieben, auch so ein flotter Bursche. Er bekam die silberne Tapferkeitsmedaille erster Klasse, hat aber auch schon genug von allem, so wie ich. Im Hof steht eine 200 Jahre alte Rebe, eine Sehenswürdigkeit, voll mit Trauben. Die Weinrebe umspannt das ganze Haus, das sehr groß ist. Wir vertragen uns nun mit der Frau d´Anin sehr gut, die Frau schimpft nicht mehr, und sie steckt mir heimlich hie und da eine kleine Näscherei zu.

5. Juli 1918, Sobrado, Aviano. Ich hörte, dass wir hier länger bleiben und eine Truppenparade bei Anwesenheit des Armeekommandanten Erzherzog Josef stattfinden soll mit anschließender Verleihung von Orden. Das heutige Menü: Rindfleisch, Graupensuppe mit Bohnen, das Brot ist schmackhaft. Wir bekamen heute zwei Löhne auf einmal ausbezahlt. Ich sandte meiner Frau 3 Konserven, eine Flasche Kunsthonig, etwas Zwieback und 2 kilo Kartoffeln. Das nächste Paket wird eine Hose sein und der italienische Regenmantel. Ich bekam einen Brief von meiner lieben Frau und dem Goldengel, der im Schulzeugnis lauter Einser hat. Hier in Aviano bekommt man alles im Tauschweg, sie wollen kein Geld annehmen. Die Leute hier wollen nur Brot und Mehl; woher nehmen und nicht stehlen! Abends essen wir, was wir selbst kochen, Gemüse mit Kartoffeln oder Kartoffeln und Salat.

11. Juli 1918: Heute sandte ich ein Kistchen mit 15 kilo ab, darin einige kilo Kartoffeln, Bohnen, Kaffee, Seife, eine Flasche Rum, Weinsteinsäure, alles Sachen, die ich hier teuer bezahlen musste. Ich gehe wieder meinen gewöhnlichen Spaziergang um die Post. Wir haben schon einige Tage Regen. Das macht aber nichts, denn wenn ich im Hause bin, dann sehe ich mir immer wieder die Wandgemälde des heiligen Markus Christophorus an, die er selbst gemalt hat; vor allem Tempeln und Kirchen, alles noch sehr gut erhalten. Ich lese ein gutes Buch oder plaudere mit den Hausleuten, die mir sehr wohl gesinnt sind. Ich staune, woher der Hausherr den Wein nimmt, den er mir aufwartet. Im Keller ist kein Wein in den Fässern. Wir würden ihm täglich einige Liter abkaufen. Auf meine Frage, ob er noch Wein habe, antwortete er auf Italienisch, dass –o Signore-die Deutschen alles davon getragen haben. Söllner hat Urlaub bekommen und wird bis zum 26. Julil in Guntramsdorf sein. Wir haben nun wieder schöne Tage, alle fühlen sich sauwohl.Ich kann es bis heute noch nicht begreifen, dass ich am Montello alles so gut überstanden habe, denn oft ging es mir knapp ans Leben, trotz aller mir möglichen Vorsicht. Ich sprach mit den Musikern über die Tage am Montello, leider konnten sie mir nicht sagen, wieviel Verwundete sie fort getragen hatten. Sie haben sich sehr brav gehalten, und ich war froh, dass ich die Musiker zu dieser Aufgabe herangeholt hatte. Auch die Musiker haben den Montello ohne Schaden überstanden. Der Abtransport der Verwundeten ging nach meiner Anweisung flott vor sich, ich hatte alles in Relaisstationen eingeteilt. So musste niemand einen Verwundeten lange tragen und wurde nicht müde dabei.

17. Juli 1918: Am frühen Morgen antreten. Alle gut rasiert, gewaschen, die Montur gereinigt, die Schuhe geputzt, das Frühstück schon im Magen, jetzt kann es losgehen. Das Regiment ist formiert. Da werden Namen aufgerufen, unter anderen auch mein Name. Ich trete abseits zu den Aufgerufenen. Wir werden dekoriert. Erzherzog Josef mit seinem Stabe und unser Oberst gehen von Mann zu Mann, zu mir kommen sie auch, sie heften die Medaillen an die Brust und reichen die Hand.Ich bekam die „Silberne Tapferkeitsmedaille 1.Klasse“. Nun habe ich zweimal die Bronzene, die Kleine Silberne 2.Klasse und die Große 1. Klasse. Ich trete dann wieder in die Einteilung, und als die Regimentsmusik einen flotten Marsch intoniert, defilieren wir an den Spitzen des Armeecorps vorbei. Menschik, Kupka, Söllner, Postrihac und Scherzer bekamen die Silberne 2.Klasse, vielleicht auch weil ich unseren Oberst gebeten hatte, auch den Verwundeten eine Auszeichnung zu geben; obwohl ich meine, dass Menschik sie nicht verdiente.

22. Juli 1918: Heute gratulierte ich Menschik, Kupka und Scherzer schriftlich zur erhaltenen Tapferkeitsmedaille. 305 Wieder sende ich heute ein Kistchen Graupen,

Marmelade, Kaffeersatz, 2 kleine Schachteln Würfelzucker, ein Stück Honigbutter und etwas * Communefutter (* Bedeutung mir nicht bekannt, H.St.)an meine „Göttin Julia", die mich am liebsten zu Hause hätte. Ich habe noch etwas Pfeffer, zwei Strähnlein Zwirnwolle, einen Rasierapparat und zwei Stück Schichtseife erworben und werde alles das nächste Mal absenden. Da gebe ich noch etwas Kartoffeln dazu. So gute Kartoffeln wie hier habe ich schon lange nicht gegessen, es ist eine feine Sorte. Ich kann, Gott sei Dank, von „molto fame" nicht sprechen. Zum Verhungern ist es noch lange nicht, und oft fragen mich meine Leute: Sag einmal, wie machst du das, dass du dir die italienischen Wörter und Namen so leicht merkst, mit allen gleich sprechen kannst und alles sofort bekommst? Unsereiner bekommt fürs schwere Geld nichts. Ich ersuchte den Hauptmann, beim Oberst für mich ein gutes Wort einzulegen, damit ich zwischen dem **5. und 15. August** auf Urlaub gehen kann. Ich bin neugierig, was er sagen wird. Wenn nicht anders ersuche ich unseren Oberst selbst darum, muss aber vorher den Dienstweg einhalten.Ich möchte dann gerne nach Zagersdorf und Drassburg in Ungarn fahren. (heute Burgenland) Unser Musikhäuptling, der Dirigent, komponierte den Oberst Turnau-Marsch. Nachmittags ist Platzmusik im Hofe, und ich sehe den Postrihac von Mann zu Mann gehen und tuscheln. Da kommt gewöhnlich nichts Gutes heraus! Zu mir kommt er nicht. Aha, er teilt Zitronen aus. Was will er damit? Um Punkt zwei Uhr stellt sich die Kapelle im Kreise auf, in der Mitte der Dirigent mit seinem Taktstock. Einen Marsch um den anderen spielt die Regimentsmusik, und nun kommt der Oberst Turnau-Marsch an die Reihe. Ich sehe meine Leute hinter den Musikern mit ihren Blasinstrumenten im Kreise schön aufgeteilt, der Marsch beginnt. Vor den Musikern hat jeder auf einmal eine Zitrone im Mund und lutscht daran. Ja, was ist denn? Ein Musiker nach dem anderen hört zu spielen auf, weil ihm das Wasser im Mund zusammen läuft. Der Marsch ist umgeschmissen, und nun erkennt auch der Dirigent die Ursache. Der Marsch wurde eingestellt und eine Pause eingeschaltet. Als der Oberst den Grund des Umschmisses erfuhr, lachten er und sein Stab herzlich. Nach der Pause durfte ausser den Offizieren niemand im Hof sein, und dann klappte auch der Marsch zur Zufriedenheit und zum vollen Lob für den Dirigenten und seine Mannen.Alle 45 waren Tschechen und gute Musiker. Sie hielten wie die Kletten zusammen. Es gab selten so eine Harmonie von gegenseitiger Hilfsbereitschaft.

27. Juli: Heute ein herrlicher Tag, die Kantonierungswache sonnt sich, und der Oberstleutnant Puchalak reitet vorbei.Der war bei der Abrichtung ein verdammt zwiderer Kerl, der Herr Hauptmann, und doch ist er von Anfang an heraussen, und die Mannschaft hat ihn ganz gerne, sonst wäre er schon erledigt; so wie Feldwebel Muck und so manche andere, die von den eigenen Leuten erschossen wurden. Auch Bravourstücke durfte sich niemand leisten, wie zum Beispiel Feldwebel

Jurkovic bei einem Angriff bei Zaturese, der von einer feindlichen Kugel tödlich getroffen wurde, als er mit einigen Mann die Russen aus dem Graben jagen wollte. Auch dem Rittmeister Wimhölzl aus Linz war es nicht anders ergangen: ein flotter Mensch, ein Draufgänger reitet mit seinem Schimmel an der Piave offen dem Feind entgegen und stürzte von einer feindlichen Kugel getroffen tot vom Pferde. Heute habe ich die ganze Familie d´Anin zum Kaffee eingeladen, alle zusammen, das sind mit den Alten, den Kindern und Enkeln 12 Personen. Ich machte einen guten Kaffee, die Milch gaben sie selbst dazu. Heute sind es auf den Tag vier Jahre her, dass ich von meiner Frau und Mitzerl Abschied genommen habe.Wie lange noch. Dieser Tage komme ich auf Urlaub. Ich habe den Oberst selbst darum gebeten. Heute mache ich wieder ein Kistchen für meine Frau: 12 Eier im Dörrgemüse, etwas Mehl, Bohnen, Kaffee, etwas Dörrzwiebel und Paprika. Meine ganze Löhnung ging darauf. Ich hoffte, dass Putzikam nach Ungarn zur Erholung kommt, aber in letzter Minute konnten sie sich nicht trennen, und sie bleibt zu Hause. Wir kochen für uns jetzt vieles selbst, und ich erhole mich langsam wieder. Sollte ich das Glück haben, über Geld und Zeit zu verfügen, komme ich wieder hierher. Hier ist es so schön! Im Hintergrund die hohen Berge, die vielen Obstbäume! Die Menschen hier sind so nett und gut, sie wären aber schon froh, wenn sie uns los wären, ich glaube es ihnen gerne. Morgen gibt es prima Marillenknödel.

4. August: Unser erspartes Geld gaben wir für Mehl, etwas Fett und Marillen aus. Die Knödel waren gut und nicht sauer. Auch Pfirsiche gab es schon hier. Wenn ich nach Hause fahre, nehme ich welche mit. Trauben wird es auch bald geben. Hier wächst im Garten alles viel rascher als bei uns, und ich wundere mich über diese Üppigkeit.

10. August: Ich fahre am Fünfzehnten auf Urlaub nach Wien. Heute habe ich es erfahren. Das Regiment kommt auch fort, nach Feltre über Belluno. Ich kann es kaum erwarten, ich kaufe noch Kartoffeln und Verschiedenes und leihe mir sogar Geld aus.

Am 15. August ging es mit der Bahn über Tarvis und Klagenfurt nach Wien. Am nächsten Tag kam ich am Südbahnhof an und fuhr mit der Tramway zu meiner lieben Frau und Putzerl, die mich sofort um den Hals nahmen und abküssten. Ich ging aber nicht weiter sondern zog mich in der Küche um, denn ich hatte während der Fahrt wieder Läuse bekommen, nachdem ich schon wochenlang keine mehr gespürt hatte. Das war schon lange mein Wunsch: Meinen Zivilanzug anziehen und mich darin wieder als Mensch fühlen! Die Wäsche wurde im großen Häfen gut ausgekocht, und die Montur angefeuchtet und im Bratrohr erhitzt, damit alle lieben Tierchen rasch den Tod fanden. Nachdem ich mich tags zuvor gut ausgeschlafen hatte, war mein erster Weg zu meinen Eltern. Die Armen taten mir so leid, obwohl meine Frau mit ihnen alles teilte. Vater ging oft nach Schwechat, um liegengebliebene Ähren aufzulesen. Zu Hause wurden die Ähren ausgekloft, die Gerste zu Kaffee gebraut, Weizen und Korn in der Kaffeemühle gemahlen, um etwas Mehl zu bekommen. Da passierte es ein paarmal, dass Vater den ganzen Tag gebückt Ähren gesammelt hatte, und sie ihm dann abgenommen wurden. Und wenn er ein Wort sagte, drohten sie ihm mit dem Einsperren, denn es wäre Felddiebstahl. Sie schauten aber vorher den ganzen Tag lang zu, ohne die Leute darauf aufmerksam zu machen, dass sie auf den Äckern des Großgrundbesitzers und Brauherren Anton Dreher senior die Ähren nicht klauben dürften. Ich sah selbst, dass in Wien Klee anstelle von Spinat verkauft wurde, und auch alle möglichen Unkräuter wie zum Beispiel Hühnerdarm, und wer noch zähe Brennessel fand oder auch Melde, der war noch gut daran. Ich verfluchte diese Hyänen, die sich an den Armen bereicherten.Überall sah ich abends und nachts die Menschen sich anstellen, oft nur um 10 deka Zuckerln für die Kinder. Auch ich musste mich in der Montur mit den Auszeichnungen stundenlang anstellen, und dann bekam ich nichts, weil alles gar war. Was ich beim anstellen alles hörte, das geht auf keine Kuhhaut, und wenn sich ein Polizist den Schimpfenden näherte, verstummten alle, denn es war schon gefährlich, laut seine Meinung zu äußern. Einmal sass ich mit meiner Frau und Mitzerl im Türkenschanzpark, da setzte sich so eine kaisertreue Patriotin, eine hagere Megäre zu uns und lobte den Kaiser und die Helden über alles und redete mir vom Sieg. Da packte mich die Wut, und ich sagte ihr, wenn sie so eine Patriotin ist, verstehe ich nicht, dass sie noch da herumsitzt; sie könnte draussen die verwundeten Helden betreuen, ja sogar im Schützengraben brauchen sie solche braven Frauen, und wenn sie im Schützengraben hin wird, dann starb sie als tapfere Kämpferin und Heldin für den Kaiser und das Vaterland. Da sprang sie auf und rief um einen Wachmann. „Sie blöde Gaß, Sie können mich!“, rief ich ihr noch zu, und dann schauten wir, dass wir aus dem Park verschwanden. Als ich im Vorjahr in Wien war, da flogen in Blumau fast alle Pulvermagazine in die Luft. 40 Waggone mit Granaten und 10 Magazine voll Artilleriemunition sollen explodiert sein. Bis Wien waren die Flammen zu sehen, und die Erde bebte wie bei einem Erdbeben. Seit dieser Zeit soll jeder, der sich muckst, als Spion und Verräter verhaftet werden.Die größten Verräter und Lumpen, die Österreich verkaufen, sind anderswo zu suchen, nicht unter dem armen Volk, das ausgehungert alles ertragen muss.

Ich staune auch, was für feste und gesunde Lackeln sich als Schleichhändler betätigen, die gehören an die Front oder zumindest hinter Schloss und Riegel. Ich kam da mit einem zusammen, der meinte, wenn ich mit 5000 Kronen mitmachen will, kann ich bei jedem Schub, den sie waggonweise aus Ungarn schmuggeln, 500 bis 1000 Kronen noch rein dazu verdienen. Sie wollten mir falsche Papiere geben und hätten mich wegen meiner ungarischen und kroatischen Sprache gerne bei sich gehabt. Sie zahlten mir ein teures Nachtmahl und Wein ohne zu fragen, das Teuerste wurde bestellt, ich sagte, ich werde es mir noch überlegen, kam aber nicht mehr in das Lokal, wo lauter Schieber und Gauner verkehrten. Der Wirt machte ein horrendes Geschäft, und die weibliche Lebewelt war stark vertreten; lauter geschminkter Auswurf, der sich an die Verbrecher heranmachte und mit schmarotzte. Ich war auch in Zagersdorf und brachte von dort einen Rucksack mit Verschiedenem zu essen, Brot, Mehl, Fett, Fleisch, Bohnen und Kartoffeln. An der Grenze hatte ich zu tun, um meinen Rucksack zu behalten. In den Waggon kamen vier Landsturminfanteristen mit einem Leutnant und nahmen jedem fast alles ab. Zwei kamen zu mir, und ohne weiter zu fragen, wollten sie mir den Rucksack abnehmen. Da kamen sie mir recht. Ich schrie mit ihnen auf Ungarisch, das hörte der Leutnant der Kontrolle, und als er sah, dass ich vier Tapferkeitsmedaillen hatte und ich mit ihm ungarisch sprach, beließ er mir den Rucksack. Ich sagte ihm, dass sich im Rucksack mein Eigentum befindet und ich an die Front fahre.

In Zagersdorf hörte ich wieder ein lustiges Kuhereignis. Wir leben im zwanzigsten Jahrhundert nach Christi Geburt, haben überall Schulen und die Menschen haben lesen und schreiben gelernt. Bücher und Zeitungen klären die Leute auf, und doch gibt es welche, die an das „Ausmelken“ der Kühe durch Hexen glauben, hier Viska (burgenländisch-kroatisch, sprich Wischka) genannt. Hier stirbt der Aberglaube nicht aus und ist oft Anlass zu humoristischen Szenen. Fleissige Bauern füttern und melken ihre Küche am frühen Morgen. Die liebe Nachbarin hatte aber gerade um diese Zeit die schönsten Träume und schlief lange in den Tag hinein. Hinter dem Hof fließt ein kleines, schmutziges Bächlein vorbei, und auf der anderen Seite des Bächleins wohnte eine Frau, die sich den langen Schlaf der guten Nachbarin zu nutzen wusste. Sie watete durch das Wässerchen, trag beim rückwärtigen Tor in den Hof, öffnete die Stalltür, trat in den Stall, streute etwas Salz in den Futtertrog, melkte ruhig die Kühe und verschwand mit der Milch in ihrer Behausung. Als die verschlafene Nachbarin aufstand, den Kuhstall betrat und melken wollte, war keine Milch da. Laut lamentierend erzählte sie jedem, ihre Kühe seien behext, sie geben seit Tagen keine Milch mehr. Auch der aufgestellte Besen an der Stalltür half nichts. Die Milch blieb und blieb aus, bis eines Tages der Mann auf Urlaub kam und aufpasste. Richtig, um vier Uhr früh öffnete sich die Tür,der Mann wäre bald in Ohnmacht gefallen, denn herein kam auf leisen Sohlen, barfuss, eine weiße Gestalt, mit einem Leintuch als Umhang. Sie ging mit einem Melkeimer zur Kuh und fing zu melken an. Da kam der gute Mann zu sich und dachte: Wozu braucht ein Geist Milch? Er riss ihr das Leintuch herunter und schrie die Gestalt an. „Wer du auch bist, Geist oder Viska, dir werde ich helfen, meine Kühe zu melken und zog sie hinaus zum Licht, ins Freie. Ja, du mein! Jetzt erkannte er seine liebe Nachbarin, die Wochen hindurch billige Milch gehabt hatte. Auch einem älteren Landwirt geschah folgendes: Auf dem Land wird das Brot bei den Bauern alle 14 Tage oder alle drei Wochen gebacken, jeder Laib hat gewöhnlich drei bis fünf kilo. Damit das Brot nicht so schnell austrocknet, wird es im Herbst und im Winter bei feuchter Witterung auf dem Boden auf eigens dafür hergerichteten Stellen geschlichtet. Der Landwirt, schon ein älterer Herr, kam spät nach Hause, wollte seine Leute nicht aufwecken. Das Wetter war warm, die Leiter zum Heuboden war zum ständigen Gebrauch angelehnt, also nicht erst lange überlegen sondern hinauf auf den Dachboden und schlafen gehen. Da wird er nachts wach, bei Mondenlicht sieht er eine weiße Gestalt auf ihn zukommen. Er rennt wie der Blitz die Leiter hinunter und hinein ins Haus, fängt zu beten an und murmelt Beschwörungen, zittert vor Angst, da wird auch seine Frau wach. Er erzählt ihr stockend das Geschehene. Ein Geist,und noch dazu in seinem Haus! Aber geh, wer weiß, was du gesehen hast, hast halt abends zu viel getrunken, schlaf dich aus, und alles ist wieder gut. Nach 14 Tagen war der besagte Landwirt wieder in lustiger Gesellschaft, die Stunden vergingen rasch beim plaudern, es hilft nichts, „Wirt, zahlen!“ „Stefan, zehn mal drei Dezi hast, das sind 3 Liter.“ Das wäre nichts Neues, und es gab Ärgeres. Ich sah, dass manche 18 bis 20 mal drei Deziliter Wein tranken, von Mittags bis 11 oder 12 Uhr nachts beim Kartenspielen. Stefan ging heim, ah was, man muss nicht die Frau aus dem besten Schlaf wecken, rauf auf die Leiter und ins Heu! Kaum liegt er und ist eingeschlafen, ja was denn, Herrgott, da kommt ja wieder der Geist. Er reibt seine Augen, es nützt nichts. Er erzählt: „I siach an Geist, do siach i oba, wia da Geist zum Brot hingeht und nimmt si an Lab oba. Denk i ma, a Geist und a Brot, wia denn des? Hot a Geist a an Hunga? I spring auf und schrei´s an: „Bist a Teufi oder a Hex, bin i bsoffen oder net, die hau i vom Boden oba!“ „I bitt di, Stefl, tua´s net, i bin die Anna-Tant!““ (Bei den burgenländischen Kroaten war auch die deutsche Mundart Burgenlands Umgangsprache,deshalb erzählte der Bauer Stefan auf Deutsch.)) Die liebe Anna-Tant war alle 14 Tage von Baumgarten gekommen, da sie genau wusste, wann im Haus des Stefl Brot gebacken wurde, sie trieb das schon monatelang so,ohne dass es dem Stefl und seiner Frau aufgefallen wäre. Ihr waren die 40 Minuten Fussweg in der Nacht von Baumgarten nach Zagersdorf nicht zu weit, um dem Neffen das Brot zu stehlen. (Ob Stefl so ein Geizhals war, steht hier nicht, Anmkg H.St.) So eine Spukgeschichte klärt sich jedes Mal auf. Man weiß, das es Menschen sind, die Nacht für Nacht ihr Unwesen treiben, und doch glauben die meisten Menschen an Hexen; bitte nicht nur in Westungarn, nein auch in Deutschland, Österreich und allen Ländern Europas trotz Religion und Aufklärung. Oder stimmt es nicht? In den rein katholischen Gebirgsgegenden wie in Tirol, in Kärnten und in der Steiermark ist der Aberglaube sehr stark verbreitet. Tausende glauben noch an Hexen und derlei Unsinn und wollen auch Kranke mit den unglaublichsten Mitteln heilen, zum Beispiel: Bei Tuberkulose soll man Salzheringe auf die Brust legen und die Wäsche des Kranken drei Tage und drei Nächte in der Erde vergraben. So mancher Arzt kommt dann zu spät und kann nicht mehr helfen. Leider kommt oft ein Arzt auf fünf bis sechs große Gemeinden, und im Gebirge hat so ein Arzt, besonders im Winter, wenn der Schnee bis zum Bauch reicht, nichts Gutes. Er kommt meistens nur mehr, um den Totenschein auszufüllen, und oft genügt die Meldung an das Pfarramt, das der oder diejenige gestorben ist. Leider nähert sich rapid der Tag meiner Abreise. Der Urlaub ist kurz und es verbleiben noch einige Tage, die ich bei meiner Familie verbringen will. Wer weiß, wann ich wieder das Glück haben werde, nach Wien zu kommen. Ich bin aber überzeugt, dass es heuer noch zum Frieden kommen wird und muss und ich wahrscheinlich, wenn ich nicht gefangen werde, zu Weihnachten zu Hause bin. In Wien besuchte ich mit Mitzerl meine lieben Eltern, meinen Schwager Leutnant, -halt, Oberleutnant Waculik, er wird dieser Tage zum Hauptmann befördert, wie er sagte-, und meine liebe Schwester Berta. Mitzerl ist hier, wie immer die Hauptperson, der Liebling aller.Ich hatte mit meiner Familie große Freude, und mein sehnlichster Wunsch wäre, bei ihnen zu bleiben, für die Familie zu sorgen. Die Tage, die ich hier verbrachte, waren für meine Lieben Tage des Sattessens, denn der Vati brachte immer etwas, damit man nicht hungern muss. Wenn ich kann, muss ich weiter etwas schicken, denn die Menschen in Wien tun mir leid. Wenn ich sehe, dass sie oft das schönste Kleidungsstück zum Bauern tragen, um einige kg Kartoffeln zu bekommen, dann verstehe ich die sonst gottesfürchtigen Bauern nicht, die dem lieben Christus die Zehen abschlecken und dabei so grausam sind, sich an den ärmsten Teufeln zu bereichern, die, um nicht zu verhungern ihr Sonntagsgewand opfern, und der Nimmersatte nimmt alles ohne die Strafe Gottes zu fürchten.

Wie schlecht sind doch die Menschen! Das sah ich, als ich mich um etwas nasses und grünes Holz anstellen musste, das per kg verkauft wurde. Da hörte ich so manches wie: dass bei Mautner in St.Marx und bei Dreher in Schwechat, im Liesinger und Ottakringer Brauhaus waggonweise Kartoffeln zum Spiritus brennen verwendet werden, um Sprit für Flugzeuge zu haben. „Ja“, sagt einer, „ist freilich auch wichtig, denn die alten Leit, die zu nix san, brauchen kane Erdäpfeln, die solln hin wern, do hom ma um anige tausend Umsonstfresser weniger, als Kanonfuada sans a nimma z´brauchn, drum loss ma´s krepirn.“ Da mischt sich eine Frau ein: „Wer wird so do Gedanken machen? Miassen do draussn junge Menschn sterben, wia mei Monn, hoben s´ma gschriebn, er is gfallen wia a Held fürs Vaterland, und mit goldenen Lettern wird a amoi auf an Kriegerdenkmal verewigt wern, dass die Nochkomma segn tan, wia brav dass er gfochten hat, und wäu i ka Kind von erm hob,kriag i nix, do homs ma gsogt, obwoi i krank bin, i soll ma wos vadiena.“ „Jo“, sagt eine, „Von mir san scho zwa Briada gfolln und da dritte liegt alsa Krippi im Spital und mir vahungan eh no.Mir san eh scho z´vü auf der Welt." Da sagt einer: „Leitln, tats net meckern, do kummt da Inspekta, seids stad, zahlt si net aus, es is olls a Gschäft, von da Wiagn bis zum Grob." „ Recht hobns, mir kennen so nix ändern." Ich nehme Abschied von meiner Frau und meinem lieben, kleinen Putzikam.

Franz Souček und die Familie mit „Putzikam"

Ich fahre wieder zu meinem Regiment, ich glaube das letzte Mal. Die Fahrt ist schön, besonders Kärnten mit den Karawanken gefällt mir sehr gut.In Klagenfurt hatten wir längeren Aufenthalt, leider zu kurz, um im Wörthersee baden zu können. Hier halten sich sehr viele deutsche und österreichische Offiziere auf, die den Urlaub am Wörthersee verbringen. Weiter geht die Fahrt über Villach, Arnoldstein, Tarvis, Malborghetto, Moggio, Gemona, San Daniele, Pordenone, Sacile, Conegliano nach Vittorio. Wir waren lauter Urlauber, und als wir in Vittorio ankamen, wollte mir einer meinen Rucksack stehlen, den ich mit den Trägern um die Füsse gebunden hatte. Als er anzog, wurde ich wach, denn ich hatte geschlafen und wusste nicht, dass wir schon in Vittorio angekommen waren. Als er noch vom Gehsteig aus am Rucksack zerrte und mich fast von der Bank zog, sprang ich schnell auf, gab den Fuss aus der Schlinge und trat ihm auf die Hand. Meine Schuhe hatten H-Stollen, da ließ er mit einem Wehlaut los und verschwand. Gestohlen wurde so viel im Krieg, so dass man auf dem Rucksack sitzen musste, und da war man nicht sicher, dass einem der Rucksack nicht noch unter dem Hintern abhanden kam. War sicher auch einer, der nicht viel hatte und dachte, dass ich weiß Gott was für Schätze von zu Hause mitbrachte.Leider geriet er an den Falschen, er hätte sich einen ungarischen oder tschechischen Bauern aussuchen müssen, die während der Fahrt friedensgemäße Fressalien mit sich schleppten.

Nach der Ankunft in Vittorio um Mitternacht zum **29. August** schlief ich in einer Baracke und verbrachte einen Tag in Vittorio. Am nächsten Tag um halb acht Uhr früh fuhr ich von Costa am 30.August mit einem Lastauto nach Belluno, wo ich um ein Uhr mittags ankam und mit Freuden empfangen wurde. Da gab es Fragen zu beantworten: Hast den gsehn, hast den und den besucht, was gibt es Neues? Was hört man vom Frieden? So ging es bis zum Abend.

1. September 1918: Heute habe ich noch einen Ruhetag. Von der Bahnfahrt war ich ganz verkühlt, denn im Waggon hatte es furchtbar gezogen. Der ganze Zug hatte fensterlose Wagons, weiß der Kuckuck, wieso die Scheiben kaputt gingen. Durch Unachtsamkeit mit den Rucksäcken oder durch Fliegerbomben? Auch in der Stadtbahn in Wien waren viele Fenster kaputt. Wenn das so weiter geht, geht alles zum Teufel.

Am 2. September ging ich wieder um die Post und gab ein Kistchen mit „Erzherzog-Friedrich´schem Spezial-Soldaten- Kraftfutter“ auf, das mir ein Koch mit der Bemerkung geschenkt hatte : „Nimm da so vül dass´d wüllst, des Saufuada frisst eh neamd, wäul ma ka Fett ham und dös andere a net dazua.“ Ja, das Saufuada , wie er es nannte, war ohne Zutaten wirklich nicht gut, und doch war ich froh, dass ich es meiner Frau senden konnte. Die Menschen verkannten das Gemüse, bei dem viele Karotten dabei waren und das Vitamine enthielt. Ich kochte für mich separat Dörrgemüse und machte mir zum Nachtmahl einen guten Salat, etwas Essig, und Öl war noch aufzutreiben. Ich habe noch ein Kistchen von dem Gemüse, ich kaufte auch etwas Kunsthonig. Ich muss manches noch kaufen wie zum Beispiel Olivenöl. Man kann Öl nur schwer bekommen und anderes Fett gar nicht. Auch die Küchen fassen nichts. Als noch Oberst Bitterlich bei uns war, hatte der Koch zur Kommandoküche eine Dose Fett gebracht und Habelac damit schon zwei Tage gekocht. Da kommt der Waffenmeister daher gerannt mit einer anderen Büchse Fett. Das Waffenfett war mit dem Speisefett vertauscht worden! Tags darauf kochte der Koch das Mittagessen, und als sich die Offiziere zum Tisch setzten, rümpften alle die Nase, denn die Suppe roch schon so komisch, und als sie zu essen anfingen, und voll Zorn sagte der Oberst zur Ordonnanz: „Sorgen Sie dafür, dass der Koch sofort herkommt!“ Er kam. „Sie, Habelac, was haben Sie uns da vorgesetzt, alles stinkt und ist nicht zu essen. Wie kommt es?“ „Herr Oberst, durch´s Fett. Gestern hat der Waffenmeister das Fett gegen ein anderes ausgetauscht. Er brachte Speisefett und nahm das Waffenfett mit, das ich, wie er sagte, irrtümlich bekommen hatte." „Habelac, sorgen Sie sofort, dass das Waffenfett herkommt, und geben Sie dem Waffenmeister dieses Fett, das er brachte, zum Waffenschmieren." Habelac kochte weiter mit Waffenfett, das allen und auch mir gut schmeckte, kam ich doch oft „abstauben" um mir etwas Geld zu ersparen. Ja, das Fett. Als ich jetzt in Wien war, besuchte ich im 10. Bezirk die Mutter von Nezhyba und gab ihr eine Fotografie vom Grab ihres Sohnes am Montello. Ich war etwa eine Stunde bei ihr, und als ich mich verabschiedete, drängte sie mir ungefähr ein viertel Kilo Fett auf, ich möge es nur mitnehmen. Es sei zwar kein reines Fett sondern stamme aus den Fettfängern der großen Küchen, wo es sich vom Abwaschwasser absondert. Es sah nicht gut aus und roch nicht gut, doch sagte Frau Nezhyba, solches Fett würden die Leute in Wien auf Karten bekommen.In Friedenszeiten war es zu schlecht zum Stiefel schmieren. Wenn man es erhitzte, stank das Fett derart, dass man sofort alle Fenster aufreißen musste, und zu essen war es erst nicht, da einem davor grauste und man davon nur krank wurde. Ich brachte von Wien 5 kilo Salz mit, muss sehen, ob ich dafür Mehl und Fisolen eintauschen kann. Wir kochen für uns wieder selbst. Die Stadt Belluno ist sehr schön und erst die Umgebung! Ich war beim Misurinasee, doch das Wasser ist kalt. Könnte ich einmal im Frieden mit meiner Familie hier den Urlaub verbringen, wie schön wäre es! Meine Ordonnanzen streiten wieder, jeder will etwas anderes zum Nachtmahl. Der eine will Germknödel mit Apfelkompott kochen, der andere Tatschkerln, der dritte Kürbis und nachher Omeletten. Ich muss entscheiden. Da ich bei einer ungarischen Küche Eierpulver aufgetrieben habe, gibt es Eiernockerln und Apfelkompott. Wieso die Ungarn immer bessere Fassung haben? Ich bekam sogar Speck zur Jause, nicht viel aber es freute mich.

Vittorio

6. September 1918: Ich streife durch die herrliche Gegend, ich habe ja viel Zeit. Ich staune über das schöne Obst, das es hier gibt, und ich sehe auch viele Kirschlorbeerbäume, voll behangen mit Früchten. Ich erinnere mich an die Geschichte von den Kirschlorbeerbäumen im Park eines Schlösschens in Belluno, das einer italienischen Gräfin gehörte. Wir waren dort einquartiert. Ich war auf den großen Kirschlorbeerbaum vor meinem Fenster hinaufgeklettert und aß die Früchte. Die Besitzerin rief entsetzt, ich soll, um Gottes willen, schnell herunter kommen, die Früchte seien ja giftig. „ Ja, Frau Gräfin, ich will ja Selbstmord begehen und dazu brauche ich noch einige.“ Da war auch der Oberst erschienen, er habe es verboten, von den Früchten zu essen, sie sind ja giftig! Ich stieg schnell vom Baum und erklärte, dass ich von einem solchen Verbot nichts wusste, dass ich aber die Früchte kenne und fein finde. Die Gräfin rief mich ins Haus und bot mir ein Stamperl von ihrem Geheimnis: von einem würzigen Kirschschnaps, ja der schmeckt! „Na, schaun Sie, wir machen aus den Früchten eine Medizin, und es wäre schade, wenn die Früchte, die noch 14 Tage bis zur vollen Reife brauchen, verschwänden. Bitte, sagen Sie es niemandem!“ Auch Dirndlfrüchte gibt es hier, die sich zum einkochen eignen würden. Ich habe wieder fünf kilo Bohnen, 1 ½ kilo Mehl, eine Flasche Kunsthonig für mein kleines Putzikam und 1 Stück Honigkuchen, etwas Gewürznelken, alles für Geld erworben und bin stolz darauf, mit meinem Italienisch etwas zu bekommen. Leider liegt Belluno schon im Gebirge, und so gibt es hier keine Feigen. Sonst würde ich auch welche kaufen. Heute hatten wir Kürbis, Naturschnitzel vom Rappen und als Mehlspeise Liwanzen mit Powidl. Schade, dass ich vom Rappen nicht einige kilo meiner Frau senden kann. Wir haben uns für ein paar Tage eingedeckt, wir kauften 20 kilo. Das Fleisch ist nur schwer aufzuheben. Ich habe es mit Essig übergossen und ein Essigtuch darauf gelegt. Die Fliegen sind ekelhaft und überall gleich dabei.

12. September 1918, Castell Rosa Melanie Doglioni, Castello Castri bei Belluno. Ich sandte meiner Frau noch einmal drei Kistchen, ich konnte noch manches auftreiben, aber jetzt ist es Schluss mit allem. Ich habe mein ganzes Geld ausgegeben. Heute habe ich wahnsinnige Zahnschmerzen, der obere linke Stockzahn schmerzt fürchterlich. Ich gehe heute wieder zu Dr. Tropper, unserem Regimentsarzt. Alle meine Zähne sind schon sehr schlecht, und wenn ich nichts dagegen mache, verliere ich sie alle. Ob er mich ins Spital schickt? Einige wären noch mit Plomben zu retten. An der Front ist Tag und Nacht starkes Geschützfeuer.Die Deutschen gehen in Frankreich zurück.

14. September: Heute bekam ich von Oskar Krumschmied eine Karte aus Aussig an der Elbe. Er schreibt, dass es ihm im REK-Heim für Lungenkranke gut geht. Er hat sich zur Aufbesserung seiner Kost eine Köchin zugelegt, die ihn auffüttert. Denn die Fresserei, schreibt er, sei so elend, der arme Kerl, gerade er hielt so viel auf gutes Essen. Dr. Tropper sah sich meine Zähne an und fragte: „Sag amal, Souček, wie lange bist du schon heraussen?“ „Seit Anfang des Krieges.“ „Na, weißt was, ich schick dich nach Vittorio ins Reservespital für einige Tage, es wird dir nicht schaden."

17. September 1918: Ich bin in in einem Lastauto in Serravallo bei Vittorio gelandet. Es ist gerade Mittagszeit, ich schlendere langsam zur Ortsmitte und lese eine Tafel: VI.Armeekommando, Cheftierarzt Dr. Karl G. Ich frage einen Reservisten nach der Wohnung von Dr. G. „Da im Haus, er ist gerade beim Mittagessen!" Das ist mein Schwager, den ich nicht kenne, der Mann meiner Schwester, den sehe ich mir an. Ich klopfe nicht an, gehe hinein und sehe zwei Herren bei Tisch, zwei Offiziere, einen Tierarzt und einen Fähnrich. Aha, der Ältere ist mein Schwager. Ich sage nichts, behalte die Kappe auf dem Kopf und grüße auch nicht. Mein lieber Herr Schwager fährt mich an: „ Ja, was ist das für eine Manier, was wollen Sie?" „Ich habe Hunger, ich sehe, ihr habt genug zu essen, auch ich will etwas davon." Da sagt mein Schwager zu sich selbst auf Ungarisch laut: „Herr Gott, der Mann ist verrückt, was mache ich jetzt?" Und zu mir: „Haben Sie großen Hunger? Kommen Sie her, setzen Sie sich und essen Sie, da steht meine Suppe." „Was, nur Suppe?" „Das andere bekommen Sie noch." „Auch Fleisch?" „Ja, auch Fleisch." Die beiden Herrn sahen mir beim Essen zu. Ich aß mich satt, und dann verlangte ich noch zu trinken. „Was wollen Sie? Wasser? Da haben Sie ein Glas Wasser." Was, a Wasser soll i saufen? Ich sah doch eine Zweiliterflasche Bardolino auf dem Tisch stehen. Da sagte ich: „Bitte, nur Wein und auch Zigaretten." Ich sah, wie er nun zornig wurde, da wandte ich mich ab und schaute beim Fenster hinaus. Ich hörte, wie mein Schwager zum Fähnrich flüsterte:„ Weißt du, einen Narren darf man nicht reizen, aber wenn das nicht mein Schwager Franz ist, den ich leider noch nicht kenne, dann schmeisse ich den Kerl senkrecht hinaus, wenn er noch einmal etwas von mir verlangt. Der Kerl hat gut gegessen und getrunken und fünf Zigaretten bekommen. Jetzt ist aber meine Geduld zu Ende." „ He, Sie da, Korporal, wünschen Sie noch etwas? Nein? Dann verschwinden Sie" Ich drehe mich um, lache, lache und sage ihm: „Na, Bruada, do bringst mi nimmer naus, do gfollts ma!" Da steht mein Schwager auf und geht auf mich zu. „Franzl, Unglücksmensch, bist du es wirklich? Ich dachte es mir gleich, war aber im Zweifel, ob ich nicht doch am Ende einen Narren vor mir habe. Na warte du, lass dich umarmen, jetzt setz dich und erzähle, und so kam der Abend vor lauter Erzählen. Auch meinen Bruder Max hatte er getroffen, zweimal hatte er schon bei seiner Eskadron Pferdevisite. Ich war noch über Nacht bei ihm, und erst nach dem Frühstück ging Karl mit mir zum Chefarzt des Reservespitals, wo ich sofort aufgenommen wurde.

13. Oktober 1918: Meine Zähne sind plombiert und in Ordnung. Von meiner Frau bekam ich einen Brief, in dem sie mir mitteilt, dass die Schule, die mein Mitzerl besucht, gesperrt wurde. Es geht die Spanische Grippe um, und viele müssen wegen dieser Krankheit sterben. Die Menschen sind unterernährt. Auch hier in Vittorio gehen die gefangenen Itailiener zur Arbeit. Matt und unterernährt können sie kaum gehen, und durch die zerfetzte Montur sieht man nur Haut und Knochen. Ein Jammer,wo man hinschaut, und sagt man ein Wort, landet man in der Strafkompanie, als Todeskandidat im Einsatz, denn selten kommt einer heil davon. Die Geld haben und sich alles leisten können, die freilich sind nicht unterernährt und strotzen vor Gesundheit, die sterben nicht an Grippe und Hungerödem, die feiern noch Orgien und saufen Champagner. Heute war ich mit meinem Schwager Karl einkaufen. Er will meiner Schwester, seiner Frau, ein Packerl schicken. Es kostet alles horrend viel Geld. Er selbst gönnt sich nichts, er gibt seine ganze Gage aus. Als ich abends ins Spital kam, wartete meine letzte Ordonnanz, Friedrich, auf mich. Beim Volltreffer am Montello war er nicht dabei, er war in Wien auf Urlaub. Das Regiment ist noch in Reserve. Der Oberst lässt mir sagen, dass er mich sehr vermisst und er hoffe, dass ich bald zurück komme, denn das Regiment komme zum Einsatz. Vorläufig führt Söllner das Kommando über die Ordonnanzen und das Meldewesen.

Feldspital in Vittorio, in dem ich die letzten Tage vor dem Zusammenbruch verbrachte

20. Oktober 1918: Seit Tagen ist an der Front bei Monte Grappa und Monte Tomba, und ebenso im Gebirge der Teufel los. Auch am Montello bis Caorle, an der Mündung der Livenza, hört man das Donnern der Geschütze.

21. Oktober 1918: Wir haben Alarmbereitschaft. Karl sagte mir soeben, dass sich das Armeekommando wahrscheinlich morgen oder übermorgen nach Villach zurückziehen wird. An einigen Stellen hat der Italiener durchgebrochen. Es sollen die neuen Waffen der Amerikaner und Engländer und Panzerautos im Einsatz sein. Wenn es so weit ist, soll ich mit ihm gehen.

22. Oktober 1918: Vor der Kirche und vor dem Spital platzten heute morgen

Granaten. Feldwebel Holzinger, Max Adler, der ehemalige Bürgermeister von Liesing, und ich haben den Abtransport der Kranken und Schwerverletzten in die Wege geleitet. Ich stand mit dem Revolver in der Hand vor dem Krankenhaus und ließ weder Arzt noch Schwester hinaus, die sich als erste in Sicherheit bringen wollten. Bevor nicht der letzte Kranke und Schwerverletzte aus dem Spital gebracht ist, gaben wir die Schwestern und Ärzte nicht frei, bis auf einen Arzt und zwei Schwestern, die bei der Einwaggonierung für Ordnung sorgen müssen. Wir arbeiteten die ganze Nacht. Wir fütterten uns noch voll, und, es ist zum Lachen, als auch alle Magazine geräumt waren, sind wir drei hier übrig geblieben. Um 6 h früh trafen die Italiener das Spital, das Gott sei Dank, schon leer geräumt war. Wir gehen noch in den Dom. Links und rechts an den Wänden sitzen eine Menge Mönche und beten. Da! Wieder eine Granate in der Nähe! Wir gehen zum Bahnhof, kein Zug ist mehr da. Alle Kranken und Verwundeten sind fort. Da höre ich, dass sich das Armeekommando und ein Divisionskommando seit gestern auf dem Rückzug befinden. Die herbei geholten Ersatzkompanien meutern, wollen nicht an die Front. Da wir nicht fahren können, gehen wir zu Fuß nach Sacile. Dort hören wir, dass noch ein Zug aus Conegliano ankommt. Wir warten, tatsächlich kommt gegen 11 h der Zug mit circa 25 Waggons voll Munition, Granaten mit 30,5 cm und 42 cm, auf der Munition sitzen verwundete und auch gesunde Soldaten. Wir schwingen uns in einen Waggon unter dem Fluchen und Schimpfen derer, die Platz machen mussten. Wir halten uns sitzend mit beiden Händen an der Eisenquerstange und lassen die Füsse baumeln. Kaum fahren wir ein Stück, da kommen zwölf Caproni-Bomenflugzeuge und werfen Bomben auf die Rückzugsstrasse und unseren Zug. Trotz der schweren Belastung hebt unser Waggon nach jeder in der Nähe explodierenden Bombe bedenklich., und zu meinem Schrecken sehe ich, dass aus unseren Waggons Soldaten springen. Der Zug fuhr nun schneller, und jeder, der aus dem Zug auf die Böschung gesprungen war, fiel rücklings zu den Waggons zurück und wurde gerädert. Ich schrie in allen Sprachen: „Nicht hinausspringen!", und bald wären wir durch andere zum Absturz gezwungen worden, hätten wir uns nicht krampfhaft an der Stange gehalten. Uns passierte nichts, doch an die zwanzig Leute mussten noch im letzten Abdruck dran glauben.

Hätte uns nur eine Bombe getroffen, wäre wahrscheinlich von uns allen samt dem Zug nichts übgrig geblieben, denn wir wären samt dem Zug in die Luft geflogen und er hätte auch die parallel laufende Rückzugsstraße mit einem Hagel von Granatsplittern bedacht. In Pordenone stiegen wir aus dem gefährlichen Zug. Hier sahen wir auf dem Hauptplatz eine Menge von ungarischem Militär, Soldaten, die den Gehorsam verweigerten, die Offiziere entwaffneten und verprügelten und auf Ungarisch schrien: „Es lebe die Freiheit! Es lebe das ungarische Reich!" Sie formieren sich zum Rückzug und singen Freiheitslieder. Die Offiziere schauen zu. Im Gehen hören wir noch Abschüsse. Wir drei wissen nicht, was wir machen sollen, da sehen wir um ein Uhr mittags, wie ein leerer Sanitätszug aus Österreich kommend in der Station Halt macht. Ja, auch das hiesige Spital wird geräumt. Wir warten noch und sehen zu. Eine motorisierte Batterie mit Langrohrgeschützen fährt vorbei, und einer ruft mich mit Namen an. Ein Kamerad der Baukompanie, der in Szeglin mit der Walze von der Brücke gefallen war! Auch den Zugsführer Kneisl sehe ich, er ist nun Feldwebel und Feldgendarm. Ich wundere mich: Auch die Batterien der Langrohrgeschütze führen eine Menge Munition mit , da prescht wieder eine Batterie mit schwerer Munition vorbei. Ich frage noch: Wohin? „Nach Hause, der Krieg ist aus!“ Feldwebel Kneisl sagt, dass die Itailiener noch die Strassen blockieren und alle, die sie noch erwischen können, in Gefangenschaft nehmen. Auch ein Chauffeur erzählt uns, dass knapp hinter ihm die Rückzugsstraße von den Italienern besetzt wurde, die mit Autos gekommen waren.

Heute, am **23. Oktober** wäre der Krieg beendet? Gegenüber vom Sanitätszug Vergatterung. Die Schwerkranken sind schon in den Waggons, und nur die noch gehen und stehen können sind in zwei Reihen aufgestellt. „Jetzt, Adler, stellen wir uns dazwischen!“ Ein Mordsgeschrei unserer Nachbarn: „Wos wollts denn es do, es g´herts net her!“ „Herrgott, seids doch vernünftig und still, ihr wollt doch heimfahren und wir auch. Bitte, auch wir kommen aus dem Spital, waren in Vittorio, bitte hier unsere Papiere, seht doch selbst!“ Der Sanitätsfeldwebel zählt seine Patienten und es stimmt nicht. Doch endlich gibt er das Zeichen einzusteigen, und wir fuhren- Gott sei gelobt und gepriesen!-endlich los. Es war höchste Zeit und ich sah noch, wie eine Granate in unserer Nähe einschlug. Wir fahren flott weiter über Tarvis, Villach, entlang des Ossiachersees und kommen abends in Knittelfeld an.Wir werden auf ein Nebengeleise verschoben. Was ist los? Ich steige aus und frage einen vorbeikommenden Arzt: „Was geschieht hier mit uns? Werden wir hier übernachten?“ „Übernachten, hier? Nein, alle kommen für fünf bis sechs Tage in Quarantäne.“ „Adler, Holzinger, steigts aus, aber gebts mir die Rucksäcke zuerst beim Fenster raus! Ruhig, nichs weitersagen!“ Als sie ausstiegen, war die Frage: „Warum müssen wir aussteigen?“ „Wollt ihr auf fünf bis sechs Tage in die Quarantäne, dann bleibts hier!“ Ach so, was nun? „Zum Bahnhof! Schleichen wir uns, damit uns keiner sieht!“ Wir schlichen wirklich wie die Indianer zum Bahnhof und mussten lange warten. Endlich, um 9h abends kam ein Zug an, voll mit Militär. Nur rein, geht´s wie´s geht, nur fort von hier! Wir bekamen noch Platz. Es war ein tschechisches Regiment, das sich in Sicherheit brachte. Wir wurden nicht sehr freundlich aufgenommen, da sagte ich leise zu meinen Kameraden Adler und Holzinger: „Sprecht´s nicht, und ich begann, mit den Soldaten tschechisch zu sprechen. Auch wir seien Tschechen, müssten jedoch in Bruck aussteigen, weil wir gegen Linz weiter fahren. „Na hoffentlich könnt ihr aussteigen, denn wir fahren fast jede Station durch, und wie ihr seht, mit dem geladenen Gewehr in den Händen.Sollten wir entwaffnet werden, dann werden wir uns zur Wehr setzen. In Bruck kamen wir um Mitternacht an und sprangen aus dem langsam fahrenden Zug, denn wir wollten nicht in die Tschechei verschleppt werden.

Wir standen auf dem Perron, da kam wieder ein Zug in voller Fahrt durch, und ein Hauptmann wird aus dem fahrenden Zug auf den Bahnsteig geworfen und blieb schwer verletzt und blutend liegen. Endlich brachten sie ihn mit der Tragbahre fort. Muss so etwas sein? Unter den Soldaten, die da durchfuhren, schienen einige Bestien darunter zu sein. Es war eine ungarische Kompanie. Der Perron füllte sich immer mehr mit Heimkehrern und im Wartesaal der Ersten Klasse befanden sich einige Generäle und Offiziere. Ich sah, wie sich eine Gruppe Soldaten zusammen schloss und lebhaft diskutierte. Ich hörte zu und entnehme, dass sie den Generälen und Offizieren die Kokarden von den Kappen nehmen wollten, und auch wir wurden aufgefordert, die Kokarde abzunehmen. Sollten sich die Offiziere weigern, dann gebe es eben Krach. Ich konnte nicht anders und ging in den Wartesaal, salutierte und sagte: „Exzellenzen, meine Herren, draussen beraten eine Menge Soldaten, wie sie Ihnen allen beibringen, die Kokarde von der Kappe zu nehmen. Ich ersuche Sie daher höflich, das so schnell wie möglich zu tun, um unvorhergesehene Ausschreitungen zu verhindern.“ Die Herren taten nach meinem Ersuchen bis auf einen Major. Als der aber sah, wie ein Haufen Soldaten den Wartesaal betrat, nahm auch schnellstens die Kappenrosette ab. Ich hielt alle an und sagte, dass die Kokarden entfernt sind und sie sich hinaus begeben sollen. Die Leute weigerten sich, den Saal zu verlassen, und da hörte man: „ Wer soll aussi? Wir hobn das selbe Recht wia de do, de hobn mit uns nix mehr zu schoffen. A paar Fotzn kennan´s hobn wann´ s wos sogn, de Leitschinder, de Gauner, jetzt san mir de Herrn!“, und so ging es weiter, doch „Hallo, a Zug is do!“ , und alles stürmte hinaus. In Bruck wurde eine Zugsgarnitur zusammen gestellt, und alle stürmten die Waggons.

Heute, am **30. Oktober,** bin ich noch in Bruck. Ich konnte nicht mitfahren, weil der Zug nicht nach Wien fuhr. Viele sind sogar auf das Waggondach geklettert. So war es bei allen Zügen, dass trotz des Verbotes die Dächer benützt wurden, und dann bei den Taleinfahrten viele statt nach Hause zu kommen, den Tod fanden. Um ein Uhr nachts fuhr ein Zug durch, den sie entwaffnen wollten. Da gab es eine Schießerei, der ich schleunigst auswich. Ich blieb im Wartesaal und wollte mich in kein Gedränge einlassen. Zuletzt noch so eine kleine blaue Bohne zu bekommen, das wäre saublöd. Endlich, um zwei Unr nachts, kam noch ein Zug, der nach Wien fuhr. In Bruck stiegen viele aus, und bekamen Adler und ich noch einen Platz. Die Fahrt über den Semmering ging flott vor sich, und ich sah, wie aus den Fenstern der Waggons Gewehre und danach die Verschlussstücke flogen. Meine Steyr-Repetierpistole schenkte ich einem Eisenbahner, der immer bedroht wurde. Wir hielten in jeder Station, kamen um 9 Uhr in Wien-Hetzendorf an und standen auf der freien Strecke. Ich stieg aus und ging zur Tramway und unterwegs wollte mir ein sechzehn-bis siebzehnjähriger Jüngling meine Medaillen herunter reissen. Der kam bei mir gut an! Er bekam einen Kinnhaken, dass er nur so taumelte. Das wäre ja noch schöner! Unterwegs in den Zügen hatten wir viele darüber befragt, was nach ihrer Meinung die Ursache des Zusammenbruchs war. Man hörte verschiedene Versionen. Zum Beispiel: Die Engländer und die Amerkaner hätten überall Panzerautos eingesetzt, seien mit motorisierten Geschützen vorgedrungen und hätten die Front an mehreren Stellen überrannt. Auch die „Caproni" warfen ständig Bomben ab. Viele kamen bei den Durchbrüchen in Gefangenschaft und die meisten durch das Abriegeln der Rückzugsstraßen bis tief ins Hinterland. Ich verstehe nicht: Ich selbst saß auf den schwersten Geschossen, die zurück befördert wurden. Welchen Sinn und Zweck hatte das noch? Ich sah auch weit tragende motorisierte Langlaufgeschütze, die mit Munition zurück fuhren; schwere, motorisierte Haubitzen, warum wurden die nicht eingesetzt? Im Reservespital hatte ich einen italienischen Unteroffizier gefragt, wann er meine, dass der Krieg zu Ende sein wird. „In zwei oder drei Wochen, Herr Franz. Dann kommen sehr viele Amerikaner und Engländer mit vielen Panzern. Dann ist Österreich kaputt." Von den Panzern hatte ich schon in Istrien gehört. Nur unsere Strategen hätten nichts davon gewusst? Der Unteroffizier sagte auch, dass in Italien alle Hunger haben und nicht an die Front wollen, in den Städten werde gemeutert, und der Herzog von Aosta (König Viktor E.) wollte schon längst aufhören. Verrat? Wer weiß es? Die Ungarn, die so begeistert als erste Nation in den serbischen Krieg gezogen waren, waren auch die ersten, die den Kampfplatz als Meuterer verließen. Als wir noch überall in Feindesland waren, hatten wir die Chance zum Vermitteln verpasst, und auch unser Bundesbruder wollte von Vermittlungen nichts wissen. Na, da schaut für Österreich und Deutschland nichts Gutes heraus, und da kann man wohl singen: „Mensch is hin, Geld is hin, alles is hin." Was noch alles hin sein wird, das wird sich noch zeigen.

Am **1. November 1918** um 10 h vormittags kam ich in die Wurlitzergasse und sah gerade meine liebe Frau über die Gasse gehen. Sie war beim Greissler, sie wollte Zuckerln haben, hat aber nichts bekommen. Als sie mich sah, war die Freude groß und unbeschreiblich, und sie rief im Haus: „Hausfrau, schaun´s, mein Mann ist gekommen!" Die Hausfrau, Frau Alt, eine Christin, und ihr Mann, ein Jude, Kammmacher von Beruf, waren beide sehr liebe Menschen. Sie begrüßten mich ebenfalls sehr herzlich und freuten sich über meine Heimkehr.

Erst mein liebes Töchterl! Als sie mich sah, fiel sie mir um den Hals und ließ mich nicht wieder los. Ich war fünf Tage lang unterwegs und hatte auf der Fahrt Ungeziefer bekommen.Meine verlausten Decken hatte ich während der Fahrt für einige Kronen einem Eisenbahner verkauft, damit ich mir Zigaretten und im Schleichhandel etwas zu essen kaufen konnte. So brachte ich außer meiner Wäsche nicht viel nach Hause. Nachdem ich mich gründlich gewaschen und etwas Kaffee ohne Zucker getrunken hatte, legte ich mich ins Bett und schlief sofort ein.

Ich wachte erst den **3. November** abends auf. Gestärkt durch den langen Schlaf und mit einem riesigen Hunger stand ich auf, und da war das Dörrgemüse meine Rettung. Ich segnete den lieben, kleinen, guten Erzherzog Friedrich, denn ohne den „Drahtverhau" hätte ich samt meiner Familie nichts zu essen. Was nun? Der Winter vor der Tür, und für mich gibt es jetzt keine Arbeit, keine offene Stelle, oder doch?

Ich werde morgen, den **4. November** in der Vermittlung der Gartenbaustellen, Beatrixgasse bei Herrn Schneider um etwas Freies bewerben. Momentan nichts los, er merkt mich vor, wird mir schreiben, wenn er etwas Passendes findet.

6. November 1918: Ich lese in einer Zeitung , dass in einer Zwirnfabrik eine Stelle als Gärtner und Portier frei ist, Maria Lanzendorf, das wäre ja günstig. Der Besitzer wollte mich sofort aufnehmen. Ich hätte für Gemüse zu sorgen, den kleinen Park in Ordnung zu halten, und das Wichtigste: ich hätte die Frauen vor dem Nachhausegehen um 12 h und um 6 h zu visitieren, damit sie keinen Zwirn mit nach Hause nehmen. Die Wohnung war nicht schön, und der wöchentlich ausbezahlte Lohn sehr klein. Nichts für mich. Ich dankte höflich und ging nach Rannersdorf. Ich stellte mich dem Gärtner vor, erzählte ihm, dass ich hier schon zwei Jahre lang Gärtner war. Er gab mir einen Rucksack voll Gemüse mit.

14. November 1918: Eine Stelle in Allensteig. Es ist Sonntag und ich fahre hin. Ich sehe auf einem Hügel ein altes Schloss, ich komme oben an und frage sofort nach der Gärtnerwohnung. Ich finde ein altes Ehepaar in einem niederen, feuchten Häuschen mit kleinen Räumen, einem alten, gemauerten Sparherd, kleinen Fenstern. Das waren das Gärtnerhäuschen und die Gärtnersleute. Ich stelle mich vor und frage die Leute aus. Der Herr Graf, ein General, ist gerade in der Kirche. Der Herr war jetzt während des Krieges selten zu Hause. Das Gehalt ist klein, und im ängstlichen, weinerlichen Ton erzählten sie mir: „Sobald ein neuer Gärtner kommt, müssen wir zwei alten Leute ausziehen, und wir wissen noch nicht wohin, auch zum Arbeiten sind wir schon zu alt, was werden wir anfangen?" Ich bleibe bei den zwei alten Kollegen, die mir schon leid tun, bis zum Ende des Gottesdienstes. Da zeigt mir die Frau den Herrn Grafen. Ich stelle mich vor. „Bitte, kommen Sie mit. Wann sind Sie gekommen, mit dem Frühzug? Wissen Sie, ich bin Patronatsherr über die Kirche und gehe am Sonntag immer mit meiner Familie zur Messe. Aber was ich sagen wollte, ich habe noch ein Schreiben bekommen, dem Mann wurde die goldene Tapferkeitsmedaille verliehen, der imponiert mir. Was haben Sie aufzuweisen? Zweimal die Bronzene, einmal die Silberne II. Klasse und einmal die Silberne I.Klasse? Ja, das klilngt auch ganz schön. Damit Sie es aber wissen: Ich bin Militarist und gewöhnt an militärische Disziplin, Gehorsam auf jeden Fall und militärisches Benehmen. Sie gefallen mir gut, und wenn bei Ihnen alles wie am Schnürchen klappt, nehme ich Sie als Gärtner. Entschließen Sie sich, sonst nehme ich den Grahleder." „Wen bitte, Gustav Grahleder?" „Ja kennen Sie ihn?" „Jawohl, Exzellenz, ich kenne ihn sogar sehr gut und bitte Sie, den Grahleder zu beschäftigen, er ist der richtige Mann für Sie." „Na wissen Sie, ich dachte, Sie suchen bei mir eine Stelle. Ich biete Ihnen die Stelle an, und Sie treten Sie ab." „Jawohl, Exzellenz, Sie suchen in erster Linie einen Soldaten. Ich habe von den viereinhalb Jahren Krieg genug und will nicht mehr Soldaten spielen, und als Hampelmann in Zivilkleidung, den man nach Belieben aufziehen kann, gebe ich mich nicht her." „Das wären Sie nicht, ich liebe nur militärische Pünktllichkeit und Disziplin, wenn Sie sich diesen beiden, von mir gestellten Anforderungen fügen, dann kommen wir gut aus, sonst nicht." „Eben deshalb überlasse ich die Stelle dem Grahleder. Sagen Sie ihm, bitte, dass ich für ihn Fürsprache hielt, und ich freue mich, dass Sie ihn als Gärtner aufnehmen." „Na, wie Sie wollen. Schade, Ihre Geradheit gefällt mir, oder hat es mit einer politischen Richtung zu tun? Wissen Sie, solche Menschen gefallen mir nicht." „Nein, Exzellenz, ich wünsche nochmals viel Glück zu Grahleder, er ist ein tapferer Bursche! Haben Sie ihn schon gesehen, Exzellenz?" „Nein, er hat nur geschrieben, er kommt im Laufe des Tages." „Auf Wiedersehen, Exzellenz!" Ich gng meinen Weg zur Bahn. Das Ganze, die Wohnung und der Graf haben mir nicht gefallen. Untertänig sein, das Unterwerfen unter ein solches Kommando, nein, lieber nicht. Obwohl es Krieg war und ich beim Regimentskommando Dienst machte, hörte ich dort kein böses Wort, ich war mein eigener Herr, denn, ehrlich gestanden, niemand befahl mir etwas. Was ich tat, tat ich freiwillig und gerne, eben weil die Herren so nett zu mir waren. Auch bei der Abteilung der Militärarbeiter und der Baukompanie arbeitete ich selbständig und hörte kein böses Wort, auch ich war ja zu meinen Leuten gut, und alle sahen mich gerne. Warum ich dem lieben Gustl Grahleder den Posten gönne? Vielleicht wird er sich hier das Saufen abgewöhnen und ein ordentlicher Mensch werden, denn so wie es aussieht, wäre der Herr Graf, Seine Exzellenz, der Herr General, das Richtige für ihn. Ich hatte Zeit und ging aufs Land hinaus und kaufte bei einem Landwirt etwas weiße Rüben und einige Kilo Kartoffeln, damit ich nicht leer nach Hause fahre. So sah ich wenigstens ein Stück Land, das ich noch nicht kannte, auch Menschen lernte ich kennen. Ja, man lernt nie aus. **16.Novenber 1918:** War gestern noch beim Sekretär Schneider, er hat eine Stelle für mich als Schlossgärtner in Buchberg am Kamp. Heute fahre ich mit der Franz- Josef-Bahn dorthin. Die Waggonfenster sind überall kaputt, und draussen ist es kalt. Die Strecke zieht sich. Ich fahre schon seit halb sieben Uhr früh und komme mittags an. In Buchberg ausgestiegen, sehe ich schon das alte Schloss. Ein Teil des Parks in der Nähe des Schlosses ist naturbelassen, und ein Teil in moderner Art als Steingarten hergerichtet. Ein Maierhof und eine Mühle sind dabei. Ich frage nach dem Besitzer und werde zum Güterdirektor Rogler gewiesen.Beamtenhaus: ein würdiger alter Herr öffnet. Leider sei seine Durchlaucht, Prinz Croy Dülmen mit dem selben Zug, mit dem ich kam, nach Siegmundsherberg gefahren. Er kommt erst wieder morgen mittags zurück.Es war gerade Mittag, und so hat mich die liebenswürdige Frau Direktor eingeladen, mit ihrem Gatten und ihr zu speisen.Ich bekam eine Kartoffelsuppe, Kartoffelknödel , gefüllt mit Powidl samt den Kernen. Ich war den beiden guten alten Leuten sehr dankbar und fragte, ob ich irgendwo übernachten könnte. Die Ortschaft liege weiter abseits, und im Gasthaus koste es Geld. Ich könne bei ihnen im Wirtschaftsgebäude schlafen, allerdings sei der Raum ungeheizt. Die Tochter war eine Künstlerin, und sehr viele gezeichnete und gemalte Bilder hingen an der Wand. Ich bewunderte die Bilder. Nachmittags ging ich spazieren, sah mir alles genau an, auch die Gärtnerwohnung, der Gärtner halte sich leider zur Zeit in Wien auf. So konnte ich nichts Näheres erfahren, nur dass die Herrschaften erst seit kurzem hier sind, aus Böhmen kamen, wo sie große Besitzungen hatten, die sie alle verloren. Ich wollte in der Mühle etwas kaufen, unmöglich.Ich spreche mit einer jungen Frau über die Verhältnisse hier und frage sie über den Gärtner aus. Sie weiß nur, dass er sehr tüchtig ist und sich mit dem Prinzen zerworfen hat, weil der Prinz sich vom Garten einen größeren Gewinn erhoffte. Aha, der Gärtner soll seine Durchlaucht und die Wirtschaft womöglich mit erhalten. Ich kenne das. Ich blieb über Nacht in einem eiskalten Gewölbezimmer, das Jahre nicht beheizt worden war, und konnte mich nur mit einer Steppdecke zudecken. Ich war nicht verwöhnt, aber dort konnte ich vor Kälte nicht schlafen. Es war eine Grabesluft in diesem Raum, so zog ich mich schleunigst an und ging in die Mühle, wo ich Licht sah. In der alten Mühle hatte ein Müller Nachtdienst, und ich plauderte mit ihm, bis ich eintunkte und ohne es zu beabsichtigen dort einige Stunden schlief. Halbwegs ausgeruht ging ich zum Beamtenhaus, wo mich die fürsorgliche Frau Direktor schon suchte. Ich trank mit vielem Dank einen schwarzen, bitteren Eichelkaffee und bekam von den Liwanzen (Anm.: Hefepfannkuchen), die auf der Herdplatte gebacken waren. Es war ein kleines Stück, aber sie haben es mir gerne gegeben; es war Ersatz für Brot. Endlich kam seine Durchlaucht, der Prinz Croy Dülmen an. Ich stellte mich vor, und wir kamen sofort ins Gespräch. Er erzählte, dass er in der dritten Bahnklasse zur Bezirkshauptmannschaft nach Sigmundsherberg gefahren war. Er könne sich keine zweite Klasse erlauben, da er seine Besitzungen in Böhmen verloren hat. Nun sucht er hier einen Gärtner, der imstande ist, aus der Gärtnerei so viel wie möglich herauszuholen, und der auch den Haushalt das ganze Jahr mit Gemüse versorgt. „Wissen Sie, der jetzige Gärtner hatte mir, bitte, ich gebe zu, ein sehr tüchtiger Fachmann, vorgerechnet, was er alles kultivieren wird, und wie rentabel er die Gärtnerei führen wird. Und was war zum Schluss? Mit den Tomaten zahlten wir drauf. Er hat sie viel zu spät geerntet, da war kein Preis mehr zu erzielen, und so war es auch mit den anderen Sachen wie z.B. Karfiol. Als sich schon alle mit Karfiol satt gegessen hatten, kam erst unser Karfiol auf den Markt." Ich hörte ihn ruhig an, denn es dauerte lange, bis er endlich mit den Fehlern des Gärtners fertig wurde. Zufällig kannte ich meinen Kollegen schon aus der Zeit in Wien und wusste, dass er ein erstklassiger Fachmann war. Er hatte leider vergessen, dass die klimatischen Verhältnisse in Buchberg am Kamp sich von denen in Wien unterscheiden. Auch waren die Lieferungen aus Rumänien und Ungarn und anderen Ländern früher dran, und mit diesen Gegenden kann sich Buchberg nicht messen; und dort gab es ja auch keine „Japanhäuser", wo man Frühgemüse kultivieren könnte. Ich erklärte es dem Prinzen. Meine zukünftige Wohnung sah ich wohl nur von außen, es war aber deutlich, dass es ein altes, nasses Gebäude war und ungeeignet zum Wohnen. Der Prinz führte mich hinauf in seine Gemächer, und im Turm der Burg war sein Arbeitszimmer. Arme Durchlaucht! Oder Hoheit? Herrliche Teppiche! Was heißt Teppiche! Es waren geradezu Pelze auf dem Fussboden, in denen die Schuhe lautlos versanken. Alles war modernst eingerichtet, im Schloss jeder Raum eine Sehenswürdigkeit!

Auch der Herr Graf in Allensteig war fein eingerichtet. Er hatte mir damals eine alte, schmiedeeiserne Laterne gezeigt, die er mit elektrischem Licht versehen beim Eingang des Schlosses anbringen ließ. Beim armen Gärtner brannte eine Petroleumlampe. Ja, Herr ist Herr, und Knecht bleibt Knecht. In seiner Schreibstube sprach ich noch lange mit dem Prinzen, und nach seiner Antwort auf meine Frage, was er mir monatlich außer den Deputaten zahlen würde, musste ich ihm leider sagen, dass ich mit diesem Gehalt nicht leben könnte, und er doch lieber den alten, bewährten Gärtner behalten soll. „Ja, sagen Sie, bedeutet es Ihnen nichts, wenn Sie von mir den Titel eines Hofgärtners bekommen?" Da fiel mir der alte Vaua ein, der war doch Hofgärtner beim Fürsten Croy Dülmen in Böhmen und verbrachte seine alten Tage in harter Arbeit in Tauschin. „Durchlaucht, kennen Sie den Hofgärtner Vaua?" „Vaua, ja, ich erinnere mich, er war bei uns Gärtner. Was ist mit ihm?" „Er lebte in den ärmsten Verhältnissen in Tauschin. Obwohl er bei Ihrem Herrn Vater und Ihnen 40 Jahre war, bezog er dann eine so kleine Rente, dass er davon nicht leben konnte und noch arbeiten musste, um sein Brot zu verdienen. Glauben Sie, Durchlaucht, dass Vaua vom Hofgärtnertitel satt wurde? Auch ist mir die Gärtnerwohnung zu nass und ungesund." Ich fuhr wieder heim zu. Am 18. November ging ich zu meinen Eltern und traf dort meinen Schwager Karl (Drago). Die Wiedersehensfreude war groß. Er erzählte mir, dass sein Fähnrich auf dem Rückzug von einer Bombe der „Caproni" getötet wurde. Es war zwischen Sacile und Pordenone. Dem Fähnrich wurde der Kopf abgerissen. Karl bat mich, mit ihm ins Kriegsministerium zu gehen. Wir suchten dort einen ungarischen Offizier, einen Freund Karls. Als wir durch so und so viele Räume schlenderten, begrüßte mich der Zugsführer Prammer, im Zivil Goldschmied und Uhrmacher, der mit mir bei der Arbeiter-Abteilung gedient hatte. Mit seinen drei Sternen sah er wie ein Hauptmann aus, und die ihn nicht kannten, hielten ihn auch dafür. Er wies uns den Weg zu dem Herrn, den wir suchten. Einen Stock höher, auf dem Korridor, sprach mich ein Major an, der mich von früher kannte. Er fragte mich über meine Pläne aus. Ja, ich will mir eine Stelle als Gärtner suchen, aber jetzt im Winter ist nicht viel los. Ich müsse aber trotzdem etwas anpacken, damit ich zu Geld komme. Denn ich will die ersparten Kronen nicht verbrauchen sondern im Frühjahr dafür ein Grundstück für eine Gärtnerei kaufen.

„Wissen Sie was, Souček? Ich gebe Ihnen einen Brief an Oberstleutnant Glieher mit, er ist Kommandant der Justizwache. Er braucht Leute, da alle jetzt in ihre Heimat fahren und abrüsten.Viele sind aus dem Sudetenland. Fahren Sie in die Viviotgasse 4, und Sie werden sofort aufgenommen." Herr Gott, was soll ich machen, wieder Soldat sein? Teufel nochmal. Aber besser die Not überbrücken als nichts zu tun und zu hungern. Ich habe erst am **7. November** abgerüstet und meinen Landwehrschein bekommen. Dabei sah ich einen Mann wieder, der die ganze Kriegszeit alle Ärzte zum Besten gehalten hatte. Er war Jude. Er hatschte viereinhalb Jahre lang immer hinten nach. Seine Schuhe waren ganz vertreten, und er schaute wie ein Idiot drein. So mancher sah ihn normal gehen, wenn er sich unbeobachtet fühlte, doch er hatschte weiter bis zum Schluss. Am **7. November** hatte auch er abgerüstet. Er ging stramm und gerade wie jeder andere über den Kasernenhof und lachte jeden aus. Endlich trafen wir den gesuchten Herrn, und Karl beschwerte sich darüber, dass ihm in Villach sein eigenes Pferd samt Sattel abgenommen worden war. Er bekam eine Bescheinigung, um seine Ansprüche geltend machen zu können.

Am 12. November 1918 wurde Österreich nun „Deutschösterreich" und zur Republik erklärt. Was man vor dem Krieg in Ruhe und schmerzlos hätte machen sollen, nämlich den Ländern die Autonomie zu geben, das wurde jetzt, da wir den Krieg verloren haben, auf eine andere Art gelöst. Italien macht Ansprüche auf Südtirol, Trient und Istrien geltend, so wie ich es schon in Istrien hörte. Auch Albanien möchte der kleine Vittorio Emmanuele einstecken, und schon hören wir die 14 Punkte des Friedensprogrammes von Wilson:

Die sind:

1.) Öffentlichkeit der Verträge
2.) Freiheit der Meere
3.) Offene Tür für den Handel zwischen allen Nationen
4.)Abrüstung aller (?)
5.)Gerechte Verteilung der Kolonien
6.)Anerkennung Russlands
7.)Wiederherstellung Belgiens
8.) Wiederherstellung der zerstörten Gebiete Frankreichs und Rückgabe von Elsass-Lothringen
9.) Vergrösserung von Italien
10.) Selbständigkeit der Völker Österreich-Ungarns
11.)Neuordnung der Staatsgebiete auf dem Balkan
12.) Unabhängikeit der Staaten des ehemaligen türkischen Reiches
13.) Errichtung eines unabhängen Staates Polen
14.) Errichtung eines allgemeinen Verbandes der Nationen; Völkerbund mit dem Ziel einer Gründung der Vereinigten Staaten von Europa.

Na, wir werden später sehen, wie weit die Punkte eingehalten wurden. Wozu wir „die Krot gefressen haben", weiß ich wirklich nicht. Jetzt ist mir darum zu tun, meine Familie am Leben zu erhalten. Es sterben täglich so viele Menschen an Hungerödem, an Unterernährung, dass es meine Pflicht ist, etwas zu tun, damit wir unser Leben weiter fristen können. Aus jedem Haus werden täglich Tote mit dem Leichenwagen abgeholt, es ist wie eine Epidemie, eine Seuche. Ich habe meiner Frau verboten, außer Haus zu gehen.

Am **21. November 1918** gab ich dem Oberstleutnant Glieher den Brief und wurde sofort aufgenommen. Ich bekam eine Montur, einen Säbel und ein Werndl-Gewehr.

Am **22. November** war ich pünktlich zur Stelle und bekam mittags mein Essen: Polentasuppe und Polenta mit Marmelade. Wenigstens habe ich einmal etwas, für meine Familie werde ich schon weiter sorgen. Auf einmal sehe ich, wie es im Hof drunter und drüber geht. Leute stehen in Gruppen und beraten sich. Der Hauptmann Kühweg war verprügelt und in die Mistgrube geworfen worden. Der Kommandant Oberstleutnant Glieher bekam eine Ohrfeige, und der Major Weiß musste auch die Flucht ergreifen. Ich hörte nur: „Von nun an wird kein Offizier gegrüßt und auch wird nicht mehr beim Ausmarsch aus der Kaserne ins Horn geblasen. Der Feldwebel ist jetzt unser Kommandant." Und so ging es in diesem Ton weiter. Die Leute, die schon 24 Stunden Dienst gemacht hatten, telefonierten um die Ablöse. Was ist los, warum kommt niemand? Es ist 2 Uhr. Die Abteilung steht kampfbereit da, um jederzeit los zu schlagen. Ich sehe mich um und erkenne den Schneckerl, unseren ehemaligen Stabskoch. Er erblickt mich und fällt mir um den Hals, drückt mir vor Freude die Hand. „Du, lieber Schneckerl, kennst Du noch jemand von den Leuten hier?" „Ja, es sind noch zwei von den Einser-Schützen hier." „Hört zu, ich habe erst heute den Dienst angetreten, helft mir, hier Ordnung zu schaffen. Ich werde jetzt alle zusammen rufen." „Hört zu, Kameraden, so geht es nicht weiter, es reden alle durcheinander. Ich würde euch raten: Folgt, mir, wir bilden Pyramiden und gehen alle in den Speisesaal. Ich werde euch zeigen, welchen Weg wir gehen müssen. Seid ihr einverstanden?" „Ja!", erscholl es von allen Seiten. „Dann bitte, Vergatterung. Pyramiden, setzt an, abtreten!" Indessen ließ ich die drei Mann mit geladenem Werndl-Gewehr bei den Waffen zurück. Sollte sich jemand ohne Erlaubnis zu den Waffen begeben und jemanden mit dem Tod bedrohen, sollen sie kurz von der Waffe Gebrauch machen und niemanden heranlassen. Im Speisesaal verschaffe ich mir Ruhe. Ich sage: „Kameraden, was wollt ihr? Warum diese Meuterei? Nur einer soll sprechen, der die Hand hebt." „Wir wollen wissen, wohin wir gehören. Bis jetzt heißt es noch immer „K.u.k. Militär-Abteilung für Zivilgerichte in Wien". Alle anderen militärischen Abteilungen sind bei der „Volkswehr" Wir wollen keinen Drill, das Hunzen muss nun aufhören, wir wollen diese Kerle nicht mehr grüßen, die uns während des Krieges das Leben sauer machten, uns beschimpften, wegen jedem Schmarrn einsperrten. Wir wollen wie Menschen behandelt werden und nicht wie Hunde oder Schweine. Wir wollen 24 Stunden Dienst und 24 Stunden frei, eine ordentliche Menage, damit wir wenigstens mittags satt werden." „Na schön, hört zu, Kameraden. Ich gehe jetzt ins Kriegsministerium und werde eure Beschwerden vorbringen. Seid ihr einverstanden?" „Ja, so ist es gut, wir wollen wissen, woran wir sind!" „Wir gehen jetzt ruhig in den Hof, und der Feldwebel wird nochmals die Einteilung vornehmen. Alle gehen ruhig in den Dienst, damit auch die anderen zum Essen kommen. Wollt ihr?" „Ja? Dann los!"

Als alle eingeteilt waren: für die Landesgerichte I und II, die Bezirksgerichte, das Handelsgericht und den Justizpalast, blieb ich allein im Hof. Der Oberstleutnant konnte sich nicht erklären, wieso alle auf einmal folgsam den Dienst antraten. Ich ging hnauf und sah, wie die Offiziere noch vom Fenster in den Hof blickten. Ich salutierte und trat an den Oberstleutnant heran. „Ich möchte Sie, Herrn Oberstleutnant bitten, mit mir ins Kriegsministerium zu fahren." Ich ließ absichtlich das Wort „gehorsamst“ fort. „Wir wollen dort über die Abteilung informieren, und ich möchte auch die Wünsche meiner Kameraden vorbringen und zwar wenn möglich beim Herrn Kriegsminister Deutsch.Ich möchte auch die Herren einladen, sich die Kaserne anzusehen. Der Urin rinnt vom dritten Stockwerk über die Stufen bis ins Parterre, und heute bemerkte ich, wie aus einem Fenster Decken auf die Strasse geworfen wurden und zwei Leute damit fortgingen.“ „So, Sie sind also derjenige, der die Abteilung zum Abmarsch brachte! Sie sind doch erst gekommen. Ja,warten Sie, Sie brachten mir doch gestern einen Brief. Sie heißen Souček? Was wir nicht konnten, brachten Sie fertig. Wie machen Sie das ? Gut, ich fahre mit.“ Wir fuhren gemeinsam ins Ministerium. Dort angekommen, fragte ich nach dem Kriegsminister Julius Deutsch oder dessen gleichberechtigen Stellvertreter.Wir kamen doch zu Minister Deutsch. Er saß in einem größeren Raum mit noch acht bis zehn Herren an einem langen Tisch. Er fragte nach unserem Wunsch, und ich begann ohne Scheu über unseren wunden Punkt zu sprechen und sagte klipp und klar die Wahrheit, auch von der Meuterei erzählte ich, so wie ich sie sah. Die Herrn ließen mich ausreden, und als ich mit den unmöglichen Zuständen in puncto Hygiene mein Anliegen beendete, sah ich die erstaunten Gesichter aller. Da sprang Deutsch auf und schrie förmlich: „Wissen Sie, was Sie uns da für einen Dienst erweisen? Wir haben auf euch vergessen. Wie war das möglich? Gerade ihr, die ihr dazu berufen seid, die übrige Menschheit vor tausenden Verbrechern zu bewahren, müsst stramm euren Dienst machen und Ordnung halten. Es wäre unvorstellbar, wenn wir die Verbrecher nicht bewachten, und man sie auf die Menschheit losließe. Herr Oberstleutnant, morgen werden wir nach dem Einrücken der Abteilung im Speisesaal eine Versammlung abhalten.Sagen Sie Ihren Leuten, sie sollen nicht früher fortgehen.Eine Versammlung für die II. Abteilung ist um 10 h vormittags.

Noch eines, Herr Oberstleutnant: So wie es bisher war, bleibt es wohl, doch gibt es auch Änderungen, die Ihnen morgen bekannt gegeben werden.“ Da bäumte sich Oberstleutnant Glieher auf. „Erstens gibt es in der Kaserne, wie Sie wohl wissen werden, keine Versammlungen, und zweitens will ich alle Änderungen schriftlich haben. Drittens bin ich derjenige, der zu befehlen hat.“ „Herr Oberstleutnant, die Versammlung wird abgehalten, denn die Kaserne ist der Wohnort des Soldaten, und es wird noch mehr geschehen, worüber Sie sich wundern werden. Das erfahren Sie morgen. Also auf Wiedersehn morgen, und Ihnen, Korporal, danke ich ganz besonders und stehe Ihnen, wenn Sie etwas wissen wollen, immer zur Verfügung.“ Der Herr Oberstleutnant war, als wir zurück fuhren, noch immer sehr aufgebracht, denn wie konnte sich der Zivilist Deutsch so unterstehen, mit ihm so zu reden! Er fragte mich auch über meine Kriegsdienstzeit und mein Privatleben aus. Am nächsten Tag kamen zwei Herren und ein Zugsführer, leider habe ich die Namen vergessen, und hielten die Versammlung ab. Die hier Versammelten wurden vom Zugsführer sehr scharf angepackt, und er befahl, dass sofort alle Übelstände beseitigt werden müssen. Ich hatte ihm die Klosettanlagen gezeigt. So befahl er auch, dass dort das Reinigen sofort nach der Verammlung beginnen soll. Morgen komme er noch einmal, dann werden Soldatenräte gewählt, die als Vertrauensmänner zwischen der Mannschaft und den Offizieren stehen. Alle Wünsche sowohl der Soldaten als auch der Offiziere müssen dann den Soldatenräten bekannt gegeben werden. Auch hat der Soldatenrat Einsicht in alle Aktenstücke zu bekommen, und ohne seine Unterschrift wird weder etwas gekauft, gefasst und auch sonst keine Anordnung getroffen. In der I.Abteilung wurde ich als erster Soldatenrat gewählt, und in der II. Abteilung waren es Käs und Windisch, beide aus der Steiermark. Wir einigten uns so, dass immer einer ohne Dienst im Kasernenbereich blieb. Da wir den Dienst nicht kannten und auch noch einige, vor allem sudetendeutsche Unteroffiziere aus der Kriegszeit, hier arbeiteten, mussten wir erst alles lernen, um auch mitreden zu können. Ich machte Dienst bei der Männer-und Frauenabteilung im Landesgericht; Dienst auf dem Gang; später hatte ich auch die Aufsicht und das Kommando im „grauen Haus“, als ich jeden Winkel gut kannte. Im alten Trakt stank es beim Entleeren der Kübel ekelerregend. Waren doch alle Räume mehr als überbelegt und die sanitären Zustände fürchterlich. Dann kam die Aufsicht über das Wasserholen, das Putzen der Zimmer und der Gänge, das Ausgeben des Frühstücks. Eine halbe Stunde wurde mit oft 40 bis 60 Mann im Hof spaziert. Dabei mussten wir sehr auf Draht sein, denn wir hatten die alten Werndl-Gewehre mit nur einem langen Bleigeschoss als Munition. Tag und Nacht standen Posten im Galgenhof und in den anderen Höfen. Es kam sehr oft vor, dass während des Spazierganges aus irgendeinem Trakt ein „Skriberl“, das heißt ein Brieferl, aus dem Fenster geworfen und von den Spazierenden aufgelesen wurde.

Wir machten Dienst bei den Vorführungen zum Schwurgerichtssaal, zum Untersuchungsrichter, im Justizpalast, bei der Kontrolle der Räume in allen Stockwerken; Dienst beim Landesgericht II in der Leopoldstadt, in allen Bezirken im Jugend-und Handelsgericht. Wir führten die Eskorten der Sträflinge nach Wiener Neustadt, nach Graz in die Karlau, in alle Strafanstalten, zu den Staatsgrenzen, sogar bis an die Schweizer Grenze nach Buchs. Alle zehn Tage erhielten wir unseren Lohn. Ich machte alle Dienstsparten mit, so auch die anderen zwei Soldatenräte. Auch wurde wieder Schule gehalten, was sehr notwendig war, denn ohne Schulung war der Dienst unmöglich. Es klappte alles zu meiner Zufriedenheit. Um andere Gewehre zu bekommen, gingen wir zum Personalchef. So bekamen wir unsere alten Fünf-Schuss-Mannlicher-Gewehre, damit wir bei einer eventuellen Revolte nicht sofort überwältigt würden, denn oft sah es bedrohlich aus, und man hörte Aufwiegler, die zu allem fähig waren. Hatten wir doch alle Schlüsseln bei uns, mit denen man jede Tür zur Flucht öffnen konnte. Alle Diensträume der Wache und alle Zellen der Gefangenen waren verlaust und verwanzt. So beschwerten wir uns abermals und hatten als Rückhalt den Stadphysikus, dem wir die Räume zeigten. Der Personalchef bekam sofort eine rote Zornesader. „ Ja, was glaubt ihr eigentlich? Das kostet ein Vermögen und wieder eine Kabinettssitzung. Die Mannlicher-Gewehre habt ihr bekommen, nur waren die leicht zu beschaffen, aber alle Räume desinfizieren? Wisst Ihr, was das kostet?“ „Aber, aber, doch nicht mehr als uns der Krieg in nur einer Stunde gekostet hat! Oder, Herr Personalchef, versuchen Sie, nachts nur eine Stunde im Wachzimmer des Landesgerichtes Dienst zu halten, dann werden Sie Ihre Wunder mit den lieben Tierchen erleben!“ „Was wollt ihr noch?“, denn wir machten keine Miene, fort zu gehen. „ Seife für die Häftlinge und für uns und für alle Handtücher!“ „So, und noch was? Eine Golduhr?“ „Nein, aber 50 Mann müssten noch aufgenommen weren, denn bei diesem Stand kann der Dienst nicht mehr bewältigt werden. Alle Gefängnisse sind übervoll, immer mehr Eskorten sind notwendig, und es geht nicht an, dass zwei bis drei Männer Tag und Nacht fahren ohne etwas zu fressen, denn für das Diätengeld bekommt man nichts; sie fahren bis an die Schweizer Grenze bei offenen Fenstern. Und wenn einer dann nach drei, vier Tagen Dienst ohne Unterbrechung zurück kommt und wieder Dienst machen soll ohne sich auszuruhen, dann ist das doch etwas zu viel verlangt. Die 50 Mann müssen her, wenn der Dienst in Ordnung gehen soll.“ „Na bis jetzt habt´s schon viel erreicht, wir werden sehen.“ „Bitte, hier haben Sie alles schriftlich aufgegliedert, Dienst und Arbeit von einer Woche bei dem großen Stand der Häftlinge, die Eskorten und die Aufteilung der Mannschaft im Dienstplan. Legen Sie bitte den Herren bei der Kabinettssitzung alles vor.“ Es dauerte nur fünf Tage und alles wurde bewilligt. Ich habe seit einiger Zeit Magenschmerzen, die immer heftiger werden. Was ist schuld daran? Die Polenta, die vom frischen und halb verschimmelten Kukuruzschrott gekocht wird? Oder ist die Ursache im Schreck zu suchen, als die italienischen Caproni-Bomber unseren Zug zwischen Sacile und Pordenone bomardierten? Die Italiener zeigten der Welt den Sieg. Den hatten die Panzer errungen, aber sie trieben noch 200000 Österreicher in die Gefangenschaft und bombardierten noch am letzten Tag, als die Schlacht für uns schon verloren war. Es war ein Sieg der amerikanisch-englischen Technik.

Der Schleichhandel wurde amtlich verboten, und bitte lacht nicht darüber, dass ich alle Lebensmittel im Schleichhandel auftreiben muss! Für beide Abteilungen, für fast 300 Mann groben Kukuruzschrott, der frisch gemahlen, leicht verschimmelt. Wir fassen noch nichts, außer zweimal wöchentlich Pferdefleisch; alles andere, gelbe Rüben, Sauerkraut, Kohl und so weiter muss bei den Kagraner Gärtnereien besorgt werden, anderes wie zum Beispiel Marmelade oder Sacharin bei den Kaufleuten; und das Einkaufen ist nicht leicht, weil alles sehr teuer ist. Das bisschen Fleisch, das ich mittags in der Kaserne bekomme, bringe ich meinem Töchterl, und wenn ich einen Ruhetag habe, muss ich für meine Familie und mich für etwas Essbares sorgen. Es ist schwer. Ich hatte eine Überführung in die Grazer Karlau, und auf dem Rückweg fuhr ich über Guggenbach, denn ich hatte gehört, dass der Papierfabrikant Ruhmann einen Gärtner braucht und sucht Ich hatte die Uniform an. Du gütiger Himmel! Als ich mit der Schmalspurbahn ankam, besuchte ich den Gärtner. Auch wieder ein altes Ehepaar! Eine kleine Wohnung in einem alten Haus, und von der Küche aus wurde das angebaute Glashaus mit Holz beheizt, mit einer Kanalheizung. Die Küche war sehr klein, kaum dass man sich darin umdrehen konnte, und volle Rauch wie in einer Selche. Ein skandalöser Zustand, in dem die armen alten Leute wohnen! Ein Mann mit immensem Reichtum, er hat in Krems bei Voitsberg eine große Zellulosefabrik, und auch die Papierfabrik sei eine Goldgrube, wie mir die Arbeiter, mit denen ich sprach, erzählten. Wieso zum Teufel gerade der Gärtner überall in einem Saustall hausen soll und muss, ist mir unbegreiflich. Sind da nicht die Kollegen selbst daran schuld? Haben sie wirklich kein Standesbewusstsein, keinen Ehrgeiz? Kann man es den Herren nicht beibringen, dass der Gärtner kein Vieh ist? Er soll alles wissen, alles können, intelligent sein, und wird als Paria, als herunter gekommener Mensch behandelt. Aber die Not zwingt den Menschen zu manchem, das er sonst nicht annehmen würde. Ich wollte bei dem gräflichen General nicht nach seinem Wink parieren, doch zog ich wieder die mir schon längst verhasste Montur an. Es ist wirklich zum Lachen, aber bitter.Ich stellte mich erst gar nicht vor sondern fuhr wieder mit der Kleinbahn weiter, wobei wir ein paar voll beladene Loris, die umgefallen waren, aufrichten mussten. Über Waldegg, das dem Fürsten Liechtenstein gehörte, erreichten wir die Südbahnstation. Ich fuhr nachts weiter mit der Bahn in Richtung Wien. Die Nacht war sehr kalt, der Wind zog durch die zerschlagenen Fenster herein, und noch ein altes Mütterchen saß im Wagen. „Bitte, lieber Soldat, darf ich mich zu Ihnen setzen, vielleicht wird mir wärmer." „Aber natürlich, nur zu, kommen Sie, Sie sind sehr schlecht bekleidet." „ Ja mei, mei Monn is gstarbn, wor scho 78 Johr und a Bua is in Russland gstarbn, un ana is vaheirat in da Neistodt, un za den fohr i hiazt, is a arma Hascha, hot nur an Arm, dem hots den Arm ban Wölischen von ana Granotn ogrissn. Is a Ölend af da Wölt, won i sterbn kunnt, wars ma recht. Der Sun wird schaun, wenn i wer kemma, er wass nix davon."

Ich hatte eine Decke mit und zog sie über uns zwei, um uns vor der Kälte und der Zugluft etwas zu schützen. In Guggenbach habe ich zwei Glas Bier getrunken, ein Puntigamer und gerade, dass man es noch Bier nennen konnte, und beim Gärtner habe ich drei Bratkartoffeln bekommen. Der arme Kerl hatte selbst nichts. Wo sind die Zeiten, in denen man an allen größeren Stationen Bier, Wein, heiße Würstel und Obst, und in den Bahnhofrestaurationen Speisen nach Wahl bekam. Ich war zwei Tage unterwegs und was habe ich in Graz bekommen? Eine Wassersuppe und etwas Fisolen. Zu Hause angekommen wusch und rasierte ich mich, trank einen Tee und ging unausgeschlafen in den Dienst. Die Züge fuhren damals langsam, da es an jeder Art von Kohle mangelte, und vom Neuausland, von unseren früheren Ländern Tschechei, Polen, Schlesien und von Deutschland nichts geliefert wurde. Trostloste Zeiten und Weihnachten vor der Tür! Immer mehr Gangster, Plattenbrüder, Räuber, Mörder, Ladendiebe und -diebinnen, Einbrecher, Kassenschränker, Prostituierte, Bankdirektoren, Schieber, Schleichhändler, Falschmünzer, Betrüger, Falschspieler, Taschendiebe, Priester, die sich vergangen haben; mit einem Wort Gauner, die auf Kosten anderer lebten, und denen nichts heilig war, Männer, die ihre eigenen Töchter missbrauchten oder an anderen verschacherten. Sieben Männer waren in Einzelhaft und in Ketten, darunter der berühmt gewordene Einbrecher Breitwieser, der schon einige Polizisten bei seiner Verfolgung angeschossen hat, der die Kassen der Fabrikanten und Reichen leerte und zu seinen Leuten sehr freigiebig war. Seinen Quartiergeber brachte ich für vier Jahre in die Karlau nach Graz und seine Frau auf zwei Jahre nach Wiener Neustadt.

Am **24. Dezember 1918** hatte ich bis Mittag im Landesgericht Dienst, und auf unsere Bitten wurden den sieben Schwerverbrechern für den Heiligen Abend und den Christtag die Ketten abgenommen. Wir visitierten mit dem Aufseher die Zellen genauestens, die Häftlinge mussten sich nackt ausziehen. Der Strohsack, alle Sachen in der Zelle und sogar das Closett wurden untersucht. Wir fanden nichts, das irgendeinen Verdacht zu einer Fluchtabsicht geben hätte können. Mittags wurden wir von einer anderen Abteilung abgelöst, und abends geschah das Unmögliche, die Flucht des Breitwieser Schani. Als wir die Zelle des Schani durchsuchten, staunte ich, was er alles an Essbarem, Weißbrot, Torten, ganzen Schatullen voll teurer Zuckerln und Zigaretten von seinen Freundinnen und Freunden bekommen hatte. Auch die Speisen wurden genau durchsucht und nichts gefunden. Doch wir kamen bald dahinter, wer dem Schani zur Flucht verholfen hatte. Dem Breitwieser war von einem Justizsoldaten eine Feile in die Zelle geschmuggelt worden, und als dieser im nächsten Stock Gangdienst hatte, konnte der Schani ungeniert an den Gitterstäben feilen. Als die Stäbe entfernt waren, bekam er eine Kappe und einen Mantel in die Zelle. Er kletterte an der Regenrinne herunter, überquerte einen Hof, stieg im Parterre durch ein Fenster ins Gerichtsgebäude und kam dann ohne weiteres trotz Bewachung durch das Tor ins Freie. Nach den Feiertagen war es unser erster Weg, mit dem Verzeichnis der Namen und der Daten in die Polizeidirektion zu gehen, und dort an Hand des

Verzeichnisses die Verbrecher herauszufinden, die sich in den zwei Abteilungen aufnehmen ließen. Was da zu Tage kam, war unglaublich! Die größten Gauner hatten hier Unterschlupf gefunden. Manche waren oftmals vorbestraft und einige sogar Jahre, einer davon 12 Jahre im Kerker gewesen. Wir gaben Annoncen auf, dass Stellen als Justizsoldaten zu vergeben sind, die Bewerber haben Tauf-und Heimatschein mitzubringen. Es wurden nach der Überprüfung der Papiere viele aufgenommen, und die Verbrecher aus den beiden Abteilungen entlassen. Während die Verbrecher noch Dienst hielten, hatten wir täglich Hungerkrawalle, die im Frauentrakt begannen, worauf auch der Männertrakt mit einstimmte, „Hunger! Hunger!" zu schreien. Man hörte das „Hunger!" –Geschrei weit hinaus, und doch hatten die Häftlinge weit mehr und geregelter zu essen als so mancher arme Teufel, der sich dabei auch noch schinden musste. Bis auf die „Fazi" (Häftlinge als Hausarbeiter) taten die Inhaftierten nichts; bis auf einige, die in die Küche zum Kartoffelschälen kommandiert waren oder sonst zu irgend einer Arbeit wie Kohlen in den Keller zu schaufeln, die Gänge zu reinigen und die Gerichtssäle in Ordnung zu halten. Eines Tages hörte ich, dass in einem Vierteljahr in Eggenburg, Niederösterreich, eine Stelle als Polizist frei würde. Das alte, kleine Städtchen hat mir gut gefallen. Auch das Krahuletz-Museum, das ich besuchte, einige größere Gebäude, die Besserungsanstalt für Jugendliche, machten einen guten Eindruck. Ich wurde vom Bürgermeister als Bewerber der Polizeistelle vorgestellt. Einer der Herren meinte, ich wäre zu schwach, um mit den rabiaten und besoffenen Kerln fertig zu werden. Jawohl, mein Herr, Sie hatten Recht. Denn der alte Polizist, 2 m hoch und ausgefressen, stand neben mir, und es war der Kontrast sehr groß. Ich, mager, 1,68m groß und durch mein Magenleiden mit schlechtem Aussehen, konnte den Vergleich für mich ungünstig halten und gab zur Antwort, ich würde es mir noch gut überlegen. Soll ich wieder die Montur eines Polizisten tragen? Er sagte zwar, dass er es hier immer gut hatte, er musste nicht einrücken, und zu fressen und saufen hatte er genug. Zum Teufel, nein!

Soll ich mich weiter mit den Verbrechern und den Betrunkenen herumschlagen? Es ist wahrlich kein Beruf, der mir in ethischer Hinsicht entspricht, und ich werde für mich noch etwas Passendes finden. Im Februar hatte ich in Sauerbrunn zu tun. Es ist auch hier eine Stelle für einen Gärtner frei. Eine elende, nasse Wohnung in einem alten Haus, sieben Joch Gemüseland, ein Joch Zwiebeln, ein Joch Spätkraut usw. Die Frau muss mitarbeiten und alles mit Prozentbeteiligung. Aus! Nichts zu machen. Ich spüre immer mehr mein Leiden, ein Zwölffingerdarmgeschwür. Ich werde auch hier nicht mehr lange bleiben können, ich muss doch irgendwohin aufs Land, wo es etwas Milch und anderes gibt. Ich kann fast nichs mehr essen. Ich gehe wieder zum Sekretär in die Beatrixgasse. Herr Schneider meint, ich solle mir doch den Posten in Klein Mariazell bei Altenmarkt Theneberg ansehen.

Ich schreibe an die Guts-und Forstverwaltung und bekomme ein Schreiben vom Oberförster, ich möge mich dieser Tage vorstellen. Ich musste aber vorher 40 Frauen nach Wiener Neutstadt in die Strafanstalt bringen. Ich hatte noch zwei Mann mit mir und ich verständigte zur Sicherheit die Polizeiwache am Südbahnhof, sie mögen mir behilflich sein. Wie notwendig das war, sah ich, als ich mit den Damen ankam. Fast alle waren in eleganten Kleidern und mit Hut. Für den Transport hatte ich einen alten Waggon bekommen, bei dem man seitwärts an vier Stellen einsteigen konnte und auf der anderen Seite an vier Stellen den Waggon wieder verlassen. So wie ich es mir dachte, so war es auch. Vorne vom Perron stiegen die schönen, lieben Damen ein und wollten von der anderen Seite wieder verschwinden, da standen zu ihrem Leidwesen schon einige Kiberer und schickten sie wieder zurück. Auf allen Stationen musste ein Mann aufpassen, dass keine verduftet. Als wir angekommen waren, rannten alle zum Bahnhof-WC, neben dem ein Fenster auf die Strasse ging. Wieder mussten wir schnell einen Posten aufstellen, als schon einige durch das Fenster flüchen wollten. Nach Übergabe der Papiere und der Eskortieren war mir leichter, und nicht umsonst heißt es, dass es leichter ist,einen Sack Flöhe zu hüten als mehrere Frauen. Während der paar Monate meines Dienstes begegnete mir, besonders bei den Frauen, eine unvorstellbar übertriebene Sexualität. Sehr schnell überraschten nicht nur die Strassendirnen, nein auch andere damit, dass sie plötzlich die Röcke rückwärts in die Höhe fliegen ließen und, na ja. Einmal hörte ich im Landesgericht II während eines Kontrollganges in der Nacht Hilferufe. Zugleich hörte ich auch, wie jemand die Stiege zum Gang herauf ging. Ich sperrte die Zelle auf, woher die Hilferufe zu hören waren, und fragte die Frau, was passiert ist und ob sie krank sei. Auch der Hauptmann Kieweg war auf einmal zur Stelle und fragte, was los ist. Da sagte das Luder, sie hätte um Hilfe gerufen, da ich sie vergewaltigen wollte. Es war mein Glück, dass hinter mir gerade der Hauptmann stand, der genau wusste, dass die Person gelogen hatte. Mein Magenleiden war immer ärger geworden. Ich habe im Brief an den Oberförster Pacowsky die Stelle als Schlossgärtner angenommen. So verabschiedete ich mich von den beiden Abteilungen. Hauptmann Kieweg und Oberstleutnant Glieher hielten eine kurze Ansprache, in der sie für meine Uneigennützigkeit, meine Umsicht, mein Organisationstalent und meine Dienstleistungen dankten. Sie wünschten mir für die weitere Zukunft Glück und bedauerten, dass ich als Soldatenrat und Vertrauensmann die Justizwache verließ. Ich war, wie man sagt, der Puffer zwischen der Mannschaft und den Offizieren, tat aber jedenfalls nur das, was ich für richtig hielt. Ich schonte ich auch den Offizier nicht, wenn es der Dienst erforderte. So musste ich einmal dem Herrn Major sagen, dass aus den Kontrollbüchern der Gerichtswachzimmer zu ersehen war, dass er schon einige Wochen die Wachmannschaft nicht kontrolliert hatte. „Herr Major, ich glaube, Sie wollen ganz in den Zylinder steigen. Wenn ja, bitte, nur zu sagen, ich kann Ihr Anliegen befürworten und Sie sind am schnellsten Weg Zivilist." Ich hatte auch viele freie Stunden für Sitzungen im Marineministerium geopfert, wo oft Beratungen der Soldatenräte des Landes und der Stadt Wien stattfanden.

Wir stecken in der Inflation, und keine noch so scharfen Maßregeln können die gänzliche Entwertung unsere mit „Deutschösterreich" gestempelten Banknoten aufhalten. Täglich steigen die Preise, und der „Wasserkopf" Wien hat von den zwei Millionen Menschen vor dem Krieg nicht einmal mehr ein einhalb Millionen. Auf dem Zentralfriedhof werden die Toten in Massengräbern beerdigt, und den schwarzen Wagen sieht man oft am Tag, ja man kann sagen, immer. Der tödliche Ausgang für unser Österreich-Ungarn, der das morsche Gebäude zum Einsturz brachte, riss auch unsere Dynastie mit. Wir haben Dr. Karl Renner zum Bundespräsidenten. In Ungarn scheint sich eine Zeitlang Bela Khun zu behaupten, und in Deutschland geht es ebenfalls lustig zu. Es sind den Deutschen zu wenige auf den Schlachtfeldern gefallen, sie raufen zu Hause weiter. Die Häuser Habsburg- Lothringen, Romanow und Hohenzollern, der türkische Sultan, werden sie ihre Macht für immer verlieren?

Vom Neffen meiner Frau, der bei der Marine diente, hörte ich einiges. Dass im Jänner 1918 die Arbeiter in Wien und in Wiener Neustadt gestreikt hatten, wusste ich schon. Dass aber auch die Marine in der Bucht von Cattaro am 2. Und 3. Februar einen Aufstand vorbereitete, hörte ich von ihm. Matrosen aus Tschechien, Ungarn und Österreich, auch aller übrigen Nationen, traten in den Aufstand für die Beendigung des Krieges, für das Selbstbestimmungsrecht der Völker, für eine neue demokratische Herrschaft in Frieden und Freiheit, im Protest gegen die Sabotage der Friedensverhandlungen in Brest-Litowsk, um den Frieden zu erzwingen. Der Aufstand wurde mit blutiger Gewalt unterdrückt. Und doch hatten diese Aufständischen Recht. Wir standen überall in Feindesland und hatten die Chance, einen für uns gerechten Frieden zu erhalten. Nun, da das Kriegsende für uns sehr mies ausfiel und schon in Italien auf allen Häusern mit Kreide geschrieben stand: „Austria kaputt!", muss auch ich fast daran glauben. Unser Geld ist von Tag zu Tag wertloser, und es braucht eine sichere Hand in der Regierung unseres zurechtgestutzen Landes um in diesen stürmischen Tagen, Wochen und Monaten das Steuer des fast sinkenden Schiffes in den Hafen des Friedens zu lenken. Jetzt kommt es auf den Einzelnen an, mit zu helfen, damit wir aus dem Elend, der Not und der Zwietracht kommen; es heißt fest zugreifen, damit wir lebensfähig bleiben und uns nicht unterkriegen lassen. Ja ja, „der Weana geht net unter", wenn die Arbeiter und Bauern zusammen halten. Werden sie es auch tun?

Zusammenhalten oder Spalten. Wir werden ja sehen, was die Zukunft beschert. Damit beschließe ich den ersten Teil, und verzeiht, wenn ihr glaubt, ich wollte mich mit diesen Aufzeichnungen nur hervortun. Das war nicht meine Absicht. So wie es wirklich war, habe ich es niedergeschrieben.

Souček